材料现代分析方法的应用典型案例

张厚安　主　编

乔东旭　副主编

科学出版社

北　京

内 容 简 介

本书介绍了材料科学与工程领域中广泛应用的现代分析方法及其实践案例，全书由张厚安教授主编，十余位材料研究领域学者共同编撰完成，内容丰富、结构清晰。本书围绕 XRD、SEM、TEM、XPS、AFM、拉曼、红外、热分析、椭偏仪等先进分析方法，结合金属与合金、金属间化合物、金属陶瓷与陶瓷、新能源材料、高分子材料、表面涂层材料等的研究，通过多个实际应用案例的解析，全面展示了材料现代分析方法在性能优化、微观结构分析等方面的实际应用。本书不仅展现了材料微观表征技术的系统性与前沿性，也为材料研究者提供了实践可行的应用案例与解决方案。

本书既可作为材料类本科生和研究生的辅助教材，也可作为科研人员和工程技术人员在研发与生产过程的参考书籍。

图书在版编目（CIP）数据

材料现代分析方法的应用典型案例 / 张厚安主编. -- 北京 : 科学出版社, 2025. 8. -- ISBN 978-7-03-083202-3

Ⅰ. TB3

中国国家版本馆 CIP 数据核字第 2025VX1112 号

责任编辑：霍志国/责任校对：杜子昂
责任印制：吴兆东/封面设计：东方人华

科学出版社 出版
北京东黄城根北街 16 号
邮政编码：100717
http://www.sciencep.com
天津市新科印刷有限公司印刷
科学出版社发行　各地新华书店经销
*
2025 年 8 月第　一　版　开本：720×1000　1/16
2026 年 1 月第二次印刷　印张：17 3/4
字数：355 000

定价：138.00 元

（如有印装质量问题，我社负责调换）

本书编委会

主　　编：张厚安

副 主 编：乔东旭

参编人员：廉冀琼　陈　莹　麻季冬　古思勇
杨益航　赵国璋　雷彩霞　沈德立
左　娟　李伟洲

序

材料科学的发展贯穿于现代科技进步的每一个阶段。从金属材料的强化研究到新型复合材料的开发，再到新能源材料的探索，材料的组织结构与性能优化一直是学术研究和工程应用的核心议题。然而，材料研究的复杂性与日俱增，其多样化的特性和性能需求要求研究者综合掌握一系列先进的分析方法。这些方法可帮助我们从原子、分子到宏观尺度解析材料的行为机制，解答性能背后的深层原因。然而，如何在实际工作中灵活应用这些方法，依然是许多材料工作者面临的难题。《材料现代分析方法的应用典型案例》正是在这样的背景下诞生的，它旨在为从事材料研发的学者、工程师和学生提供理论与实践相结合学习的参考。

与传统教材不同，本书的特点在于通过具体案例展现材料现代分析方法的实际应用价值。每一章围绕一个真实的案例展开，从问题的背景，到分析方法的选择，再到实验实施和数据解读，都详细记录。这样的写作方式打破了单纯理论学习的局限与困惑，让读者在学习分析方法时能够体会到它们的实际意义。例如，通过研究高性能铝合金的微观结构，可以直观地了解热处理对材料强化的作用；分析铁基软磁合金的显微组织，则揭示了晶粒尺寸与磁性能的微妙关系。这些案例充分说明，材料分析方法不仅是研究工具，更是理解材料性能本质的桥梁。

本书内容兼具广度和深度，为不同读者群体提供了有针对性的帮助。对于学生来说，本书不仅是学习材料分析方法的辅助教材，更是训练分析思维的实践指南。对于研究者而言，书中的案例可以直接应用于科研设计和实验方案优化，帮助快速找到解决问题的路径。而对于工程师，本书则是工作中解决材料表征和性能评估问题的实用工具，尤其在质量控制与失效分析方面有重要参考价值。

本书的完成离不开各位编者的倾心投入，他们结合自身领域的研究专长，从选题到内容设计，都以实用性和系统性为目的。同时，也要感谢审阅者的建设性意见，他们的反馈让本书更加精炼和贴近读者需求。但材料分析方法作为不断发展的学科领域，本书仍然有许多技术和应用未能涵盖。我们希望本书能为读者开启一扇启发性的窗户，鼓励读者继续探索，并在未来的研究中超越我们的视野。

材料科学的魅力在于它的创造性与探索性，而材料分析方法是打开这一领域大门的钥匙。希望本书能够陪伴读者走得更远，无论是面对科研中的未知领域，还是工程实践中的棘手问题，都能从中获得灵感与方向。

编　者

2025 年 6 月

前　言

材料科学的发展承载着人类对自然界奥秘的无尽好奇和实践探索。从最初对材料的经验性使用，到如今基于精确表征和科学分析的深度理解，这一领域始终是推动技术进步和社会发展的重要基石。在当代，随着新材料的涌现和制造工艺的提升，我们对材料的微观结构、化学组成和物理性能的认知需求变得尤为迫切。现代分析方法由此应运而生，它不仅为材料的研究和设计提供了可靠的数据支持，更引领我们在原子与分子尺度上探索物质的未知领域。

现代材料分析方法的意义在于，它们将理论知识、科学实验和先进仪器有机结合，为复杂问题的解决提供多层次视角。比如，借助透射电子显微镜，我们可以窥探晶体内部的缺陷与位错；通过 X 射线衍射技术，我们能从晶格间距的变化中探寻应力与应变的奥秘；而原子力显微镜则让我们得以在纳米尺度上揭示表面粗糙度与力学性能的关联。这些方法与技术不仅是科学家解锁自然规律的钥匙，更是工程师在实际应用中优化材料性能的工具。

基于此，我们组织编写了本书，旨在为读者提供材料分析方法的理论概要与实际应用的详细示例。本书聚焦于将材料现代分析方法的核心理论与丰富的实践经验相结合，以案例为导向，帮助读者深入理解这些方法的独特魅力及其广泛应用。

全书分为 17 章，涵盖了材料分析方法的众多范畴。第 1 章由廉冀琼老师编写，概述了现代材料分析方法的理论基础和发展概况，作为全书内容的引子，帮助读者快速理解各种分析方法的功能及其适用范围。第 2 章由陈莹老师编写，结合高性能铝合金的典型应用案例，探讨材料微观结构与性能优化的关联。第 3 章和第 13 章的内容由麻季冬老师编写，分别介绍了铁基软磁合金和五氧化二钒能源材料的组织表征与性能调控，揭示了这些材料在高技术领域的广阔应用前景。第 4 章由乔东旭老师撰写，重点阐述了新型高熵合金的不同微观组织演变规律及其表征方法。第 5 章、10 章和 12 章由古思勇老师完成，解析了在难熔合金与陶瓷基复合材料微观结构分析中的典型手段及应用。第 6～9 章由张厚安和杨益航两位老师共同编写，分别围绕金属陶瓷、金属间化合物、硅化物等典型体系展开，介绍了 XRD、SEM/EDS、TEM 等分析方法在材料合成、强韧化机制、氧化机理、磨损机理等方面的应用。第 11 章由赵国璋老师编写，介绍橡胶复合材料中的应用案例。第 14 章雷彩霞老师撰写的内容，通过电镜、XPS 和原位分析等手段探究了锰氧化物类负极材料的形貌与电化学性能间的关联，为读者理解锂离子电池负极结构调控提供范例。第 15 章由沈德立老师负责，结合锰氧化物锂离子电池负极材料的最新研究，阐述了其独特的电子结构和界面行为分析技术。第 16 章由左娟老师编写，围绕高分子材料的热特性展开，利用热分析技术研究热稳定性与玻璃化转变行为，同时介绍了结合拉曼、红外等谱学手段分析高分子链段运动和结构转变的典型思路。第 17 章由李伟洲老师编写，依据涂层案例详解了表面材料的分析方法。全书的策划与统筹工作由张厚安老师与乔东旭老师共同负责。

本书的顺利完成凝聚了所有参与者的智慧与努力。在此，我们衷心感谢各位编者为本书付出的心血与精力。他们不仅用专业知识丰富了书稿，更以严谨的学术态度保障了内容的质量。此外，还要感谢同行专家的细致审稿和宝贵建议，这些意见帮助我们进一步完善了书稿结构与内容呈现。同时，我们向本书内容提供支持的科研项目和厦门理工学院教材出版基金致以最诚挚的谢意，正是有了这些助力，本书才得以顺利出版。我们相信，本书不仅能为材料研究者、材料类专业学生和工程师提供实践指导，也能激发更多读者对材料分析方法的兴趣。希望它能够成为材料学科的一本有用的参考书，为研究、教学与工程实践贡献力量。我们也期望通过本书的案例分享，能促成更多学术交流与跨领域合作，共同推动材料科学的繁荣发展。

本书内容丰富，涵盖了众多领域的应用典型案例，编写过程中我们始终秉持认真严谨的态度。然而，编者水平有限，书中难免存在疏漏与不足之处，恳请广大读者批评指正！

编　者

2025 年 6 月

目　录

第 1 章　材料常用现代分析方法简介

在材料科学的辉煌舞台上，随着科技的日新月异，我们对材料微观世界的探索需求愈发迫切。深入洞察材料的内在结构、化学组成、物理性能以及加工工艺，已成为推动材料科学发展的关键。现代分析技术在这一领域扮演着不可或缺的角色，它们如同科学家和工程师的得力助手，提供着精确而细致的数据支持，使得材料的设计和制造过程得以不断优化和革新。本章简要介绍当前材料科学领域中广泛应用的一系列先进分析技术，包括扫描电子显微镜、透射电子显微镜、X 射线衍射、红外光谱、拉曼光谱、原子力显微镜以及 X 射线光电子能谱仪等。这些技术各具特色，相互补充，共同构建了一个多维度的材料分析框架，为材料科学的研究和应用提供了坚实的基础。随着技术的不断进步，我们有理由相信，未来的材料分析将更加精准、高效，为人类社会的发展贡献更多的智慧和力量。

1.1　扫描电子显微镜

扫描电子显微镜(scanning electron microscope, SEM)是材料科学领域中一种极其重要的分析工具，如图 1-1 所示。它通过使用高能聚焦电子束扫描样品表面，获取样品的详细信息。这种技术不仅能够提供高分辨率的图像，还能通过不同的信号检测器，揭示样品的化学成分和物理特性。

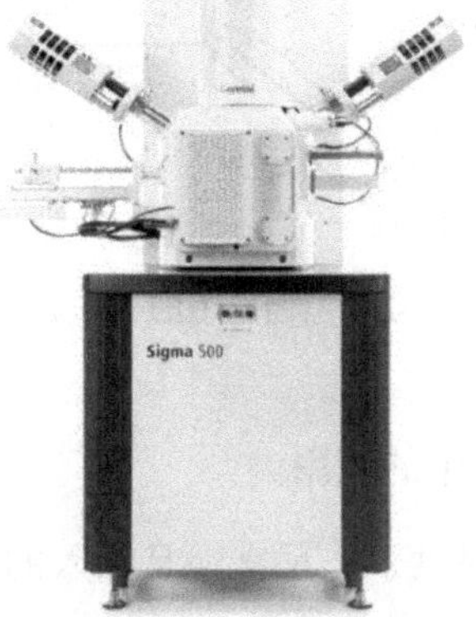

图 1-1　Zeiss Sigma 500 场发射扫描电镜

1.1.1 扫描电镜的成像原理及特点

SEM的成像过程始于电子枪发射的电子束。这些电子束在镜筒中通过电磁透镜聚焦和电场加速，形成具有一定能量、强度和斑点直径的入射电子束。当这些入射电子与样品原子核或核外电子相互作用时，会发生弹性散射和非弹性散射等多种过程。这些相互作用导致电子束的运动方向或能量发生变化，产生如二次电子、背散射电子、吸收电子、透射电子、俄歇电子、电子电动势、阴极荧光、X射线等信号。这些信号能够反映样品的物理或化学特性，是电子束显微分析的物理基础[1]。扫描电镜通过配备不同的检测器来收集这些信号，其工作原理如图1-2所示。例如，SE2和Inlens检测器用于检测二次电子，形成样品形貌像；ASB检测器用于检测背散射电子，形成样品成分衬度像；X射线能谱仪则用于元素的定性、定量分析。

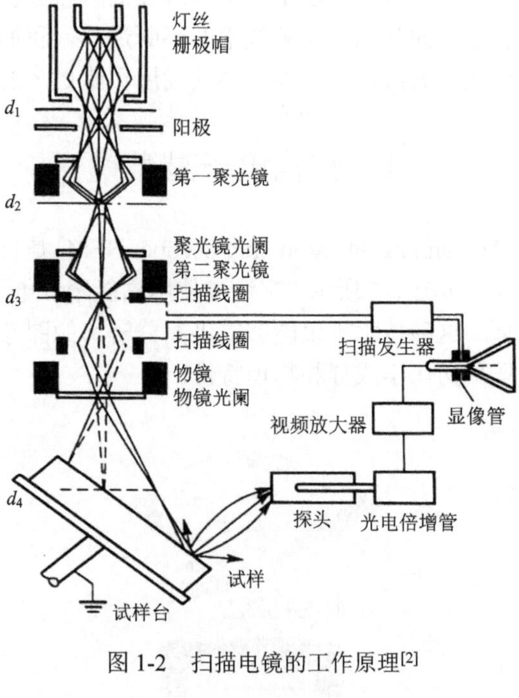

图1-2 扫描电镜的工作原理[2]

1.1.2 扫描电镜在材料科学中的应用

SEM为材料科学领域提供了一种直观且深入的观察手段，它能够直接揭示材料的显微结构，包括但不限于晶粒的尺寸和形态、物相的组成及其在材料中的分布情况，以及缺陷的存在形式和分布位置。这些信息对于理解材料的微观结构和宏观性能之间的关系至关重要。通过结合能谱分析技术，SEM 还能进行精准的成分分析，对材料的微区进行定性和定量的化学成分测定。这种结合使用极大地扩展了扫描电镜的应用范围和分析深度。扫描电镜的应用不仅限于对材料结构的观察，还广泛应用于探索材料显微形貌与其性能之间的内在联系。例如，在高分子材料中，扫描电镜可以用来观察颗粒、纤维等增强相在母体材料中的分散情况，这对于评估材料的力学性能和功能性至关重要。在金属材料的研究中，它可以揭示物相如马氏体、奥氏体等的组成和分布，这些物相对材料的强度、韧性和耐腐蚀性有着直接的影响。SEM 还可以与电子背散射衍射(EBSD)技术结合，提供如晶间取向、晶界类型、再结晶晶粒、微织构、相辨别和晶粒尺寸测量等完整的分析数据。此外，扫描电镜在分析材料失效机理方面也发挥着重要作用。通过对断口形貌的观察，可以揭示材料的断裂机理；而对材料表面的磨损、变形及腐蚀现象的分析，则有助于理解材料在实际使用中的失效过程[2]。这些分析对于改进材料的设计、提高材料的可靠性和延长其使用寿命具有重要意义。

1.2　透射电子显微镜

透射电子显微镜(transmission electron microscope, TEM)是一种强大的显微技术，能够在纳米甚至原子尺度上解析物质的形态、结构和成分。TEM 在新能源材料研究领域扮演着至关重要的角色，是高校和科研机构进行前沿科学研究的有力工具。图 1-3 为 FEI Talos F200s 场发射扫描透射电子显微镜。

1.2.1　透射电镜的成像原理及特点

TEM 是一种利用电子束穿透样品以形成图像的高分辨率显微技术，其成像原理基于电子束与样品相互作用后产生的散射，这些散射的电子能够反映出样品的内部结构和密度差异。TEM 的总体工作原理是：由电子枪发射出来的电子束，在真空通道中沿着镜体光轴穿越聚光镜，通过聚光镜将其汇聚成一束尖细、明亮而又均匀的光斑，照射在样品室内的样品上；透过样品后的电子束携带有样品内部的结构信息，样品内致密处透过的电子量少，稀疏处透过的电子量多；经过物镜的汇聚调焦和初级放大后，电子束进入下级的中间透镜和第一、第二投影镜进行综合放大成像，最终被放大了的电子影像投射在观察室内的荧光屏上；荧光屏将电子影像转化为可见光影像以供使用者观察[3]，图 1-4 为 TEM 电子枪原理图。TEM 的特点在于其极高的分辨率，能够达到原子级别，这使得它成为观察材料微观结构、晶体缺陷、纳米尺度物体等的理想工具。此外，TEM 还具备多种成像模式，如亮场成像、暗场成像、衍射模式以及电子能量损失谱(EELS)分析，这些模式可以提供样品的化学成分、晶体取向和电子结构等信息。图 1-5 为成像操作和衍射操作示意图。

图 1-3　FEI Talos F200s 场发射扫描透射电子显微镜

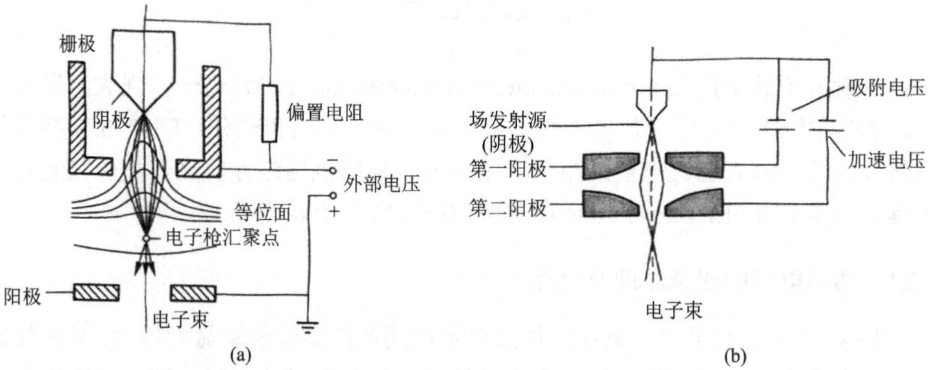

图 1-4　TEM 电子枪原理图[3]：(a) 热发射及 (b) 场发射

1.2.2　透射电镜在材料科学中的应用

TEM 在材料科学研究中扮演着至关重要的角色，它不仅能够揭示材料的微观结构，如晶粒的大小、形状和分布，还能深入原子层面，观察晶格结构和缺陷。TEM 的应用使得科学家能够直观地理解材料的内在特性，以及这些特性如何影响材料的宏观性能。在半导体材料的研究领域，TEM 的应用尤为关键。它能够精确地观察到材料中的缺陷，如位错、空位和堆垛层错等，这些缺陷对半导体器件的性能有着深远的影响。同时，TEM 还能够分析材料的界面结构，如晶界和相界面，这些界面在材料的机械性能和电学性能中起着至关重要的作用。此外，TEM 在研

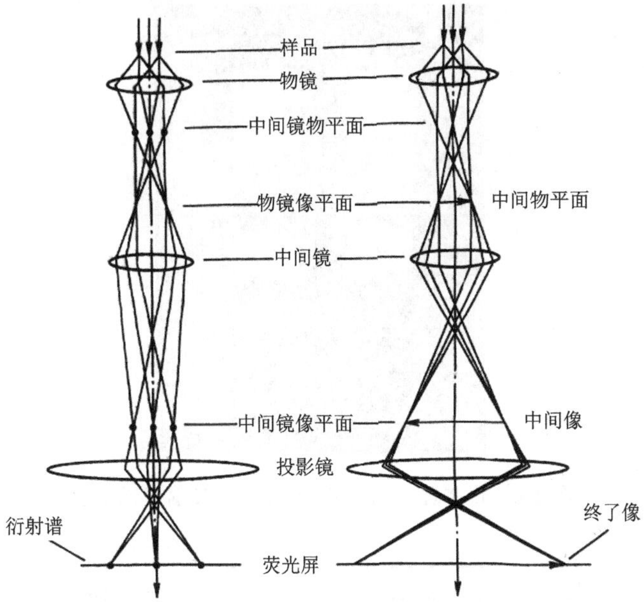

图 1-5　透射电子显微镜成像系统中的两种电子图像操作[3]：成像操作及衍射操作

究材料的掺杂情况时也发挥着重要作用。通过 TEM，研究人员可以观察到掺杂元素在材料中的分布情况，以及这些元素如何影响材料的电学性质。这对于优化半导体器件的设计和制造过程至关重要。TEM 还可以用来研究材料的相变过程，如固液相变、固态相变等。这些相变过程对材料的性能有着直接的影响，而 TEM 能够提供这些过程的动态信息，帮助科学家更好地理解材料的相变机制。

1.3　X 射线衍射仪

X 射线衍射仪(X-ray diffraction，XRD)是一种通过 X 射线与晶体相互作用产生的衍射图样来解析物质晶体结构的重要分析工具，它在材料科学和化学研究中发挥着关键作用，图 1-6 为日本理学 SmartLab 3kW 型 X 射线衍射仪。

1.3.1　X 射线衍射仪工作原理

XRD 的工作原理深深植根于布拉格定律。该定律指出，当 X 射线照射到晶体时，晶体内部的原子或离子会散射这些射线。在特定的条件下，这些散射波会在某些方向上相互干涉，产生衍射峰。通过对衍射峰的位置、强度和形状进行详细分析，科学家能够揭示晶体的内部结构，包括其化学组成、晶格类型、晶面指数、相对强度、织构和应力等关键信息，图 1-7 为 X 射线粉末衍射仪构造示意图。

图 1-6　日本理学 SmartLab 3kW 型 X 射线衍射仪

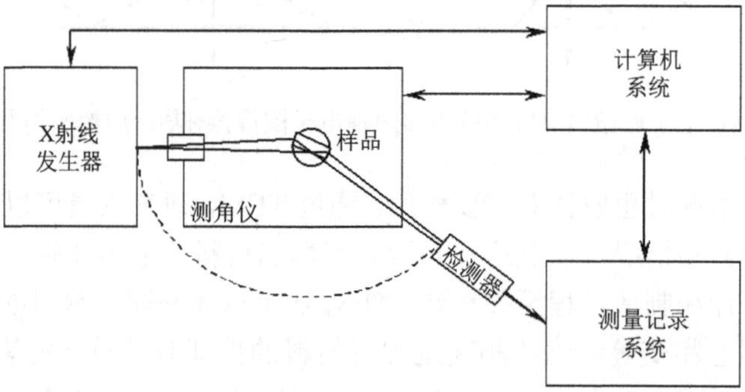

图 1-7　X 射线粉末衍射仪构造示意图

测角仪是 X 射线粉末衍射仪的核心部件，实现对衍射角的测量，图 1-8 为测角仪的基本工作原理的构造示意图。样品台 H 位于测角仪中心，可以绕 O 轴旋转，O 轴与纸面垂直，平板状试样 D 置于样品台上，并保证与中心重合。当一束发散的 X 射线照射到试样上时，满足布拉格关系的某种晶面，其反射线便形成一根收敛光束。F 处有一接收狭缝，它与计数管 C 同安装在围绕 O 轴旋转的支架 E 上，当计数管转到适当的位置时便可接收到一根反射线。计数管角位置 2θ 可从刻度尺 K 上读出。衍射仪的设计使 H 和 E 保持固定的转动关系。当 H 转过 θ 度时，E 恒转过 2θ。这就是试样-计数管的连动(θ-2θ 连动)。连动的关系保证了试样表面始终平分入射线和衍射线的夹角 2θ，当 θ 符合某(HKL)晶面相应的布拉格条件时，从试样表面各点由那些(HKL)晶面平行于试样表面晶粒所贡献的衍射线都能聚焦进入计数管中，计数管能将不同强度的 X 射线转化为电信号，并通过计数率仪、电位差计将信号记录下来[4]。当试样和计数管连续转动时，衍射仪就能自动描绘

出衍射强度随 2θ 角的变化情况，衍射图如图 1-9 所示。

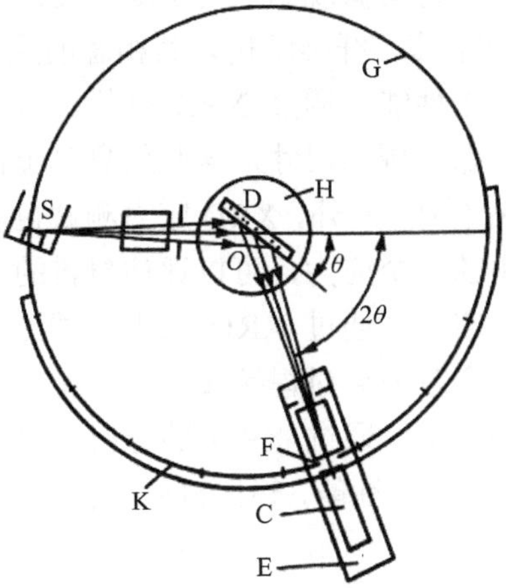

图 1-8　测角仪构造示意图[4]

G-测角仪圆；S-X 射线源；D-试样；H-试样台；F-接收狭缝；C-计数管；E-支架；K-刻度尺

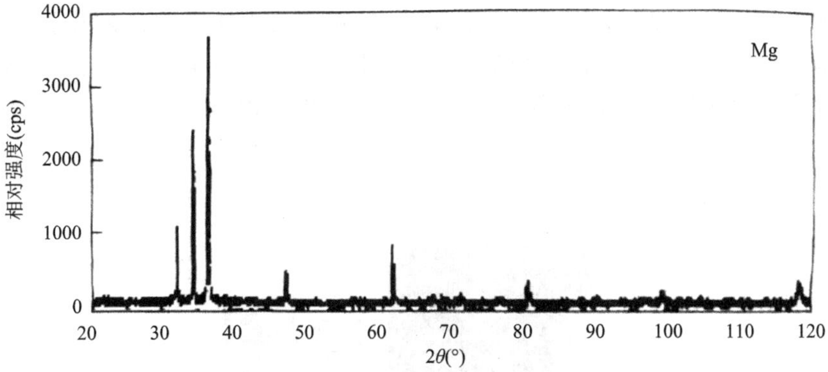

图 1-9　纯镁的 $I_{相对}$-2θ 衍射图[3]

1.3.2　X 射线衍射仪在材料科学中的应用

XRD 在材料科学领域的应用至关重要，其快速无损的检测能力、简便的操作流程以及对样品制备的低要求，使其成为材料、化工等多个行业的关键分析工具。XRD 技术能够对材料的晶体结构进行精确解析，揭示材料的微观结构，包括非晶态结构，甚至能为纳米材料的粒度提供定量分析。在金属和合金的研究中，XRD 的应用尤为突出，它能够根据晶态物质在 X 射线照射下所产生的 X 射线衍射图来鉴别物质的相组成及其含量，根据试样中各个晶相的 X 射线强度随该相在试样中含量的增加而提高的原理，对混合物中晶相进行定性和定量分析。XRD 在分析金属合金化、合金薄膜和焊接金属相取向方面也显示出其独特价值，通过测定晶格参数和检验晶型结构，揭示材料微观结构与宏观性能之间的直接联系。在高分子材料领域，XRD 是研究结晶度、纤维结构及其相态的重要工具，帮助科学家深入理解材料的物理性质和加工性能。通过 XRD 分析，可以精确地确定聚合物的晶体结构、分子取向以及非晶区域的尺寸，这些信息对于优化高分子材料的加工工艺和最终产品的性能至关重要。此外，XRD 应力测试也被广泛应用于材料科学领域，例如测试金属材料中的残余应力，可以评估材料的强度、韧性和耐久性；薄膜在制备过程中容易产生应力，通过 XRD 应力测试可以帮助优化薄膜的成长过程；焊接过程中产生的残余应力会对焊接接头的性能产生影响，通过 XRD 应力测试可以评估焊接接头的质量。通过 XRD 的分析，研究人员能够评估材料的热稳定性、耐化学腐蚀性以及力学性能，确保材料在各种应用中的可靠性和耐久性。

1.4 X 射线光电子能谱仪

X 射线光电子能谱仪（X-ray photoelectron spectroscopy，XPS）是一种表面分析的重要工具，能够深入分析材料表面 1～10 nm 深度范围内的元素组成、化学状态和电子态信息，在科学研究和工业应用中具有极高的价值，尤其是在需要对材料表面进行深入分析的场合，图 1-10 为岛津 AXIS SUPRA^{+} X 射线光电子能谱仪。

图 1-10 岛津 AXIS SUPRA^{+} X 射线光电子能谱仪

1.4.1 X 射线光电子能谱仪工作原理

XPS 以其精密的表面分析能力，成为揭示材料表面化学与物理特性的关键工具。该技术依据光电效应，通过精细测量样品表面受激产生的光电子能量分布，细致解码材料的表面信息。通过对光电子动能的定量分析，能够准确确定其结合能，为材料表面的元素组成和化学状态提供详尽的数据支持。在 XPS 实验中，使用 X 射线源(如 Al Kα 源，能量为 1486.6 eV)照射样品，促使原子或分子的内层电子或价电子被激发为光电子。通过能量分析器对这些光电子的动能进行测量，并应用公式 B.E = $h\nu$ − K.E−W.F 来计算光电子的结合能，图 1-11 为 X 射线光电子能谱仪工作原理示意图。XPS 技术的应用范围广泛，不仅能够进行材料表面的定性与定量分析，还能利用角分辨和深度剖析技术，探究材料深层的元素分布和化学状态。此外，线扫描和面扫描技术的应用，进一步扩展了 XPS 在材料表面元素或化学态分布分析方面的能力。高分辨率成像技术的应用，可为材料表面的微观结构和元素分布提供直观的图像。

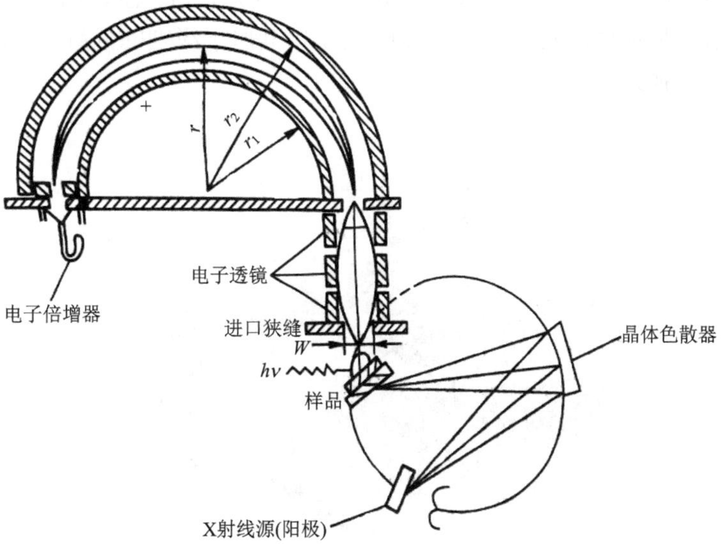

图 1-11　X 射线光电子能谱仪工作原理示意图[3]

1.4.2　X 射线光电子能谱仪在材料科学中的应用

XPS 凭借其高分辨率、高灵敏度和广泛的元素检测能力，在材料科学及能源领域发挥着重要作用。在材料科学领域，XPS 被广泛应用于从合金到半导体等多种材料的研究。XPS 技术能够以小于 10 μm 的空间分辨率，精确获取材料表面的全谱信息，识别元素的种类和含量。例如，在纳米材料的表面修饰研究中，XPS 能够精确测定修饰层的元素组成和化学状态，为优化材料的表面性能提供了重要信息。通过分析光电子信号，XPS 能够表征样品表面的化学组成、元素的结合能和价态，为研究材料的电子结构和化学活性提供重要依据。在有机光电子材料的研究中，XPS 技术被用来分析材料表面的官能团和化学键，从而深入理解材料的光电转换机制。结合角分辨和刻蚀技术，XPS 能够深入材料内部，分析元素及其化学状态的三维分布。在多相催化材料的研究中，这一能力尤为重要，它能够帮助科学家揭示活性位点的分布和反应机理。例如，在汽车尾气净化催化剂的研究中，XPS 技术就被用来分析催化剂表面的金属和氧化物的化学状态，为改进催化剂的性能提供了关键数据。

1.5 原子力显微镜

原子力显微镜(atomic force microscopy，AFM)，如图 1-12 所示，是一种高分辨率的表面分析仪器，以其独特的探测方式，能够对包括绝缘体在内的各种材料表面进行形貌和物理性质的分析。AFM 技术以其原子级别的分辨率，成为表面形貌三维成像的强大工具。

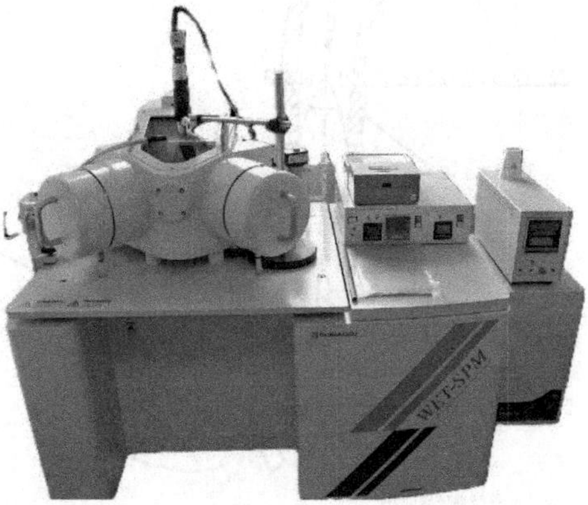

图 1-12 岛津原子力显微镜 SPM9700

1.5.1 原子力显微镜工作原理

AFM 的工作原理基于原子间的相互作用力，其使用一个对微弱力极其敏感的微悬臂，一端固定，另一自由端带有精细的探针，如图 1-13 所示，当探针接近样品表面时，探针与样品表面原子间的微弱相互作用力会引起微悬臂的形变或运动状态变化。通过精密检测这些变化，AFM 能够以纳米级分辨率水平映射出表面形貌结构及表面粗糙度。AFM 的高分辨率能力，如横向分辨率可达 0.2nm(*X*、*Y* 方向)，垂直方向的噪声小于 0.03nm，使其成为原子级表征的利器。AFM 可以在多种模式下运行，包括接触模式(contact mode)、非接触模式(non-contact mode)、轻敲模式(tapping mode)及侧向力模式(lateral force mode)，以适应不同的测量需求。

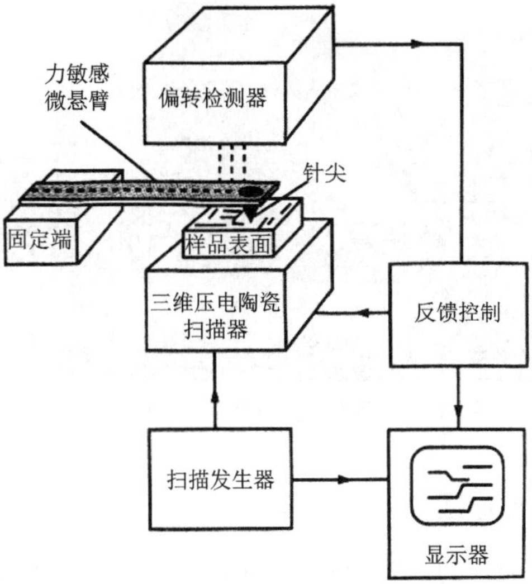

图 1-13　AFM 的工作原理[4]

1.5.2　原子力显微镜在材料科学中的应用

AFM 在材料科学中的重要性日益凸显，其具有以纳米级分辨率探究材料表面形态的能力，是高分子、金属、非金属及纳米材料等的表面结构和性质研究强有力的工具。例如，AFM 被广泛应用于研究纳米材料和纳米结构。研究人员可以使用 AFM 来观察纳米颗粒、纳米线、纳米片等材料的形貌和尺寸。此外，AFM 还可以用于研究材料的相变、表面重构和化学反应等过程，测量表面势垒、表面张力、摩擦力等物理量。此外，还可以用于研究超导材料和磁性材料的表面特性。在高分子科学中，AFM 不仅用于纳米级表征聚合物材料，而且通过与红外光谱仪耦合的 AFM-IR 技术，能够对聚合物复合材料、共混物和生物聚合物进行化学表征，揭示纳米级相分离、球晶结构和结晶机理，这些是以往技术难以实现的。

1.6　拉曼光谱仪

拉曼光谱仪(Raman spectrometer，RS)是一种利用拉曼散射效应来分析材料分子振动模式的仪器，它能够提供关于材料化学结构和组成的详细信息，图 1-14 为赛默飞 DXR 2Xi 拉曼光谱仪。

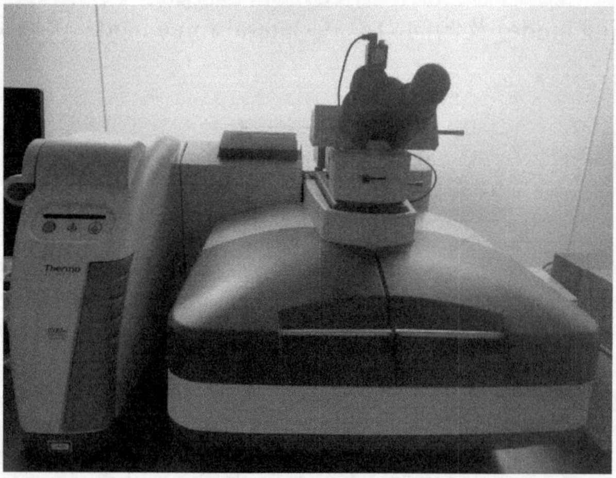

图 1-14　赛默飞 DXR 2Xi 拉曼光谱仪

1.6.1　拉曼光谱仪工作原理

RS 的运作原理源自于独特的拉曼散射现象，如图 1-15 所示。当一束具有特定频率 ν_0 的单色光照射到样品表面时，与样品分子相互作用后，光会发生散射。绝大多数散射光仅改变方向而频率保持不变，这种现象称为瑞利散射。然而，还有一小部分散射光，其频率发生了变化，这一变化的频率差 $\Delta\nu$ 被称为拉曼位移，它是拉曼散射的标志性特征，直接关联到分子的内在结构。拉曼光谱仪通过测量这些频率变化，构建分子的拉曼光谱，从而提供分子结构的详细信息。拉曼位移的大小和强度直接关联到分子的特定化学结构和环境，使得拉曼光谱成为一种高度特异性的分析手段。这种技术的优势在于其非破坏性，不需要对样品进行任何化学处理或物理破坏，即可获得精确的分子振动信息。

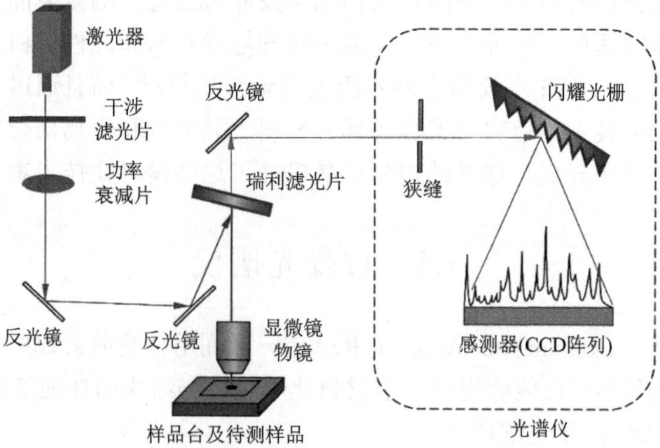

图 1-15　拉曼光谱仪工作原理图

1.6.2　拉曼光谱仪在材料科学中的应用

RS 凭借其独特的技术特点和广泛的应用领域，在材料科学发挥着重要作用，能够揭示物质的分子振动和转动等结构信息，为材料科学的研究提供了强有力的分析手段。在聚合物材料的研究中，RS 能够精确分析聚合物的分子结构、立体规整性、结晶状态以及分子链的取向，这些信息对于理解高分子材料的机械性能、热稳定性和加工性能至关重要。例如，在开发新型高性能塑料或合成纤维时，RS 能够评估聚合物的分子量分布和链结构的均匀性，指导材料的合成和加工过程。在催化化学领域，RS 被用于深入探究催化剂的表面物种结构，监测催化剂在反应过程中的动态变化，为催化剂的设计和优化提供了实时的光谱信息。此外，RS 在材料缺陷分析中也显示出其独特的优势，通过检测材料中的微小缺陷和应力分布，有助于提高材料的可靠性和耐用性。在半导体工业中，RS 能够识别晶体中的杂质和缺陷，为提高器件性能提供重要信息。

1.7　傅里叶红外光谱仪

傅里叶红外光谱仪(Fourier transform infrared spectrometer，FTIR)，如图 1-16 所示，是一种高精度的分析工具，广泛应用于物质的定性和定量分析。该仪器通过结合红外光源、干涉仪(例如迈克尔逊干涉仪)以及先进的计算机技术，能够对样品进行快速且非破坏性的光谱分析。

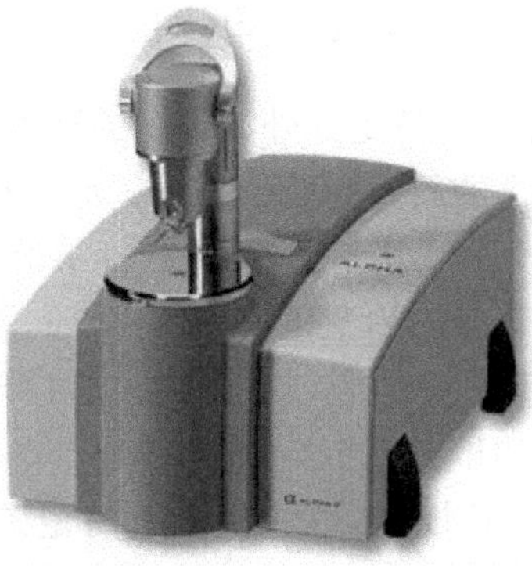

图 1-16　布鲁克 ALPHA 傅里叶红外光谱仪

1.7.1　傅里叶红外光谱仪工作原理

FTIR 的工作原理基于红外光谱学，它通过测量样品对红外辐射的吸收来分析样品的化学成分和结构。当红外光源发射的光波通过样品时，样品中的分子会吸收特定频率的光，这些频率与分子中的化学键振动频率相匹配。干涉仪，如迈克尔逊干涉仪，将入射光分成两部分，一部分反射到固定镜，另一部分反射到移动镜。两束光再次合并时产生干涉图样，随着移动镜的位置变化，干涉图样也随之变化。通过傅里叶变换对干涉图样进行数学处理，转换得到样品的红外吸收光谱，工作原理示意图如图 1-17 所示。这个光谱包含了样品中各种化学键的特征吸收峰，通过分析这些峰的位置和强度，可以确定样品的化学组成和结构信息。

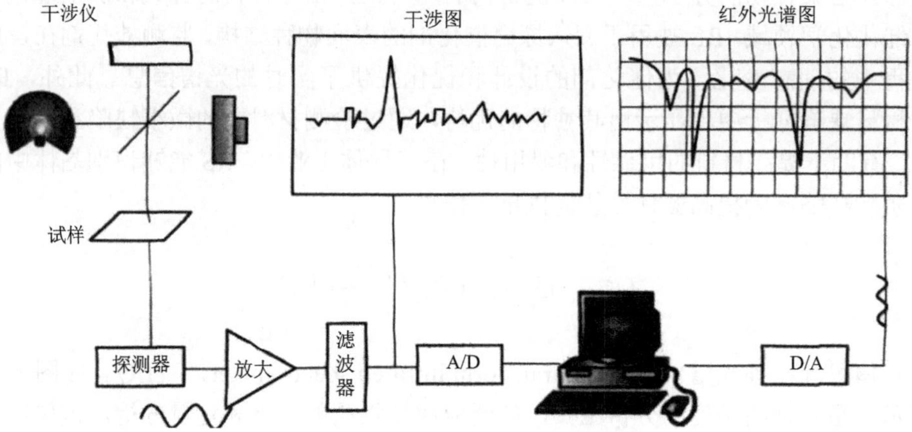

图 1-17　傅里叶变换红外光谱仪工作原理示意图[3]

1.7.2　傅里叶红外光谱仪在材料科学中的应用

FTIR 可以通过分析样品对特定红外波长光的吸收情况，揭示材料的化学组成和结构信息，被广泛应用于塑料、橡胶、纤维、涂层和填料等高分子及无机非金属材料的定性鉴定和定量分析。FTIR 技术不仅能够监测热固性树脂如环氧树脂、聚氨酯树脂在固化过程中官能团的变化，评估材料的固化程度和反应机理，还能识别和分析工业产品中的表面污染物或析出物，追踪异物的来源并防止其产生，减少经济损失。此外，通过比较不同样品的红外光谱图，FTIR 能够识别材料的化学组成差异，确保材料的一致性和质量控制。在特定条件下，FTIR 的原位红外光谱技术能够实时监测材料在受热分解过程中的化学变化，为理解材料的热分解机理提供了一种切实可行的方法。

1.8　同步热分析仪

同步热分析仪(simultaneous thermal analyzer，STA)是一种集成了多种热分析

技术的先进仪器，融合了热重分析(thermogravimetry，TG)与差热分析(differential thermal analysis，DTA)或差示扫描量热法(differential scanning calorimetry，DSC)的功能，如图 1-18 所示。这种设计允许 STA 在单一测试过程中，使用同一样品同时获取热重和差热数据，能够提供更全面的热特性分析，为研究材料的热稳定性、热反应动力学以及物理变化等提供了强有力的手段。

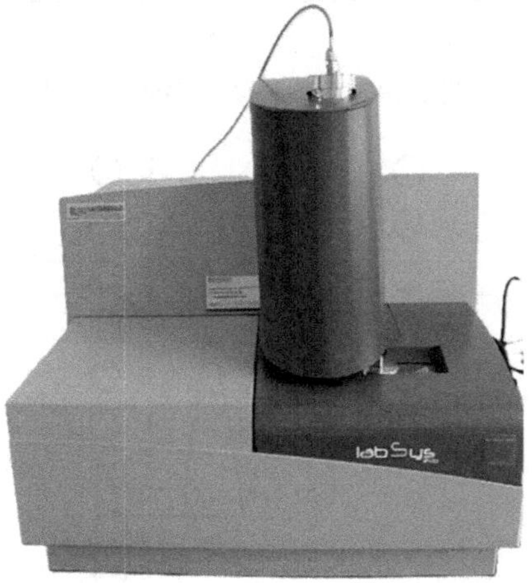

图 1-18　塞塔拉姆 Labsysevo 同步热分析仪

1.8.1　同步热分析仪工作原理

STA 的工作原理是通过结合 TG 和 DSC 或 DTA 来实现的。TG 是研究在温度程序控制下，物质的质量与温度之间关系的一种方法。只要物质在加热过程中有质量变化，如含水化合物的失水、无机和有机化合物的热分解、固体和液体物质的升华或蒸发等，就有可能运用热重法进行测定。通常是将试样以恒定的升温速度加热时，连续测量试样的质量，所得质量 m 与温度 T 的关系图称为热重曲线(TG 曲线)。DSC 是在程序控制温度下，测量样品物质和参比物的功率差与温度关系的一种技术[5]。根据测量方法不同，又分为两种类型：功率补偿型 DSC 和热流型 DSC，这里只介绍补偿型 DSC。其重要特点是试样和参比物分别具有独立的加热器和传感器，其结构如图 1-19 所示。DTA 是在程序控制温度下，测量试样和参比物之间的温度差与温度关系的一种技术[3]。图 1-20 是差热分析仪原理图。STA 通过这两种技术的结合，能够在同一样品和同一测试过程中同步获得质量和热效应信息，这种同步测量方式可以更准确地判断热效应与质量变化之间的关系，进而识别和分析材料的热稳定性和反应特性。

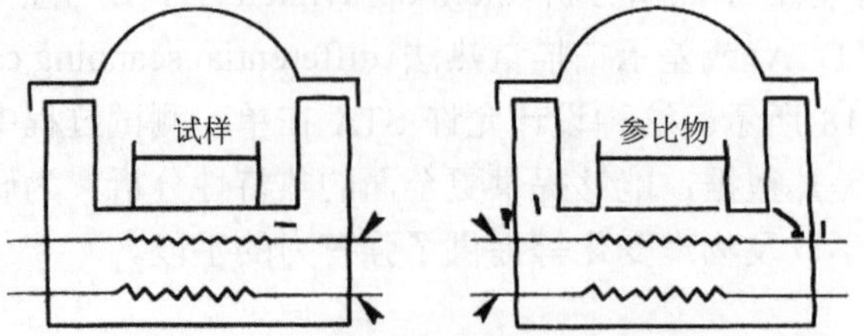

图 1-19 功率补偿型 DSC 示意图[3]

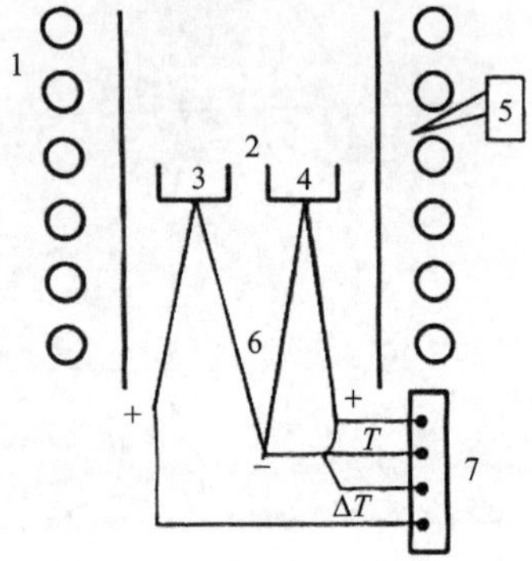

图 1-20 差热分析仪结构简图[3]

1-加热炉；2-坩埚；3-试样；4-参比物；5-控温仪；6-差热电偶；7-接记录仪

1.8.2 同步热分析仪在材料科学中的应用

STA 在材料科学领域扮演着至关重要的角色，尤其在深入探究材料的热特性方面，它广泛应用于分析材料的热稳定性、分解温度、相变和热反应等关键性质。例如，在高分子材料的研究中，STA 能够精确测量材料在加热过程中的质量损失，从而评估其热降解行为和热稳定性。在陶瓷材料的烧结研究中，STA 用于确定烧结温度和时间，优化烧结工艺。对于金属材料和合金，STA 能够分析其熔点、相变温度以及在热处理过程中的微观结构变化，为合金设计和工艺优化提供重要数据。此外，STA 在复合材料的界面分析和增强材料的热匹配性研究中也有重要应用。

1.9 椭圆偏振光谱仪

椭圆偏振光谱仪(简称椭偏仪)，是一种用于探测薄膜厚度、光学常数以及材料微结构的光学测量设备。由于并不与样品接触，对样品没有破坏且不需要真空，使得椭偏仪成为一种极具吸引力的测量设备，如图 1-21 所示。

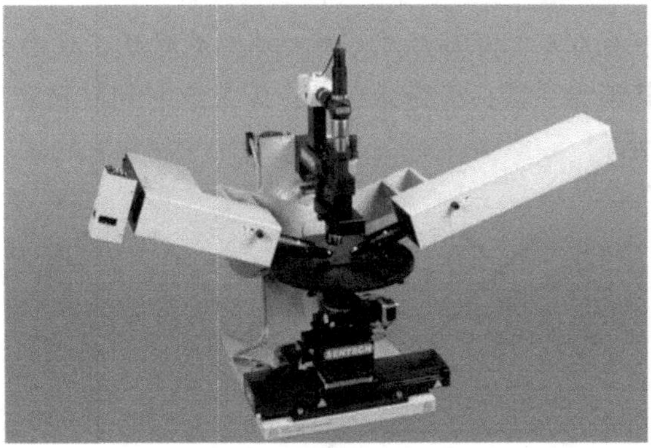

图 1-21　椭圆偏振光谱仪

1.9.1　椭偏仪工作原理

光源经过起偏器，普通光束变成偏振光，偏振光在薄膜样品表面反射后，振幅 Ψ 和相位 Δ 均有所变化，探测器检测到这种变化，将数据传输到计算机上，形成可视化的曲线和可保存的数据进行后续的分析，如图 1-22 所示。事实上，椭偏光谱就是各个膜层的反射光谱。

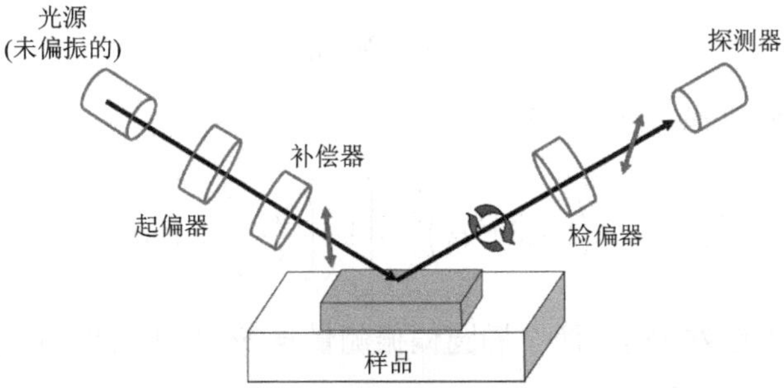

图 1-22　椭偏仪的构成

在半无限环境与半无限各向同性、均匀介质之间的单一理想界面的反射，可以被视为椭偏测量中最简单的分析问题。N_s 可视为基底的反射介质的复折射率。在这种特定情况下，根据麦克斯韦(Maxwell)方程组、菲涅耳(Fresnel)公式、折射定律以及反射定律，得到 p 和 s 偏振光的菲涅耳反射系数为：

$$r_p = \frac{N_s \cos\theta_i - n_a \cos\theta_t}{N_s \cos\theta_i + n_a \cos\theta_t} \tag{1-1}$$

$$r_s = \frac{n_a \cos\theta_i - N_s \cos\theta_t}{n_a \cos\theta_i + N_s \cos\theta_t} \tag{1-2}$$

式中，n_a是环境介质的真实折射率；N_s由$N_s=n_s-ik_s$给出，其中n_s是基底介质的真实折射率，k_s是其消光系数；θ_i是入射角；θ_t是透射到衬底的角度。反射的几何形状如图 1-23 所示。

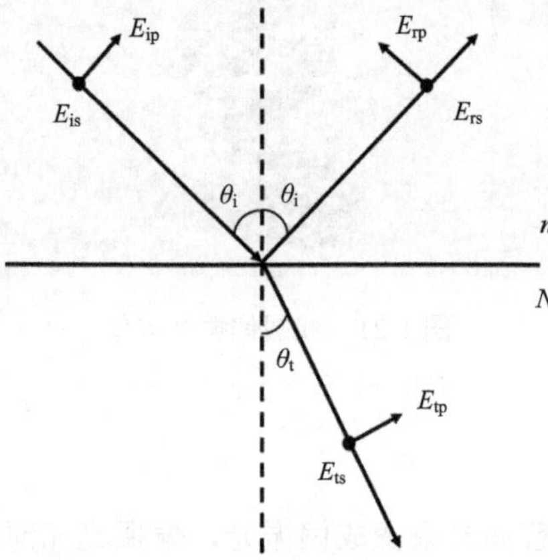

图 1-23　单一界面的光路图

式(1-1)、式(1-2)包含了三个未知值，n_s、k_s和θ_t。然而，可以应用菲涅耳定律，即

$$n_a \sin\theta_i = N_s \sin\theta_t \tag{1-3}$$

通过式(1-4)可以消除$\cos\theta_t$：

$$\cos\theta_t = \left(1-\sin^2\theta_t\right)^{\frac{1}{2}} = \left[1-\left(\frac{n_a}{N_s}\right)^2 \sin^2\theta_i\right]^{\frac{1}{2}} \tag{1-4}$$

然后，通过定义方程，两个椭圆偏振测量角Ψ和Δ可以用N_s、n_a和θ_i来表达：

$$\tan\Psi e^{(i\Delta)} = \frac{r_p}{r_s} = \rho \tag{1-5}$$

利用式(1-1)、式(1-2)、式(1-3)、式(1-4)和式(1-5)，可以从椭圆偏振测量数据值Ψ和Δ(或ρ)中确定n_s和k_s(或N_s)，利用假定已知的量n_a和θ_i，当将光学函数$n_a=N_a$和N_s表示为相应的复介电函数时，进行这样做的方程在形式上变得更加简单。

$$\varepsilon_a = N_a^2 \tag{1-6}$$

$$\varepsilon_{\mathrm{s}} = N_{\mathrm{s}}^{2} \tag{1-7}$$

式中，ε_{s} 是反射基底介质的复介电函数，ε_{a} 是环境的复介电函数。最终的结果，将测量的椭偏测量参数与反射基底介质的复介电函数联系起来，如下所示:

$$\varepsilon_{\mathrm{s}} = \varepsilon_{\mathrm{a}} \sin^{2}\theta_{\mathrm{i}}\left[1+\tan^{2}\theta_{\mathrm{i}}\left(\frac{1-\rho}{1+\rho}\right)^{2}\right] \tag{1-8}$$

通常是以度数而不是弧度来表示椭偏测量角度。对于单一界面，ε_{s} 的要求，即其虚部为正，意味着 0°≤$\varPsi$≤45°和 0°≤$\varDelta$≤180°。

环境和衬底之间的单一界面在真实样本中是罕见的。更常见的问题是一般样品结构由衬底上的 m 层和 m+1 个界面组成。在解决这个问题时，确定了由 S_v 给出的 2×2 散射矩阵，其中 v 代表 p 或 s 偏振光。这个矩阵由以下形式给出：

$$S_{v,(m+1)} = I_{v,01}L_1 I_{v,12}L_2 \cdots I_{v,j-1,j}L_j \cdots L_m I_{v,m,(m+1)} \tag{1-9}$$

这是由 m+1 个界面矩阵(I)和 m 个层矩阵(L)构成的样品，其中下标 0 表示半无限环境，下标 m+1 表示半无限衬底。界面和层矩阵如下：

$$I_{v,(j-1),j} = \frac{1}{t_{v,(j-1),j}}\begin{pmatrix} 1 & r_{v,(j-1),j} \\ r_{v,(j-1),\ j} & 1 \end{pmatrix} \tag{1-10}$$

$$L_j = \begin{bmatrix} Z_j & 0 \\ 0 & Z_j^{-1} \end{bmatrix} \tag{1-11}$$

对于 p 和 s 偏振光，可以从以下公式确定界面矩阵中的 r_v、j−1、j 和 t_v、j−1、j。

$$\left(r_{j-1,j}\right)_{\mathrm{p}} = \frac{N_j\cos\theta_{j-1} - N_{j-1}\cos\theta_j}{N_j\cos\theta_{j-1} + N_{j-1}\cos\theta_j} \tag{1-12}$$

$$\left(r_{j-1,j}\right)_{\mathrm{s}} = \frac{N_{j-1}\cos\theta_{j-1} - N_j\cos\theta_j}{N_{j-1}\cos\theta_{j-1} + N_j\cos\theta_j} \tag{1-13}$$

$$\left(t_{j-1,j}\right)_{\mathrm{p}} = \frac{2N_{j-1}\cos\theta_{j-1}}{N_j\cos\theta_{j-1} + N_{j-1}\cos\theta_j} \tag{1-14}$$

$$\left(t_{j-1,j}\right)_{\mathrm{s}} = \frac{2N_{j-1}\cos\theta_{j-1}}{N_{j-1}\cos\theta_{j-1} + N_j\cos\theta_j} \tag{1-15}$$

这四个公式是层次 j−1 和 j 之间界面的复振幅反射(r)和透射(t)系数。此外，(11)中的层矩阵中的 Z_j 如下：

$$Z_j = \mathrm{e}^{\left(\frac{2\pi i d_j}{\lambda_0}N_j\cos\theta_j\right)} \tag{1-16}$$

式中，d_j 是第 j 层的厚度。层 j−1 和 j 之间的入射角 θ_{j-1} 是通过连续应用菲涅耳定律获得的(图 1-24)：

$$\begin{aligned}N_0 \sin\theta_0 &= N_1 \sin\theta_1 = \cdots = N_{j-1} \sin\theta_{j-1} \\ &= N_j \sin\theta_j \cdots = N_m \sin\theta_m = N_{m+1} \sin\theta_{m+1}\end{aligned} \tag{1-17}$$

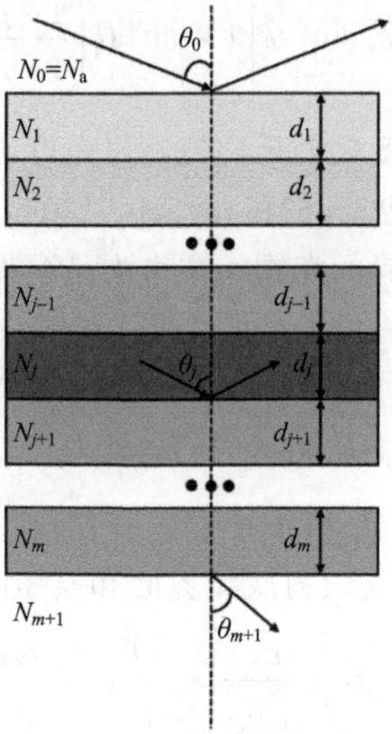

图 1-24　多层薄膜堆叠的示意图

N_a 是环境的复折射率，N_j 是第 j 层的复折射率，并且 N_{m+1} 是衬底的复折射率。θ_0 是光束与第一层的入射角，θ_j 是第 j 层和第 $(j+1)$ 层之间界面的入射角。θ_{m+1} 是透射到衬底的角度

在从式(1-9)确定散射矩阵之后，整个堆叠的菲涅耳反射系数可以通过以下公式确定：

$$r_{\mathrm{p},m+1} = \frac{\left[S_{\mathrm{p},m+1}\right]_{21}}{\left[S_{\mathrm{p},m+1}\right]_{11}} \tag{1-18}$$

$$r_{\mathrm{s},m+1} = \frac{\left[S_{\mathrm{s},m+1}\right]_{21}}{\left[S_{\mathrm{s},m+1}\right]_{11}} \tag{1-19}$$

式中，下标 11 和 21 是标识 2×2 散射矩阵的元素。一旦确定了这些反射系数，对应于这个层堆叠的(Ψ，Δ)值也可以使用下式找到：

$$\rho_{m+1} = \frac{r_{\mathrm{p},m+1}}{r_{\mathrm{s},m+1}} = \tan\Psi \mathrm{e}^{(i\Delta)} \tag{1-20}$$

式中，ρ 的下标 m+1 和菲涅耳系数表明结果是针对 m 层系统推导的。对于像这样的 m 层结构，椭圆偏振角可以覆盖 $0° \leqslant \Psi \leqslant 90°$和$-180° < \Delta \leqslant 180°$的完整范围。因此式(1-9)和式(1-20)的方法可以应用于任意层数。这些方程将测量的量(Ψ，Δ)与 λ_0、θ_0、N_0、…、N_{m+1} 和 d_1、…、d_m 相关联，并且必须使用计算机软件对薄膜

堆栈的有用信息进行求解。解可以通过数值方法从单个(Ψ, Δ)光谱对中获得，例如，输入 λ_0、θ_0 和 d_j 值以及已知的 N_j 光谱，逐波长提取单个未知的 N 值，以进行光谱椭偏分析，或者通过拟合(Ψ, Δ)值中的光谱，例如，输入与描述 N_j 的波长无关自由参数的初始值和厚度 d_j 的初始值。然后使用最小二乘法回归迭代调整初始值，直到找到最佳拟合的波长无关值集合。

1.9.2　椭偏仪在材料科学中的应用

椭偏仪可用于研究金属、半导体、聚合物、生物材料等的光学性质，为材料的研究和应用提供重要依据。它可用于测量半导体薄膜的厚度、折射率、消光系数等参数，为半导体器件的设计和制造提供数据支持；可用于测量光学薄膜的厚度、折射率、损耗等参数，对于优化光学薄膜的性能具有重要意义；还可用于测量太阳能电池材料的光电性能，为提高太阳能电池的转换效率提供指导。

参 考 文 献

[1] 周玉. 材料分析方法. 北京: 机械工业出版社, 2004.
[2] 郭立伟. 现代材料分析测试方法. 北京: 北京大学出版社, 2023.
[3] 李倩. 现代材料分析测试方法与应用. 北京: 冶金工业出版社, 2022.
[4] 王富耻. 材料现代分析测试方法. 北京: 北京理工大学出版社, 2006.
[5] 左演声, 陈文哲, 梁伟. 材料现代分析方法. 北京: 北京工业大学出版社, 2000.

第 2 章　高性能铝合金中的应用实例

2.1　应 用 对 象

随着世界经济的飞速发展，能源问题和气候变暖问题被广泛关注，各国政府要求汽车制造企业降低产品能耗、减少污染、提高燃料的经济性。有数据显示，汽车自重每降低 100kg，油耗可以减少 0.7L/km。与汽车用钢铁材料相比，铝合金具有质量密度轻、比强度和比刚度较好、抗冲击性能好、塑性高、加工成型性好、再回收率高等一系列优点，而被优先应用在汽车轻量化车身板材。常用的车用铝合金包含 2000、6000 和 7000 系铝合金，其中 Al-Mg-Si 合金 T4 态板材的屈服强度和抗拉强度与钢材相近，硬化系数 n 值甚至高于钢材，本身是可热处理强化铝合金。当前许多国家都在致力于车用铝合金的研究。Rolls-Royce 公司已推出车身框架全铝合金制成的轿车，奥迪公司推出的 A8 车型也使用了铝合金作为汽车的车身框架和保险杠，能有效减轻车体质量 30%～40%，并与钢铁制件具有同等的抗冲击强度。在车轮用铝合金上，已经达到了 80%以上；近年我国工信部、国家发改委、科技部等均对铝合金汽车板的产业化给予大力支持。今后几十年研制高性能车用铝合金对提高我国汽车工业的国际竞争力具有举足轻重的作用。

国内外铝合金的研究主要集中在铝合金的成分、热处理工艺以及板材成型技术等方面。通过添加合金元素如稀土元素等将细化晶粒、抑制再结晶；而通过对变形量的控制，可以有效控制铝合金微观组织，并提升合金的机械性能。热处理工艺通常包含两种：最终形变热处理和回归再时效处理，即通过固溶处理、预时效、冷变形和人工时效等组合，来获得良好的综合力学性能。虽然通过合金成分和时效工艺的控制，抗拉强度可以高达 700 MPa，但实际生产中仍面临复杂形状的覆盖件难加工等问题。在高性能铝合金的疲劳寿命、疲劳极限，以及微观组织结构控制等方面仍面临巨大挑战。

通过耐热高性能铝合金研究与表征分析，突破核心技术，将有助于服务中铝瑞闽、南平铝业、厦门民兴工业、安泰铝业、宝丰实业有限公司等厦门周边地方铝业制造及相关下游产业公司，降低能耗，缩短与国际先进铝合金制商(如美国 AlCOA、德国 VAW、日本 KOK、法国贝西内公司等)的技术差距，具有重要的工业经济价值。

2.2　分 析 目 的

①铝合金中析出相表征与定量计算。

②铝合金中透射电镜斑点标定。

③铝合金热力学分析。

2.3　分 析 仪 器

采用 X 射线衍射仪(XRD，SmartLab 3kW，日本，靶材为铜靶，波长为 1.54 Å，扫描速度 20°/min，扫描角度 20°～90°)测定样品的相组成，使用扫描电子显微镜(FESEM，蔡司 sigma 500，德国)和能量色散光谱仪(EDS，牛津仪器 X-maxN，英国)分析铝合金的表面形貌；采用差示扫描量热仪分析铝合金析出相演变过程。

2.4　结果与分析

2.4.1　热处理对 7xxx 系铝合金相析出行为影响

在分析热处理对铝合金相析出行为影响上，需要对 X 射线衍射的谱线进行标定分析，需要采用的软件为 JADE 软件。

采用 JADE 软件，对 7075 合金用 X 射线衍射进行标定；固溶时效处理的析出序列：(a)饱和固溶体(SSS)－团簇 GP 区－η'相($MgZn_2$)－η 平衡相($MgZn_2$)和(b)饱和固溶体(SSS)－团簇 GP 区－T'相－T 平衡相($Al_2Zn_3Mg_3$)[1, 2]。如图 2-1(c)所示，150℃时效样品随着时效时间延长至 45 min，η′相析出逐渐增加，合金得到强化的主要相是 η′沉淀。时效时间继续增加，η′相减少，η 相析出增加，即 η′向 η 相转化，此时 η 相为合金强化的主要析出相。通过 X 射线衍射可以标定物质结构，进而推导物质相结构演变规律。

2.4.2　2xxx 系铝合金高压扭转变形

采用分析软件 MAUD 对所得 X 射线衍射图谱[图 2-2(a)]进行全峰拟合可得到图 2-2(b)。采用 pseudo-Voigt 函数对 X 射线衍射谱进行拟合[式(2-1)]，其中 $L(2\theta–2\theta_1)$ 表示相对应的洛伦兹函数，$G(2\theta–2\theta_1)$表示对应的高斯函数，η 为洛伦兹分数[3]。

$$I(2\theta) = I_{hkl}[\eta L(2\theta - 2\theta_1) + (1-\eta)G(2\theta - 2\theta_1)] \tag{2-1}$$

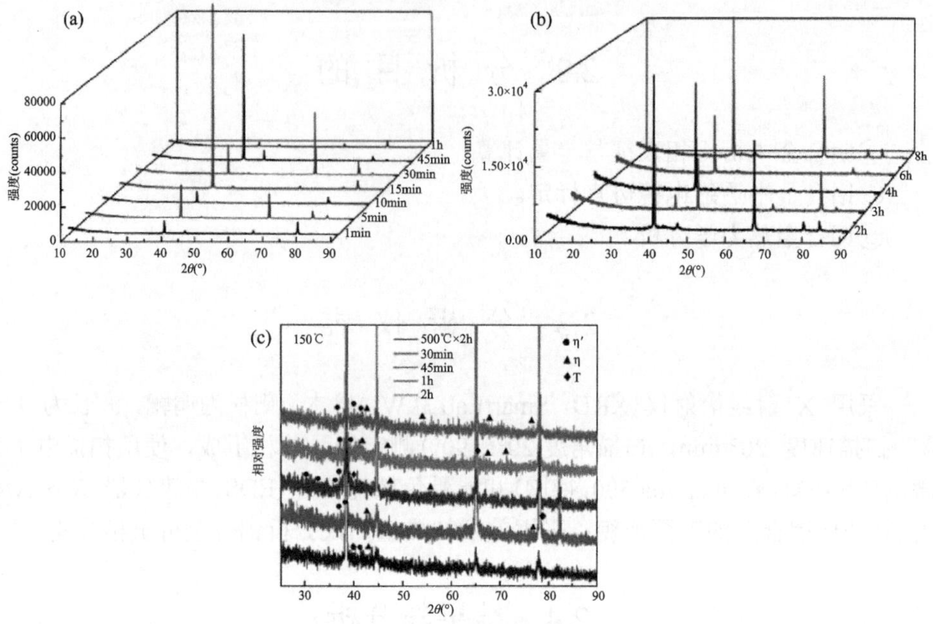

图 2-1　7075 铝合金在 150℃时效不同时间 X 射线衍射图谱

(a) 1 min, 5 min, 10 min, 15min, 30 min，45 min 和 1 h；(b) 2 h, 3 h, 4 h, 6 h 和 8h ；(c) 采用 JADE 软件进行标定

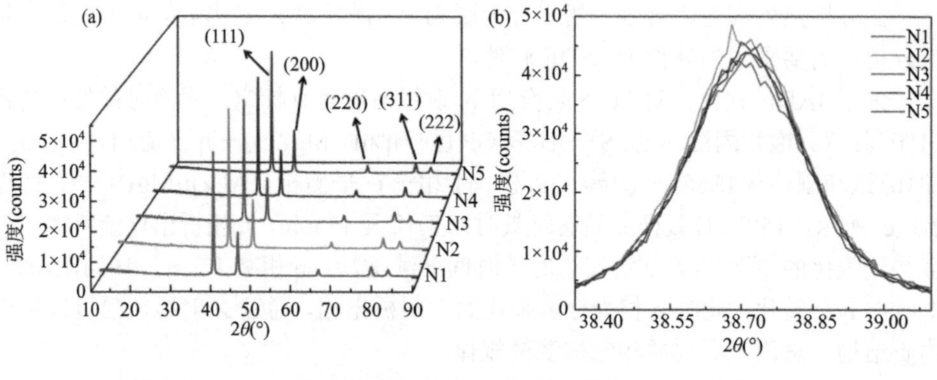

图 2-2　2xxx 系不同变形高压扭转 X 射线衍射谱(a)及全峰拟合(b)

用 MAUD 软件对所得 X 射线衍射图谱进行全峰拟合后可计算出样品的微应变和晶粒尺寸[4-7]。根据样品的微应变和晶粒尺寸，利用式(2-2)计算出样品的位错密度：

$$\rho = \frac{2\sqrt{3}(\varepsilon^2)^{\frac{1}{2}}}{D_c \boldsymbol{b}} \tag{2-2}$$

式中，D_c是平均晶粒尺寸，ε是内应变，$\boldsymbol{b}$是柏氏矢量。

采用 Williamson-Hall 截线法测定样品的微应变、位错密度、晶粒尺寸和晶格参数[8]。采用 Williamson-Hall 截线法求出样品的线性回归方程(图 2-3)，根据线性回归方程采用如下公式计算样品的相关参数：

$$\beta_{hkl} = \sqrt{\beta_{测量}{}^2 + \beta_{仪器}{}^2} \tag{2-3}$$

$$\beta_{hkl} \cos\theta = \frac{k\lambda}{D} + (4\varepsilon \sin\theta) \tag{2-4}$$

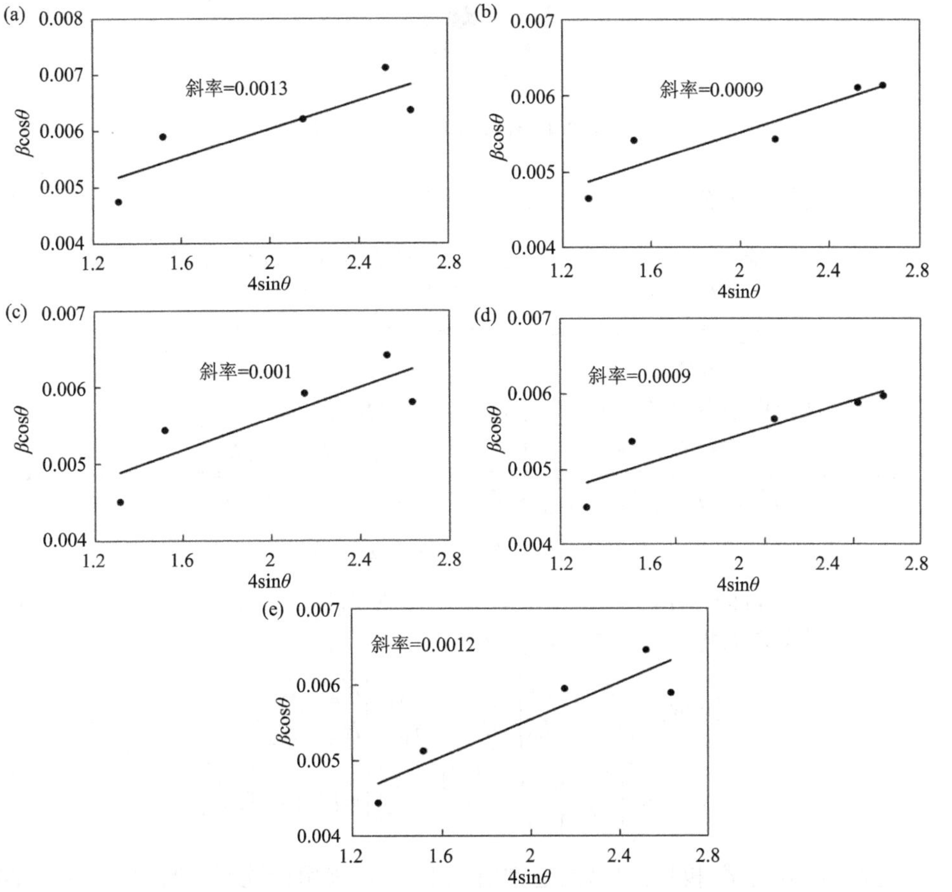

图 2-3　不同变形周次样品的 Williamson-Hall 截线图

(a) 1 周；(b) 2 周；(c) 3 周；(d) 4 周；(e) 5 周

综上，X 射线衍射不仅可以用于标定相结构，做结构分析，也可以做微应变、位错密度、晶粒尺寸和晶格参数等分析。

2.4.3　通过选区衍射标定铝合金结构（尝试-校核法标定）

图 2-4 为铝单晶电子衍射花样(fcc，$a = 0.4$ nm)，试标定此花样；计算相应的晶面间距、晶面指数和晶带轴指数。已知：$R_A = 6.5$ mm, $R_B = 16.4$ mm, $R_C = 16.8$ mm, $\varphi_{AB} = 82°$, $L\lambda = 1.50$ mm·nm。

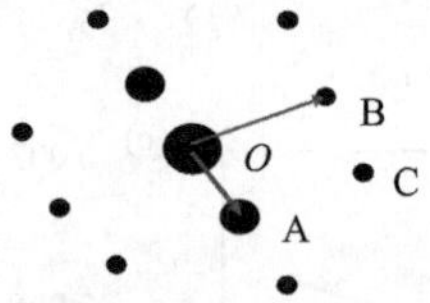

图 2-4　铝单晶电子衍射花样

电子衍射基本公式:

$$R = k\frac{1}{d_{HKL}} = L\lambda\frac{1}{d_{HKL}};\quad R = \frac{1.50}{0.4}\sqrt{H^2+K^2+L^2} = 3.75\sqrt{N^2}$$

$$N_A^2 = (\frac{6.5}{3.75})^2 \approx 3;\quad N_B^2 = (\frac{16.4}{3.75})^2 \approx 19;\quad N_C^2 = (\frac{16.8}{3.75})^2 \approx 20$$

对应晶面指数分别为 {111}、{331} 和 {420}。

$$\cos\varphi_{AB} = \frac{H_AH_B + K_AK_B + L_AL_B}{\sqrt{H_A^2+K_A^2+L_A^2}\cdot\sqrt{H_A^2+K_A^2+L_A^2}} = \frac{H_AH_B + K_AK_B + L_AL_B}{\sqrt{3}\cdot\sqrt{19}} = 0.1392$$

$$H_AH_B + K_AK_B + L_AL_B = 1$$

在 A 为 {111}、B 为 {331} 中，可选择 A 为(111)、B 为$(3\bar{3}1)$，由矢量运算可得衍射斑点面指数。晶带轴指数为:

$$[uvw] = \left[\begin{vmatrix}K_A & L_A\\K_B & L_B\end{vmatrix}\ \begin{vmatrix}L_A & H_A\\L_B & H_B\end{vmatrix}\ \begin{vmatrix}H_A & K_A\\H_B & K_B\end{vmatrix}\right]$$

$$= \left[\begin{vmatrix}1 & 1\\-3 & 1\end{vmatrix}\ \begin{vmatrix}1 & 1\\1 & 3\end{vmatrix}\ \begin{vmatrix}1 & 1\\3 & -3\end{vmatrix}\right] = [42\bar{6}] = [21\bar{3}]$$

此方法为尝试-校核法标定。通常情况下，可以采用标准衍射谱图法进行对照，如图 2-5 所示。

2.4.4　7xxx 系铝合金热处理析出相表征(形貌案例)

案例描述：研究 7075 铝合金在 150℃热处理 15min 和 45min 状态下组织形貌演变。

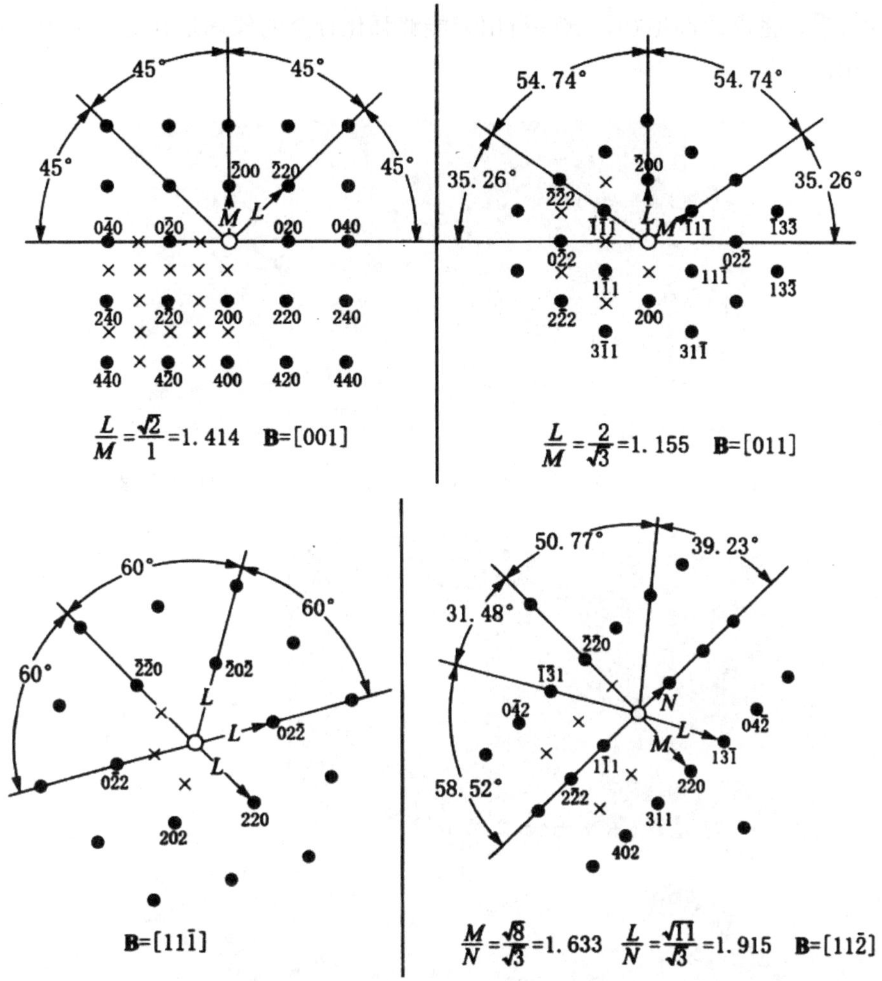

图 2-5　面心立方结构标准电子衍射图

如图 2-6 所示，7075 铝合金内不同尺寸的纳米颗粒在晶体内弥散分布，此时晶体内有较多接近圆球状的 T′相；如图 2-7(a)～(c)所示，HRTEM 图像及其快速傅里叶变换(FFT)衍射图和模拟衍射图，表明析出相与基体呈半共格，针状析出相为 η′相；与图 2-7 未达到时效时间的样品图像对比发现 η′相析出明显。

图 2-7(b)中明亮光点衍射花样是 Al 基体，旁边围绕的卫星光点是 η′相，还可能存在 T'相衍射花样与 Al 基体重合，或者由于中心光点过亮覆盖了 T'相衍射花样；图 2-7 (f)显示出 T′相是近似球状的亚稳态析出相，η′相显示为与铝基体形成半共格晶面的板条状形貌，η 相是与铝基体形成共格晶面的细长针状沉淀。可知时效 45min 存在板条状 η′相但数量不多；未见细长 η 相。时效时间延长，析出

相的数量、密度逐渐增加，这些析出相能够强化合金的原理是其对位错运动起钉扎作用。

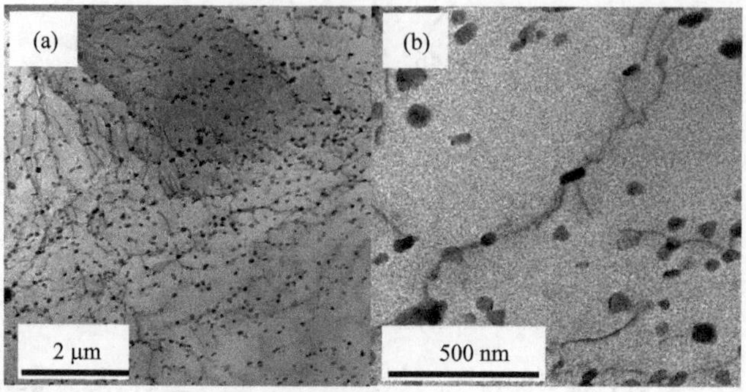

图 2-6　Al-Mg-Zn-Cu 合金时效 150℃、15min 样品 STEM 图像

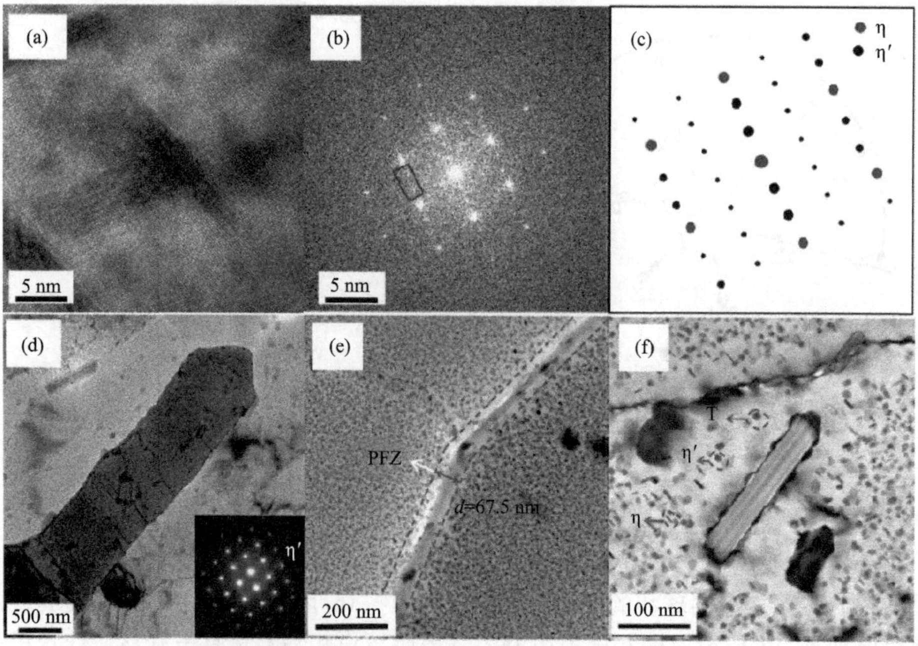

图 2-7　Al-Mg-Zn-Cu 合金时效 150℃×5min 样品 STEM 图像

(a) η′ HRTEM 图像; (b) FFT 衍射图; (c) 模拟衍射图; (d) 明场像; (e) 无沉淀析带; (f) 析出相分布

2.4.5　7xxx 系铝合金断口扫描分析

案例描述：研究 7075 铝合金在冷轧变形状态下拉伸断口形貌。

图 2-8 展示了变形前后 7075 铝合金拉伸断口形貌[9]。从未变形到变形量为

20%以内，拉伸的断口基本上遍布着韧窝，属于韧性断裂，判断其断裂类型是穿晶断裂。但是在变形量达到 30%后，断口形貌中出现无韧窝的断层，判断其断裂类型是混晶断裂。随着冷轧变形量增加，材料的断裂机制由穿晶断裂向穿晶断裂和沿晶断裂共存的混晶断裂发生过渡。

图 2-8(a)～(d)中发现颗粒状、片状的析出相大量分布在韧窝中，这些析出相界面与基体界面在拉伸的过程中萌生出裂纹源，断裂是从这些析出相开始发生的。变形量在 30%以内时，随着变形量的增加，韧窝的尺寸变大、数量变少、深度变浅，说明铝合金的塑性变形能力下降，这与拉伸性能测试中所测得其延伸率在冷轧变形初期(10%～30%)下降相互印证。而由图 2-8(d)～(f)可发现其韧窝尺寸大小变化不明显，说明塑性变形能力变化不大，这与其延展率变化在 30%冷轧变形量以后趋于饱和的结果符合。

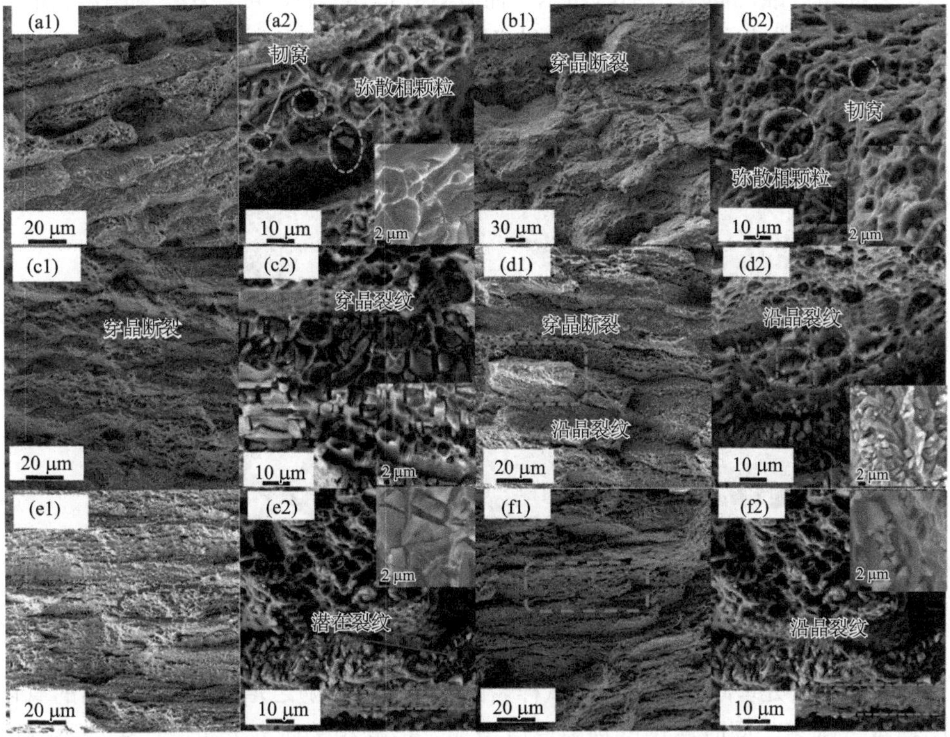

图 2-8　7075 铝合金冷轧后拉伸断口表面形貌[9]

(a)未变形；(b)10%；(c)20%；(d)30%；(e)40%；(f)50%变形

2.4.6　7xxx 系铝合金腐蚀形貌分析

案例描述：研究 7075 铝合金在冷轧变形状态 150℃ 经过不同热处理时间后

进行电化学腐蚀的形貌。

图 2-9 表明随着时效时间的增加，试样的表面形貌经电化学腐蚀后发生改变。铝合金在 3.5% NaCl 溶液中，由于侵蚀性阴离子 Cl^-吸附在合金表面的缺陷位置形成活化点而开始引起点蚀。随着点蚀的发展，活化点周围的 Al 基体溶解，固溶于基体中的 Zn、Mg 也随之溶解，由于其电位比 Al 正，这些元素的离子被 Al 置换沉积在钝化膜表面，破坏了钝化膜的致密性，促使合金进一步溶解。时效 1min 后铝合金基体腐蚀明显，形成孔洞，如图 2-9(a)所示。时效 30 min 后，试样表面出现了裂纹，但表面没有受到严重腐蚀，如图 2-9(b)所示。合金在 150℃长时间时效时，此时晶界析出相 $MgZn_2$ 相对于晶内有 Cu 元素的富集，导致此状态下晶界析出相与晶内腐蚀电位差异降低，腐蚀沿晶界扩展速率与往晶内扩展速率无明显差异，因此其腐蚀形貌表现为类点蚀形貌。时效 4h 后，试样表面出现了氧化产物、裂纹和点蚀，如图 2-9(c)所示。而时效处理 8h 后，可以观察到蜂窝状的腐蚀形貌，表明发生了严重的晶间腐蚀(IGC)，如图 2-9(d)所示。

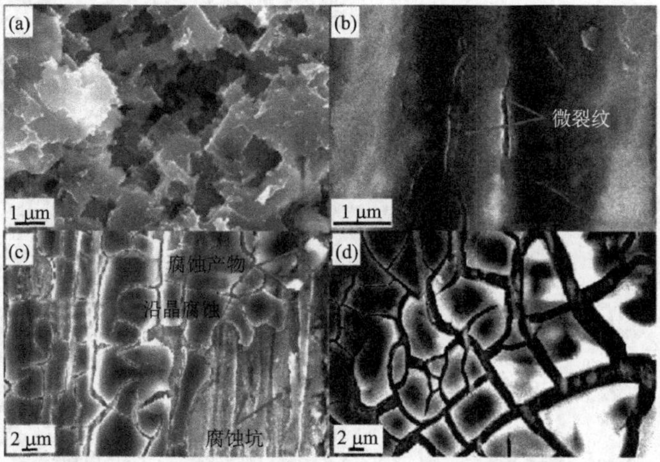

图 2-9　冷轧 7075 铝合金 150℃经过不同热处理时间后进行电化学腐蚀的形貌

(a) 1min；(b) 30min；(c) 4h；(d) 8h

随着时效处理时间的增加，试样表面出现的裂纹随之增多、试样表面的氧化产物越聚越多，同时腐蚀产物膜厚度增加。根据相关研究分析，产生的不导电 $Al(OH)_3$ 沉积物将会聚集在试样腐蚀后的表面，并且随着 $Al(OH)_3$ 沉积物的增多，腐蚀的电阻会进一步增大，从而使 7075 铝合金的腐蚀电流密度进一步降低，即 7075 铝合金腐蚀的速率逐步变慢。

2.4.7　2xxx 系铝合金高压回转扭转变形 DSC 分析

在 DSC 加热过程中，高压扭转变形迫使溶质原子扩散到晶格缺陷(即位错、晶界/亚晶界)，以降低体系吉布斯自由能，在晶界上形成团聚和沉淀。由于溶质和团簇的随机扩散，扩散路径的平均半径为：

$$l_s = \sqrt{6Dt} \tag{2-5}$$

式中，t 是扩散时间；D 是扩散系数，它遵循 Arrhenius 公式：

$$D = D_0 \exp\left(\frac{E_{diff}}{RT}\right) \tag{2-6}$$

式中，T 为析出相析出温度；E_{diff} 为扩散活化能，120 kJ/mol；D_0 为指数前扩散系数，1.47×10^{-5} m²/s；R 为摩尔气体常数，8.314 J/(K·mol)。由于 Mg 的扩散速度快于 Cu，因此 Mg 的扩散路径较长。

在线性加热中，在放热效应的起始点(例如 200℃)发生沉淀，在 220℃或 215℃下以 10℃/min 加热时达到峰值。图 2-10 证明 Al-Cu-Mg 合金的熔点 T_m 为 510℃，根据回复再结晶的基本理论，当金属被加热到熔点的一半以上发生回复再结晶。Al-Cu-Mg 合金在沉淀温度下，亚晶界变得不稳定，晶界和亚晶界释放出存储的位错。亚晶界回复再结晶放热作用与 S 相析出的放热作用相互影响，形成了图 2-10 中 210℃和 245℃的双峰形曲线。

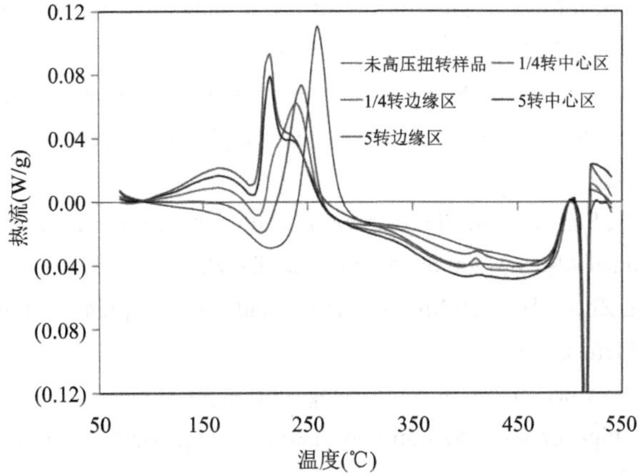

图 2-10　高压扭转变形中心区域与边缘区域 DSC 曲线图[10]

样品的中心区域 DSC 曲线显示放热峰位置分别为 215℃、220℃和 245℃处；而样品的边缘区域 DSC 曲线则显示放热峰分别位于 215℃和 245℃处。当温度到达 200℃，S 相析出；当试样加热到 270℃以上时，S 相溶解到 Al 基体中，晶格位错回复和超细晶晶界发生再结晶(再结晶温度为 415℃)。随着变形量的增加，析出相放热峰峰值位置前移，这是由于剧烈塑性变形引入了大量的位错及晶界，这些缺陷位置增加了 S 相的析出位置，变形过程中为了降低体系总体吉布斯自由能，Mg 和 Cu 溶质原子具有偏聚于晶界的内在驱动力，实际上的确存在溶质原子偏聚现象，这将在之后的章节中讲述，这些溶质原子在缺陷处的聚集行为，促进晶核形成，容易形成纳米尺寸析出相。245℃时的峰值强度随变形量的增加而增加，而 220℃峰则随变形量增加而减少，但在边缘区域的样品中则没有这种现象。

2.5 本章小结

本案例通过微观组织结构表征(如透射电子显微镜、扫描电子显微镜、X 射线衍射和热分析等主要分析方法)，验证和预测材料组织结构对铝合金材料性能的影响，指导学生进行铝合金表征样品制备和样品分析。

参考文献

[1] Konopatsky A S, Kvashnin D G, Corthay S, et al. Microstructure evolution during $AlSi_{10}Mg$ molten alloy/BN microflake interactions in metal matrix composites obtained through 3D printing. Journal of Alloys and Compounds, 2021,859 : 157765.

[2] Li M H, Yang Y Q, Feng Z Q, et al. Precipitation sequence of η phase along low-angle grain boundaries in Al-Zn-Mg-Cu alloy during artificial aging. Transactions of Nonferrous Metals Society of China, 2014,24: 2061-2066.

[3] Chen Y, Gao N, Sha G, et al. Strengthening of an Al-Cu-Mg alloy processed by high-pressure torsion due to clusters, defects and defect-cluster complexes. Materials Science and Engineering: A, 2013,627 :10-20.

[4] Chen Y, Gao N, Sha G, et al. Microstructural evolution, strengthening and thermal stability of an ultrafine-grained Al-Cu-Mg alloy. Acta Materialia, 2016,109 :202-212.

[5] Chen Y, Tang Y, Zhang H, et al. Microstructures and hardness prediction of an ultrafine-grained Al-2024 alloy. Metals, 2019, 9(11): 1182.

[6] Dong J, Gao N, Chen Y, et al. Achieving ultra-high strength of Al-Cu-Li alloys by the combination of high pressure torsion and age-hardening. Materials Science and Engineering: A,2022, 832:142504.

[7] Chen Y, Yuan X, Dong J, et al. The nanoscale mechanisms of strengthening and ductility enhancement in an Al-Mg-Si-Mn alloy on processing by high-pressure torsion. Materials Characterization, 2023,203 :113145.

[8] Williamson G K, Hall W H. X-ray line broadening from filed aluminium and wolfram. Acta Metallurgica, 1953,1 : 22-31.

[9] Yuan X, Chen Y, Huang Q, et al. Mechanical and corrosion behavior of 7075 Al alloy processed by cold rolling. Journal of Materials Engineering and Performance,2023, 33: 10324-20332.

[10] Chen Y. The relations between thermodynamics, nanostructure, hardening and stability of an Al-Cu-Mg alloy processed by high pressure torsion. Sovthampton: University of Southampton, 2014.

第 3 章　铁基软磁合金中的应用实例

3.1　应 用 对 象

铁基软磁合金。

3.2　分 析 目 的

① 分析粉末的相态、形貌。
② 分析铁基软磁烧结后的显微组织、磁性能变化规律。

3.3　分 析 仪 器

采用 X 射线衍射仪(XRD，SmartLab 3kW，日本，靶材为铜靶，波长为 1.54 Å，扫描速度 20°/min，扫描角度 20°～90°)测定样品的相组成，使用扫描电子显微镜(FESEM，蔡司 sigma 500，德国)观察合成粉末的形貌与粒度，采用 MeF3A 金相显微镜观察微观组织，侵蚀剂为 $FeCl_3$ 水溶液。样品 C、N、O 杂质的含量通过 NCS CS-2008 和 ON-3000 型 C、N、O 分析仪进行测量。通过冲击法测量软磁性能，采用仪器为 MATS-2010SD 软磁直流测量仪。

3.4　结 果 分 析

3.4.1　原料

羰基铁粉和羰基镍粉的质量比为 1∶1，采用 VH-0.2 型混料机进行混粉。为了研究粉末特性对注射成型工艺参数和软磁合金组织性能的影响规律，采用两种混粉工艺：①不加球混合，标记为混合粉末 A；②球料比为 2∶1，标记为混合粉末 B。两种混粉工艺的时间均为 4 h。图 3-1 为采用两种混料工艺所得的混合粉末的扫描照片。观察其形貌并与原始粉末形貌对比可知，不加球的混料工艺(混合粉末 A)，并没有改变原始粉末的形貌，并存在粉末团聚现象；通过观察图 3-1(b)，可发现球磨的混料工艺打断了羰基镍粉的支链结构，所得混合粉末较为均匀，具有良好的分散性。

图 3-1　Fe-50%Ni 软磁合金混合粉末的显微形貌

(a) 粉末 A；(b) 粉末 B

图 3-2 为两种混料工艺所得的粒度分布图，表 3-1 为两种混合粉末具体粒度分布值，经对比可以看出经球磨后混合粉末粒度分布变窄，D_{10}、D_{50}、D_{90} 经球磨后分别由 2.4 μm、6.11 μm、15.12 μm 变为 2.02 μm、4.98 μm、10.93 μm，混合粉末的振实密度由 3.21 g/cm^3 增大到 4.86 g/cm^3，这将有助于提高粉末的装载量。装载量的提高有利于样品尺寸精度的控制，所以选择球磨粉末 B 进行以下研究。

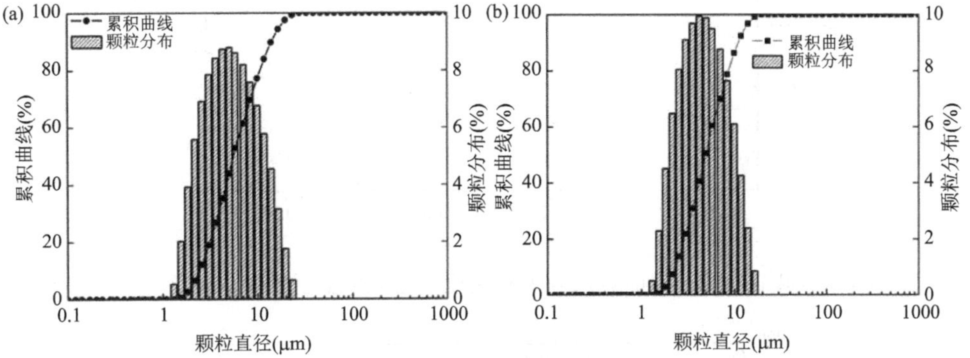

图 3-2　Fe-50%Ni 软磁合金混合粉末的粒度分布图

(a) 粉末 A；(b) 粉末 B

表 3-1　混合粉末特性

粉末样品	D_{10} (μm)	D_{50} (μm)	D_{90} (μm)	比表面积 (m²/cm³)	ρ_{spp} (g/cm³)	ρ_{tap} (g/cm³)
A	2.40	6.11	15.12	1.32	2.91	3.21
B	2.02	4.98	10.93	1.94	3.42	4.86

3.4.2　烧结温度对 Fe-50%Ni 组织及性能的影响

Fe-50%Ni 软磁合金属于典型的固相烧结，升高温度不仅会促进物质迁移，使材料更加致密化、均匀化，同时也可以加速形成固溶体合金的过程。当 Fe、Ni

基体形成固溶体后，提高烧结温度有利于组织的均匀化，促使合金晶粒长大和孔隙的消除。为了考察烧结温度对 Fe-50%Ni 软磁合金组织与性能的影响，对预烧结坯进行了不同温度烧结实验，烧结温度分别为 1110℃、1160℃、1210℃、1260℃、1310℃、1360℃。烧结气氛为氢气，保温时间为 2 h。图 3-3 和图 3-4 为烧结温度与密度和磁性能之间的关系图。从图中可以看出，随着温度的升高，材料的相对密度由 91.3%升高到 94.6%，相对应的饱和磁感应强度由 1.270T 升到 1.397T，同时样品的最大磁导率逐渐升高，矫顽力逐渐下降。但是当温度高于 1360℃时，材料出现部分熔化，所以选择最适合的温度为 1360℃。

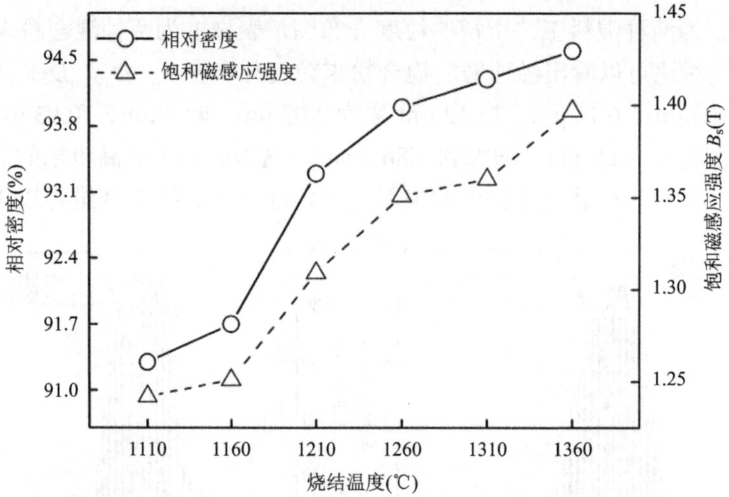

图 3-3　烧结温度与 Fe-50%Ni 密度和饱和磁感应强度的关系图

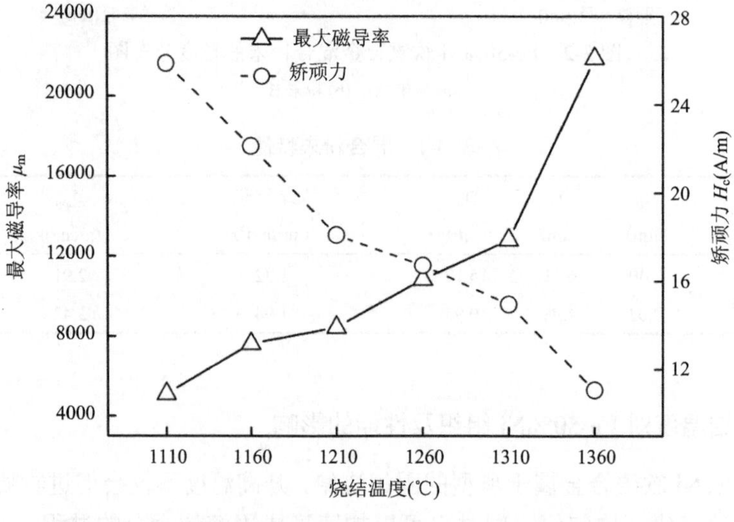

图 3-4　烧结温度与 Fe-50%Ni 最大磁导率和矫顽力关系图

对于软磁材料来说，饱和磁感应强度 B_S 属于结构不敏感性量，在材料体系不变的情况下，它只随材料的密度而变化。因为 FeNi 混合粉烧结属于典型二元无限互溶系固相烧结，提高温度是加速固相烧结过程中物质迁移的主要驱动力，样品密度随温度的升高而增高，B_S 随密度的变化而变化。对比饱和磁感应强度，软磁材料的最大磁导率和矫顽力是结构敏感性量，它不仅与材料的致密度有关，还与晶粒大小、杂质含量、应力大小等有关。图 3-5 是不同温度下样品的金相显微组织图，可以看出，随着温度的升高，材料的晶粒尺寸是不断增大的，在 1360℃时晶粒平均尺寸为 100 μm。随温度的升高，磁性能的升高归结于致密度的提高和晶粒尺寸的增大。

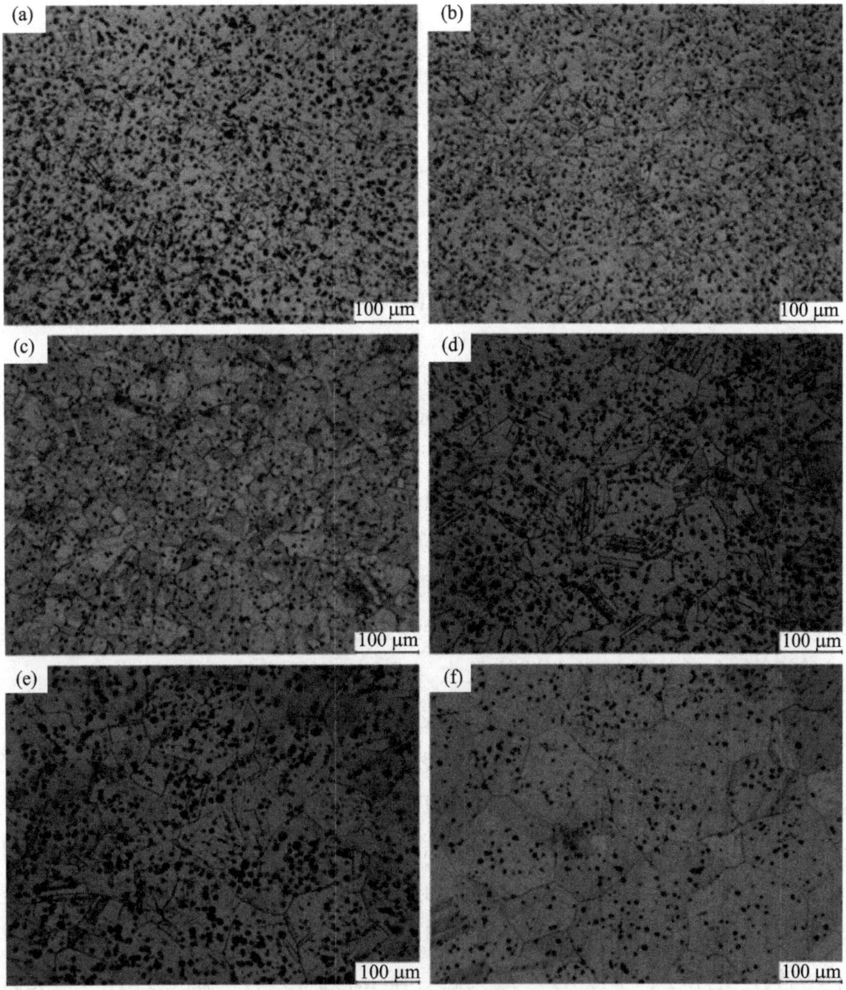

图 3-5　烧结温度与组织之间的关系

(a) 1110℃; (b) 1160℃; (c) 1210℃; (d) 1260℃; (e) 1310℃; (f) 1360℃

3.4.3 烧结时间对 Fe-50%Ni 组织及性能的影响

为了研究烧结时间对 Fe-50%Ni 软磁合金致密度及磁性能的影响，样品在氢气的气氛下，烧结温度为 1360℃，高温保温 2～12h。

图 3-6 是对比 Fe-50%Ni 软磁合金混合后的原料粉末和烧结 10h 后的 XRD 图，通过对比可以发现，原料粉末中 Fe、Ni 为主要峰，烧结 10h 后，只剩下 γ-FeNi 峰。

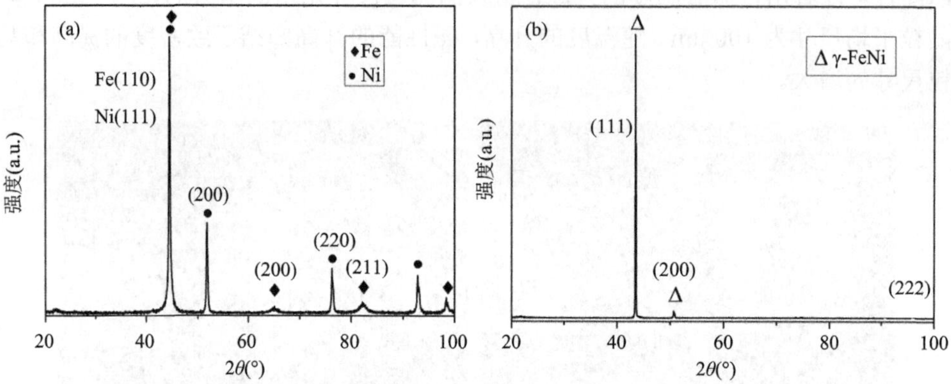

图 3-6　XRD 衍射图

(a) Fe-50%Ni 混合粉末; (b) Fe-50%Ni 烧结 10 h

图 3-7 是不同烧结时间的组织显微结构图，可以看出，随着烧结时间的延长，材料内部的孔隙逐渐减少，晶粒不断长大，当烧结时间由 2 h 延长到 10 h，晶粒由 100 μm[图 3-7(a)]长大到 200 μm [图 3-7(e)]，继续延长烧结时间，晶粒大小基本不再变化，晶界趋于平直。按照晶粒长大的理论[1-3]，晶界迁移是晶粒长大的动力，而各种阻力如气孔、杂质等因素则阻碍晶粒长大，当晶粒生长到一定尺寸后，晶粒长大的动力与阻力趋于平衡，持续延长烧结时间并不能使晶粒继续长大，此时认为孔隙的存在阻碍了晶粒的长大。

图 3-8 是烧结时间与密度及磁性能之间的关系图。可以看出材料的密度和饱和磁感应强度随烧结时间的延长增加，烧结 6 h 后，材料的相对密度达到 96.5%～97%，饱和磁感应强度 B_s 为 1.46～1.48T，继续延长烧结时间，相对密度和 B_s 在 6 h 后变化很小。同时可以看出，当烧结时间由 2 h 延长到 10 h 时，材料的最大磁导率由 21890 升高到 43541。烧结 6 h 后，虽然密度基本不再变化，但是磁导率继续增加，矫顽力逐渐下降，在烧结 10 h 后几乎不发生变化，此时材料的相对密度为 97%，饱和 B_s 为 1.48T，最大磁导率 μ_m 为 43541，矫顽力 H_c 为 6.8 A/m，此时认为烧结 6h 后磁导率的增加主要是由于晶粒长大，这刚好对应了烧结 10 h

后材料的晶粒大小也几乎不再变化。

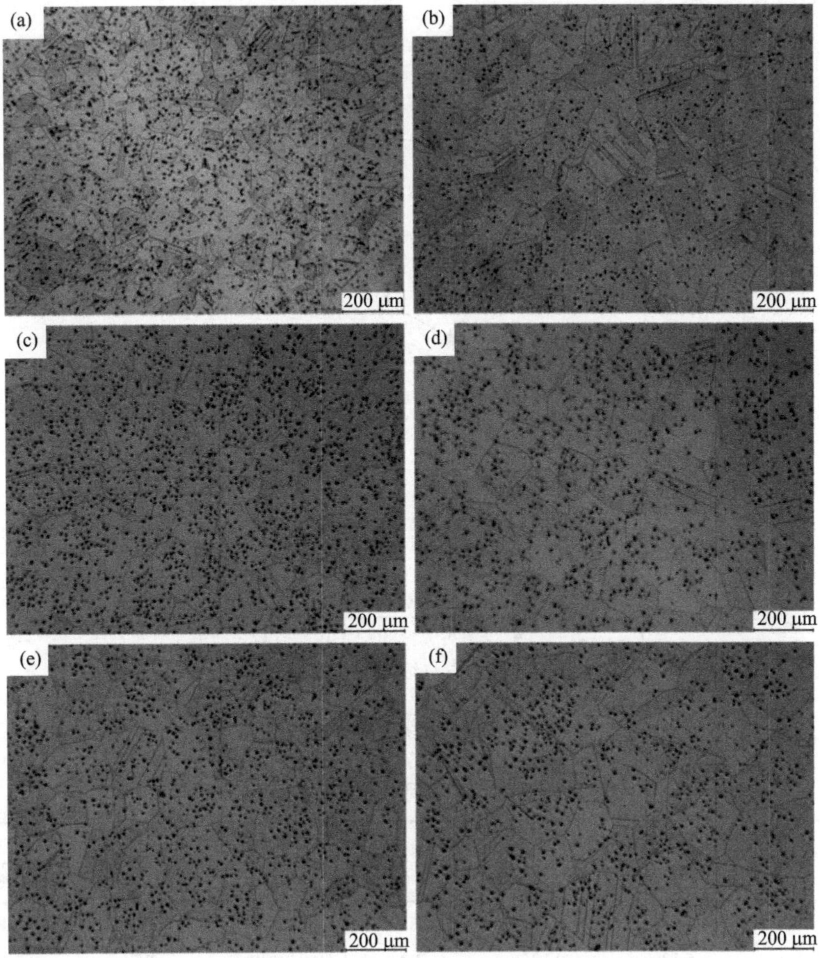

图 3-7　烧结时间与 1J50 组织之间的关系

(a) 2 h; (b) 4 h; (c) 6 h; (d) 8 h; (e) 10 h; (f) 12 h

表 3-2 是在 1360℃不同烧结时间样品的尺寸精度变化，可以发现，随着烧结时间的延长，样品收缩率不断增大，但是在烧结时间为 6 h 后，样品的尺寸基本不再变化。表 3-3 为不同烧结时间 Fe-50%Ni 软磁合金 C、N、O 杂质含量的测量，可以看出，随着烧结时间的延长，C、N、O 杂质含量逐渐减少，这对于磁性能的提高是有利的。

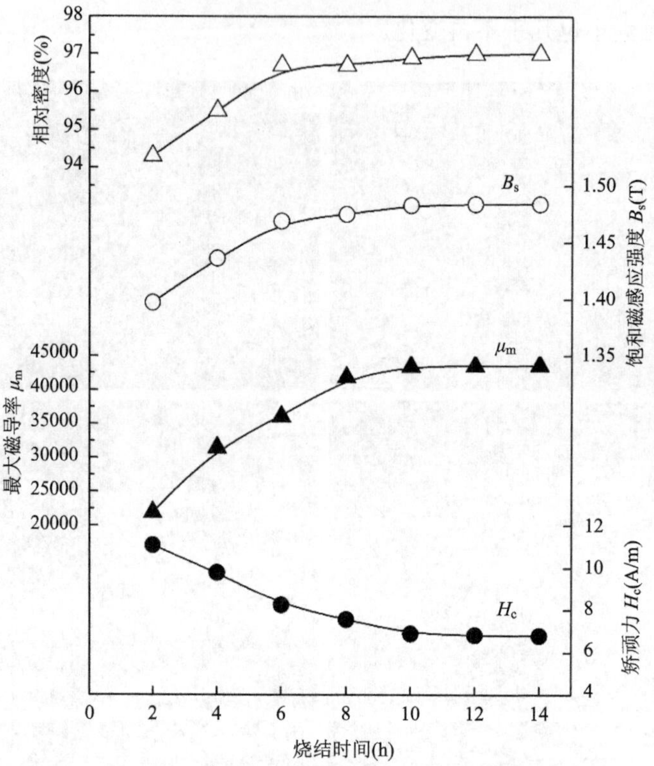

图 3-8　烧结时间与 1J50 致密度和磁性能之间的关系

表 3-2　不同烧结时间与样品收缩率的关系

烧结时间(h)	外径变形量(mm)		内径变形量(mm)		高度变形量(mm)	
	绝对变形量	相对变形量	绝对变形量	相对变形量	绝对变形量	相对变形量
2	5.03	0.132	3.12	0.125	0.70	0.140
6	5.13	0.135	3.22	0.129	0.71	0.142
10	5.13	0.135	3.22	0.129	0.71	0.142

表 3-3　不同烧结时间样品杂质含量

烧结时间(h)	C(%)	N(%)	O(%)
2	0.0025	0.0003	0.0084
6	0.0020	0.0002	0.0080
10	0.0015	0.0002	0.0077

3.4.4　热等静压

为了消除孔隙，进一步获得更高性能的组织和较好的磁性能，本实验选择烧结性能优异的样品(烧结时间为 10 h)进行热等静压。热等静压简称 HIP，是一种集高温、高压于一体的工艺生产技术，加热温度一般为 1000～2000℃，通过以密闭容器中的高压惰性气体或氮气为传压介质，工作压力可达 200 MPa。在高温、高压的共同作用下，被加工件的各方向受压均衡，故加工产品的均匀性好、致密度高、性能优异。所选择热等静压温度为 1050℃，压力为 150 MPa，高温保温时间为 3 h。

表 3-4 为 Fe-50%Ni 软磁合金热等静压前后性能对比，图 3-9 是热等静压前后显微组织图的对比。可以看出，经过热等静压后样品相对密度基本达到致密，孔隙基本消失，但是最大磁导率在一定程度上有降低，这可能是由于应力的存在使热等压后磁导率降低。

表 3-4　烧结 10h 样品热等静压前后密度和磁性能对比

处理工艺	相对密度(%)	B_s(T)	H_c(A/m)	μ_m(mH/m)
烧结 10 h	97	1.48	6.818	54.70
HIP	99.4	1.56	10.879	40.25

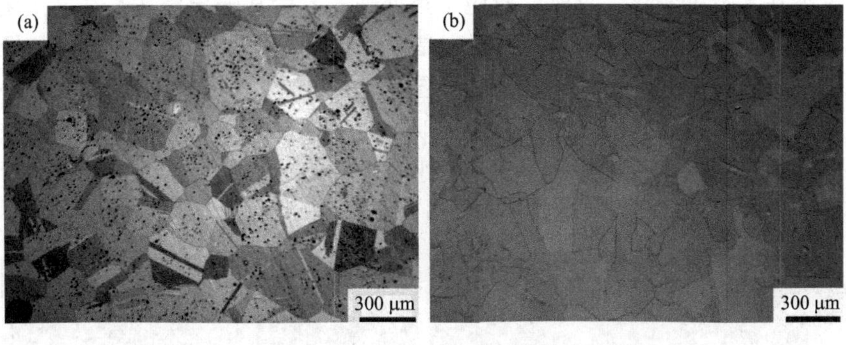

图 3-9　1J50 烧结 10 h 样品热等静压前后显微组织图

(a) HIP 前；(b) HIP 后

3.4.5　热处理

为了消除应力，进一步提高 Fe-50%Ni 软磁合金的磁性能，实验中对烧结后的样品进行了热处理。热处理条件为在氢气气氛下，温度为 1200℃ ，处理时间为 2～10 h。热处理后的烧结时间对磁性能的影响如图 3-10 所示。

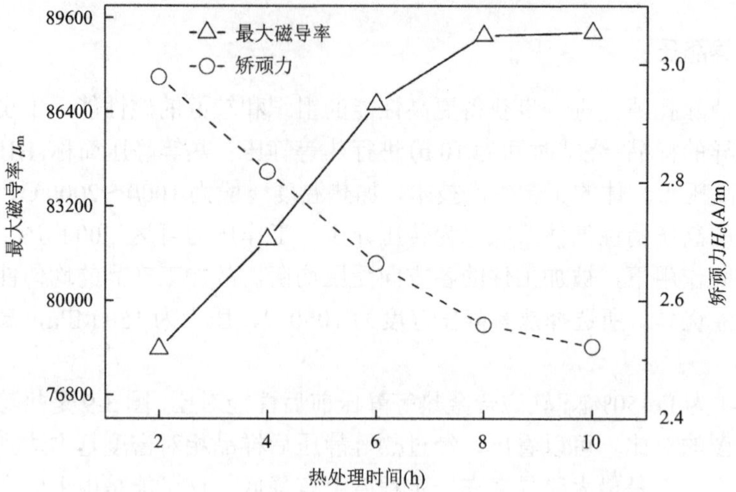

图 3-10　1J50 热处理时间与最大磁导率和矫顽力关系图

从图 3-10 可以看出，随着热处理时间的延长，样品的最大磁导率逐渐升高，矫顽力逐渐下降，在热处理时间为 8 h 后样品的最大磁导率基本不再变化，此时样品最大磁导率、饱和磁感应强度、矫顽力分别为 89100、1.58T 和 2.52 A/m。最大磁导率是烧结样品的磁导率 2～3 倍，并且其磁性能与铸造 Fe-50%Ni 软磁合金的性能相当。图 3-11(a)和(b)分别为热处理 6 h 和 8 h 的显微组织图，可以看出，其晶粒尺寸热处理后显著长大，热处理 6 h 后的平均晶粒为 500 μm，并在 6 h 后晶粒大小基本不再变化。这刚好对应于热处理 6 h 后其磁导率基本不再变化，说明热处理后，磁导率的增加主要是因为晶粒的长大。图 3-12 是烧结样品和经过热处理的样品的磁滞回线图，左上角的小图是其放大图，通过对比可以发现，热处理后样品的磁滞回线更窄、更细，这表明了热处理后的样品更够在较小的磁场中很快地达到最大磁化。图 3-13 是经过试验，选择最适宜的烧结工艺及相关后续热处理所生产的用于助听器中的 Fe-50%Ni 软磁合金零件图，本产品已经实际应用。

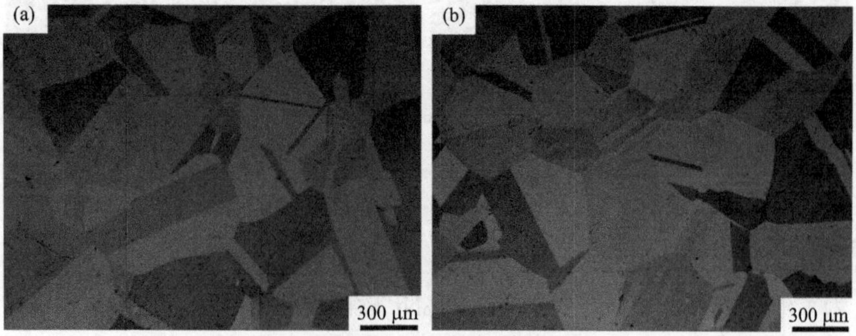

图 3-11　1J50 热处理组织显微图

(a) 热处理 6 h; (b) 热处理 8 h

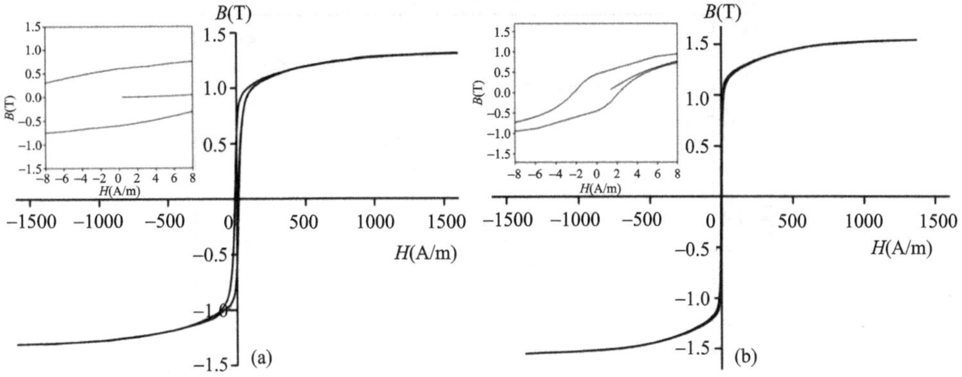

图 3-12　1J50 磁滞回线

(a) 烧结 2 h；(b) 烧结 10 h，HIP，热处理 2 h

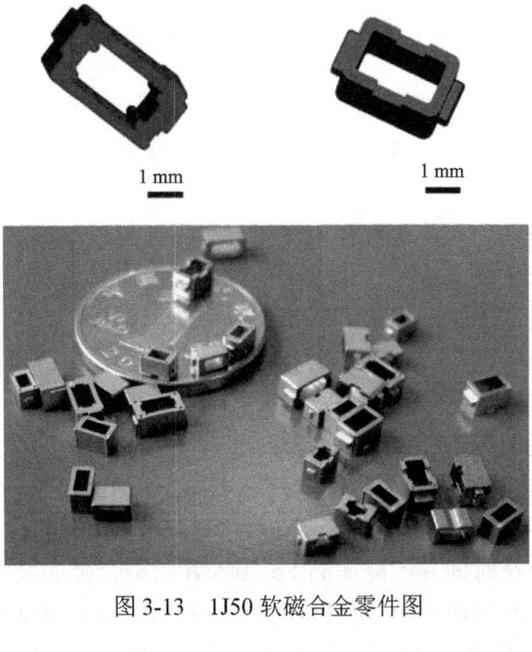

图 3-13　1J50 软磁合金零件图

综合以上烧结温度、烧结时间、HIP 及热处理对 MIM Fe-50%Ni 软磁合金密度和饱和磁感应强度的影响，可以发现，B_s 始终随着密度的变化而变化，符合磁感强度结构非敏感性特征，将密度和相对应的 B_s 的数据列出作图，如图 3-14 所示，可以发现两者成直线关系，经过线性回归得到二者的关系：

$$B_s = 0.46\rho - 2.24 \tag{3-1}$$

式中，B_s 为磁场矫顽力大小为 1600A/m 下测得量，T；ρ 为金属粉末的密度，g/cm^3。

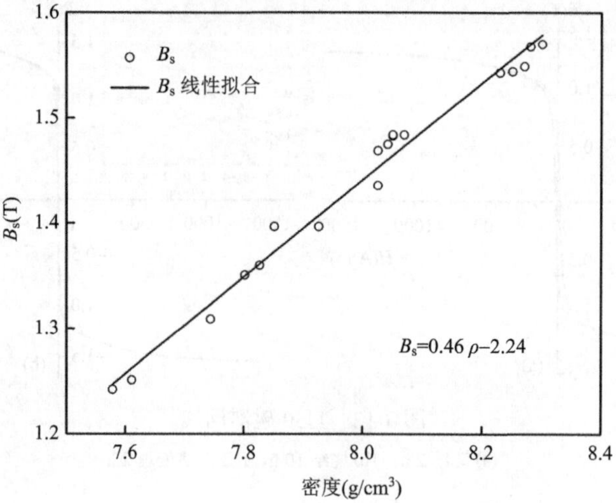

图 3-14 Fe-50%Ni 合金 B_s 与密度的关系

3.5 本章小结

本研究以羰基铁粉和羰基镍粉为原料，采用注射成型方法制备 Fe-50%Ni 软磁合金产品，研究了粉末特性、烧结工艺、热等静压及后续处理等对软磁合金致密度、组织及磁性能的影响规律，取得了以下研究结果：

采用球磨混料工艺可以改善粉末的粒度分布和颗粒的分散性能，增加粉末混合的均匀性，可将粉末装载量由 52%提高到 62%。

随着烧结温度的提高和烧结时间的延长，材料的致密度增加，杂质含量逐渐减少，Fe-50%Ni 软磁合金的软磁性能逐渐增加。在 1360℃烧结 10 h，可以制备出 B_s=1.48T、B_r=1.072T、H_c=6.8A/m、μ_m=43500(54.70mH/m)的 Fe-50%Ni 软磁合金，继续延长烧结时间并不能提高 Fe-50%Ni 软磁合金的致密度和磁性能。

对烧结后的样品采用 HIP 处理和进一步后续热处理，材料的致密度增加，材料的磁性能进一步改善，可以制备出 B_s=1.58T、H_c=2.52 A/m，μ_m =89100(112 mH/m)的 Fe-50%Ni 软磁合金，其磁性能与铸造 Fe-50%Ni 软磁合金性能相当。

Fe-50%Ni 软磁合金的饱和磁感应强度 B_s 随密度的变化而变化，通过线性回归，两者之间的关系可以总结为 $B_s = 0.46\rho - 2.24$。

参考文献

[1] Liu Y，Patterson B R．Grain growth inhibition by porosity．Acta Metallurgica et Materialia，1993，41(9)：2651-2655．

[2] Wakai F，Fukutome H，Kobayashi N，et al. Direct observation of sintering mechanics of a single grain boundary．Acta Materialia，2012，60(2)：507-516.
[3] Narayan J．Grain growth model for electric field-assisted processing and flash sintering of materials．Scripta Materialia，2013，68(10)：785-788.

第 4 章　高熵合金中的应用实例

4.1　应 用 对 象

Ti-Zr-Al/Cr 系难熔高熵合金。

4.2　分 析 目 的

通过现代检测分析仪器检测不同主元的高熵合金相组成以及微观组织形貌，进而获得材料的晶体学、位错形貌、晶粒取向等详细信息。从微观组织分析高熵合金的性能，进而可以改善材料的物化性能。通过本章可了解现代分析在高熵合金中的应用。

4.3　分 析 仪 器

X 射线衍射仪（XRD）、扫描电子显微镜（SEM）、透射电子显微镜（TEM）、热重分析（TG）、电子背散射衍射（EBSD）、万能试验机等。

4.4　结果与分析

4.4.1　实验过程

1. 原料及样品制备

本案例共两组合金，所用的元素为 Ti、Zr、Hf、V、Nb 和 Al、Cr 七种难熔元素，基于物化参数以及相图计算设计了一系列 $Ti_2ZrHf_{0.5}VNb_{0.5}Al_x$[1,2]（$x$ = 0, 0.25, 0.5, 0.75, 1，合金分别简称 Al0, Al0.25, Al0.5, Al0.75, Al1）难熔高熵合金以及一系列 $Ti_2ZrHf_{0.5}V_{1-x}Nb_{0.5}Cr_x$[3]（$x$ = 0, 0.25, 0.5, 1, 1.25，合金分别简称 Cr0, Cr0.25, Cr0.5, Cr1, Cr1.25），具体的 $Ti_2ZrHf_{0.5}VNb_{0.5}Al_x$ 和 $Ti_2ZrHf_{0.5}V_{1-x}Nb_{0.5}Cr_x$ 难熔高熵合金的名义成分分别列于表 4-1 和表 4-2。配料时，首先去除原材料的氧化皮，置入超声清洗仪并用酒精进行清洗。之后，通过精度为 0.0001g 的 MH-50 高精度电子天平准确测量原料的质量，并保证原料精度在 0.002 g 之内。其中粉状原料被包裹在 Nb 箔中进行保存，以便后续熔炼。最后，通过真空电弧熔炼制备出质量为

35 g 的纽扣铸锭。

表 4-1　$Ti_2ZrHf_{0.5}VNb_{0.5}Al_x$ 系列难熔高熵合金的名义成分　（单位：at.%）

合金成分	Ti	Zr	Hf	V	Nb	Al
Al0/Nb0.5	40	20	10	20	10	—
Al0.25	38.09	19.05	9.52	19.05	9.52	4.77
Al0.5	36.36	18.18	9.09	18.18	9.09	9.09
Al0.75	34.78	17.39	8.69	17.39	8.69	13.04
Al1	33.33	16.67	8.33	16.67	8.33	16.67

表 4-2　$Ti_2ZrHf_{0.5}V_{1-x}Nb_{0.5}Cr_x$ 难熔高熵合金的名义成分　（单位：at.%）

合金成分	Ti	Zr	Hf	V	Nb	Cr
Cr0/Nb0.5	40	20	10	20	10	—
Cr0.25	40	20	10	15	10	5
Cr0.5	40	20	10	10	10	10
Cr1	40	20	10	—	10	20
Cr1.25	38.09	19.05	9.52	—	9.52	23.81

2. 相组织分析及性能测试方法

本章合金的物相分析是使用荷兰的 EMPYREAN-X 射线衍射仪进行测试的，并通过 JADE 6.5 软件对合金物相进行分析；合金微观组织形貌是通过扫描电子显微镜(ZEISS Supra 55 型)进行表征，该场发射扫描电镜配有能谱仪(EDS)来对样品的微区进行成分检测。由于不同难熔高熵合金腐蚀差异较大，因此使用 JXA-8530F PLUS 场发射电子探针在背散射(BSE)信号下对合金试样形貌进行观察，可以更直观地观察合金组织形貌。一般来说在 BSE 信号下，原子序数越大，背散射电子强度越高，衬度越明显。此外，电子探针配备有测量成分范围更广泛的波谱仪(WDS)，可以对微区进行点分析、线分析和面分析检测。本研究中纳米级别的微观组织、选区电子衍射分析、高分辨图像以及位错图像等均是通过场发射透射电子显微镜(FEI- Tecnai G2 F30)进行检测，然后通过 Digital Micrograph 软件进行分析。合金的热力学行为和相变过程是通过差热分析法进行表征，差示扫描量热分析仪型号为 METTLER，TGA/SDTA851e。

合金的室温压缩性能是通过 DNS-100 型万能试验机进行测试分析。

样品制备：通过电火花线切割将样品切割出 $\varphi 5\ mm \times 10\ mm$ 的圆棒状样品，圆棒表面用 1000 #的砂纸进行打磨去除表面线切割痕迹，并置入酒精中进行超声清洗。压缩变形速率为 1×10^{-3} /s。每个合金样品至少准备两个样品进行重复实验，保证实验结果的准确性。

4.4.2 讨论与分析

1. 有序 B2 相在难熔高熵合金中的检测分析

图 4-1 为铸态 $Ti_2ZrHf_{0.5}VNb_{0.5}Al_x$ 难熔高熵合金的 XRD 衍射图。从图 4-1(a)可以看出，Al0、Al0.25 和 Al0.5 合金中只显示单一的无序 BCC 相，而在 Al 含量较高的难熔高熵合金中，即 Al0.75 和 Al1 合金中，出现了属于有序 B2 相的较小的峰，分别为$(100)_{B2}$、$(111)_{B2}$和$(210)_{B2}$。这表明 Al 的加入引起了系列合金中的 BCC 相的有序化，即出现有序的 B2 相。图 4-1(b)为铸态 $Ti_2ZrHf_{0.5}VNb_{0.5}Al_x$ 难熔高熵合金的 XRD 谱图在 2θ 为 25°～40°的细节放大图。可以发现：系列合金的(110)衍射峰是光滑且尖锐的，这说明 XRD 衍射峰中除了上面提到的 B2 和 BCC 相之外没有任何其他的细小峰，而且 Al0.75 和 Al1 合金有极大可能只存在单一的有序 B2 相，这与之前通过经验参数预测的结果大体一致。此外，(110)衍射峰的位置随着 Al 含量的增加，逐渐向高角度偏移，这说明合金 BCC 相的晶格常数逐渐减小。根据每个衍射峰的位置计算可得，$Ti_2ZrHf_{0.5}VNb_{0.5}Al_x$ 系列合金的晶格常数分别为 3.3445 Å、3.3251 Å、3.3169 Å、3.3086 Å 和 3.3023 Å。这是因为 Al 的原子半径(1.425 Å)略小于 $Ti_2ZrHf_{0.5}VNb_{0.5}$ 基体合金的平均原子半径(1.437 Å)，固溶进去大量的 Al 原子之后，合金的晶格常数有所减小。

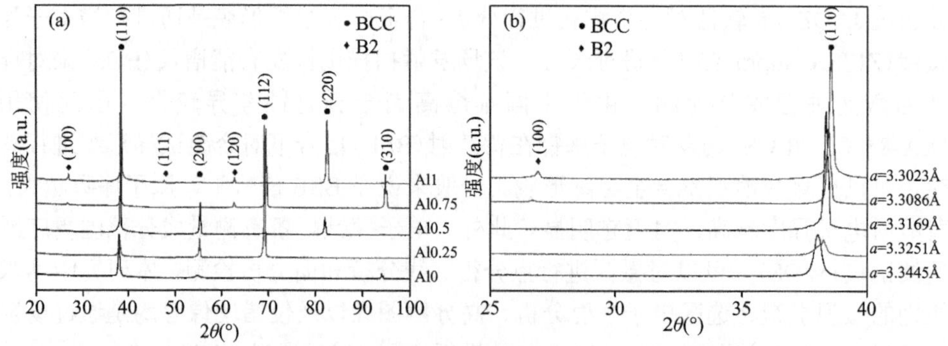

图 4-1 铸态 $Ti_2ZrHf_{0.5}VNb_{0.5}Al_x$ 难熔高熵合金的 XRD 结果

(a) XRD 图谱；(b) (110)衍射峰的放大图

基于布拉格方程 $2d\sin\theta=n\lambda$，XRD 衍射图中的不同衍射峰对应不同的晶面间距，因此可以通过 2θ 的值获得其具体的晶面指数。而针对不同晶格点阵，由于特定原子在特定位置，起源于体心或者面心上有附加点阵而引起的结构因子 $F=0$ 的消光现象。例如对于体心晶格，晶面指数(hkl)中，$h+k+l$=奇数的衍射将系统消失；

对于面心晶格，*hkl* 为异性数(非同奇同偶的数)时衍射线消失。这一类消光称为点阵消光，表 4-3 为立方晶格点阵常见的消光定律。可以看出，对于体心立方以及面心立方来说，当出现(100)、(120)等衍射峰，说明了其中元素特定取代了体心或面心位置的原子，从而导致(100)或(120)等衍射峰发生消光现象，可以看成特定原子自成一套简单立方晶格的体系。

表 4-3　不同立方晶格点阵的晶面消光规律

$N(h^2+k^2+l^2)$	*hkl*(简单立方)	*hkl*(体心立方)	*hkl*(面心立方)
1	100	—	—
2	110	110	—
3	111	—	111
4	200	200	200
5	210	—	—
6	211	211	—
7	—	—	—
8	220	220	220
9	300/221	—	—
10	310	310	—
11	311	—	311
12	222	222	222

图 4-2 为铸态 $Ti_2ZrHf_{0.5}VNb_{0.5}Al_x$ 难熔高熵合金的显微组织形貌图。图 4-2(a)～(e)和(f)～(j)分别为背散射信号下低倍率和高倍率的形貌图。可以看出，随着 Al 含量的增加，整个系列合金均表现为典型的枝晶形貌组织。有趣的是，即便是高含量的 Al 元素的添加使得合金的相组成由无序 BCC 相变为有序 B2 相，合金依旧无明显的形貌变化。唯一可见的是枝晶臂的大小有微小变化，对比 Al0 合金，Al1 合金的一次枝晶臂的大小由 30 μm 左右减小至 10 μm 左右，并且出现具有一定方向性的二次枝晶臂。此外，组织中枝晶区域(深色)和枝晶间区域(浅色)的背散射对比差异也说明合金在凝固过程中出现了成分偏析，随着 Al 元素的加入，枝晶与枝晶间的成分偏析有些许增强，但是可以看出即便是 Al 含量最多的 Al1 合金，其偏析程度仍然比较微弱。不同区域的成分含量已通过 WDS 进行分析，结果如表 4-4 所示。从表 4-4 可以看出，浅色的枝晶间区富集 Al、Zr 元素，深色的枝晶区富集 Nb 元素，其余的 Ti、V、Hf 元素分布接近均匀。而从两个区域的元素偏析的数值计算发现，偏析差值不大于 2 at.%，这是非常微弱的，几乎可认定 Al1 合金为单相 B2 结构。此外，为了更直观表示该系列合金的偏析以及元素分布，我们通过 WDS 对成分差异最大的 Al1 合金进行了元素的面扫分析，具体元素分布如图 4-3 所示。可以看出，只有 Al、Zr 和 Nb 元素有些许偏析且衬度差异极小，元素偏析位置也与 WDS 点分析结果一致。

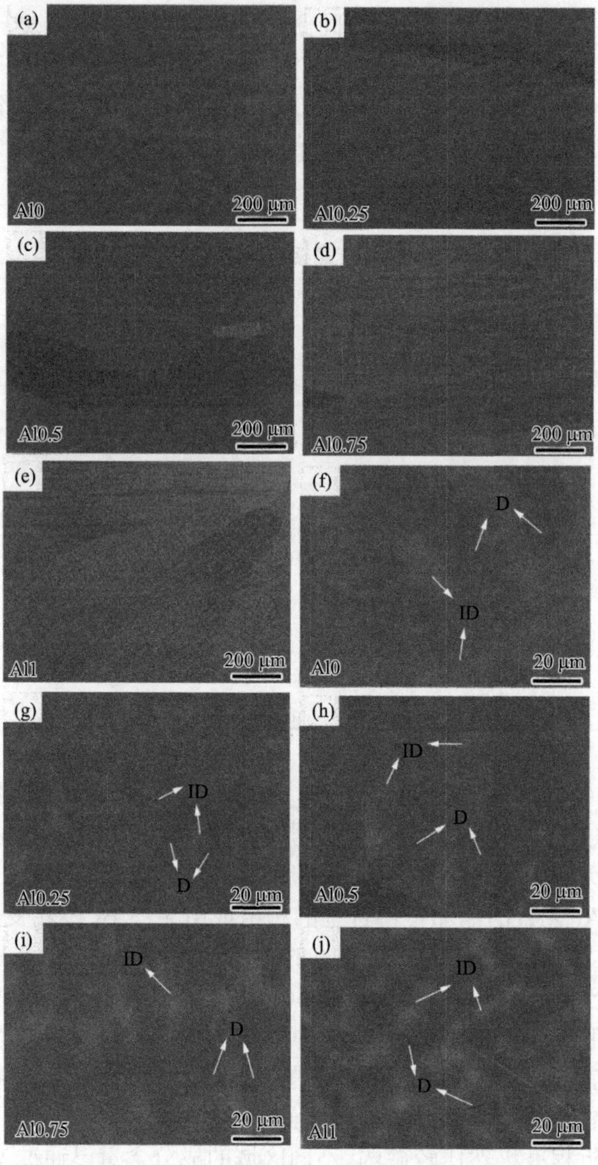

图 4-2　铸态 $Ti_2ZrHf_{0.5}VNb_{0.5}Al_x$ 合金的 EPMA 背散射图像

(a)～(e) Al0、Al0.25、Al0.5、Al0.75、Al1 合金低倍数下微观组织图；(f)～(j) 相应合金的高倍数下微观组织图

表 4-4　铸态 $Ti_2ZrHf_{0.5}VNb_{0.5}Al_x$ 合金中枝晶和枝晶间区域的组成成分　（单位：at.%）

合金成分	区域	Ti	Zr	Hf	V	Nb	Al
Al0/Nb0.5	D	37.86	21.79	11.17	16.84	12.34	0
	ID	35.31	22.20	11.42	19.71	11.36	0

续表

合金成分	区域	Ti	Zr	Hf	V	Nb	Al
Al0.25	D	36.49	19.58	10.53	17.28	11.74	4.38
	ID	35.98	20.61	10.31	17.76	10.58	4.75
Al0.5	D	35.73	18.54	9.79	16.73	11.26	7.95
	ID	35.04	19.59	9.97	16.65	10.40	8.35
Al0.75	D	33.85	18.06	9.63	16.30	10.44	11.72
	ID	31.22	20.66	10.09	15.65	10.09	12.29
Al1	D	32.95	17.16	9.22	15.50	9.93	15.24
	ID	30.93	20.34	9.37	15.46	8.48	15.41

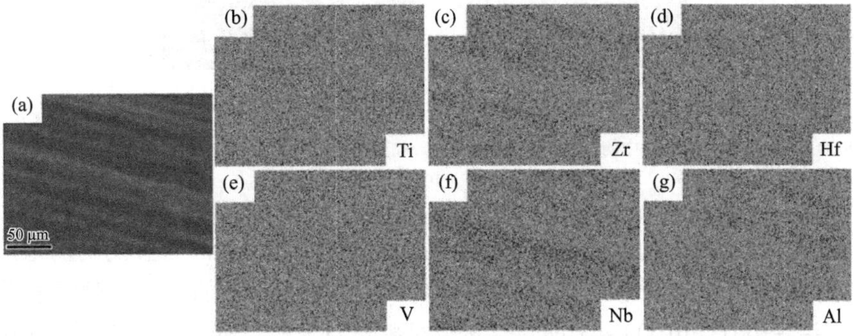

图 4-3　Al1 合金的元素面分布图

(a) Al1 合金的 BSE 图；(b)～(g) Ti、Zr、Hf、V、Nb、Al 的元素分布图

由于 B2 相可能伴随 BCC 相生成，无法在 XRD 中明显区分。而通过 EPMA 背散图也无法分辨 BCC 相和 B2 相的组织变化。因此，为了进一步分析 Al 元素对该系列合金相组成和微观组织的影响，以及探讨 B2 相的形成过程。我们对整个系列的合金进行了 TEM 分析。图 4-4 为 Al0 以及 Al0.25 合金的透射电镜结果，图 4-4(a)和(c)分别为 Al0 和 Al0.25 合金的明场像，可以看出两个图像中整体衬度均匀，没有出现第二相或析出相。分别对图 4-4(a)和(c)中的白色圆圈区域进行了选区衍射斑点分析，图 4-4(b)为 Al0 合金在[001]晶带轴的衍射斑点，而图 4-4(d)为 Al0.25 合金在[011]晶带轴的衍射斑点。可以发现，两个衍射斑点均为无序 BCC 衍射斑点，没有发现有序斑点的出现，说明 Al0 和 Al0.25 合金均为单相 BCC 结构，与 XRD 衍射结果一致。

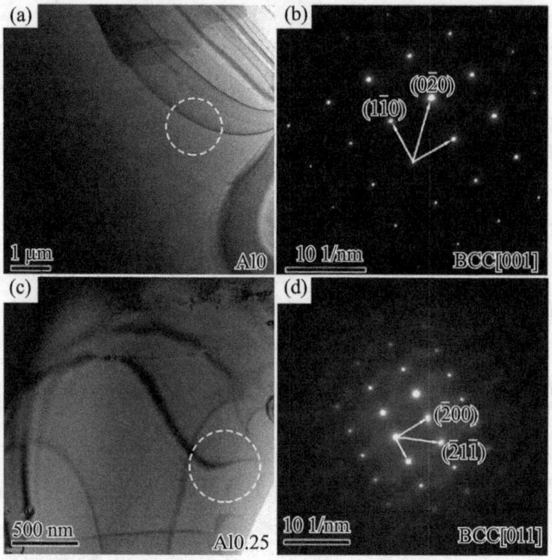

图 4-4　Al0 和 Al0.25 合金的 TEM 结果

(a) Al0 合金的明场像；(b) (a)中的白色圆圈区域在[001] 晶带轴的衍射斑点；(c) Al0.25 合金的明场像；(d) (c)中的白色圆圈区域在[011] 晶带轴的衍射斑点

图 4-5 为 Al0.5 合金的透射电镜结果。图 4-5(a)为 Al0.5 合金的明场像，可以看出明场像图像中依旧没有出现明显衬度，也没有第二相的产生。对两个不同区域分别沿着[001]和[011]两个晶带轴进行衍射斑点分析，列于图 4-5(b)和(c)的右上角，可以看出两个晶带轴的衍射斑点均出现了微弱的有序(100)的衍射斑点，展现为有序 B2 的衍射斑点，说明合金出现了 B2 相。因此，我们套住有序斑点拍摄了对应的暗场像，如图 4-5(b)和(c)所示。从图中清晰地看出在暗场像中，图像均匀分布了亮衬度的点，如白色箭头所指。这说明了这些对比度明显的亮点为嵌入 BCC 相中的 B2 相，并且分布均匀且密集。这些 B2 相的平均直径为 2 nm 左右，体积分数大约为 3.5%。图 4-5(c)中矩形区域的高分辨率(HR)图像如图 4-5(d)所示，由于有序 B2 的晶格中一些原子会取代特定某些位置，而无序 BCC 的晶格中原子会完全混乱地均匀取代原子位置，因此，在高分辨中 BCC 区域和 B2 区域的原子亮度会有所不同，B2 区域的高分辨中四个原子中间会有一个暗点出现，如图 4-5(d)中右上角的放大图。从高分辨图中可以看出，有序 B2 相均匀分布在合金中，且 BCC 相与 B2 相是连续的。但是由于有序区域较小，因此在 XRD 中显示为单相无序 BCC 结构。总结来说，在 Al0.5 合金中，Al 的添加给合金带来了短程有序，短程有序的范围较小且均匀分布。

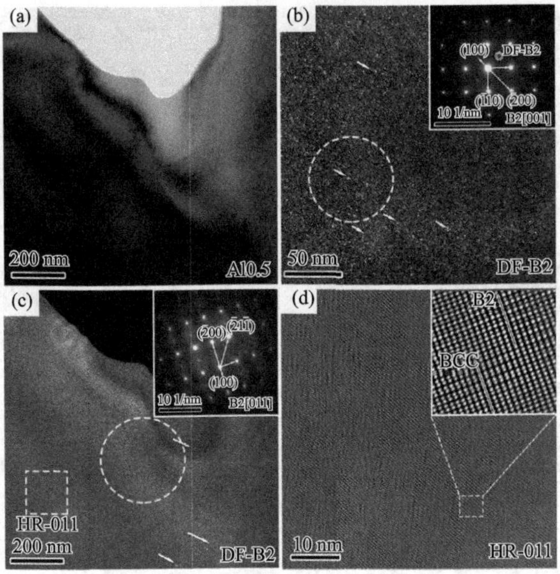

图 4-5　Al0.5 合金的 TEM 结果

(a) Al0.5 合金的明场像；(b) 合金沿[001]晶带轴的衍射斑点及有序斑点的暗场像；(c) 合金沿[011]晶带轴的衍射斑点及有序斑点的暗场像；(d) (c) 中白色方框区域经过快速傅里叶变化 (FFT) 及反快速傅里叶变化 (IFFT) 得到的高分辨图(右上角为虚框放大图)

图 4-6 为 Al0.75 合金的透射结果。图 4-6(a)为 Al0.75 合金的明场像，发现 Al0.75 合金在高倍的透射电镜下显示出类似调幅分解的组织形貌，对其白色圆圈区域进行衍射斑点分析，发现为明显的有序 B2 的衍射斑点，如图 4-6(b)所示。为了区分两相的相结构，分别套住有序斑点(DF-B2)和无序斑点(DF-BCC)拍摄了暗场像，如图 4-6(c)和(d)所示，可以比较分明地看出两相的差别，对应在图 4-6(a)中就是深色对比度区域为 B2 相，浅色对比度区域为 BCC 相，即 Al0.75 合金的组织展现为由 B2 和 BCC 两相组成的类似调幅分解的结构。此外，通过对两相进行 EDS 分析结果[具体数值列于图 4-6(a)]可得，两相成分差别微小。为了进一步更加清晰地展现两相的成分分布，对 Al0.75 合金进行了 TEM-EDS 面分布分析，如图 4-7 所示，可以看出在方框区域的两相中，所有元素没有出现明显的衬度变化。在这种情况下，说明 Al 元素的添加导致的有序相变，并不是因为发生明显的长程元素扩散，而是体心立方晶格中的局部原子发生重排。随着 Al 含量的增加，短程有序的区域不断增大，有序 B2 相的区域不断长大，形成了类似调幅结构的 BCC+B2 组织。

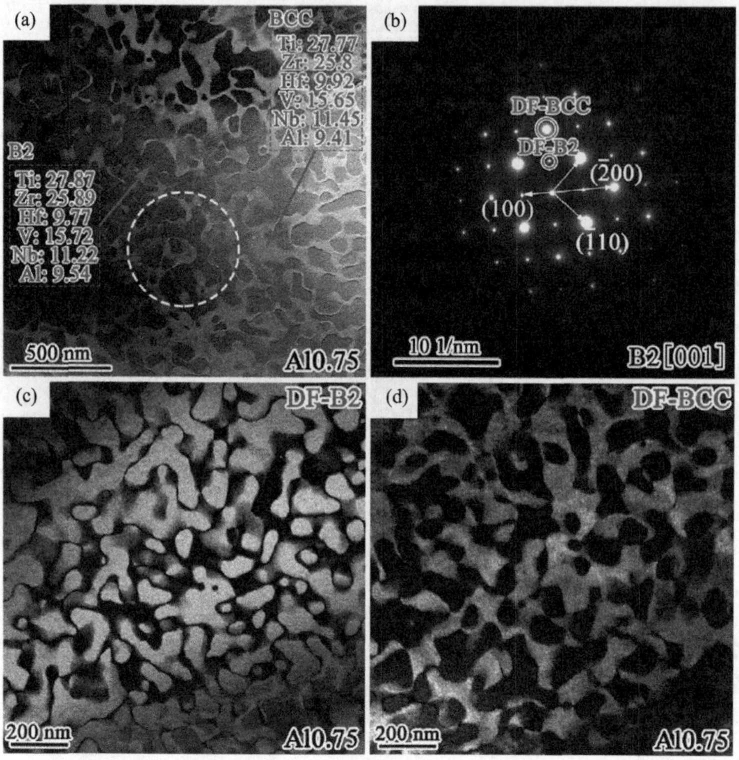

图 4-6　Al0.75 合金的 TEM 结果

(a) Al0.75 合金的明场像；(b) (a) 中白色圆圈区域沿[001]晶带轴的衍射斑点；(c) 有序斑点的暗场像；(d) 无序斑点的暗场像

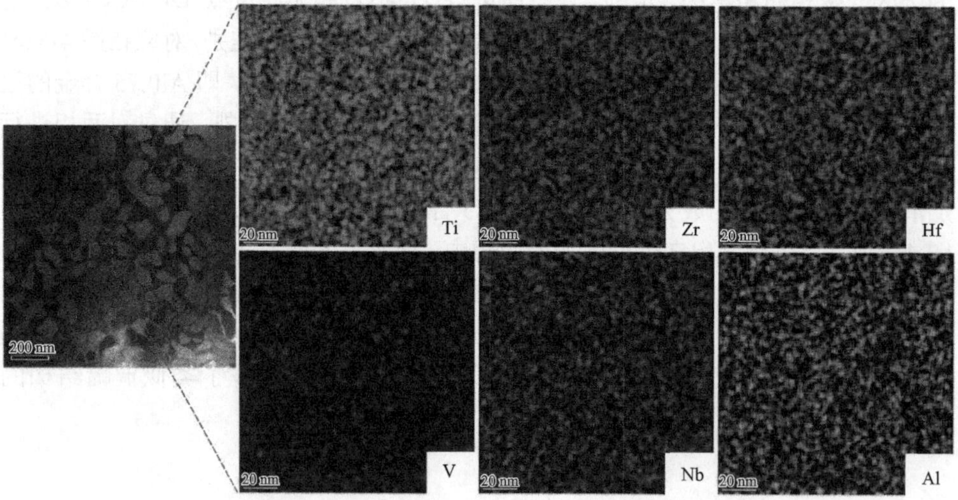

图 4-7　Al0.75 合金在透射电镜下的面扫图

图 4-8 为 Al1 合金的透射电镜结果。图 4-8(a)为 Al1 合金的明场像，可以看出合金几乎是均匀干净的，仅有少量的反相畴界(图中箭头所示)出现，红色区域的衍射斑点为有序 B2 相[图 4-8(b)]，对方框区域进行高分辨检测，通过 FFT 和反 FFT 变换发现，原子亮度呈现四亮一暗的现象，表明所有区域均显示为 B2 的衍射斑点，可以说明 Al1 合金几乎是单相 B2 的结构[图 4-8(c)和(d)]。反相畴界(APB)的出现是由于不同区域不同方向的 B2 相生长相遇，即短程有序的区域不断扩大相遇，使得相互交接区域的原子排列发生错乱，出现反相畴界。从透射结果可以看出，整个 Al1 合金表现为均匀的单相 B2 组织。

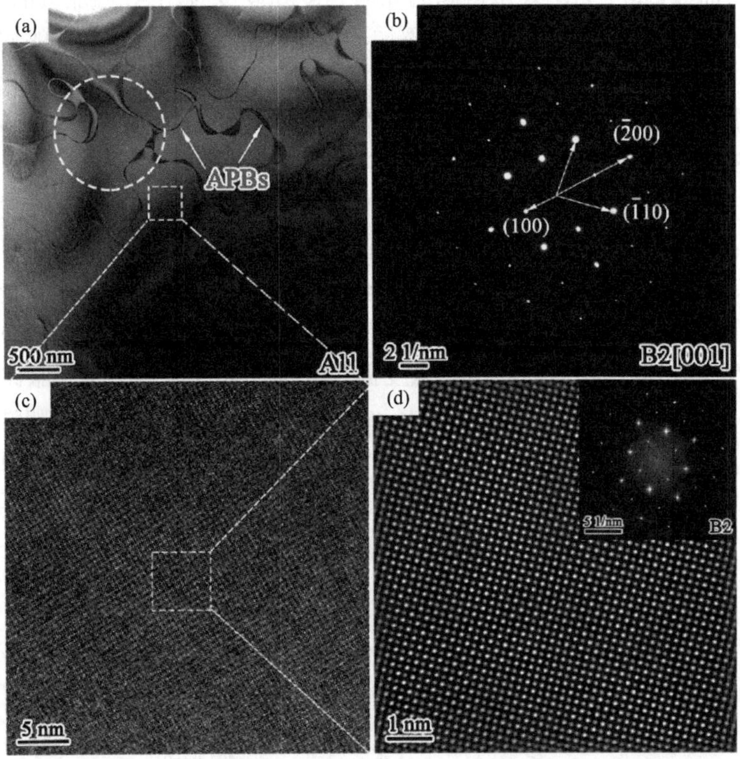

图 4-8　Al1 合金的 TEM 结果

(a) Al1 合金的明场像；(b) (a) 中白色圆圈区域沿[001]晶带轴的衍射斑点；(c) (a) 中白色方块区域的高分辨图；(d) (c) 中方块区域经 FFT 和 IFFT 转换的高分辨图(右上角为相应的 FFT 转换的衍射斑点图)

结合 XRD、EPMA、TEM 的结果综合分析，可以确认 Al 元素的添加会使得合金出现有序化，并且整体合金有序化过程中并没有出现长程的元素扩散，仅是原子上的迁移导致的有序化。随着 Al 元素的添加，少量的 Al 元素不会改变合金相组成，Al0 以及 Al0.25 合金表现为无序 BCC 相；当 Al 元素的原子比达到 0.5

之后，而合金局部开始出现短程有序化，并且相对均匀地分布在合金内部，BCC 与 B2 相区域是连续的、共格的；随着 Al 含量的继续增加，合金短程有序的区域不断增大，因此 B2 相的区域增大，形成 Al0.75 合金中类似调幅结构组织；最终随着短程有序的区域不断扩大，相互接触形成了反相畴界，并且 Al1 合金变为长程有序的单相 B2 结构，得到了单相 B2 结构的难熔高熵合金。

2. 有序 B2 相对难熔高熵合金的力学性能影响

图 4-9(a)给出了铸态 $Ti_2ZrHf_{0.5}VNb_{0.5}Al_x$ 难熔高熵合金在室温下的压缩工程应力-应变曲线，图 4-9(b)表示得到的屈服强度和硬度对比 Al 添加量的线性关系。从图 4-9 可以看出，随着 Al 元素的添加，即 x 从 0 增加到 1，合金的屈服强度显著提高了 45%，从 970 MPa 提高至 1410 MPa，并表现为线性增加。相应地，合金的硬度也表现出类似屈服强度的线性增加，从 323 HV 提高至 460 HV，大幅度增加了 48%，具体线性拟合方程如图 4-9(b)所示，且拟合度较高。如果将维氏硬度通过式 MPa = 9.8HV 将单位转化为 MPa，计算每个合金与屈服强度的关系，可以发现系列合金的维氏硬度约为 3 倍的屈服强度。硬度与屈服强度的平均比值为 $\varphi = HV/\sigma_y = 3.16$。接近 $\varphi \approx 3$ 这个常见于纯金属与工业合金中的比值。此外，由于低密度 Al 元素的添加，合金密度大幅度地从 6.67 g/cm^3 降低至 6.08 g/cm^3，且与理论计算密度相似。相应地，由于强度提高、密度降低，合金的屈服比强度大幅度从 145.2 kPa·m^3/kg 提高至 232.3 kPa·m^3/kg，提高了 59%。在室温塑性方面，当 $x \leqslant 0.5$ 时，合金压缩断裂应变保持在 50%以上，没有出现压断现象，但继续添加 Al 元素，Al0.75 和 Al1 合金的压缩断裂应变出现下降，分别为 31.5%和 15.1%，这可能是由于 B2 有序相的出现，降低了合金塑性。有序相是介于固溶体相和金属间化合物之间的相，一般来说相对于固溶体相，其强硬度有较大提升，相应

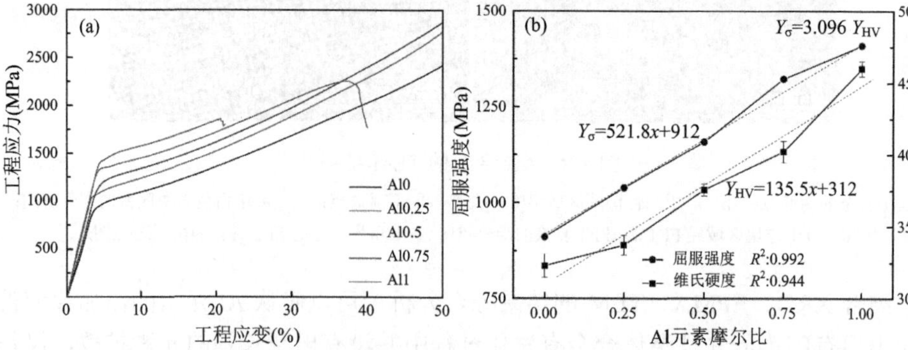

图 4-9　铸态 $Ti_2ZrHf_{0.5}VNb_{0.5}Al_x$ 合金的室温力学性能

(a) 室温工程应力-应变压缩曲线图；(b) 屈服强度、硬度与 Al 添加量的线性关系图

地可能滑移系会相对减少，从而塑性会有所损失；但是相对于金属间化合物来说，其损失量相对较低。本案例中完全单相 B2 合金的 Al1 合金依旧能保持 15.1%压缩率，要远高于许多陶瓷材料。

3. 共晶组织在难熔高熵合金中的检测分析

图 4-10 为铸态 $Ti_2ZrHf_{0.5}V_{1-x}Nb_{0.5}Cr_x$ 难熔高熵合金的 XRD 衍射图。从图 4-10(a)可以看出，基体 $Ti_2ZrHf_{0.5}VNb_{0.5}$ 合金（即 Cr0 合金）依旧由单相 BCC 组成。随着 Cr 元素的添加并替代 V 元素，合金出现第二相的衍射峰。通过对比 PDF 卡片，可以确定出现的衍射峰为具有立方结构的 C15 型 Laves 相，结合后面的 EPMA 和 WDS 的结果，该 Laves 相可以确定为 Cr_2M（M = Zr、Hf）相。随着 Cr 含量的增加，Laves 相衍射峰强度增强[图 4-10(a)]，说明 Cr_2M-Laves 相含量增加。图 4-10(b)为 2θ 在 30°～45°的 XRD 放大图，可以看出 BCC 的衍射峰经历先向右(高角度方向)后向左(低角度方向)的变化趋势，而 Laves 相的衍射峰的角度一直向右偏移，这说明随着 Cr 含量的增加，Laves 相的晶格常数逐渐减小，而 BCC 基体相的晶格常数呈先减小后增大的趋势。这是因为当 $x = 0.25$ 时，添加的 Cr 元素较少，因此大部分的 Cr 元素都固溶在 BCC 基体中，少量的 Cr 形成了 Cr_2M 相，因此 BCC 基体固溶了小原子半径的 Cr 元素(1.28 Å)导致晶格畸变的减小，衍射峰向右偏移。而随着 Cr 含量的增加，更多的 Cr 元素被拽去形成 Cr_2M 相，因此基体 BCC 相中固溶的 Cr 含量减小，所以 BCC 基体的晶格常数又重新增大，而 Laves 相由于小原子半径的 Cr 元素含量增多，因此晶格常数一直减小。

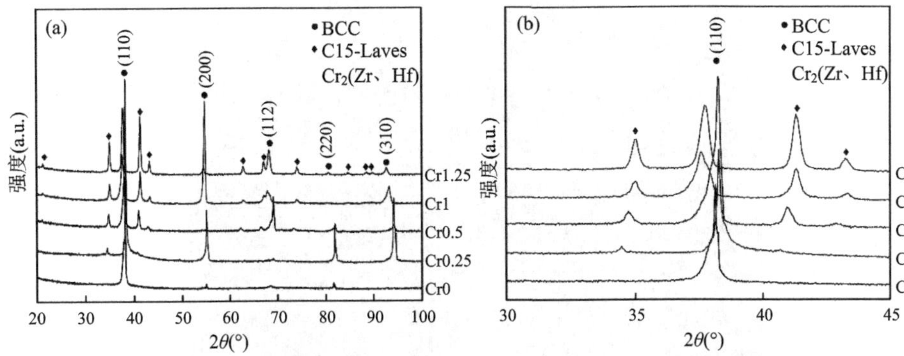

图 4-10　铸态 $Ti_2ZrHf_{0.5}V_{1-x}Nb_{0.5}Cr_x$ 难熔高熵合金的 XRD 结果

(a) XRD 衍射图谱；(b) 30°～45°衍射峰的放大图

图 4-11 为铸态 $Ti_2ZrHf_{0.5}V_{1-x}Nb_{0.5}Cr_x$ 难熔高熵合金的背散射图像，添加 Cr 元素替代了 V 元素之后，合金的组织形貌发生了明显的变化。基体 Cr0 合金依旧为单相 BCC 的枝晶偏析形貌[图 4-11(a)]。少量的 Cr 添加替代后，Cr0.25 合金中

晶粒内(A)呈现典型的枝晶偏析形貌，大量的第二相(B)沿着晶界析出并伴随少量的第二相在晶内析出[图 4-11(b)]。当 Cr 含量超过 0.5 时，合金基体偏析完全消失，开始出现共晶组织，Cr0.5 和 Cr1 合金均展现为 BCC+Laves 相的亚共晶组织[图 4-11(c)、(d)]，并且随着 Cr 含量的增加，共晶组织的体积分数明显增加，基体 BCC 相的体积分数明显降低，Cr0.5 和 Cr1 合金共晶组织的体积分数分别约为 25% 和 86%。而当 Cr 含量达到 1.25 时，合金呈现了完全共晶的形貌，图 4-11(e)～(h) 为 Cr1.25 合金的纵截面和横截面两个方向的组织形貌图的低倍图和高倍图。根据不同方向的形貌图，我们认为该合金的共晶形貌为不规则的棒状共晶形貌。

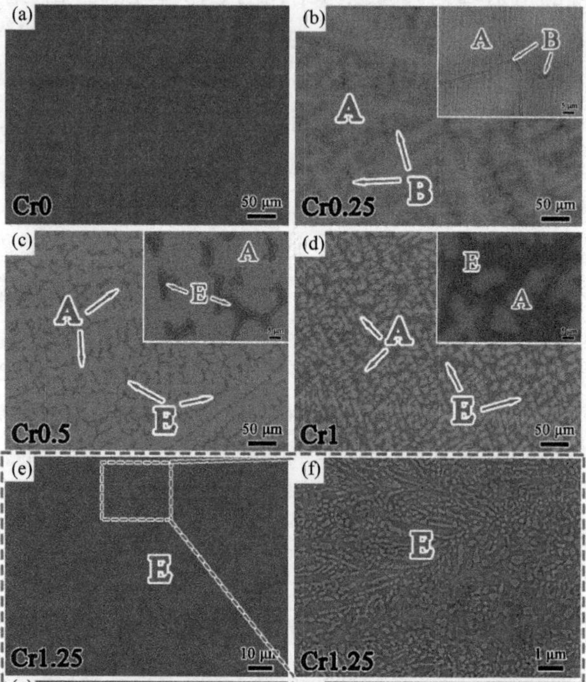

图 4-11　铸态 $Ti_2ZrHf_{0.5}V_{1-x}Nb_{0.5}Cr_x$ 难熔高熵合金的背散射图片

(a) Cr0 合金；(b) Cr0.25 合金；(c) Cr0.5 合金；(d) Cr1 合金；(e)、(f) Cr1.25 合金横截面组织的低倍图和高倍图；(g)、(h) Cr1.25 合金纵截面组织的低倍图和高倍图[(b)～(d) 右上角图片为相应图片的高倍图]

为了进一步确定合金中元素分布以及相组成，对合金各个区域进行了 WDS 分析，具体的成分比例列于表 4-5。可以看出基体相(BCC)富集 Ti 和 Nb 元素，Laves 相富集 Cr、V、Zr 和 Hf 元素。其中，Laves 相中的 V+ Cr 和 Zr+Hf 的比例约等于 2∶1，再根据 V 和 Cr 以及 Zr 和 Hf 在相图中是完全互溶的，因此 Laves 相的化学式可以写为 $(V, Cr)_2(Zr, Hf)$，这与 XRD 得到 Cr_2M-Laves 相是吻合的。此外，对具有完全共晶的 Cr1.25 合金进行了元素面分析，结果如图 4-12 所示。从图中可以看出基体相中明显富集了 Ti 和 Nb 元素，而 Laves 相中富集了 Cr 元素，这与上述结果一致。

表 4-5　铸态 $Ti_2ZrHf_{0.5}V_{1-x}Nb_{0.5}Cr_x$ 难熔高熵合金中不同区域的成分组成　(单位：at.%)

合金成分	区域	Ti	Zr	Hf	V	Nb	Cr
Cr0/Nb0.5	基体	41.01	20.22	9.07	19.68	10.02	—
Cr0.25	基体(A)	41.67	17.96	10.57	14.52	9.93	5.35
	析出相(B)	29.46	18.31	10.91	19.61	8.08	13.63
Cr0.5	基体(A)	42.25	18.20	10.64	10.09	10.27	8.55
	共晶组织(E)	24.57	19.22	9.01	15.24	4.99	26.97
Cr1	基体(A)	47.16	19.05	11.33	—	12.22	10.24
	共晶组织(E)	20.45	13.49	11.47	—	6.02	48.57
Cr1.25	基体(A)	51.85	21.08	9.12	—	10.96	6.99
	共晶组织(E)	20.64	14.12	10.90	—	5.41	48.93

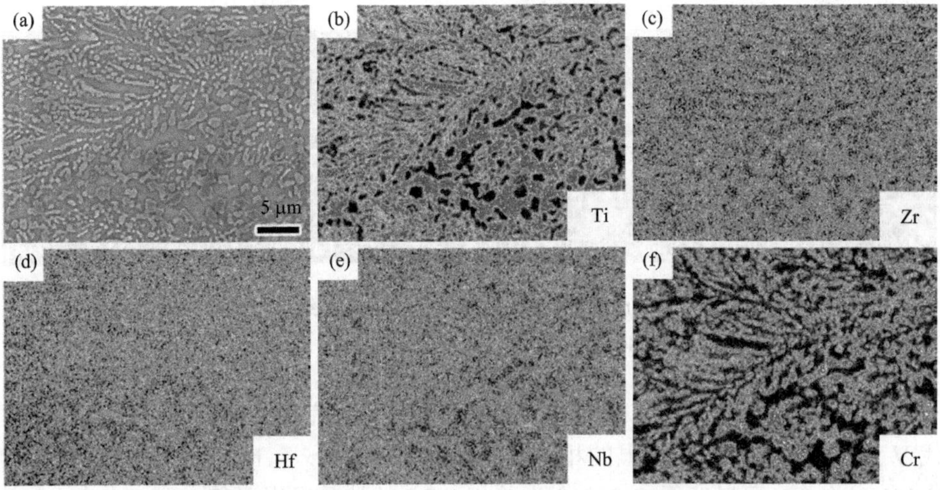

图 4-12　铸态 Cr1.25 共晶难熔高熵合金的元素面分布图

(a) 背散射图片；(b)～(f) Ti、Zr、Hf、Nb 和 Cr 的元素分布图

进一步验证 Cr1.25 合金的相组成以及是否为共晶合金，对 Cr1.25 合金进行了 TEM 和 DSC 测试，具体结果如图 4-13 所示。图 4-13(a)为 Cr1.25 合金的明场像，可以明显看出合金由浅色基体相(A)和深色相(B)两相组成，深色相以块状和短棒状的形貌均匀分布在基体中，尺寸在 0.5 μm 左右。对两相进行不同晶带轴的选区衍射斑点分析，如图 4-13(c)～(f)所示，经过标定分析可以发现 A 相为无序 BCC 相，B 相为 C15-Laves 相，表明 Cr1.25 合金是由 BCC 相和 C15-Laves 相两相组成，与 XRD 结果一致。图 4-13(b)为 Cr1.25 合金 400～1600℃的 DSC 曲线，可以看出该合金在加热过程和冷却过程中，都只出现一个吸热峰和一个放热峰，说明该合金只有在融化和凝固时发生相变，是完全共晶合金。根据吸热放热峰的温度，可以确定 Cr1.25 难熔共晶高熵合金的共晶点温度在 1391～1399℃左右。

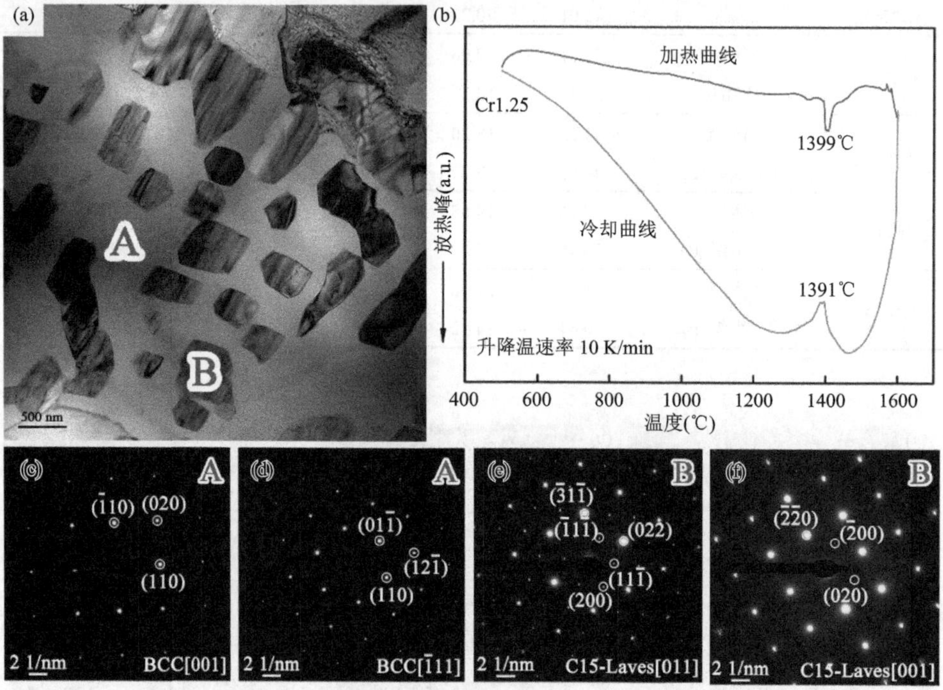

图 4-13　铸态 Cr1.25 共晶难熔高熵合金的透射结果和 DSC 曲线

(a)明场像图；(b) DSC 曲线图；(c)～(f) 明场像中两相在不同晶带轴的衍射斑点

从上述描述可以看出，虽然 V 和 Cr 元素是相互完全互溶的，但是 Cr 元素替代 V 元素给合金带来了明显的相改变。对比 $x = 0$ 和 $x = 1$ 合金，即 Cr0 (V1)和 Cr1(V0)合金，可以发现 Cr0 合金为单相 BCC 的枝晶组织形貌，而 Cr1 合金展现为 BCC + Laves 的亚共晶组织形貌，说明 V 和 Cr 两种元素对基体组织的影响完全不同，造成不同的原因可能是：①V 和 Cr 元素虽然可以完全互溶，但两者相对于其他四个元素（Ti、Zr、Hf、Nb）的混合焓并不相同。相比较而言，Cr 与其他四个元素的混合焓的值更小，均小于–7 kJ/mol，而 V 与其他四个元素的混合焓最小为–4 kJ/mol，这表明 Cr 元素比 V 元素更易于与其他四个元素形成金属间化合物。因此，Cr1 合金存在以共晶形貌方式生成的 Laves 相，而 Cr0 合金由于电弧炉的快冷作用以及高熵合金的迟滞扩散效应，使得 Cr0 合金仅存在单相 BCC 相，没有析出化合物。②V 和 Cr 的原子半径不同，并且 Cr 与其他四个元素的原子半径相差更大，合金固溶了大量 Cr 元素后，显然大大增加了合金的晶格畸变，畸变越大，能量越大，晶格越不稳定，因此容易失稳形成金属间化合。③根据文献中的二元相图，可以发现 Cr 与 Zr、Hf、Nb 均有两个共晶点，会生成 Cr_2M-Laves 相，因此添加 Cr 之后合金更有可能生成共晶组织。

虽然 Cr 元素是促进合金形成共晶组织的关键元素，但是 V 元素也有形成共晶组织的可能。根据 WDS 的成分结果可以看出，Cr0.25 合金中的 Laves 相以及 Cr0.5 合金中的共晶相中，除了富集 Cr 元素，V 元素相对于基体来说也是偏聚在 Laves 相中，而 V 元素在相图中也有与 Zr 和 Hf 形成共晶组织的可能性。这说明在不添加 Cr 元素时，V 元素更容易受 Ti 和 Nb 元素影响，形成固溶体相，而 Cr 的添加促使了 V 元素析出与 Zr、Hf 形成了金属间化合物。此外，从 WDS 结果也可以看出，共晶组织结构主要富集 Cr、Zr 和 Hf 元素，基体 BCC 主要富集于 Nb 和 Ti。Cr0.25 合金还没有发生共晶反应，属于端部固溶体合金，在 BCC 基体相少量析出 C15-Laves 相；随着 Cr 含量的增加，Cr0.5 以及 Cr1 合金发生亚共晶反应；最终 Cr1.25 合金发生完全共晶反应，即 $L \longrightarrow BCC + Cr_2M$-(C15-Laves)。

结合共晶点计算结果，发现实验计算的共晶点值与理论计算值非常接近，说明通过伪二元相图共晶点混合法计算的方法是相对准确的，有助于之后对于难熔共晶高熵合金的成分设计选择。

4. 共晶组织对难熔高熵合金的性能影响

图 4-14(a)给出了铸态 $Ti_2ZrHf_{0.5}V_{1-x}Nb_{0.5}Cr_x$ 难熔高熵合金在室温下的压缩工程应力-应变曲线，图 4-14(b)给出了屈服强度和维氏硬度对比 Cr 含量的点线关系图。可以看出，Cr 含量的添加，即 x 从 0 增加到 1.25，合金的屈服强度显著提高了 36.1%，从 970 MPa 提高至 1320 MPa，但是塑性显著下降。硬度变化趋势与强度相同，从 310 HV 提高到 406 HV。其中 Cr0.25 合金强度和硬度陡然提高，这是两个原因造成：①小原子半径的 Cr 元素固溶进合金中，造成严重的晶格畸变，强烈的固溶强化使得强硬度提高；②Cr 元素添加后，一部分 Cr 与 Zr、Hf 生成了 Cr_2(Zr, Hf)的 Laves 相，沿着晶界析出，少量析出在晶粒中，第二相强化也使得强度和硬度增加。因此，在固溶强化和第二相强化的共同作用下，其强度和硬度

大幅度增加，而少量的第二相析出使得塑性下降较低，保持了 30%以上的压缩塑性。而随着 Cr 含量的继续增加，大量的共晶组织出现，强度和硬度持续增高，但增加量较小且塑性损失较大。这可能是因为大量的 Cr 参与形成了硬脆的 Laves 相，导致 BCC 基体的固溶强化降低；此外，大量的共晶组织出现虽然容易在 BCC 基体和共晶组织界面造成较大的应力集中，但是整体 BCC 基体的位错运动范围被限制，因此，强度提高了但是提高量较小。Cr1.25 相较于 Cr1 合金，强度和塑性均有些许提高。这是由于 Cr1.25 合金是完全共晶组织，BCC 和 Laves 相对均匀地分布在合金中，因此，应力集中不会集中在局部区域，而会均匀分布在整体区域，因此强度和硬度有所上升。此外，由于 Cr 元素的密度(7.19 g/cm^3)稍高于基体合金， Cr 含量增加后，合金的密度略微增加至 Cr1.25 合金的 6.88 g/cm^3，与之前理论计算的密度一致。虽然密度有所提高，但随着合金屈服强度的提高，整体合金的屈服比强度有微弱的增高，由基体 Cr0 合金的 145.2 kPa·m^3/kg 增加值 Cr1.25 合金的 191.9 kPa·m^3/kg，其中在 Cr0.25 合金时有大幅度的提升变化。但与 Al 元素添加后对基体合金的强度影响相比较，Cr 元素添加后其屈服比强度增长幅度相对较低。

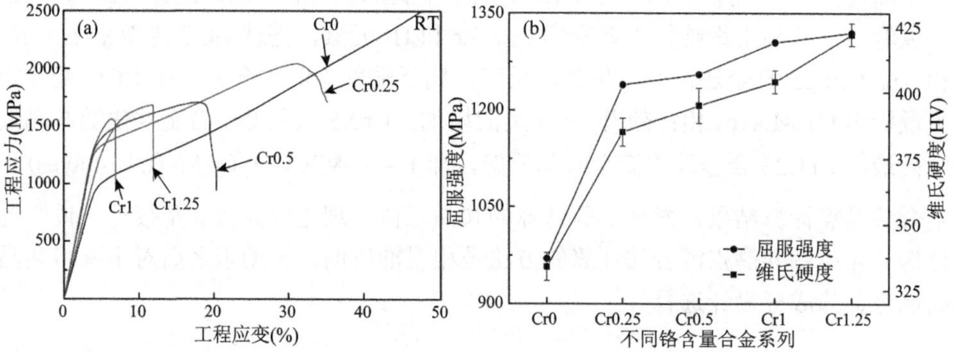

图 4-14 铸态 $Ti_2ZrHf_{0.5}V_{1-x}Nb_{0.5}Cr_x$ 难熔高熵合金的室温力学性能

(a) 室温工程应力-应变压缩曲线图；(b) 屈服强度、维氏硬度与 Cr 含量的线性关系图

4.5 本章小结

① Al 元素的添加使得 $Ti_2ZrHf_{0.5}VNb_{0.5}Al_x$ 系列合金出现有序化，其相组成由单相无序 BCC 相变为单相有序 B2 相。Al0、Al0.25 合金为完全单相 BCC 结构，而 Al0.5 合金内部则均匀出现 2 nm 左右的短程有序结构，随着有序区域的不断扩大，Al0.75 则由无序 BCC 以及有序 B2 相互镶嵌组成，最终得到完全 B2 相的 Al1 合金。

② 铸态 $Ti_2ZrHf_{0.5}VNb_{0.5}Al_x$ 难熔高熵合金随着 Al 元素的增加，室温屈服强度大幅度增加，从 970 MPa 增加至 1410 MPa，并且没有造成较大的塑性损失。Al0.5 合金以下均保持优异的室温塑性，压缩率超过 50%且无压断现象，而 Al0.75 以及 Al1 合金的压缩塑性降低至 31.5%以及 15.1%，有序化的 Al1 合金中位错滑移方式以波浪滑移为主，内有大量位错缠结从而形成位错墙。Al 元素添加也大幅度降低合金密度，其中 Al1 合金的密度低至 6.08 g/cm^3，远低于大部分难熔高熵合金，最终其室温屈服比强度高达 232.4 kPa·m^3/kg。

③ 随着加入 $Ti_2ZrHf_{0.5}V_{1-x}Nb_{0.5}Cr_x$ 合金中的 Cr 元素含量的增加，并逐渐替代 V 元素，合金由单相 BCC 结构逐渐演变为 BCC+$(V, Cr)_2(Zr, Hf)$ 双相结构，组织形貌由传统枝晶偏析组织向共晶组织转变。最终得到少见的 $Ti_2ZrHf_{0.5}Nb_{0.5}Cr_{1.25}$ 难熔完全共晶合金，组织呈现为 BCC+Cr_2M 的双相不规则棒状共晶形貌，且共晶温度为 1395℃左右。

④ 铸态 $Ti_2ZrHf_{0.5}V_{1-x}Nb_{0.5}Cr_x$ 合金的室温压缩屈服强度随着 Cr 含量的增加而增加，由 Cr0 合金的 970 MPa 提高至 Cr1.25 合金的 1320 MPa。其中 Cr0.25 合金具有最好的综合室温力学性能，压缩屈服强度为 1250 MPa，抗压强度可达 2046 MPa，压缩变形率 25.3%，具有较高的加工硬化能力。

参 考 文 献

[1] Qiao D X, Liang H, Wu S Y, et al. The mechanical and oxidation properties of novel B2-ordered $Ti_2ZrHf_{0.5}VNb_{0.5}Al_x$ refractory highentropy alloys. Materials Characterization, 2021, 178: 111287.

[2] Qiao D X, Jiang H, Jiao W N, et al. A novel series of refractory high-entropy alloys $Ti_2ZrHf_{0.5}VNb_x$ with high specific yield strength and good ductility. Acta Metallurgica Sinica (English Letters), 2019, 32: 925-931.

[3] 乔东旭. $Ti_2ZrHf_{0.5}VNb_{0.5}X$(X=Al、Cr、N)难熔高熵合金的组织与性能研究. 大连: 大连理工大学, 2021.

第 5 章　难熔金属中的应用实例

5.1　应 用 对 象

金属钼及其合金。

5.2　分 析 目 的

研究目的是降低钼的韧-脆转变温度(DBTT)，提高钼的室温韧性和强度，以扩大钼合金在结构材料方面的应用领域。通过掺杂技术，向钼中引入稀土氧化物，如 La_2O_3，制备出具有优异性能的稀土钼合金。

5.3　分 析 仪 器

电感耦合等离子原子发射光谱仪(ICP-OES, Agilent 720, Santa Clara, USA)和碳硫分析仪(NCS CS-2800, Beijing, China)。X 射线衍射仪(XRD)、扫描电子显微镜(SEM)、透射电子显微镜(TEM)、热重分析(TG)、X 射线光电子能谱(XPS)。

5.4　实 验 过 程

5.4.1　纳米氧化镧和氧化镧/二氧化钼前驱体的合成

采用硝酸镧为镧源[$La(NO_3)_3·6H_2O$，≥99 %]，甘氨酸($C_2H_5NO_2$，≥99 %)为燃料，保持硝酸镧用量为 0.01 mol，研究不同甘氨酸与硝酸镧摩尔比(Φ = 0.50，0.75，1.00，1.25，1.50，2.00，2.50)对溶液燃烧合成法(solution combustion synthesis，SCS)合成 La_2O_3 相态与形貌的影响。表 5-1 为具体的原料成分配比。SCS 合成过程在此不再赘述，产物为极蓬松的白色产物。

表 5-1　SCS 合成 La_2O_3 的原料配比

$\Phi = C_2H_5O_2N/La(NO_3)_3$	$C_2H_5O_2N$ (mol)	$La(NO_3)_3$ (mol)
0.50	0.0050	0.01
0.75	0.0075	0.01

续表

$\Phi = C_2H_5O_2N/La(NO_3)_3$	$C_2H_5O_2N$ (mol)	$La(NO_3)_3$ (mol)
1.00	0.0100	0.01
1.25	0.0125	0.01
1.50	0.0150	0.01
2.00	0.0200	0.01
2.50	0.0250	0.01

采用 Φ= 1.25 作为 La_2O_3 掺杂配比（表 5-1）引入 SCS 合成纳米 MoO_2 前驱体的原料体系中，配制出不同 La_2O_3 掺杂量（按在金属 Mo 中的质量分数计算）的原料并进行 SCS 合成 La_2O_3/MoO_2 前驱体粉末。为方便表述，将 La_2O_3 掺杂量分别为 0%、0.3%、0.6%、0.9%和 1.2%的前驱体标注为 P-LM0、P-LM3、P-LM6、P-LM9 和 P-LM12（P，Precursor）。表 5-2 为 SCS 合成 La_2O_3/Mo 纳米复合粉末的原料配比。合成过程不再赘述。

表 5-2　SCS 合成 La_2O_3/Mo 的原料配比前驱体

前驱体	La_2O_3 含量（wt.%）	AHM (mol)	NH_4NO_3 (mol)	$C_2H_5O_2N$ (mol)	$La(NO_3)_3$ (mol)
P-LM0	0	0.01	0.2	0.10	0
P-LM3	0.3	0.01	0.2	0.10015	0.00012
P-LM6	0.6	0.01	0.2	0.10032	0.00025
P-LM9	0.9	0.01	0.2	0.10046	0.00037
P-LM12	1.2	0.01	0.2	0.10063	0.00050

1. 氢还原氧化镧/二氧化钼前驱体

根据之前氢还原制备纳米钼粉的研究结果，采用在流动氢气下 600℃保温 2 h 的还原工艺对 La_2O_3/MoO_2 前驱体（P-LM0、P-LM3、P-LM6、P-LM9 和 P-LM12）进行氢还原，制备出不同 La_2O_3 掺杂量的 La_2O_3/Mo 复合粉末。氢还原实验过程中，流动氢气（99.99 %）的流量为 100 mL/min 和氩气（99.99 %）的流量为 20～50 mL/min。为方便表述，将前驱体还原后的产物分别标注为 LM0、LM3、LM6、LM9 和 LM12（下同）。

2. 结构检测与表征

分别采用电感耦合等离子原子发射光谱仪（ICP-OES, Agilent 720, Santa Clara, USA）和碳硫分析仪（NCS CS-2800, Beijing, China）分别测定前驱体和还原产物中

La 元素和 C 元素含量。其他测试方法，如 XRD、SEM、TEM、热重分析(TG)和 XPS 等均与前文一致，不再赘述。

5.4.2　纳米氧化镧的合成与表征

图 5-1 为不同 Φ 值合成产物的 XRD 衍射谱。从图可知，Φ=0.50、0.75、1.00 时，产物主要为 $La_2O_3CO_3$ 和 $La_2O_2NO_3$，表明在该原料配比范围内，硝酸镧无法充分分解，这归因于甘氨酸燃料不足，无法与硝酸镧完全形成氧化还原的燃烧反应而形成 $La_2O_2NO_3$ 相。同时，由于燃烧反应不充分，无法持续提供足够热量支持反应的继续进行，甘氨酸分解形成的残余碳无法通过燃烧反应形成气态产物(CO、CO_2)，导致形成 $La_2O_3CO_3$ 相。当 Φ=1.25、1.50 时，其产物出现明显的 $La(OH)_3$ 衍射峰(JCPDS 36-1481)，衍射峰强度较高，表明产物结晶度好。当 Φ 增加至 2.00 和 2.50 时，产物主要为 $La_2O_3CO_3$ 相，这与 Φ=1.00 时的产物相态一致，但 Φ=2.00、2.50 时衍射峰宽化更为严重，这表明产物的结晶度低，同时，结合前期 SCS 合成机理的研究结果进行分析可知，产物中还存在一定量的无定形碳。当 Φ=2.00、2.50 时，甘氨酸燃料过量，为富燃料反应，多余甘氨酸会高温分解形成无定形碳，同时会消耗大量热量使得反应温度降低而形成 $La_2O_3CO_3$ 相。

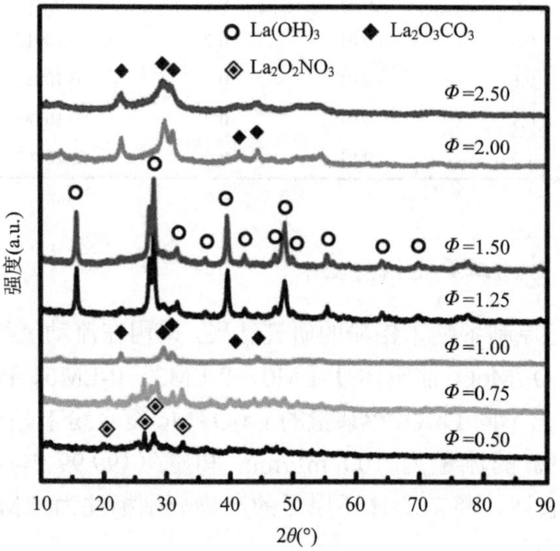

图 5-1　不同 Φ 值 SCS 合成产物的 XRD 衍射谱

已有研究表明[1,2]，在空气中放置 24 h 后，La_2O_3 因吸水形成 $La(OH)_3$，如反应式(5-1)所示，经高温煅烧处理后，$La(OH)_3$ 会重新形成 La_2O_3［反应式(5-2)］。

利用 TG 分析 SCS 合成 La(OH)$_3$ 在空气下进行高温煅烧过程中的质量变化，以揭示其相变规律。图 5-2 为 Φ=1.25 时 SCS 合成产物在空气下煅烧的 TG 曲线。从图可知，La(OH)$_3$ 在 150～350℃时出现约 3.7 %的质量减少，这归因于吸附水的挥发和残余碳的消耗。加热至 475～750℃时，样品出现 14.6 %的质量减小，这与反应式(5-4)所示 La(OH)$_3$ 受热相变为 La_2O_3 的理论质量减少(14.2 %)相近，表明在 475～750℃时，La(OH)$_3$ 热分解为 La_2O_3 相。随后温度继续升高，样品质量不变，表明相变过程结束，La(OH)$_3$ 全部转变成 La_2O_3。

将 Φ=1.25 时 SCS 合成的样品进行 650℃煅烧 5 h 后真空保存，并立即进行 XRD 测试，结果表明，其产物为 La_2O_3(图 5-2)，这进一步表明，采用 Φ=1.25、1.50 时，SCS 可成功合成 La_2O_3，由于 La_2O_3 吸水而相变 La(OH)$_3$。另外，将煅烧获得的 La_2O_3 在空气环境下放置 5 h，La_2O_3 将重新相变为 La(OH)$_3$，其相变时间明显少于文献[1]的 24 h，表明 SCS 合成的 La_2O_3 粉末较细，具有很大的比表面积。

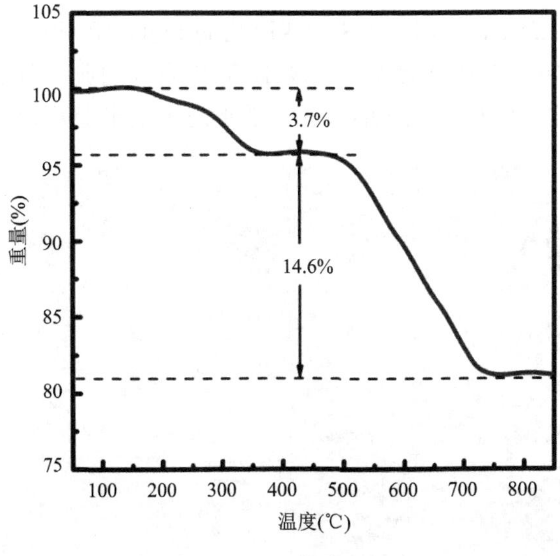

图 5-2　Φ = 1.25 时 SCS 合成产物在空气下煅烧的 TG 曲线

$$La_2O_3+3H_2O \longrightarrow 2La(OH)_3 \tag{5-1}$$

$$2La(OH)_3 \longrightarrow La_2O_3+3H_2O \tag{5-2}$$

图 5-3 为 Φ= 1.25 时 SCS 合成产物 650℃煅烧前后的 XRD 衍射谱。

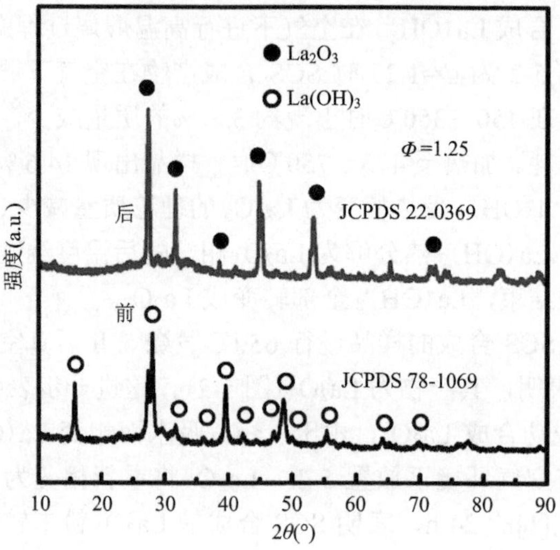

图 5-3　Φ= 1.25 时 SCS 合成产物 650℃煅烧前后的 XRD 衍射谱

图 5-4 为 Φ=1.25、1.50 时，SCS 合成产物的 La_2O_3 相变为 $La(OH)_3$ 后的 SEM 图。从图可知，Φ=1.25 的产物整体呈现出 SCS 合成的典型蓬松多孔形貌，表明产物具有很高的比表面积，$La(OH)_3$ 粒子的形态为纳米薄片状结构，厚度为 5～

图 5-4　Φ= 1.25(a)、(b)和 1.50(c)、(d)时，SCS 合成产物的 SEM 图

10 nm，平面尺寸为 50～150 nm。Φ=1.50 合成的 La(OH)$_3$ 与 Φ=1.25 的产物形貌相差不大，但颗粒尺寸均匀性较差，这可能由于 Φ=1.50 时，甘氨酸燃料已经过量，反应温度比 Φ=1.25 时稍有降低。图 5-5 为 Φ=1.25 的 La(OH)$_3$ 650℃煅烧 5 h 形成 La_2O_3 的 SEM 图。从图可知，La_2O_3 整体形态仍保持蓬松多孔形貌，La_2O_3 粒子仍呈现纳米薄片状结构，但由于经过温度煅烧，颗粒间出现烧结颈，尺寸有所增加。

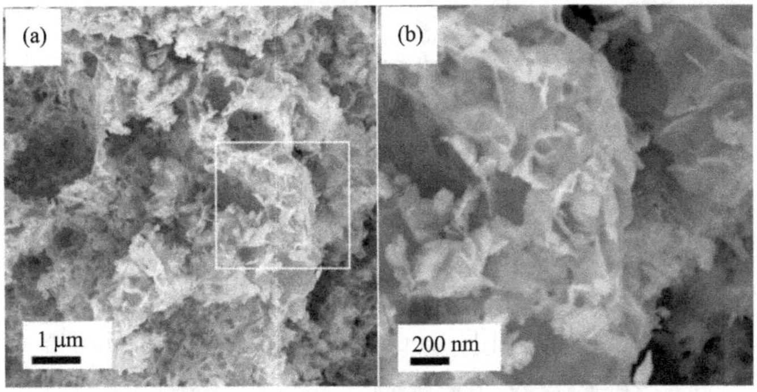

图 5-5　Φ= 1.25 时 SCS 合成 La(OH)$_3$ 煅烧相变为 La_2O_3 的 SEM 图

5.4.3　氧化镧/二氧化钼前驱体的合成与表征

上面研究结果表明了 Φ=1.25 时 SCS 合成纳米 La_2O_3 具有最佳的相组成和显微结构，因此，以下研究将采用 Φ=1.25 作为 La_2O_3 掺杂配比(表 5-1)引入到 SCS 合成纳米 MoO_2 前驱体的原料体系中，采用溶液燃烧结合氢还原技术制备出 La_2O_3 掺杂量分别为 0 %、0.3 %、0.6 %、0.9 %和 1.2 %的 La_2O_3/Mo 纳米前驱体粉末。表 5-2 为 SCS 合成 La_2O_3/Mo 纳米复合粉末的原料配比。

图 5-6 为 SCS 合成不同 La_2O_3 掺杂量的 La_2O_3/MoO_2 的 XRD 衍射谱。从图可知，不同 La_2O_3 掺杂量的前驱体均以 MoO_2 为主相，同时含有一定量的 MoO_3 和 Mo_4O_{11} 相，表明 La_2O_3 掺杂对 SCS 合成 MoO_2 的相态影响不大。另外，掺杂后的前驱体未观察到明显的 La_2O_3 或 La(OH)$_3$ 衍射峰，这是由于 La_2O_3 掺杂量太低，XRD 无法准确测定。

采用 FE-SEM 表征产物的显微形貌。图 5-7 为不同 La_2O_3 掺杂量前驱体的 FE-SEM 图。从图可知，LM0 前驱体整体呈现泡沫状形态，颗粒尺寸为 20～30 nm，由于纳米颗粒的表面能高，颗粒间发生了团聚。这与之前 SCS 合成的产物形貌保持一致。进行 La_2O_3 掺杂后，LM3、LM6、LM9 和 LM12 的形貌仍保持多孔泡沫状形貌和出现团聚现象，而且颗粒尺寸无明显变化，这与 LM0 的形貌特征一致，表明较低 La_2O_3 掺杂量不会对前驱体的形貌产生明显影响。同时，各前驱体中均无法观察到 La_2O_3、La(OH)$_3$ 等镧化合物，这归因于 La 元素的含量低。

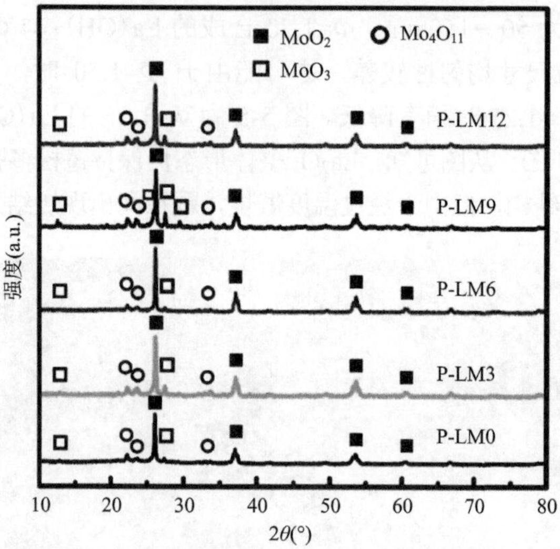

图 5-6 SCS 合成不同 La_2O_3 掺杂量前驱体的 XRD 衍射谱

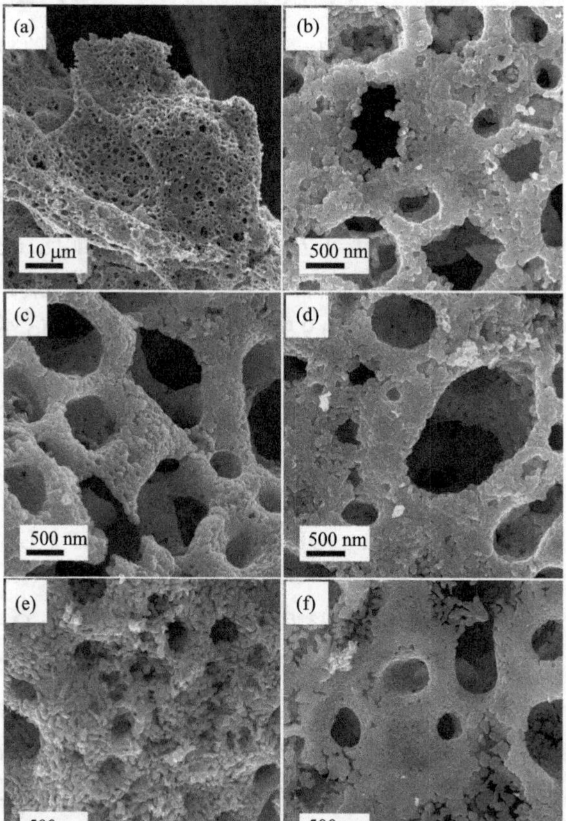

图 5-7 (a)(b) P-LM0, (c) P-LM3, (d) P-LM6, (e) P-LM9 和 (f) P-LM12 前驱体的 FE-SEM 图

为明确 La_2O_3 是否已成功掺入前驱体中，对不同 La_2O_3 掺杂量的前驱体进行 XPS 表征。图 5-8 为不同 La_2O_3 掺杂量前驱体的 XPS 全谱图和 La 3d 窄扫图。从图可知，除 Mo、O 元素外，各前驱体均出现了 C 元素的特征峰，说明前驱体中均含有少量的残余碳，其来源于 SCS 合成过程中甘氨酸的高温分解，根据之前的研究结果可知，残余碳的含量小于 1.0 wt.%。另外，由于 La_2O_3 的掺杂量小，全谱图中 La 元素特征峰不明显。对 La 元素进行 XPS 窄扫描（图 5-8 右），发现 P-LM0 前驱体（0 wt.% La_2O_3）未出现 La 元素的特征峰，进行 La_2O_3 掺杂后，开始出现 La $3d_{3/2}$ 和 La $3d_{5/2}$ 特征峰，且随着 La_2O_3 掺杂量的增加，La $3d_{3/2}$ 和 La $3d_{5/2}$ 的特征峰强度逐渐增大，表明 La_2O_3 已成功掺入前驱体中。

同时，对不同 La_2O_3 掺杂量前驱体的 Mo 元素进行 XPS 窄扫描和拆解拟合。图 5-9 为 P-LM9 前驱体 Mo 3d 的 XPS 窄扫描拟合图。从图可知，Mo 元素主要存在属于 MoO_2 的 Mo^{4+} $3d_{3/2}$ 和 Mo^{4+} $3d_{5/2}$，同时含有对应于 MoO_3 和 Mo_4O_{11} 的 Mo^{6+} $3d_{5/2}$、Mo^{6+} $3d_{3/2}$ 和 Mo^{5+} $3d_{3/2}$。通过计算不同价态特征峰的相对面积，得出 MoO_2、MoO_3 和 Mo_4O_{11} 的含量分别为 48.9 %、41.6 %和 9.3 %，该结果的 MoO_2 含量明显低于 XRD 的检测结果（表 5-3），这归因于 XPS 属于表面分析技术，检测厚度一般仅为 5～8 nm，MoO_2 颗粒表面易被氧化，导致 MoO_3 和 Mo_4O_{11} 相的含量增加。其他前驱体的 Mo 3d 价态组成如图 5-10 所示，从图可知，其他前驱体的 Mo 3d 价态组成与 P-LM9 前驱体相似。同时，通过 XPS 计算出不同 La_2O_3 掺杂量前驱体的 MoO_2、MoO_3 和 Mo_4O_{11} 的含量如表 5-3 所示。从表 5-3 可知，随着 La_2O_3 掺杂量的增加，MoO_3 和 Mo_4O_{11} 的含量稍有增加，表明 MoO_2 颗粒的表面氧化程度略有升高。

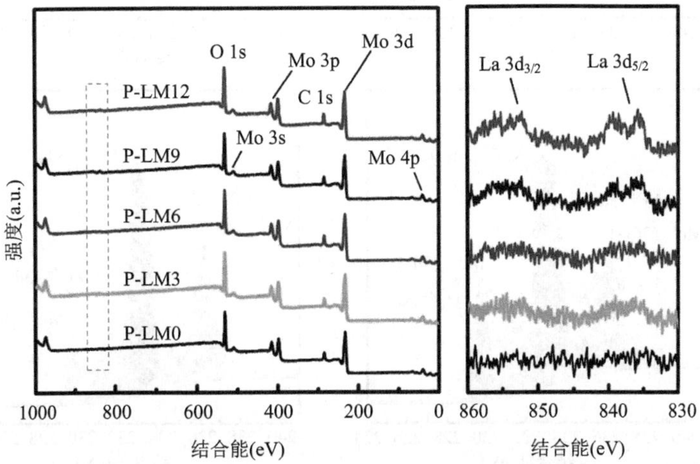

图 5-8　不同 La_2O_3 掺杂量前驱体的 XPS（左）全谱图和（右）La 3d 窄扫图

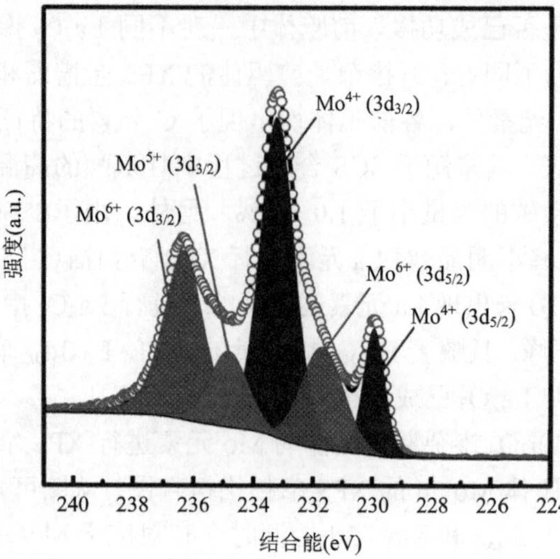

图 5-9　P-LM9 前驱体的 Mo 3d XPS 窄扫描拟合图

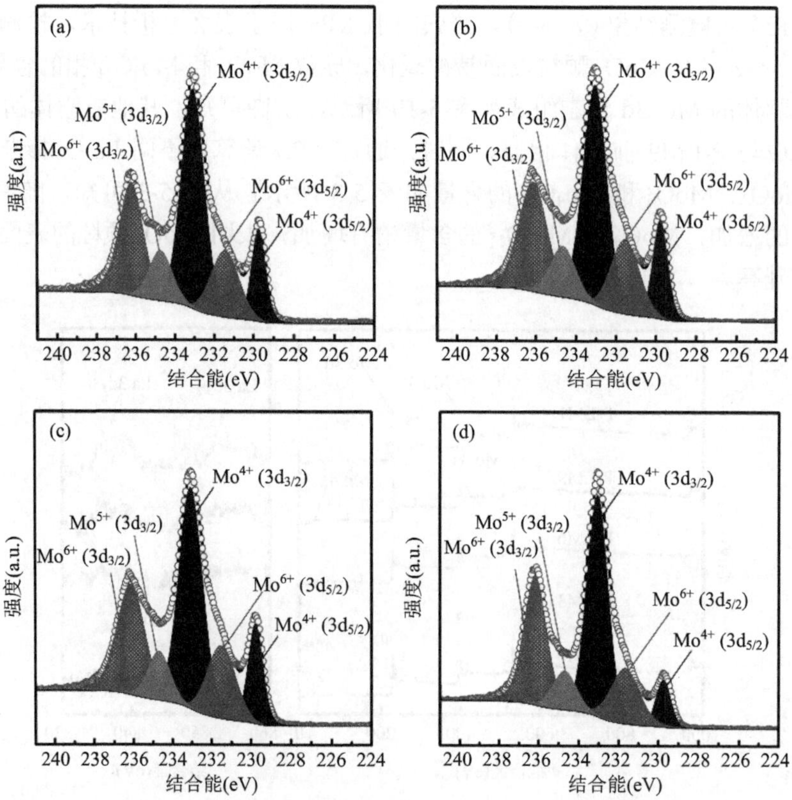

图 5-10　前驱体 (a) P-LM0, (b) P-LM3, (c) P-LM6 和 (d) P-LM12 的 Mo 3d XPS 窄扫描拟合图

表 5-3　不同 La_2O_3 掺杂量前驱体中钼氧化物含量　（单位：wt.%）

前驱体	MoO_2	MoO_3	Mo_4O_{11}
P-LM0	52.6	38.8	8.6
P-LM3	51.7	38.7	9.6
P-LM6	51.0	39.1	9.9
P-LM9	48.9	41.6	9.3
P-LM12	48.6	42.8	8.6

为明确前驱体中的 C、La 含量，针对不同 La_2O_3 掺杂量前驱体的 C 和 La 元素的含量进行检测，其中，采用有机元素分析仪检测 C 含量，ICP 检测 La 含量。表 5-4 为不同 La_2O_3 掺杂量前驱体的碳、镧含量。可见，不同前驱体中均不同程度含有微量的残余碳；镧含量与理论值相当，表明 SCS 合成过程中，镧元素不会出现明显的损耗，这保证了镧掺杂量的准确性。

表 5-4　不同 La_2O_3 掺杂量前驱体的碳、镧元素含量　（单位：wt.%）

前驱体	P-LM0	P-LM3	P-LM6	P-LM9	P-LM12
C	0.27	0.17	0.20	0.18	0.13
La	0	0.13	0.38	0.59	0.81

5.4.4　氧化镧掺杂纳米钼复合粉末的制备与表征

采用直接氢气还原和氩气煅烧–氢气还原两种还原方法对前驱体进行还原处理，具体还原工艺曲线见图 5-11。

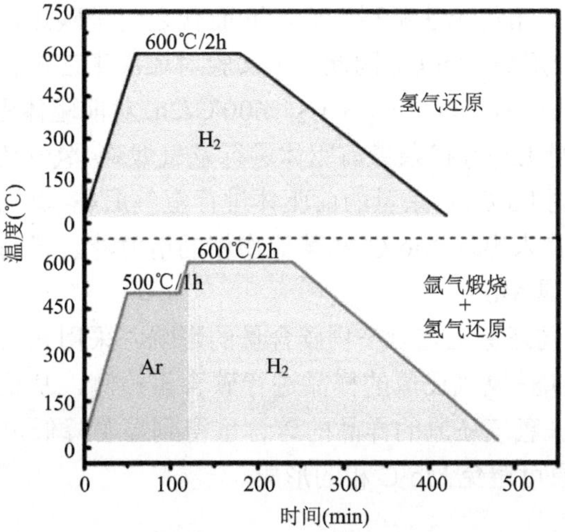

图 5-11　前驱体的直接 H_2 还原和 Ar 煅烧– H_2 还原的工艺曲线

图 5-12 为不同 La_2O_3 掺杂量前驱体进行氢还原后的 XRD 衍射谱。从图可知，各前驱体还原后形成了金属 Mo 的衍射峰，原有 MoO_2 相和少量 MoO_3 和 Mo_4O_{11} 相已完全消失(图 5-6)，表明成功合成了金属 Mo。同时，各产物均出现了微量的 Mo_2C 相。由于采用 SCS 合成技术不可避免存在少量残余碳，因此仅采用氢气还原方法无法避免 Mo_2C 的形成，需要优化出更为合理的前驱体还原工艺。

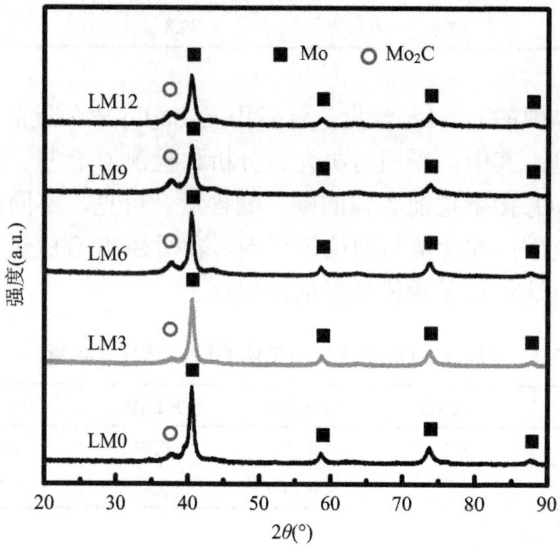

图 5-12　不同 La_2O_3 掺杂量前驱体进行氢还原后的 XRD 衍射谱

之前的研究结果表明，在氢气还原气氛下，氧化钼(MoO_2、MoO_3 和 Mo_4O_{11})还原成 Mo 的同时，Mo_2O 与残余碳进行碳热–氢还原反应而形成 Mo_2C 相。当无氢气存在时，Mo_2C 相将无法顺利生成，取而代之的是碳热还原反应，即 MoO_3 和 Mo_4O_{11} 与碳反应形成 MoO_2。因此，本实验对还原工艺进行优化，采用氩气煅烧–氢气还原的方法(Ar，500℃/1h + H_2，600℃/2h)对前驱体进行还原。

图 5-13 为不同 La_2O_3 掺杂量前驱体进行氩气煅烧–氢气还原后的 XRD 衍射谱。从图可知，不同 La_2O_3 掺杂量的前驱体进行氩气煅烧–氢气还原后的产物均为 Mo 的衍射峰，而且未出现 Mo_2C 和其他物相的衍射峰，表明采用该工艺可成功合成无杂质相的金属 Mo。

为明确采用不同还原工艺对产物碳含量的影响，采用元素分析仪分别对采用氢气还原和氩气煅烧+氢气还原的样品进行碳含量检测，从检测结果(表 5-5)可见，经过氩气煅烧+氢气还原的样品的碳含量得到显著降低，这进一步表明采用氩气煅烧+氢气还原可避免 Mo_2C 相的形成。

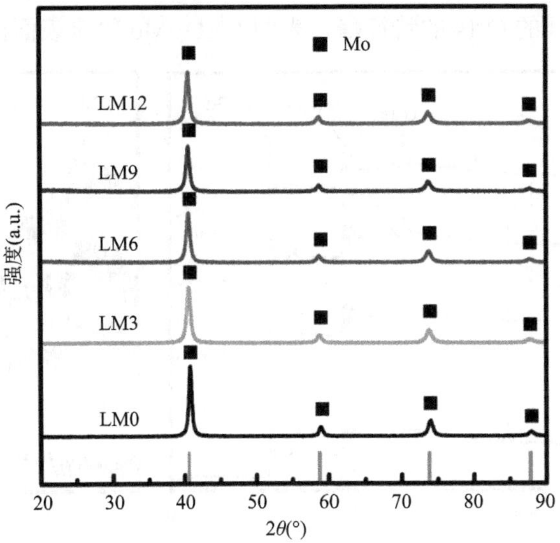

图 5-13　不同 La_2O_3 掺杂量前驱体进行氩气煅烧–氢气还原后的 XRD 衍射谱

同时，图 5-13 的衍射谱中未出现明显的 La_2O_3 衍射峰，这归因于 La_2O_3 掺杂量太小，XRD 无法准确测出。另外，对比发现，随着 La_2O_3 掺杂量的增加，Mo 衍射峰逐渐变宽，强度逐渐减弱，这表明 La_2O_3 可能对金属 Mo 晶粒具有一定的细化作用。利用 Scherrer's 公式对图 5-13 的 XRD 衍射谱的半峰宽(FWHM)进行计算。结果表明，LM0、LM3、LM6、LM9 和 LM12 的晶粒尺寸分别为 28.7 nm、24.3 nm、23.8 nm、22.7 nm 和 21.9nm，表明 Mo 晶粒尺寸随 La_2O_3 掺杂量的增加而略有减小。

表 5-5　采用不同还原工艺合成产物的碳含量　　(单位：wt.%)

含量	工艺	前驱体				
		LM0	LM3	LM6	LM9	LM12
C	H_2/600℃	0.286	0.219	0.241	0.236	0.183
	Ar/500℃+ H_2/600℃	0.046	0.043	0.053	0.051	0.042

为验证 La_2O_3 是否掺杂成功，对氩气煅烧+氢气还原合成产物(LM0、LM3、LM6、LM9 和 LM12)进行 XPS 表征。图 5-14 为氩气煅烧+氢气还原合成产物的 XPS 全谱图和 La 元素窄扫描图。从图可知，由于 La_2O_3 的掺杂量小，全谱图 La 元素特征峰不明显，对 La 元素进行 XPS 窄扫描，发现除 LM0 外，LM3、LM6、LM9 和LM12 均出现明显的La $3d_{3/2}$和La $3d_{5/2}$特征峰，且随着La_2O_3掺杂量的增加，La $3d_{3/2}$ 和 La $3d_{5/2}$ 的特征峰强度逐渐增大，表明 La_2O_3 已成功掺入 Mo 粉末中。另外，全谱

图中仍出现了较强的 O 1s 的特征峰，表明 La_2O_3/Mo 粉末表面出现了氧化。

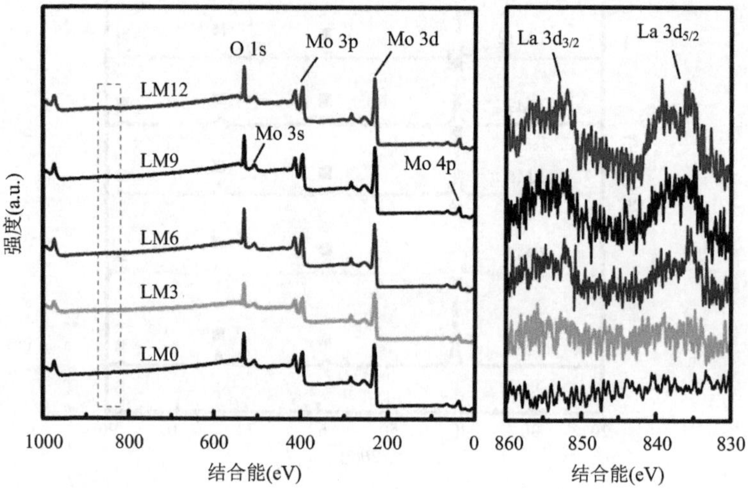

图 5-14　氩气煅烧+氢气还原产物的 XPS（左）全谱图和（右）La 元素窄扫描图

同时，对不同 La_2O_3 掺杂量 La_2O_3/Mo 复合粉末的 Mo 元素进行 XPS 窄扫描和拟合拆解。图 5-15 为 P-LM9 前驱体和氩气煅烧–氢还原后 LM9 的 Mo 3d XPS 窄扫描拟合对比图。从图可知，与前驱体 P-LM9 相比，LM9 在 280.2 eV 出现了新的属于单质 Mo 的特征峰，这进一步表明金属 Mo 的成功合成。同时，发现存在大量的氧化钼，即 MoO_2、MoO_3 和 Mo_4O_{11} 的特征峰，表明纳米 Mo 表面出现了较为严重的氧化现象。

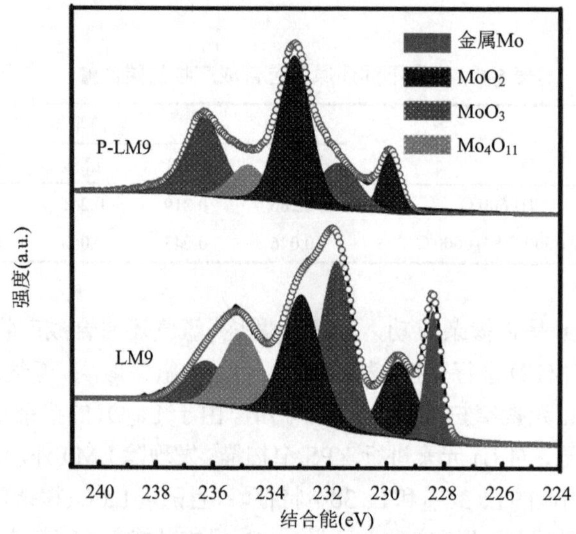

图 5-15　P-LM9 和氩气煅烧–氢气还原后 LM9 的 Mo 3d XPS 窄扫描拟合对比图

为明确采用氩气煅烧–氢气还原制备的 La_2O_3/Mo 复合粉末的 La 含量，用 ICP 对样品中的 La 进行检测，结果如表 5-6 所示。可见，经过氩气煅烧–氢气还原获得的 LM0、LM3、LM6、LM9 和 LM12 的镧含量与理论掺杂量基本一致，保证了掺杂量的准确性。

表 5-6　不同 La_2O_3 掺杂量 Mo 粉末的镧元素含量　（单位：wt.%）

元 素	LM0	LM3	LM6	LM9	LM12
La	0	0.21	0.46	0.76	0.94

采用 FE-SEM 和 TEM 表征不同 La_2O_3 掺杂量的还原产物的显微形貌。图 5-16 为不同 La_2O_3 掺杂量的 La_2O_3/Mo 复合粉末的 FE-SEM 图。从图可知，不同 La_2O_3 掺杂量的 La_2O_3/Mo 复合粉末均由不规则形态的纳米颗粒组成，由于纳米颗粒的表面能大，导致颗粒出现团聚现象，同时，如图 5-16(d)所示，产物整体均仍保持原来的泡沫状形貌。不同 La_2O_3 掺杂量的复合粉末的颗粒尺寸有所差异，当未掺杂 La_2O_3 时(LM0)，其纳米颗粒尺寸为 60～80 nm[图 5-16(a)]，这与之前的研究结果相符[图 5-16(c)、(d)]，进行 La_2O_3 掺杂后，Mo 颗粒尺寸明显减小。

本实验采用 FE-SEM 对每个样品随机选取 50～60 个颗粒进行尺寸测量并计算出其平均颗粒尺寸。结果表明，随着 La_2O_3 掺杂量的增加，产物的颗粒尺寸为 68 nm (LM0)＞63 nm (LM3)＞58 nm(LM6)＞49 nm (LM9)＞43 nm (LM12)，进一步表明 La_2O_3 对颗粒具有细化作用。

为了进一步研究还原产物的显微结构，采用 TEM 对 LM9 进行表征。图 5-17 为 LM9 的 TEM、HRTEM 和元素分布图。从图 5-17(a)可知，粉末颗粒出现明显团聚，团聚体颗粒的尺寸约 50～60 nm，从插图的选区电子衍射(SAED)可知，粉末颗粒呈现多晶衍射环特征，表明颗粒是由多个纳米颗粒团聚而成。同时，对选区进行 Mo、La 和 O 元素扫描，如图 5-17(b)所示，发现 La 和 O 元素均匀分散于 Mo 粉末中，说明 La_2O_3 在 Mo 粉末中分散性好，这表明采用 SCS 结合氩气煅烧–氢气还原的方法可成功合成 La_2O_3 均匀分散的纳米 Mo 粉末。值得注意的是，O 元素的含量明显较多，一方面，O 元素来源于 La_2O_3 相，另一方面，其更多源于 Mo 颗粒的表面氧化。图 5-17(c)、(d)为选区的 HRTEM 图，可明显分辨出两种晶格条纹，一种晶格条纹大量存在，其晶面间距为 0.22 nm，对应于 Mo 的(110)晶面；另一种晶格条纹少量存在于颗粒边缘，其晶面间距为 0.31 nm，对应于 La_2O_3 的(222)晶面，这表明 La_2O_3 吸附于 Mo 颗粒的表面。另外，前期的研究结果表明，Mo 颗粒的表面氧化物为无定形态并包覆于 Mo 颗粒表面。

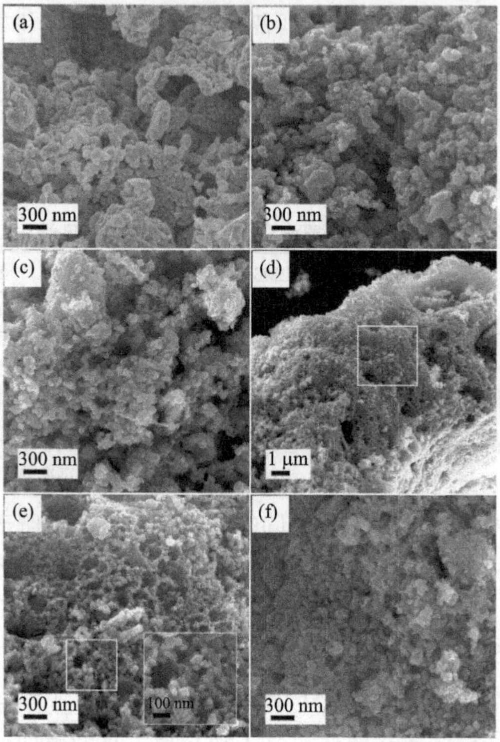

图 5-16　(a) LM0, (b) LM3, (c) LM6, (d) (e) LM9 和 (f) LM12 的 FE-SEM 图

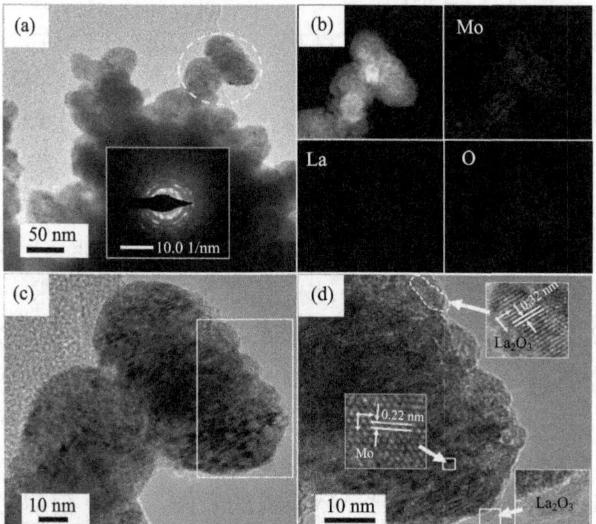

图 5-17　LM9 的 (a) TEM 图, (b) Mo、La、O 的分布图, (c) (d) HRTEM 图

5.4.5　氧化镧掺杂纳米钼复合粉末的形成机理

根据 SCS 的合成理论，SCS 反应是一种剧烈的氧化–还原反应，在该反应体系中，原料通过反应(5-3)和反应(5-4)合成不同 La_2O_3 掺杂量的前驱体，反应过程中生成大量的气体，使得前驱体呈现出 SCS 合成的典型多孔泡沫状结构。同时，SCS 的原料混合过程为液相混合，这充分保证了 La_2O_3 掺杂的准确性和均匀性。

$$(NH_4)_6Mo_7O_{24}+20NH_4NO_3+10C_2H_5O_2N \longrightarrow$$

$$7MoO_2+32H_2O+30NH_3+20CO_2+18NO+4N_2 \tag{5-3}$$

$$6La(NO_3)_3+10C_2H_5O_2N \longrightarrow 3La_2O_3+25H_2O+20CO_2+14N_2 \tag{5-4}$$

近期的研究表明[3]，进行氢气还原时，不同还原温度下，MoO_2 还原成 Mo 的机理有所不同。当还原温度≥923 K(650℃)时，反应遵循化学气相运输(chemical vapor transportation, CVT)机制，Mo 颗粒在 MoO_2 颗粒外部进行形核并长大，这导致 Mo 颗粒的形貌与尺寸不同于 MoO_2 颗粒。当还原温度≤883 K(610℃)时，反应主要为假形相转换机制(pseudomorphic transport mechanism)，Mo 在 MoO_2 颗粒内部形核与长大，这有利于 Mo 颗粒保持 MoO_2 颗粒的形貌和尺寸。因此，由于本实验选用的还原温度为 600℃，Mo 的形成遵循假形相转换机制，还原产物基本保持了前驱体的泡沫状形态和纳米尺寸结构。

当前驱体直接采用氢气进行还原时，前驱体中的少量 MoO_3 相和 Mo_4O_{11} 相分别通过反应(5-5)和反应(5-6)被还原成 MoO_2。600℃时，MoO_2 发生反应(5-7)而合成金属 Mo。同时，由于前驱体中含量少量的残余碳，600℃时，残余碳、MoO_2 和 H_2 三者会发生碳热–氢气还原反应[式(5-8)]，导致形成 Mo_2C 相。

$$MoO_3+H_2 \longrightarrow MoO_2+H_2O \tag{5-5}$$

$$Mo_4O_{11}+3H_2 \longrightarrow 4MoO_2+3H_2O \tag{5-6}$$

$$MoO_2+2H_2 \longrightarrow Mo+2H_2O \tag{5-7}$$

$$2MoO_2+3C+2H_2 \longrightarrow Mo_2C+2H_2O+2CO \tag{5-8}$$

当前驱体采用氩气煅烧–氢气还原工艺时，在 500℃氩气煅烧过程中，少量 MoO_3 相和 Mo_4O_{11} 发生反应(5-5)和反应(5-6)的同时，残余碳与 MoO_3 相和 Mo_4O_{11} 发生碳热还原反应而形成 MoO_2，即反应(5-9)和反应(5-10)，使得残余碳被完全消耗。因此，当进行 600℃氢还原时，由于没有残余碳的存在，有效地避免了 Mo_2C 相的形成。图 5-18 为 La_2O_3/Mo 纳米复合粉末合成示意图。

$$2MoO_3+C \longrightarrow 2MoO_2+CO_2 \tag{5-9}$$

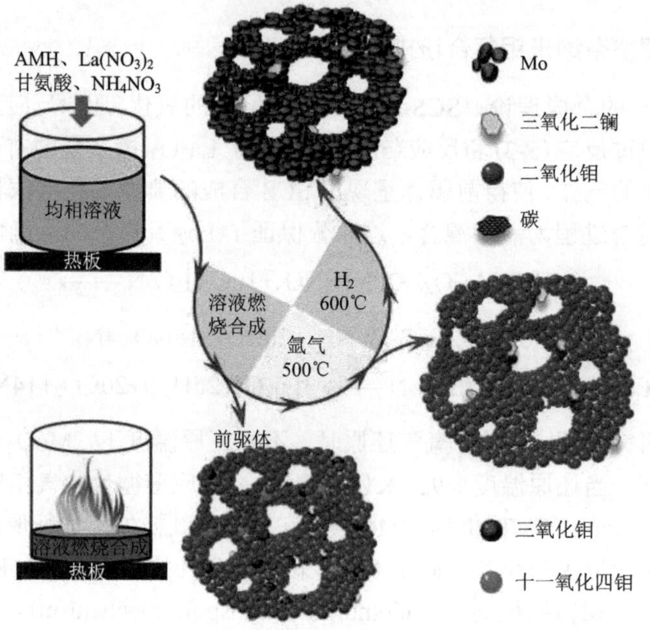

图 5-18　La_2O_3/Mo 纳米复合粉末合成示意图

$$Mo_4O_{11}+3C \longrightarrow 4MoO_2+3H_2O \tag{5-10}$$

5.5　本章小结

本章结合第 4 章的研究成果，以硝酸镧为镧源，采用溶液燃烧合成(SCS)结合氢还原技术对纳米钼粉末进行 La_2O_3 掺杂，获得 La_2O_3 均匀掺杂的纳米钼复合粉末。探讨了纳米 La_2O_3 和 La_2O_3/MoO_2 前驱体的合成原料配比，研究了不同氢还原工艺对 La_2O_3/Mo 复合粉末的相态和显微结构的影响，阐明了合成机理，得出了如下主要结论：

① $C_2H_5O_2N/La(NO_3)_3$ 比值(Φ)为 1.25 时，利用 SCS 可成功合成纳米薄片状 La_2O_3，证实了 SCS 合成 La_2O_3/MoO_2 前驱体的可行性，由于 La_2O_3 比表面积大，在空气中极易吸水而相变为 $La(OH)_3$。

② 采用 SCS 合成的不同 La_2O_3 掺杂量的 La_2O_3/MoO_2 前驱体均以 MoO_2 为主相，其形貌均呈现出由 20～30 nm 纳米颗粒组成的泡沫状结构。La_2O_3 掺杂量对 SCS 合成 La_2O_3/MoO_2 前驱体的相态和形貌影响不明显。通过 XPS 分析表明，La_2O_3 成功掺入前驱体中，La 含量的检测证实了 SCS 合成不会导致镧元素的明显损耗，这保证了掺杂量的准确性。

③ 通过对 SCS 合成 La_2O_3/MoO_2 前驱体进行氩气煅烧+氢气还原可制备出无 Mo_2C 杂质、La_2O_3 均匀掺杂、尺寸为 40～70 nm 的纳米 La_2O_3/Mo 复合粉末。还原过程遵循假形相转换机制，使得 La_2O_3/Mo 保持了前驱体的尺寸与形貌。在氢气还原前进行 500℃/2h 的氩气煅烧，促使残余碳与 MoO_3、Mo_4O_{11} 发生碳热还原反应并被完全消耗，有效避免了 Mo_2C 杂质相的形成。

参 考 文 献

[1] Singh A, Palakollu V, Pandey A, et al. Green synthesis of 1,4-benzodiazepines over La_2O_3 and $La(OH)_3$ catalysts: possibility of langmuir–hinshelwood adsorption. Rsc Advances, 2016, 6(105): 103455-103462.

[2] Gangwar B, Palakollu V, Singh A, et al. Combustion synthesized La_2O_3 and $La(OH)_3$: recyclable catalytic activity towards Knoevenagel and Hantzsch reactions. Rsc Advances, 2014, 4(98): 55407-55416.

[3] Wang L, Zhang G, Wang J, et al. Study on hydrogen reduction of ultrafine MoO_2 to produce ultrafine Mo. Journal of Physical Chemistry C, 2016, 120(7): 4097-4103.

第 6 章　金属陶瓷中的应用实例

6.1　应 用 对 象

碳氮化钛[简称 Ti(C,N)]基金属陶瓷。

6.2　分 析 目 的

① 分析合成粉末的相态，获得合成单一相的适宜条件；

② 分析碳氮化钛基金属陶瓷烧结后的相态与显微结构特征，理解其力学性能变化的规律，分析其强韧化机制。

6.3　分 析 仪 器

采用 X 射线衍射仪(XRD，SmartLab 3kW，日本，靶材为铜靶，波长为 1.54 Å，扫描速度 20°/min，扫描角度 20°～90°)测定样品的相组成，使用扫描电子显微镜(FESEM，蔡司 sigma 500，德国)和能量色散光谱仪(EDS，牛津仪器 X-maxN，英国)观察合成粉末的形貌与粒度、金属陶瓷的微观结构以及成分分布，使用扫描/透射电子显微镜(Talos F200S,美国)和能量色散 X 射线光谱仪(EDS)分析粉末形貌与成分分布。

6.4　结果与分析[1]

6.4.1　实验过程

1. *原料*

使用的原料粉末有 TiO_2(≥99.8%, ≤0.1μm)，WO_3(≥99.9%, ≤0.2 μm)，Nb_2O_5、Ta_2O_5、MoO_3(≥99.9%, ≤1μm)，炭黑(≥99.9%, ≤0.1μm) 和 Co 粉和 Ni 粉(≥99.9%纯, ≤2 μm)。在氮气气氛下过渡金属氧化物($Me_\alpha O_\beta$)和炭黑的粉末混合物中可能发生的反应如式(6-1)～式(6-7)[2]：

$$Me_\alpha O_\beta + (\alpha+\beta)C = \alpha MeC + \beta CO \quad (6\text{-}1)$$

$$Me_{\alpha}O_{\beta}+\left(\alpha+\frac{\beta}{2}\right)C = \alpha MeC+\frac{\beta}{2}CO_2 \tag{6-2}$$

$$Me_{\alpha}O_{\beta}+\beta C+\frac{\alpha}{2}N_2 = \alpha MeN+\beta CO \tag{6-3}$$

$$Me_{\alpha}O_{\beta}+\frac{\beta}{2}C+\frac{\alpha}{2}N_2 = \alpha MeN+\frac{\beta}{2}CO_2 \tag{6-4}$$

$$Me_{\alpha}O_{\beta}+\beta CO = \alpha MeC+\beta CO_2 \tag{6-5}$$

$$MeC+12N_2 = MeN+C \tag{6-6}$$

$$MeC+MeN = Me(C,N) \tag{6-7}$$

2. 固溶体粉末的合成

碳热还原-氮化法(CRN 法)合成的粉末原料配比如表 6-1 所示。基于前期已研究的(Ti, W, Mo, Nb, Ta)(C, N)-Co-Ni 金属陶瓷(编号 TiCN)[3]，逐渐增加 W、Mo、Nb、Ta 含量，减少 Ti 含量，使构成熵 ΔS 值增大，直至各金属含量为等摩尔配比，编号依次为 HECN1～HECN5。首先，将原料粉末置于行星式球磨机中混合 10 h，采用硬质合金球，球料比为 10∶1，转速为 200 r/min。然后，将球磨后的混合物放入还原炉(ZT-40-21Y 型，Chenhua, China)中于 2 kPa N_2 (99.9%纯度)气氛下 1100～1500℃保温 0.5～2 h。为了进行比较，使用相同的 CRN 工艺合成了非高熵的 TiCN 固溶体粉末。

表 6-1　HECN1～HECN5 和 TiCN 的 δ 与 ΔS_{mix} 计算值

编号	配比	δ(%)	ΔS_{mix}[J/(mol·K)]	$\Delta S_{mix}/R$
TiCN[3]	$(Ti_{0.83},W_{0.07},Mo_{0.04},Nb_{0.03},Ta_{0.04})(C_{0.7},N_{0.3})$	1.48	11.24	1.35
HECN1	$(Ti_{0.6},W_{0.1},Mo_{0.1},Nb_{0.1},Ta_{0.1})(C_{0.78},N_{0.22})$	1.60	13.06	1.57
HECN2	$(Ti_{0.5},W_{0.2},Mo_{0.1},Nb_{0.1},Ta_{0.1})(C_{0.78},N_{0.22})$	1.56	13.60	1.64
HECN3	$(Ti_{0.4},W_{0.2},Mo_{0.2},Nb_{0.1},Ta_{0.1})(C_{0.78},N_{0.22})$	1.50	14.07	1.69
HECN4	$(Ti_{0.3},W_{0.2},Mo_{0.2},Nb_{0.15},Ta_{0.15})(C_{0.78},N_{0.22})$	1.60	14.50	1.74
HECN5	$(Ti_{0.2},W_{0.2},Mo_{0.2},Nb_{0.2},Ta_{0.2})(C_{0.78},N_{0.22})$	1.60	14.64	1.76

δ 是几何因子；R 是摩尔气体常数，为 8.314 J/(K·mol)。

3. (Ti, W, Mo, Nb, Ta)(C, N)-Co-Ni 金属陶瓷的制备

将 HRN(1400℃，2 h)合成的 HECN 粉末，按 85% HECN-7.5%Co-7.5%Ni(质量比)配比成混合粉末，随后在行星式球磨机湿磨 24 h，采用硬质合金球，球料比为 20∶1，转速为 250 r/min，正己烷为球磨介质；湿磨后的粉末经 0.125 mm 孔径的筛网过筛，并在干燥箱中于 60℃干燥 5 h；干燥后的粉末在 150 MPa 的双轴压

力下进行压型；最后，在 ZSJ-20-20-20 型真空烧结炉中于 1350～1550℃真空烧结 1h。使用相同的配比和工艺制备了非高熵的 TiCN-7.5%Co-7.5%Ni 金属陶瓷。

6.4.2　实验结果与分析

1. HECN 粉末的相组成

图 6-1(a)为 HECN1 在不同温度下保温 2 h 的 XRD 衍射图。从图可见，在 1100～1200℃时，HECN1 样品主要为$(W,Mo)_2(C,N)$和(Ti,W)(C,N)相。当温度升高至 1300℃时，衍射峰强度较低且宽化，这归因于反应过程中形成的体心立方碳化物尚未完全固溶。在 1400～1500℃合成时，衍射峰明显锐化，且均为单一的面心立方 (Ti,W,Mo,Nb,Ta)(C,N)相。HECN1 在 1400℃保温不同时间的 XRD 谱如图 6-1(b)所示。保温不同时间，均形成了单一的(Ti,W,Mo,Nb,Ta)(C,N)相，只是随保温时间的延长，衍射峰峰强有所增加，这表明 HECN1 高熵陶瓷在 1400℃即可合成单一的高熵(Ti,W,Mo,Nb,Ta)(C,N)固溶体相。文献[3]详细报道了 TiCN(表 6-1)的非高熵$(Ti_{0.83},W_{0.07},Mo_{0.04},Nb_{0.03},Ta_{0.04})(C_{0.7},N_{0.3})$相的反应过程，1300℃时合成粉末还存在 WC、$Mo_2C$、TaC 和 NbC 等中间碳化物相，WC 和 Mo_2C 相于 1400℃时消失，直到 1500℃保温 3 h，TaC 和 NbC 相才全部消失而形成单一的固溶体相。可见，与非高熵 TiCN 粉末相比，高熵 HECN 陶瓷合成单一固溶体相的温度更低。

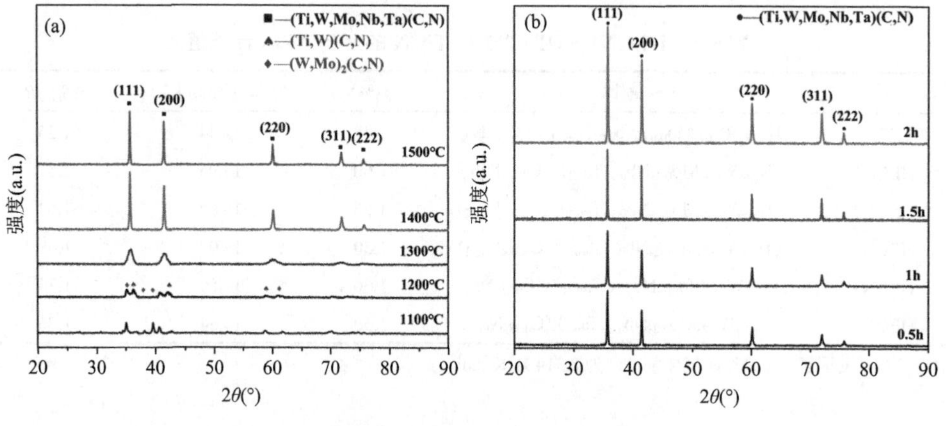

图 6-1　在 1100～1500℃烧结 2 h(a)和在 1400℃烧结 0.5～2 h(b)的 HECN1 粉末的 XRD 衍射图

不同温度合成 2 h 的 HECN1 粉末的形貌如图 6-2(a)～(c)所示。从图可知，1300℃合成的 HECN1 粉末颗粒较细，背散射图(见方框)中灰白两相边界清晰，元素分布不均，表明其还处于固溶过渡状态；温度升高至 1400℃时，HECN1 粉末颗粒明显增大，平均颗粒尺寸约为 600 nm，背散射图显示粉末颗粒亮度均匀，表明已形成了单一固溶体相，这与图 6-1(a)的 X 射线衍射结果相吻合。温度继续升高，HECN1 粉末颗粒长大，粉末颗粒界面已不清晰，颗粒间相互融合[图 6-2(c)]。为了进一步确定 HECN1 高熵陶瓷粉末的微观结构和元素分布，对 1400℃保温 2 h 合成的 HECN1 粉末进行了高分辨率透射电子显微组织的观察和 XRD 的 Rietveld 精修处理(图 6-3)。HECN1 粉末呈现典型的周期性原子排列，其(111)面间距为 0.250 nm，XRD 结果显示其空间群为 *Fm*3*m*，(111)面间距为 0.251 nm，二者面间距结果相差 0.4%，表明 HECN1 粉末是单相(Ti,W,Mo,Nb,Ta)(C,N)高熵碳氮化物。从图 6-3 中 EDS 元素分布图可以看出，Ti、Ta、Nb、Mo 和 W 元素在纳米尺度上的分布非常均匀，没有任何元素偏析或聚集。上述 XRD、SEM 和 TEM 结果表明，混合氧化物金属与碳黑粉末在氮气气氛下 1400℃碳热还原氮化 2 h，可合成元素分布均匀的单相(Ti,W,Mo,Nb,Ta)(C,N)高熵碳氮化物陶瓷粉末。

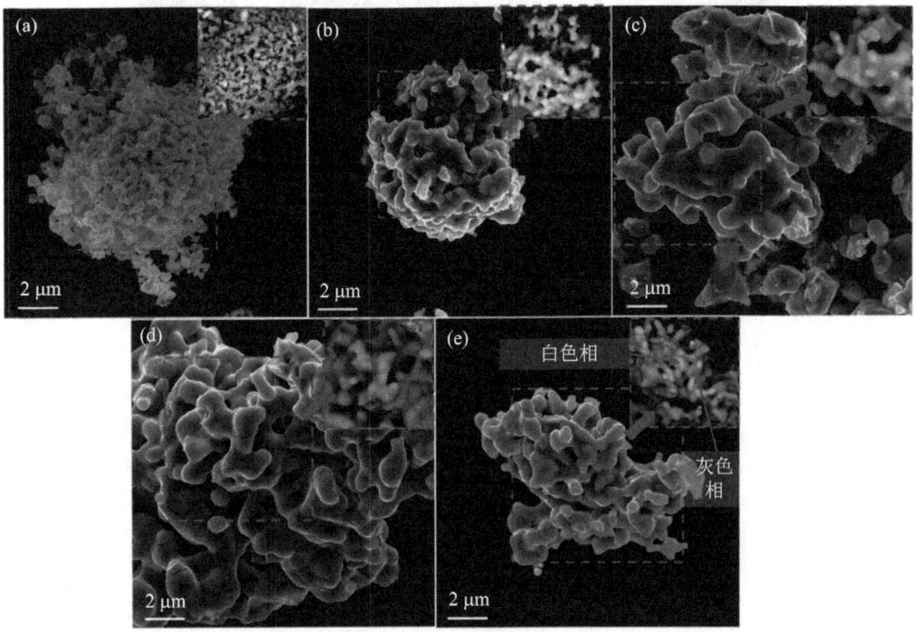

图 6-2　在 1300℃(a)、1400℃(b)、1500℃(c)烧结 2 h 的 HECN1 粉末以及在 1400℃烧结 2 h HECN4 (d)、HECN5 (e)粉末的 SEM 以及 BSE 形貌图

图 6-4 为不同成分混合粉末样品在 1400℃下 HRN 合成 2 h 的 X 射线衍射谱。从图 6-4(a)可知，所有粉末均没有残留氧化物相，TiCN 粉末具有明显的左肩峰，这是由于粉末未完全固溶的缘故，尚有少量 TaC 和 NbC 相存在，这与文献[3]的结果是一致的。HECN 1、HECN 2 和 HECN 3 粉末则完全固溶，形成了单相碳氮

化物固溶体，而 HECN 4 粉末含有少量$(W,Ta,Mo)_2C$相，HECN 5 粉末中存在较多的$(W,Ta,Mo)_2C$固溶体相，从图 6-2 (d) 和 (e) 背散射也可看出，HECN 4 粉末存在少量白色相[即$(W,Ta,Mo)_2C$固溶体相]，HECN 5 粉末中白色相较多。

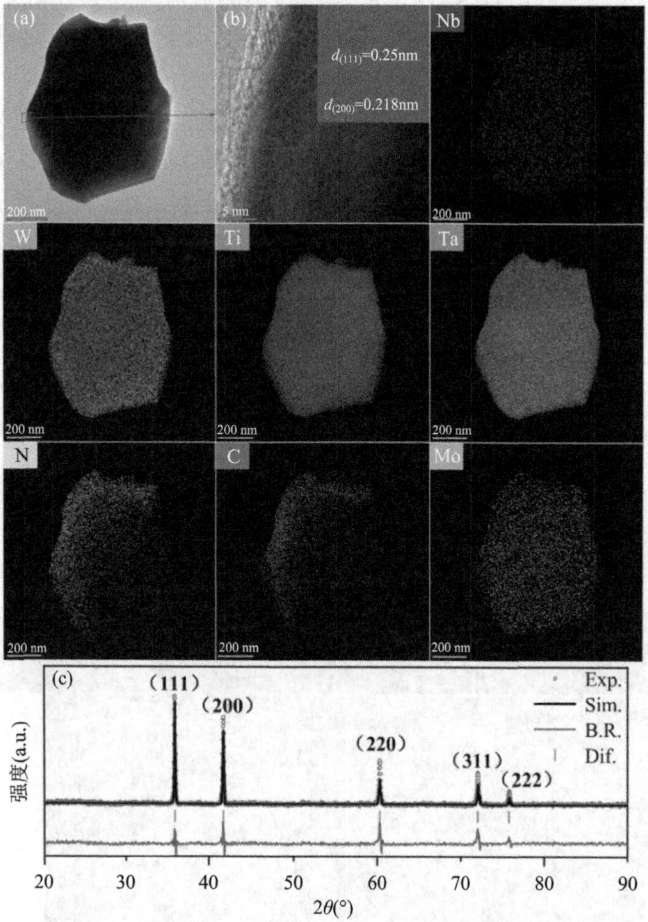

图 6-3　在 1400℃烧结 2 h 的 HECN1 粉末的 TEM 分析

STEM 形貌(a)、HRTEM 高分辨图(b)、EDS 面扫分布图以及 HECN1 粉末的精修 XRD 衍射图(c)

对于高熵合金或高熵陶瓷而言，熵值大小和几何因子 δ 值均影响材料组分的固溶情况。摩尔构型熵 ΔS_{mix} 的提高，可降低还原温度，促进单相固溶体的形成，而是否形成单相固溶体进一步取决于金属原子间的迁移，即化合物间的几何因子 δ。碳氮化合物的摩尔构型熵 ΔS_{mix} 与几何因子 δ 的值由式(6-8)～(6-10)确定[4, 5]：

$$\Delta S_{mix} = -R\sum_{i=1}^{n}\left(c_i \ln c_i\right) \tag{6-8}$$

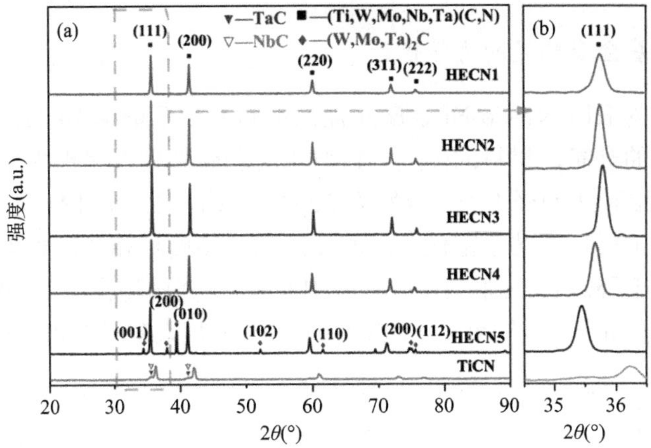

图 6-4　HECN(1400℃/2 h)粉末的 XRD 衍射图(a)以及 32°～40°放大(b)

$$r = \frac{\sqrt{2}a}{2} \tag{6-9}$$

$$\delta = \sqrt{\sum_{i=1}^{N} X_i \left[1 - \frac{r_i}{\left(\sum_{i=1}^{N} X_i r_i\right)}\right]} \tag{6-10}$$

式中，R 是摩尔气体常数，为 8.314 J/(K·mol)；c_i 是 i 元素的原子百分比，r_i 是 (Ti,W,Mo,Nb,Ta)(C,N) 中金属原子的最近扩散距离，a 表示晶格常数，X_i 是第 i 个组分的摩尔分数，N 是组分数。TiCN、HECN1～HECN5 粉末的计算结果列于表 6-1。从表 6-1 可以看出，HECN1～HECN5 粉末的整体构成熵 ΔS_{mix} 逐渐增大，均大于 1.5R，远高于 TiCN 粉末，且 $\delta \leqslant 6.6\%$，这说明 HECN1～HECN5 粉末都可形成稳定的单相固溶体[6]。根据 Han 等[7]的研究结果，对于非高熵 TiCN 粉末而言，由于 ΔS_{mix} 值较低，在 1400℃形成单相固溶体较困难，因此仍存在未固溶的少量 TaC 和 NbC 相[图 6-4(a)]。随着 ΔS_{mix} 值的增加，高熵效应促进了单相固溶体的形成，HECN1～HECN3 粉末在较低温度即合成了单相 (Ti,W,Mo,Nb,Ta)(C,N) 固溶体。而 HECN4 和 HECN5 粉末具有两相组织，可归因于粉末中 Nb、Ta 摩尔分数增加，Ti 原子逐渐减少，且 W、Nb、Ta 与氮之间具有较差的化学亲和力[8]，元素化学特性的影响大于高熵效应，故生成了六方结构 $(W,Mo,Ta)_2C$ 固溶体相，这表明 HECN4 和 HECN5 粉末在更高的合成温度才可形成单一固溶体相。从图 6-4 (b) 可以发现，TiCN 和 HECN1～HECN5 粉末随 Ti 摩尔分数的降低，(Ti,W,Mo,Nb,Ta)(C,N) 固溶体相的主衍射峰(111)逐渐向低角度偏移，这是由于粉末中不断增加摩尔分数的 W、Mo、Nb、Ta 等元素固溶的结果，导致 (Ti,W,Mo,Nb,Ta)(C,N) 相晶格常数增大，主衍射峰往低角度偏移。

2. HECN 基金属陶瓷的力学性能

图 6-5(a)为 HECN1-Co-Ni 金属陶瓷在不同温度下烧结 1h 的性能。从图可知，随着烧结温度的升高，材料的硬度、抗弯强度和断裂韧性呈现先增加后降低的趋势，1500℃烧结时达到极大值，分别为 2053.4 HV_{30}、1220 MPa 和 12.3 $MPa·m^{1/2}$。温度升高有利于材料烧结致密化，而温度过高，硬质相和孔洞长大，导致金属陶瓷力学性能的下降。TiCN 和 HECN1～HECN5 基金属陶瓷在 1500℃烧结 1 h 的性能如图 6-5(b)所示。从图可见，HECN1-Co-Ni 金属陶瓷具有相对较高的硬度、抗

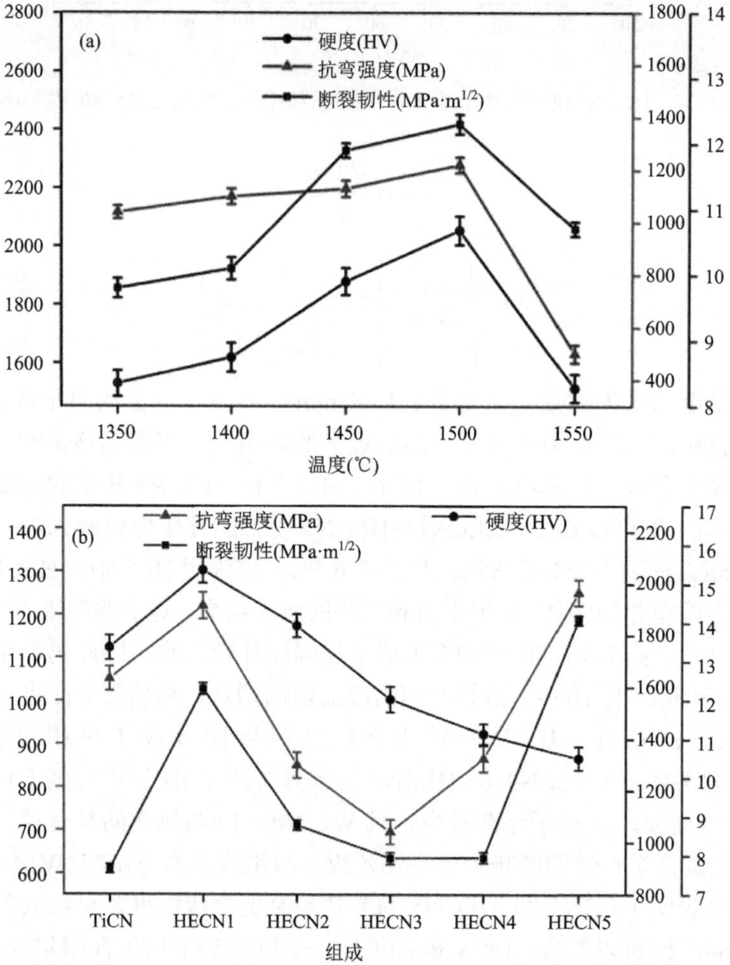

图 6-5　不同温度下烧结 1 h 的 HECN1-Co-Ni 金属陶瓷的力学性能(a)及在 1500℃烧结 1 h 的 HECNx-Co-Ni (x=1、2、3、4、5) 金属陶瓷的力学性能(b)

弯强度和断裂韧性等综合性能，相比于非高熵 TiCN 基金属陶瓷，分别提高 17.0%、16.2%、60.0%。随着 Ti 含量的减少(即 x 增大)，HECNx-Co-Ni (x=1、2、3、4、5)金属陶瓷的硬度呈逐渐下降，而抗弯强度和断裂韧性表现出先下降后上升的趋势。表 6-2 为 HECNx-Co-Ni 金属陶瓷在 1500℃烧结 1h 样品的理论密度、实测密度和相对密度。HECN1-Co-Ni 和 HECN5-Co-Ni 的样品相对密度较高，这利于提高其强度和断裂韧性。

表 6-2　1500℃烧结 1 h 的 HECNx-Co-Ni (x=1、2、3、4、5) 金属陶瓷的密度

编号	理论密度(g/cm^3)	实测密度(g/cm^3)	相对密度(%)
HECN1-Co-Ni	7.96	7.94	99.7
HECN2-Co-Ni	8.93	8.84	98.4
HECN3-Co-Ni	9.28	9.12	98.2
HECN4-Co-Ni	9.79	9.61	98.2
HECN5-Co-Ni	10.246	10.2	99.6
TiCN-Co-Ni	6.54	6.47	98.8

3. HECN 基金属陶瓷的相组成

图 6-6(a) 为在 1500℃下真空烧结 1 h 的高熵 HECNx-Co-Ni (x=1、2、3、4、5)金属陶瓷的 XRD 图。从图可见，五种高熵陶瓷均以(Ti,W,Mo,Nb,Ta)(C,N)硬质相为主峰，也存在黏结相 Co-Ni 的特征峰，但因 HECN4、HECN5 粉末中含有 $(W,Ta,Mo)_2C$ 相，烧结后 HECN4-Co-Ni 和 HECN5-Co-Ni 金属陶瓷还存在少量 W_2C 和 WC 相。五种高熵金属陶瓷硬质相衍射峰位置与 HECN 粉末的相同，表明烧结前后硬质相晶体结构没有显著变化，这说明高熵 HECN 固溶体硬质相在高温下是稳定的。

4. HECN 基金属陶瓷的微观组织

图 6-7 为六种金属陶瓷的背散射(BSE)图。从图可以看出，HECN1-Co-Ni 金属陶瓷呈现出较细的黑芯–灰壳和白芯–灰壳两种显微结构，随着 $\Delta S_{mix}/R$ 增大，硬质相长大，黑芯–灰壳减少、白芯–灰壳逐渐消失，无芯相增多。Ti(C,N)基金属陶瓷的芯–壳结构来源于液相烧结时的溶解–沉积过程。烧结过程中，未固溶的(Ti, W, Mo, Nb, Ta)(C, N) 硬质相成为芯，而首先固溶于粘结相后沉积于硬质相表面的形成壳。由于 HECN1 和 HECN2 中 Ti 含量较高，故表现出部分黑芯–灰壳结构。而 HECN3-Co-Ni、HECN4-Co-Ni 和 HECN5-Co-Ni 均由无芯结构的硬质相组成，这是由于高熵导致滞后扩散效应，高熵金属陶瓷在烧结过程中的元素扩散速率较

慢，形成无芯结构，这与 Liu[9]、Ma 等[10]的结果相似。从图 6-7(e) 和 (f)，还可看到 HECN4-Co-Ni 和 HECN5-Co-Ni 金属陶瓷之中存在条状的 W_2C 和 WC 晶粒。

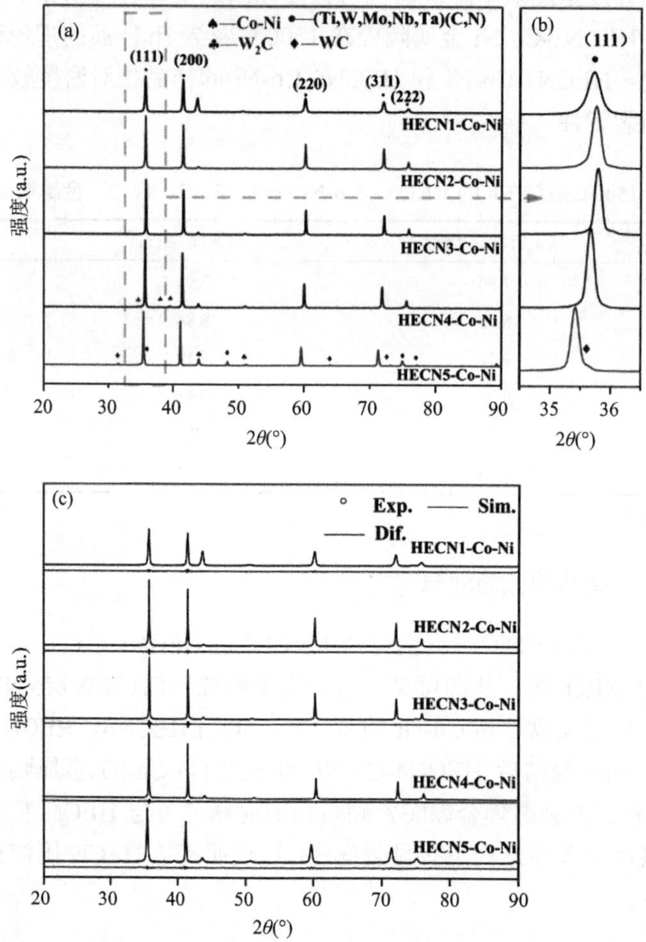

图 6-6　不同温度下烧结 1h 的 HECNx-Co-Ni 陶瓷的 XRD 衍射图(a)，35°～37°衍射峰的放大图(b)，以及 1500℃烧结 1h 的 HECNx-Co-Ni 的精修 XRD 衍射图(c)

图 6-8 显示了 HECN1-Co-Ni、HECN5-Co-Ni 和 TiCN-Co-Ni 在 1500℃烧结 1h 试样的裂纹扩展和断口形貌。从裂纹扩展看，HECN1-Co-Ni 和 HECN5-Co-Ni 金属陶瓷主要存在裂纹偏转，而 TiCN-Co-Ni 金属陶瓷包含裂纹偏转和微桥接。从断口形貌看，HECN1-Co-Ni 主要表现出细晶沿晶断裂和黏结相的撕裂棱，HECN5-Co-Ni 金属陶瓷呈现粗晶的穿晶断裂，而 TiCN-Co-Ni 金属陶瓷主要是较大晶粒的沿晶断裂。

图 6-7　1500℃烧结 1 h 的 TiCN-Co-Ni（a）、HECN1-Co-Ni（b）、HECN2-Co-Ni（c）、HECN3-Co-Ni（d）、HECN4-Co-Ni（e）和 HECN5-Co-Ni（f）金属陶瓷的 BSE 形貌图

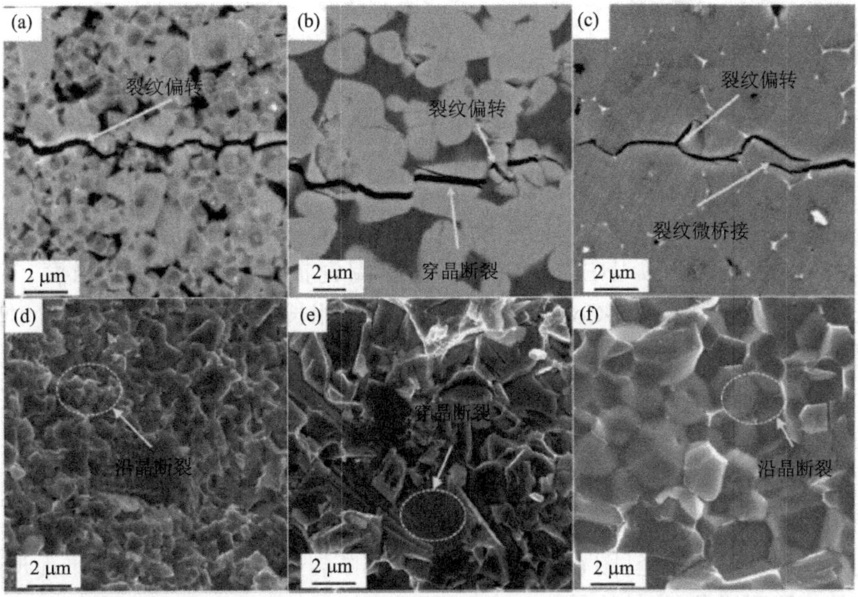

图 6-8　(a) (b) (c) HECN1-Co-Ni、HECN5-Co-Ni 和 TiCN-Co-Ni 的裂纹扩展图；(d) (e) (f) HECN1-Co-Ni、HECN5-Co-Ni 和 TiCN-Co-Ni 断口形貌图

5. 讨论与分析

从图 6-5(b)可知，HECN1-Co-Ni 金属陶瓷的硬度明显高于 TiCN-Co-Ni，这可归因于：①HECN1 硬质相因强烈晶格畸变而硬度增大，且在液相烧结过程中，黏结相中扩散固溶了更多原子半径较大的难熔元素，引起金属相的更大晶格畸变，硬质相与黏结相间的扩散-固溶机制如图 6-9 所示；②HECN1-Co-Ni 金属陶瓷具有细小的芯-壳结构和较高的致密度。而对于高熵 HECNx-Co-Ni(x=1、2、3、4、5)金属陶瓷而言，随着 $\Delta S_{mix}/R$ 增大，一方面硬质相不断长大，硬质相密度不断增大，在样品质量一定的前提下，硬质相体积占比不断减少，导致硬度不断下降；另一方面由于硬质相熵值不断增大，高熵迟滞扩散效应越发明显，其高温稳定性增加，硬质相与金属相的间扩散减弱，黏结相晶格畸变相对变小，进一步降低了硬度。

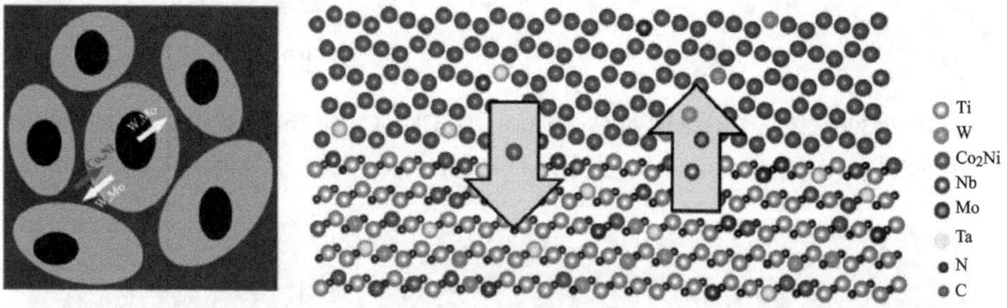

图 6-9　HECN1-Co-Ni 金属陶瓷中硬质相与黏结相扩散-固溶机制示意图

HECN1-Co-Ni 金属陶瓷具有最小的芯-壳显微组织，根据 Hall-Petch 公式[11,12]知，晶粒细化有利于提高材料的强度，而其固溶于黏结相中的元素也发挥着固溶强化作用，二者导致 HECN1-Co-Ni 金属陶瓷拥有最大的抗弯强度。高熵 HECN2-Co-Ni 和 HECN3-Co-Ni 金属陶瓷因硬质相长大，高熵迟滞扩散效应增强，元素在黏结相中扩散固溶减弱，其抗弯强度逐渐降低。高熵 HECN4-Co-Ni 和 HECN5-Co-Ni 金属陶瓷的抗弯强度比 HECN3-Co-Ni 金属陶瓷的有所提升，可能与晶粒变细和 W_2C、WC 相的强化作用有关。

Ti(C,N)基金属陶瓷的断裂韧性与晶粒尺寸、黏结相平均自由程、界面结构等密切相关[13,14]。HECN1-Co-Ni 金属陶瓷的高韧性可归因于其细小晶粒沿晶断裂引起的更长裂纹偏转路径[图 6-8(a)(c)]、黏结相断裂过程时发生塑性变形而形成了撕裂棱、因形成芯-壳结构[图 6-7(b)]而具有较低的芯-壳-黏结相之间界面错配度。随着 $\Delta S_{mix}/R$ 增大，一方面因高熵迟滞扩散效应不断增强，硬质相与金属相之间扩散减弱，无芯颗粒与黏结相间的界面错配度增大(表 6-2)，粗大颗粒穿晶断裂[图 6-8(b),(e)]的裂纹扩展路径缩短，导致材料断裂韧性的降低；另一方面晶粒增大(图 6-7)，且在样品质量一定的前提下，因硬质相密度不断增大，黏结相体积占比不断增大，这可提高黏结相平均自由程，利于改善材料的断裂韧性。上述两方面的共同作用决定了材料的断裂韧性，在 HECN2-Co-Ni、HECN3-Co-Ni 和 HECN4-Co-Ni 金属陶瓷中，前者占据主导地位，故断裂韧性逐渐降低，而对于 HECN5-Co-Ni 金属陶瓷，后者占据主导地位，导致断裂韧性又有所增加。

6.5 本章小结

碳氮化钛[以下称为 Ti(C,N)]基金属陶瓷是以 Ti(C,N)为主要硬质相，镍、钴等金属为黏结相的刀具材料，显现出理想替代 WC 基硬质合金刀具材料的巨大潜力，具有广阔的应用前景。然而，与 WC 基硬质合金相比，Ti(C,N)基金属陶瓷表现出较低的强度和韧性，较难承受间断切削、高速切削、大深度切削以及被加工材料中的夹杂或超硬相等带来的冲击，极大限制了它作为切削刀具材料的应用范围。综合提高 Ti(C,N)基金属陶瓷的强度和韧性，并探究其内在的强韧化机制，已成为世界各国相关材料工作者努力攻克的难题。

本案例采用碳热还原-氮化法合成了 5 种不同阳离子比例的高熵碳氮化物粉末，并于 1500℃烧结 1h 制备了 HECN-Co-Ni 金属陶瓷，通过 X 射线、SEM 和 STEM 等材料现代分析测试办法，分析了相组成、微观结构和成分分布，讨论了成分变化对高熵 HECN 粉末合成的影响和金属陶瓷的微观结构与力学性能，得出以下结论：

①当 $\Delta S_{mix}/R \leqslant 1.69$ 时，高熵 HECN 粉末的合成温度比非高熵 TiCN 的降低了 100℃，在 2 kPa N2 气氛下 1400℃碳热还原氮化 2 h，可合成元素分布均匀的单相(Ti,W,Mo,Nb,Ta) (C,N)高熵碳氮化物陶瓷粉末。

②高熵 HECN-Co-Ni 金属陶瓷具有最优的力学性能，其硬度为 2053.4 HV，断裂韧性为 12.3 $MPa{\cdot}m^{1/2}$，抗弯强度为 1220 MPa，分别比非高熵 TiCN-Co-Ni 金属陶瓷的提高了 17.0%、16.2%、60.0%。随着 $\Delta S_{mix}/R$ 的增大，硬度逐渐降低，抗弯强度和断裂韧性呈现先降低后增加的趋势。

③高熵 HECN 基金属陶瓷的严重晶格畸变和迟滞扩散效应影响着材料的力学性能。HECN1-Co-Ni 金属陶瓷的高强度归因于其细晶强化和固溶强化，高韧性归因于细晶韧化、长的裂纹偏转路径、黏结相塑性变形和低的界面错配度。随着 $\Delta S_{mix}/R$ 增大，晶粒长大、迟滞扩散效应增强、无芯颗粒与黏结相间的界面错配度增大、裂纹扩展路径缩短与平均自由程增加之间的交互作用，导致了 HECN*x*-Co-Ni(*x*=2、3、4、5)金属陶瓷力学性能的变化。

参 考 文 献

[1] Chen C, Zhang H, Qiao D, et al. Synthesis, microstructure, and properties of novel series of (Ti, W, Mo, Nb, Ta) ($C_{0.78}$,$N_{0.22}$) high entropy ceramic-based cermets. Ceramics International, 2024, 50: 5570-5578.

[2] Ma J, Ma S, Wang X, et al. Preparation and mechanical properties of ($Ti_{0.2}Zr_{0.2}V_{0.2}Nb_{0.2}Ta_{0.2}$)($C_{0.6}N_{0.4}$)-Co high-entropy cermets. Materials Characterization, 2022, 192:112213.

[3] Zhang H A, Fu M, Ma L L, et al. Fabrication and properties of (Ti, W, Mo, Nb, Ta)(C, N)-Co-Ni cermets. Journal of Materials Engineering and Performance, 2019, 28(12): 7198-7205.

[4] Yeh J W. Alloy design strategies and future trends in high-entropy alloys. JOM, 2013, 65(12):1759-1771.

[5] Yeh J W. Recent progress in high-entropy alloys. European Journal of Control, 2006, 31:633-648.

[6] Zhang H, Hedman D, Feng P, et al. A high-entropy ($HfMo_2TaTi$) C and SiC ceramic composite. Dalton Transactions, 2019: 330960171.

[7] Han X Q, Lin N, Li A Q, et al. Microstructure and characterization of (Ti,V,Nb,Ta)(C,N) high-entropy ceramic. Ceramics International, 2021, 47(24):35105-35110.

[8] Benhai Y, Chunlei W, Xuanyu S, et al. Structural stability and mechanical property of WN from first-principles calculations. Journal of Alloys and Compounds, 2009, 487(1):556-559.

[9] Liu J, Xiong J, Guo Z, et al. Preparation of high-entropy ($Zr_{0.25}Hf_{0.25}Ta_{0.25}Ti_{0.25}$) C-Ni-Co composite by spark plasma sintering. Metallurgical and Materials Transactions A, 2020, 51:6706-6713.

[10] Ma J, Ma S, Wang X, et al. Preparation and mechanical properties of ($Ti_{0.2}Zr_{0.2}V_{0.2}Nb_{0.2}Ta_{0.2}$)($C_{0.6}N_{0.4}$)-Co high-entropy cermets. Materials Characterization, 2022, 192:112213.

[11] Hall E O. The deformation and ageing of mild steel: III discussion of results. Proc. Phys. Soc. B, 1951, 64 (9): 747.

[12] Petch N J. The Cleavage Strengh of Polycrystals. J of the Iron & Steel Inst, 1953: 174.

[13] Useldinger R, Bertalan C, Pauw L D, et al. Microstructure of Ti(C,N)-based cermets—influence of sinteringtemperature. Int. J. Refract. Metals Hard Mater., 2022, 107:105897.

[14] Xu X, Zheng Y, Zhao Y, et al. Influence of TaC content on microstructure and mechanical performance of Ti(C,N)-based cermets fabricated by mechanical activation and subsequent *in situ* carbothermal reduction. Ceram. Int., 2022, 48 (3) :3826-3832.

第 7 章　金属间化合物中的应用实例

7.1　应 用 对 象

金属间化合物——二硅化钼($MoSi_2$)及其复合材料。

7.2　分 析 目 的

① 分析合成工艺对相生成的影响,以获得适宜的合成条件,分析其合成机理;

② 分析 $MoSi_2$ 基复合材料的相态与显微结构特征,解释其力学性能变化的规律，阐明其强韧化机制。

7.3　分析仪器与方法

采用 SIEMENS-500 型 X 射线衍射仪(Cu K_α 靶)连续扫描，以分析相的变化，粉末的选区衍射花样在 H-800 透射电镜上进行；材料微观组织通过 KYKY-2800 和 S-4800 型扫描电镜进行观察与分析。

7.4　结果与分析

7.4.1　实验过程

1. 原料

将氧化钼在 1000℃、55L/h 的氢气流量条件下还原制取纯 Mo 粉，纯度为 99.9%。将单晶硅块经球磨破碎为硅粉，纯度为 99.9%。添加的 Al 粉、W 粉、稀土粉纯度分别为 98%、99.5%和 99.9%。上述粉末均过 325 目筛，平均粉末粒度为 0.043mm。

2. 机械合金化合成

机械合金化在 DSP-1P 型行星式球磨机中进行，球磨罐为不锈钢材料，球磨前球磨罐用 O 形环密封并通入一定压力的高纯氩气，以保证球磨过程始终处于氩气保护气氛下；粉末的添加与样品的取出均在 ZKX 型真空手套箱中进行操作，以防粉末氧化。球磨前后粉末含氧量分别为 1.25 wt.%和 1.10 wt.%。

研究 $MoSi_2$ 的机械合金化合成机理及相生成与球磨能量的关系时，采用原子比 1∶2 的 Mo、Si 混合粉末 10g；球罐尺寸为 $\Phi 50\times 53\ mm^2$，球罐中心与旋转盘中心距离为 90 mm；球料比选择 5∶1、10∶1、20∶1 和 30∶1；球磨介质选择不锈钢和硬质合金两种材料，球径分别为 Φ10 mm 和 Φ11.2 mm，质量分别为 4 g 和 10.5 g；转盘速度选取 50 r/min、100 r/min、150 r/min、200 r/min、225 r/min。一定时间内，待球罐冷却后取出少量粉末，用 SIEMENS-500 型 X 射线衍射仪（Cu K_α 靶）连续扫描，以分析相的变化，粉末的选区衍射花样在 H-800 透射电镜上进行。

机械合金化制备 $Al/MoSi_2$ 和 $WSi_2/MoSi_2$ 复合材料粉末时，球罐尺寸为 $\Phi 70\times 65\ mm^2$，采用硬质合金球（Φ11.2 mm，质量 10.5g），每罐装粉量为 20 g，球料比 20∶1，转速 200 r/min，球磨过程在氩气保护下进行。球磨前均匀混合粉末中 Al 和 W 的添加量分别按表 7-1 和表 7-2 选取。在不同时间内，待球罐冷却后取出少量粉末，用 SIEMENS-500 型 X 射线衍射仪（Cu K_α 靶）连续扫描，以分析相的变化。将球磨 40h 的粉末在一定温度氢气气氛下热处理，并检测相的变化。

表 7-1　Al-Mo-Si 混合粉末成分

试样号	Al（摩尔比）	Mo∶2Si
A	4%	余量
B	8.5%	余量
C	16%	余量
D	25%	余量
E	40%	余量

表 7-2　W-Mo-Si 混合粉末成分

试样号	W∶2Si（摩尔比）	Mo∶2Si
F	10%	余量
G	20%	余量
H	30%	余量
I	40%	余量
J	50%	余量

3. 等静压和高温烧结工艺

将机械合金化制备的 $MoSi_2$ 粉末、$Al/MoSi_2$ 和 $WSi_2/MoSi_2$ 复合材料粉末分别进行等静压，压力为 100 MPa，保压时间 2 min。压坯放入高温烧结炉中，氢气气氛下烧结，烧结温度分别为 1200℃、1300℃、1400℃、1500℃、1600℃和 1700℃，烧结时间分别为 0.5 h、1 h、1.5 h、2 h 和 2.5 h；采用排水法测量样品的密度。

7.4.2　实验结果与分析

1. 机械合金化合成 $MoSi_2$ 的机理[1]

(1) 球料比的影响

图 7-1 为采用不锈钢球质、转速 225 r/min，Mo∶2Si 混合粉末分别在球料比为 5∶1、10∶1、20∶1 和 30∶1 条件下球磨不同时间后的 X 射线衍射谱。从图可看出，当球料比为 5∶1 时，球磨 60h 仍以 Mo 和 Si 单质形式存在；球磨 70h，Si 峰消失，形成 Mo(Si)超固溶相；球磨 80h，已有少量 $MoSi_2$ 相生成。当球料比为 10∶1 时，相的变化与 5∶1 时的相似，只是所需球磨时间相应缩短。当球料比为 20∶1 时，球磨 4.5h，只有 Mo 和 Si 衍射峰；而球磨 5h，却有大量 $MoSi_2$ 相生成，如此短的间隔时间，$MoSi_2$ 的机械合金化合成被认为是类自蔓延反应机理[2]，实验中没有观察到明显的 Mo(Si)固溶体相；球磨 20h，混合粉末已全部转化为 $MoSi_2$。球料比为 30∶1 时，相变化与 20∶1 时相似，但 $MoSi_2$ 相的开始生成与全部合成的时间较长，其原因在于装球量的差别。可见，选用较大的球料比有利于 $MoSi_2$ 的机械合金化合成，但由于装球量的影响，球料比也有一定限制。

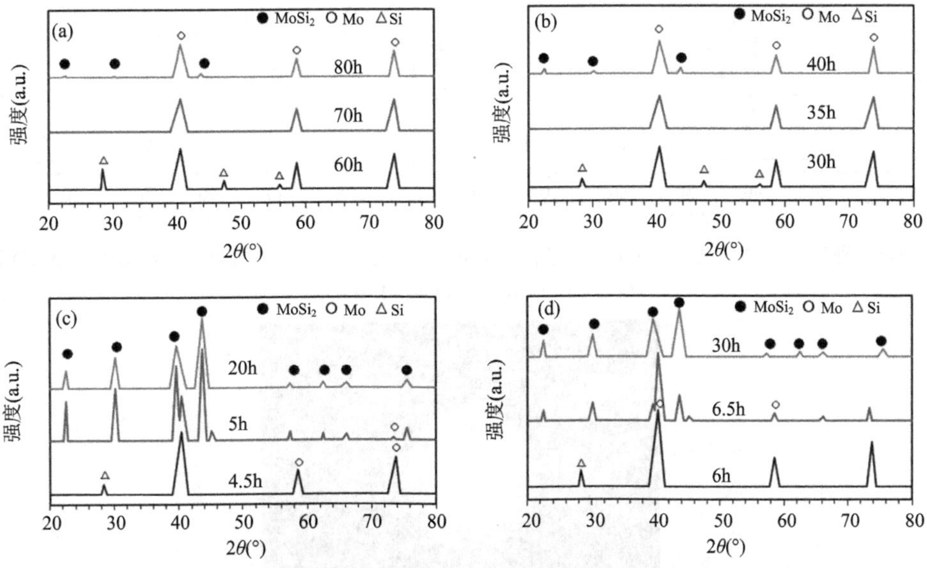

图 7-1　不锈钢球质 225r/min 转速条件下 Mo∶2Si 混合粉末在不同球料比球磨后的 XRD 谱

(a) 5∶1; (b) 10∶1; (c) 20∶1; (d) 30∶1

(2) 球磨介质的影响

为了考察球磨介质对 $MoSi_2$ 的机械合金化合成过程的影响，选用硬质合金球进行了与上述同样条件的实验，球磨一定时间后 Mo∶2Si 混合粉末中相的变化如图 7-2 所示。比较图 7-1 和图 7-2 可见，在四种球料比条件下，采用硬质合金球质时，$MoSi_2$ 相的机械合金化合成过程表现出与采用不锈钢球质时的相似现象，不同的是前者所需球磨时间更短；特别是当球料比为 30∶1 时，由于硬质合金球质量大，同样球料比下装球量比不锈钢球少，因而机械合金化中开始生成 $MoSi_2$ 相的时间提前，且球磨 12h 已全部生成 $MoSi_2$，球磨 30h 衍射峰明显宽化，出现非晶化现象(图 7-3)。

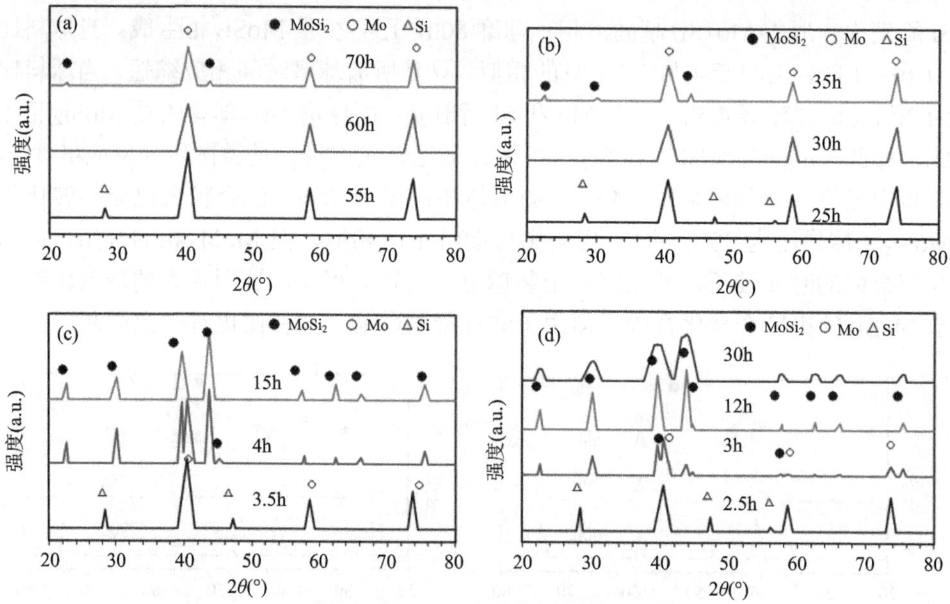

图 7-2　硬质合金球质 225 r/min 转速条件下 Mo∶2Si 混合粉末在不同球料比球磨后的 XRD 谱

(a) 5∶1; (b) 10∶1; (c) 20∶1; (d) 30∶1

图 7-3　硬质合金球质、225r/min 转速、球料比 30∶1 条件下，球磨 30h 后粉末的选区电子衍射花样

(3) 转速的影响

本实验中，转速在 50～225r/min。在其他条件一定时，随着转速的增加，Mo∶2Si 混合粉末球磨形成 Mo(Si) 固溶相及 $MoSi_2$ 相的时间呈减少趋势。图 7-4 给出了球料比 10∶1、转速 100r/min 时 Mo∶2Si 混合粉末球磨一定时间后的 XRD 谱。与图 7-1(b) 比较可知，由于转速的降低，完全形成 Mo(Si) 固溶体需球磨 400h，生成 $MoSi_2$ 相需球磨 450h，远远超出了较高转速时所需的时间。

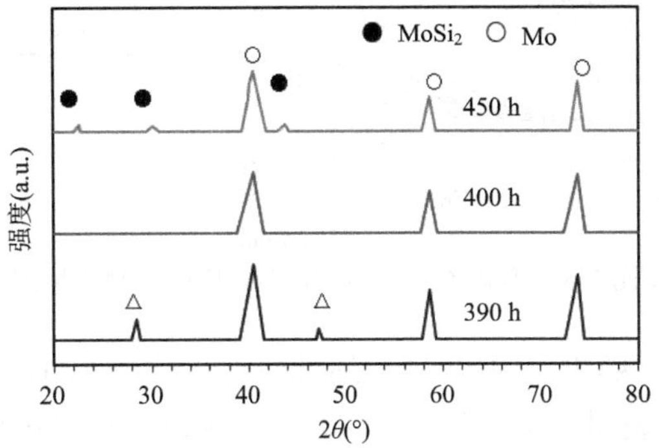

图 7-4　不锈钢球质球料比 10∶1、转速 100 r/min 条件下 Mo∶2Si 球磨混合粉末的 XRD 谱

(4) $MoSi_2$ 的机械合金化合成机理

前面讨论了球料比、球磨介质和转盘速度对 Mo∶2Si 混合粉末的机械合金化合成 $MoSi_2$ 影响。当球料比为 5∶1 和 10∶1 时，先形成 Mo(Si) 固溶相，然后生成 $MoSi_2$；而在 20∶1 和 30∶1 时，$MoSi_2$ 的生成出现在较短的时间内，且没有观察到明显的固溶现象。可见，$MoSi_2$ 的机械合金化合成机理包括扩散固溶反应和类自蔓延反应机理。

(5) 基于 $MoSi_2$ 机械合金化合成机理的能量分析

图 7-5 比较了球料比和球磨介质对于有效强度因子的影响。根据实验结果图 7-1(a)(b)、图 7-2(a)(b) 和图 (7-4) 知，$MoSi_2$ 的机械合金化合成机理为扩散固溶反应，计算出的最大有效强度因子为 0.917J/(g·s)；而图 7-1(c)(d)、图 7-2(c)(d) 显示了 $MoSi_2$ 的机械合金化合成机理为类自蔓延反应，计算出的最小有效强度因子为 1.06J/(g·s)，二者之间如此接近，因而可以通过有效强度因子较精确地界定两种合成机理产生的球磨能量条件（图 7-5）：在一定球磨条件下，若有效强度因子小于 0.917J/(g·s)，则机械合金化合成 $MoSi_2$ 的机理为扩散固溶反应；若有效强度因子大于 1.06 J/(g·s)，则预示着将以类自蔓延反应机理合成 $MoSi_2$。

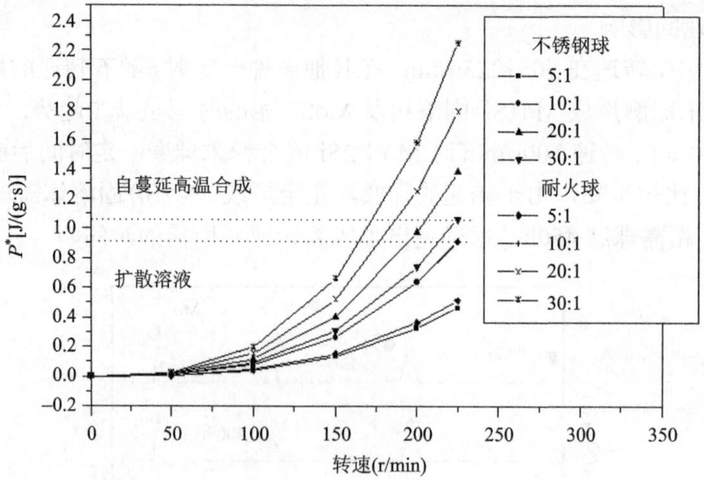

图 7-5　不同条件下 Mo-Si 系合成的球磨能量图

图 7-6 表明，实验中以固溶扩散反应机理合成的 $MoSi_2$ 相开始生成的能量约需 114 kJ/g；图 7-7 表明以类自蔓延反应合成的 $MoSi_2$ 晶相开始生成、全部生成与非晶相产生的能量分别为 24 kJ/g、99 kJ/g 与 243 kJ/g。可见，对于 $MoSi_2$ 晶相的开始生成而言，固溶扩散反应机理所需能量几乎为类自蔓延反应的 5 倍，因而其需要的球磨时间远超过后者。产生上述差别的原因可归因于：①对于类自蔓延反应机理而言，在短时间内获得足够能量的球间少量粉末将可能越过反应势垒，优先生成 $MoSi_2$，放出的热能有利于附近粉末继续维持反应的发生，故所需球磨能量较少；②而对于扩散固溶反应机理而言，固溶反应是吸热过程，将消耗了大量的球磨能量，另外时间越长，热损失越大，所以 $MoSi_2$ 晶相的生成需要大得多的球磨能量。

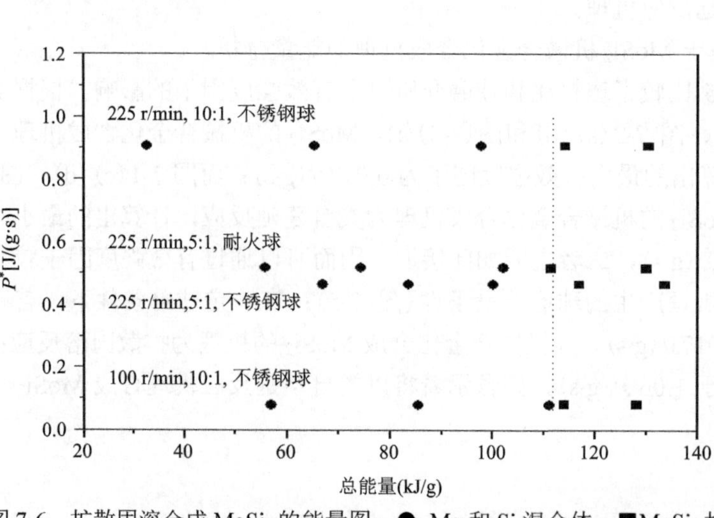

图 7-6　扩散固溶合成 $MoSi_2$ 的能量图：● Mo 和 Si 混合体；■$MoSi_2$ 相

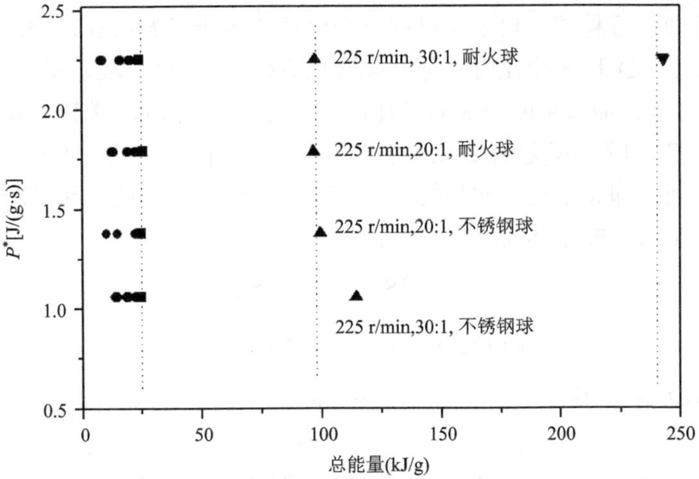

图 7-7　类自蔓延反应合成 $MoSi_2$ 的能量图：●Mo 和 Si 混合体；■ 开始生成 $MoSi_2$ 相；▲ 全部合成 $MoSi_2$ 相；▼ 开始生成非晶 $MoSi_2$ 相

当然，利用 Magini-Iasonna 模型进行上述关于 $MoSi_2$ 相的机械合金化合成能量的讨论，也存在不足，如未考虑能量的损失问题，因而其计算值偏大，与实际情况有一定的距离，但基于同等假设球撞击能量全部为粉末所吸收的前提下，对实际球磨工艺参数的制定仍具有较好的指导意义。

2. Al-Mo-Si 混合粉末球磨过程[3]

图 7-8 为 A、B、C、D、E 五种 Al-Mo-Si 混合粉末经高能球磨 40h 后的 XRD 谱。从图可看出，五种混合粉末球磨后均无 Al-Mo 中间相产生，也无明显 Al_2O_3 相存在，这与 Al 直接与 $MoSi_2$ 混合后高温烧结时相的变化不一致[4-6]。

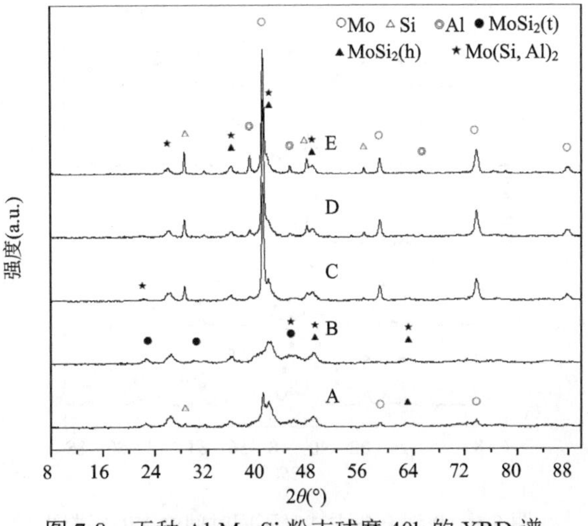

图 7-8　五种 Al-Mo-Si 粉末球磨 40h 的 XRD 谱

从图可知，五种混合粉末经机械合金化后均生成了 $MoSi_2$ 和 $Mo(Si,Al)_2$ 相。混合粉末按 C、D 和 E 配比时，球磨 40h 仍有较多的单质 Mo、Si 和 Al 相存在，且 Al 峰强随着其加入量的增加而增加；按 A 成分配比时，球磨 40h 也存在较多的单质 Mo 和 Si 峰，但无明显 Al 单质峰；而当 Al 的加入量为 8.5%时(B 成分)，球磨相同时间后却无上述单质相衍射峰，表明按 B 成分配比，更有利于 Al-Mo-Si 系化合物的生成，即下述反应的发生：

$$Mo+2Si \longrightarrow MoSi_2 \tag{7-1}$$

$$Mo+2Si+2Al \longrightarrow Mo(Si,Al)_2 \tag{7-2}$$

根据 Al-Mo-Si 系在 1823K 的平衡相图[7,8]，Al 在 $MoSi_2$ 中的最大固溶度小于 5%，依此推断，温度降低 Al 在 $MoSi_2$ 中的固溶度将减小。而实验中含 4at.%Al 的 A 成分特别是按 8.5at.%Al 的 B 成分混合粉末，经高能球磨 40h 后，单质 Al 相已不明显，其原因可能是机械合金化后粉末具有更大的活性，促进了 Al 在 $MoSi_2$ 中的固溶度或生成少量 $Mo(Si,Al)_2$ 之故。

图 7-9 和图 7-10 分别为 B 和 E 混合粉末球磨一定时间后的 XRD 谱。从图 7-9 知，球磨 5 h 即有较多 $MoSi_2$ 和 $Mo(Si,Al)_2$ 相生成，球磨 20 h 后仍有单质 Mo 相存在。结合图 7-8，比较纯 $MoSi_2$ 相的机械合金化合成[图 7-2(c)]，可知 Al 的加入对机械合金化过程的完成具有阻碍作用。图 7-10 反映了 $MoSi_2$ 和 $Mo(Si,Al)_2$ 相生成的时间，从图可以看出，$MoSi_2$ 相和 $Mo(Si,Al)_2$ 相在 4～5h 生成，$MoSi_2$ 相在如此短的时间形成，其机械合金化合成机理为类自蔓延反应，因此本实验中 $MoSi_2$ 相和 $Mo(Si,Al)_2$ 相的机械合金化合成机理也为类自蔓延反应机理。

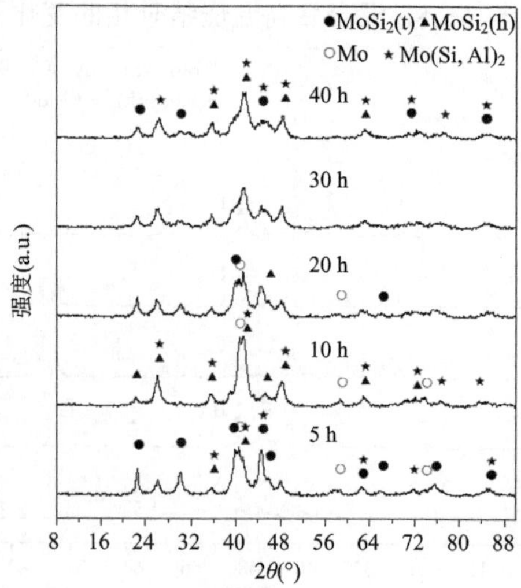

图 7-9 B 混合粉末球磨不同时间的 XRD 谱图

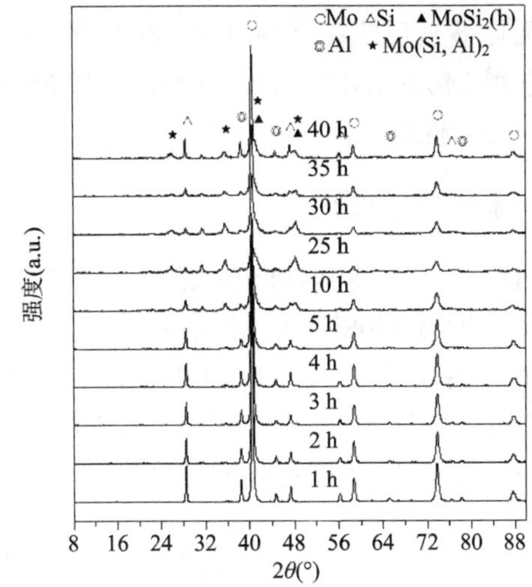

图 7-10　E 混合粉末球磨不同时间的 XRD 谱图

3. Al-Mo-Si 球磨粉末的热处理

将球磨 40h 后 A、B 和 C 成分粉末在氢气保护气氛下 1000℃进行热处理，保温时间为 30min，其 XRD 谱如图 7-11 所示。可以看出，A 和 B 成分粉末热处理后主要为 $MoSi_2$ 相，Al 以固溶方式或少量 $Mo(Si,Al)_2$ 方式存在；C 成分粉末热处理后单质 Mo、Si 和 Al 相消失，已全部转化为 $MoSi_2$ 和 $Mo(Si,Al)_2$ 相。

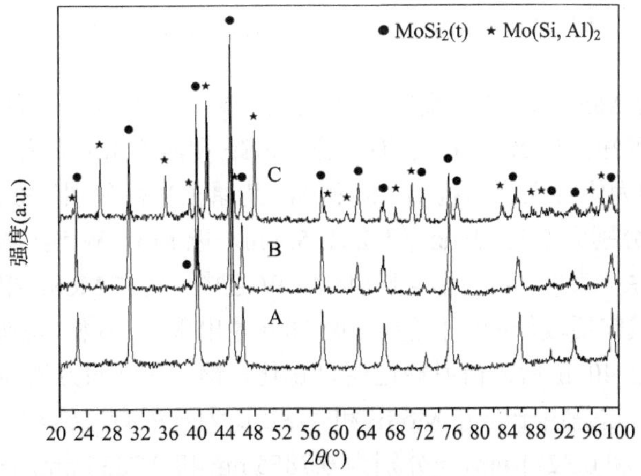

图 7-11　A、B 和 C 球磨粉末热处理后的 XRD 谱

由以上分析可知：①Al-Mo-Si 混合粉末在高能球磨过程中无 Al-Mo 中间相产生，Al 的加入推迟了 $MoSi_2$ 的机械合金化合成过程的完成；②$Mo(Si,Al)_2$ 相的机

械合金化合成机理为类自蔓延反应；③将球磨 40 h 的 Al-Mo-Si 混合粉末，经 1000℃热处理后，可获得 $MoSi_2$(Al)固溶体或 $MoSi_2$ 和 $Mo(Si,Al)_2$ 复合材料，将利于改善 $MoSi_2$ 材料的力学性能。

4. W-Mo-Si 混合粉末球磨过程[9]

图 7-12 为 F、G、H、I、J 五种 W-Mo-Si 混合粉末球磨 40h 的 XRD 谱。从图可知，球磨 40 h 后，均有四方 $MoSi_2$(t)、六方 $MoSi_2$(h)和 WSi_2 相生成，但仍有大量 Mo 和 W 单质存在，特别是 F、G、H、I 四种混合体中，Mo 和 W 峰强仍占主导地位；比较图 7-2(c)，表明 W 的添加阻碍了 $MoSi_2$ 的机械合金化合成过程，混合粉末全部生成 $MoSi_2$ 和 WSi_2 相需更长的球磨时间。

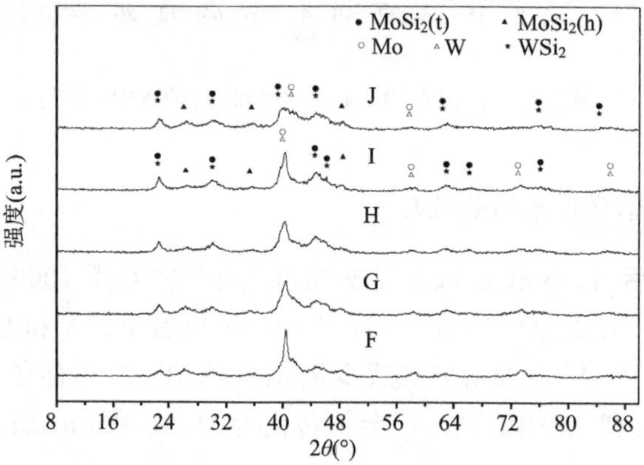

图 7-12　W-Mo-Si 系混合粉末球磨 40 h 的 XRD 谱

图 7-13 为 Mo∶W∶4Si 配比的 J 混合粉末球磨一定时间的 X 射线衍射谱(XRD)。从图可知，球磨 5 h，已有六方 $MoSi_2$ 和四方 $MoSi_2$ 相生成，但仍有大量 W 和 Mo。同为体心立方结构的 Mo 和 W，其原子半径分别为 0.201 nm 和 0.202 nm，点阵常数分别为 0.3147 nm 和 0.3165 nm，以 Mo、W 连续固溶体存在[10]；此时 Si 峰已消失，表明 Si 亦固溶于 Mo 和 W 之中。六方 $MoSi_2$ 相峰强于四方相，归因于它的形成需要较低的活化能。球磨 20 h 才出现 WSi_2 相，说明 WSi_2 比 $MoSi_2$ 更难生成。球磨 40 h 后，衍射峰已明显宽化，$MoSi_2$ 以四方相为主，它与 WSi_2 相已难以分辨，这是由于四方 $MoSi_2$ 和 WSi_2 均为长程有序结构，点阵常数(a 分别为 0.3202 nm 和 0.3211 nm，c 分别为 0.7855 nm 和 0.7835 nm)非常接近的缘故，可以认为 $MoSi_2$ 中的 Mo 部分被 W 取代，以固溶体$(Mo,W)Si_2$形式存在。同时看到仍有一定量 W 和 Mo 衍射峰，合金化过程并未完全完成。Schwarz 等[11]实验结果也表明球磨至 70 h 仍无法完全合金化。

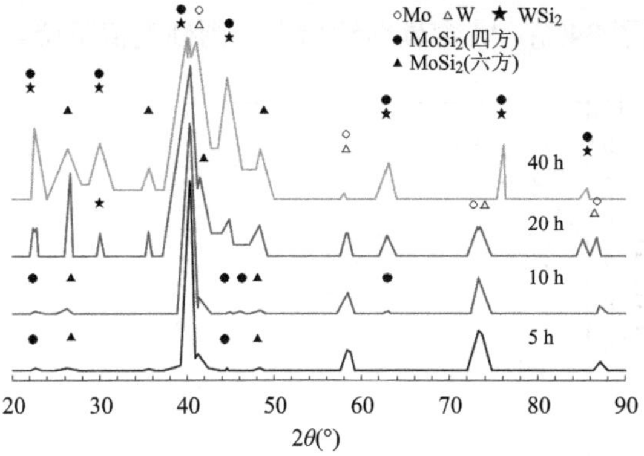

图 7-13　J 混合粉末的球磨一定时间后的 XRD 谱

球磨 40 h 的 J 粉末经 800℃、900℃和 1000℃热处理后的 XRD 谱如图 7-14 所示。由图可见，800℃热处理后，仍主要保留球磨 40 h 后粉末的衍射峰特征；900℃热处理后，(Mo,W) Si_2 峰强增大，衍射峰锐化，但仍有微量 Mo 和 W；1000℃热处理后，Mo 和 W 衍射峰已消失，除强的(Mo,W) Si_2 衍射峰外，尚有较弱的 Mo_5Si_3 和 W_5Si_3 峰，这与高温自蔓延合成 $WSi_2/MoSi_2$ 的结果[12]相似。少量 Mo_5Si_3 和 W_5Si_3 相的存在有利于进一步提高(Mo,W) Si_2 的高温强度及韧性[12]。可见，球磨 40 h 后的粉末，经高于 1000℃热处理可完成合金化合成过程。

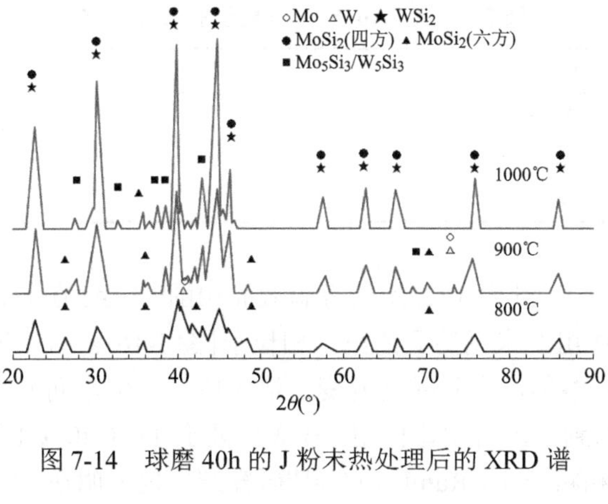

图 7-14　球磨 40h 的 J 粉末热处理后的 XRD 谱

5. Al/$MoSi_2$ 复合材料的室温性能

(1) Al/$MoSi_2$ 复合材料的室温硬度

图 7-15 为 Al/$MoSi_2$ 复合材料的硬度与添加 Al 量的关系。随 Al 添加量的增加，硬度值升高，当 Al 含量为 8.5%(B 成分)时，达到最大值(10.03GPa)，比纯

$MoSi_2$ 材料的提高了 34%；Al 含量继续增大，则硬度值下降。

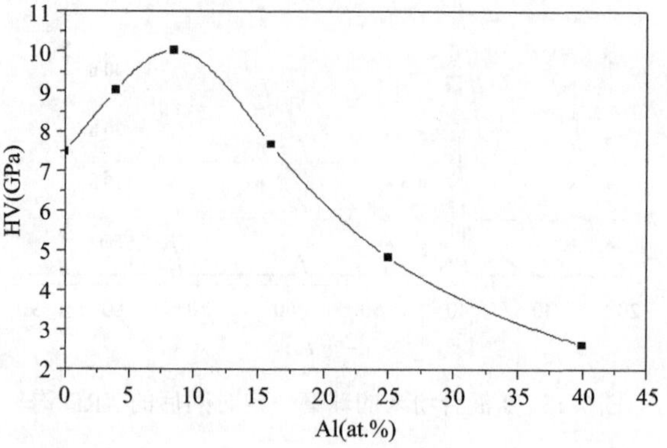

图 7-15　硬度与 Al 含量的关系

A、B、C、D 和 E 五种成分 Al/$MoSi_2$ 复合材料的显微组织如图 7-16 所示。从图可以看出，随着含 Al 量的增加，B 材料的晶内和晶间分布着许多细小的第二相粒子，其背散射像[图 7-16(f)]表明细小粒子原子系数较低，EDS 证实为 Mo(Al,Si)$_2$ 相(表 7-3)；Al 含量继续增加，C、D 和 E 材料中晶粒和第二相明显粗化，根据细晶强化的观点，C、D、E 三种材料的硬度较低。

表 7-3　图 7-16(b) 中细粒子的 EDS 结果

成分	at.%
Mo	33.46
Si	56.84
Al	9.70

图 7-17 为 Al-Mo-Si 系 1823K 的等温截面相图[13]，Al 在 $MoSi_2$ 中的固溶度＜5at.%，A 成分显微组织未见明显的第二相粒子[图 7-16(a)]，表明 Al 固溶入 $MoSi_2$ 相，形成置换式固溶体，引起晶格畸变，溶质原子与位错间的交互作用构成了位错滑移的阻碍，起到了固溶硬化作用。B 成分处于 T1+C40+C11b 三相区，C40 结构的 Mo(Al,Si)$_2$ 相将产生，Ramberg 等[14]研究结果也表明在 $MoSi_2$ 和 Mo(Al,Si)$_2$ 相中 Al 含量近似于 10at.%，所以图 7-16(b) 中出现了细小的第二相 Mo(Al,Si)$_2$ 粒子，界面增加，位错运动以绕过或切割形式通过第二相粒子均需增加应力，起到颗粒强化作用，在固溶强化和第二相颗粒强化的共同作用下，B 成分材料的硬度值最高(图 7-15)。

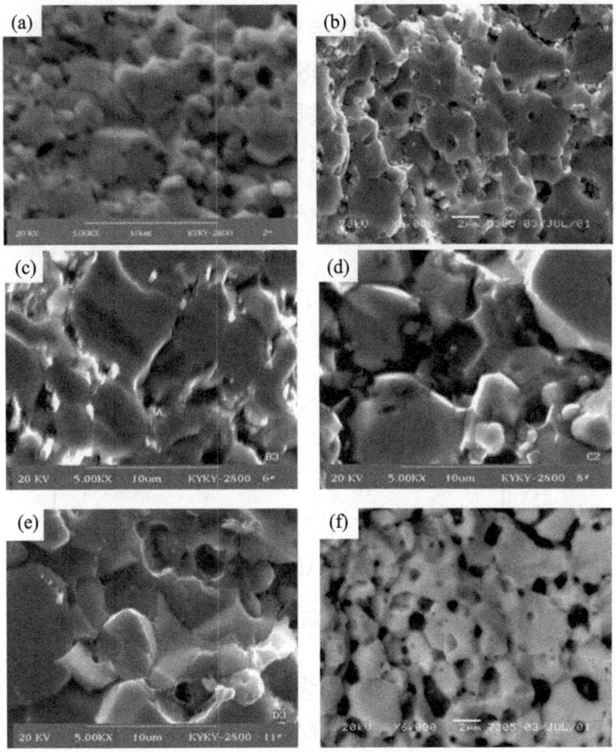

图 7-16　Al/$MoSi_2$ 复合材料的显微组织

(a) A 成分；(b) B 成分；(c) C 成分；(d) D 成分；(e) E 成分；(f) 图(b)的相应背散射像

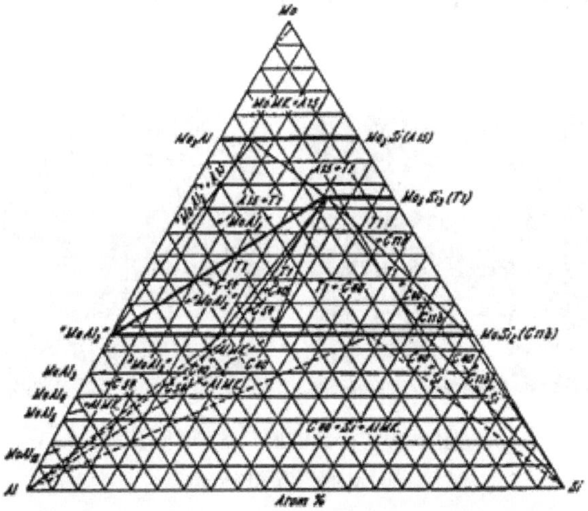

图 7-17　Al-Mo-Si 系 1823K 等温截面图

(2) Al/$MoSi_2$复合材料的断裂韧性与韧化机制

图 7-18 为压痕法测定的五种 Al/$MoSi_2$复合材料的断裂韧性值。当 Al 含量为 8.5%(B 成分)时，断裂韧性值最大，比纯 $MoSi_2$的提高了约 64%，表现出较好的室温韧化效果。综合图 7-15 和图 7-18 知，本实验中，合适的 Al 添加量为 8.5at.%。

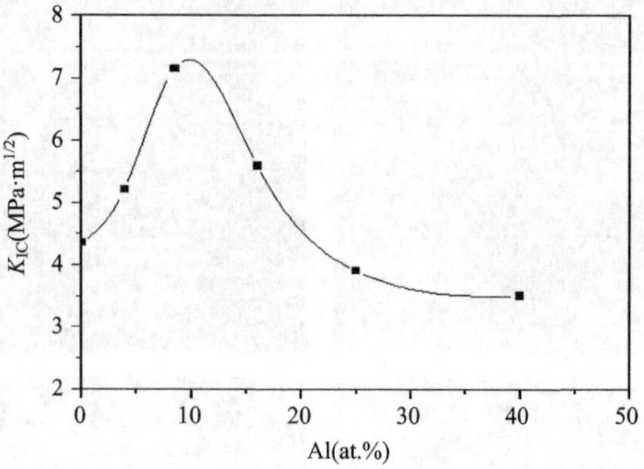

图 7-18　断裂韧性与 Al 含量的关系曲线

金属间化合物中不同原子种类间的强键结合使其具有高强度、高弹性模量等性能，同时也引起了材料的低温脆性。$MoSi_2$ 材料的低温脆性本质在于缺少五个以上独立的滑移系，在受力状态下位错难于滑移而产生塑性变形以松驰应力，因而断裂大多是晶粒晶界和晶内破坏造成的。纯 $MoSi_2$和 Al/$MoSi_2$复合材料样品的断口形貌如图 7-19 所示。从图可见，断口组织均为细晶的沿晶断裂和粗晶的穿晶断裂的混合。

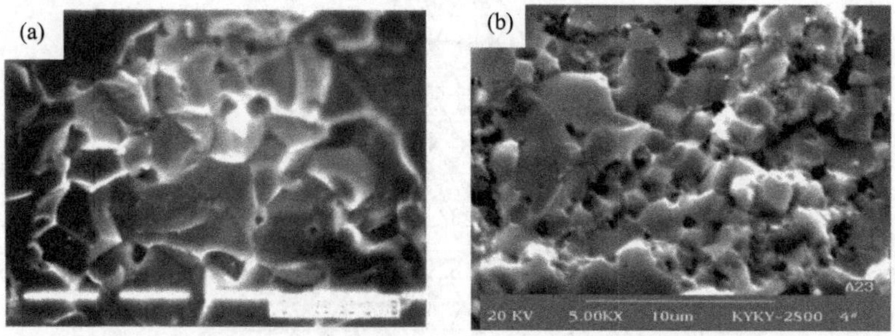

图 7-19　样品的断口 SEM 照片

(a) MoSi；(b) Al/$MoSi_2$

材料的断裂韧性是材料强度和塑性的综合表现，是断裂过程(裂纹萌生与扩展)所需能量的参量，设置障碍使裂纹生成和伸展难以进行，可消耗更多的能量，将利于提高材料的断裂韧性值。晶界相对于两侧的晶粒而言，是点阵排列的畸变区，起着抑制裂纹扩展的势垒作用，晶粒越细，意味着界面面积比例越大、“裂纹”尺寸越小，裂纹扩散需经历更长的路程，断裂韧性值越高，图 7-19 体现了细晶韧化的效果。

图 7-20 为 Al/$MoSi_2$ 复合材料表面压痕裂纹扩展的形貌。由图看到，在 Al/$MoSi_2$ 复合材料中，裂纹扩展时出现微桥接和偏转。裂纹微桥接是一种裂纹尖端尾部效应，是发生在裂纹尖端后方、由固溶相或第二相粒子等显微结构单元联接裂纹的两个表面、并提供一个使两个表面裂纹面相互靠近的闭合应力，导致应力强度因子随裂纹扩展而增加[15]（图 7-21）。裂纹偏转是一种裂纹尖端效应，是指在裂纹扩展过程中当裂纹前端遇上固溶相或第二相粒子等显微结构单元时发生的倾斜和扭转[16]（图 7-22）。Al/$MoSi_2$ 复合材料因裂纹与固溶 Al 及 Mo(Al,Si)$_2$ 相颗粒周围应力场的相互作用，引起裂纹微桥接和偏转，裂纹扩散需吸收更多的能量，因而断裂韧性增加。可见，添加少量 Al 韧化 $MoSi_2$ 材料的机制主要为细晶韧化、裂纹微桥接和偏转等。

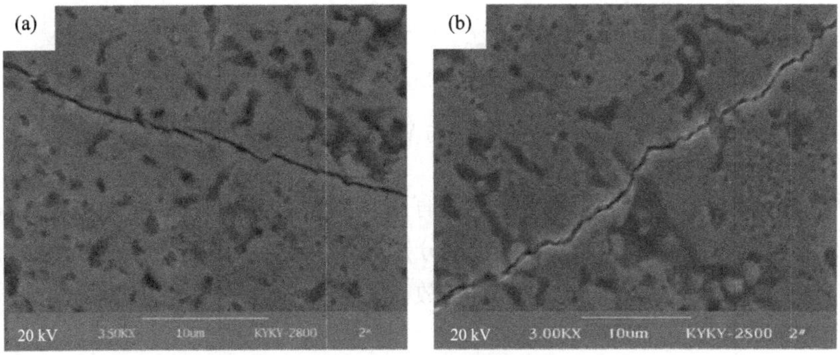

图 7-20　Al/$MoSi_2$ 复合材料表面压痕裂纹形貌

(a) 微桥接；(b) 偏转

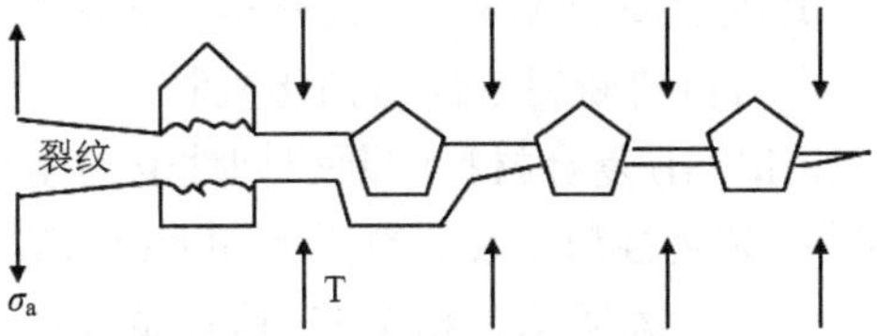

图 7-21　裂纹微桥接机理图

图 7-22　裂纹偏转机理

6. $WSi_2/MoSi_2$ 复合材料的室温性能

(1) $WSi_2/MoSi_2$ 复合材料的硬度

$WSi_2/MoSi_2$ 复合材料的硬度随第二相 WSi_2 含量的变化曲线如图 7-23 所示。第二相 WSi_2 的量越多，材料的硬度值呈现上升趋势。添加 50mol.%WSi_2 将基体硬度值提高了约 60%，可见第二相 WSi_2 对 $MoSi_2$ 具有较好的强化作用。

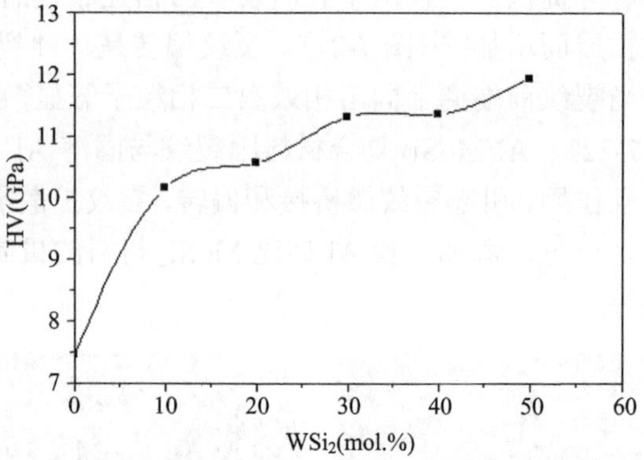

图 7-23　硬度与 WSi_2 含量的关系

据 Schwarz 等[11]分析，WSi_2 相具有固溶强化作用，这是因为四方 $MoSi_2$ 和 WSi_2 均为长程有序结构，点阵常数(*a* 分别为 0.3202 nm 和 0.3211nm，*c* 分别为 0.7855 nm 和 0.7835 nm)非常接近的缘故，可以认为 $MoSi_2$ 中的 Mo 部分被 W 取代，以固溶体(Mo,W) Si_2 形式存在[12]。

图 7-24 示出了几种 $WSi_2/MoSi_2$ 复合材料的显微组织。可以看出，①WSi_2 含量增加，基体晶粒越细，第二相 WSi_2 的加入起到了细晶强化作用；②WSi_2 以细小颗粒分布于基体中，其硬度高于 $MoSi_2$，具有第二相颗粒强化作用。

(2) $WSi_2/MoSi_2$ 复合材料的断裂韧性与韧化机制

图 7-25 反映了 $WSi_2/MoSi_2$ 复合材料的断裂韧性值与 WSi_2 含量的关系。可见，WSi_2 含量增大，材料的断裂韧性值增加，当添加 50mol.%WSi_2 时，断裂韧性值比纯 $MoSi_2$ 基体提高了约 86%，表明第二相 WSi_2 具有显著韧化 $MoSi_2$ 材料的作用。综合图 7-23 和 7-25 知，本实验中合适的 WSi_2 添加量为 50mol.%。

$WSi_2/MoSi_2$ 复合材料的断口组织与纯 $MoSi_2$ 一样，表现为细晶沿晶断裂和粗晶穿晶断裂的组合(图 7-26)，但平均晶粒更加细小。在实验中同时也观察到解理台阶[图 7-27(a)]，局部放大后[图 7-27(b)]发现解理台阶上分布着因细晶粒沿晶断裂后遗留下的小坑。从图 7-28 可看出，细小晶粒在断裂过程中存在晶粒拔出，并残留于断裂面上，有研究人员在研究 TiB_2 陶瓷的增韧机制时，也发现类似现象，归因于晶粒的强度和弹性模量比晶界高，晶粒拔出将吸收一部分能量，使断裂韧性提高，$WSi_2/MoSi_2$ 复合材料中存在细晶韧化和晶粒拔出韧化机制。

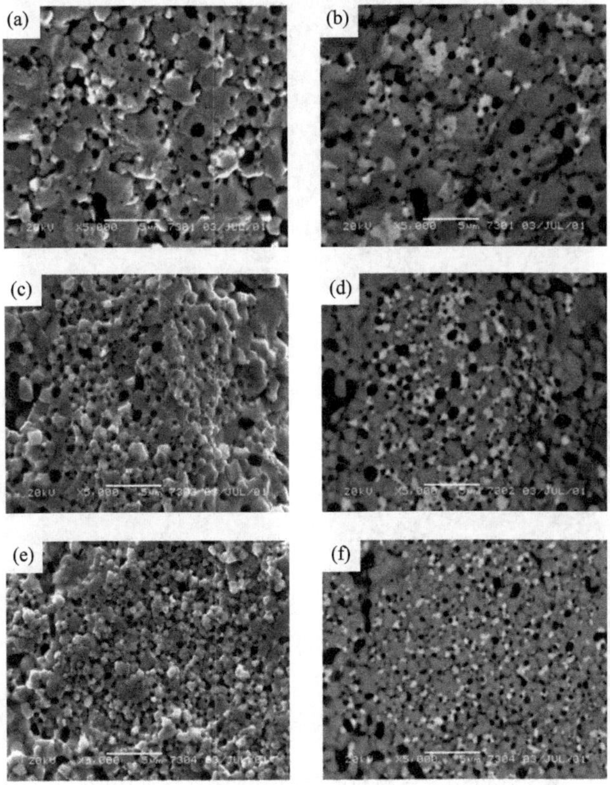

图 7-24　$WSi_2/MoSi_2$ 复合材料的 SEM 照片

(a) 30mol.%WSi_2；(c) 40mol.%WSi_2；(e) 50mol.%WSi_2；(b)、(d)、(f) 相应 (a)、(c)、(e) 的背散射像

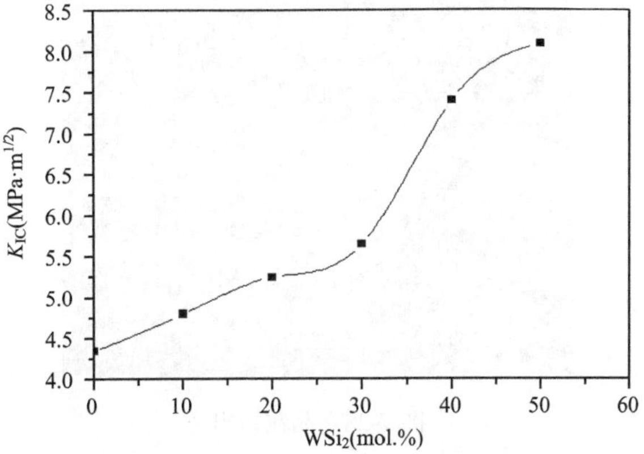

图 7-25　$WSi_2/MoSi_2$ 复合材料的断裂韧性

图 7-26　$WSi_2/MoSi_2$ 复合材料的断口组织

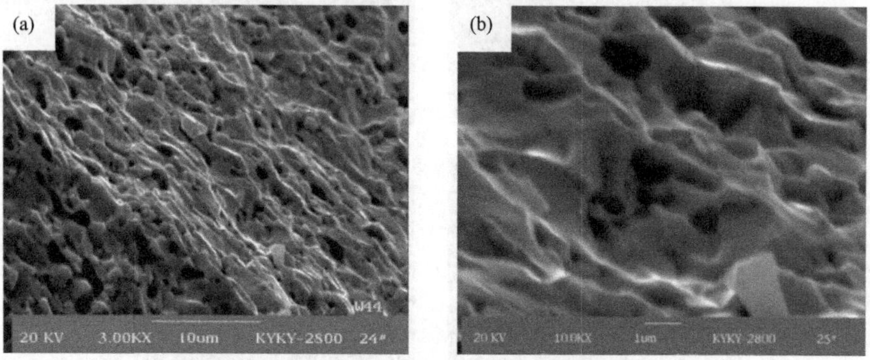

图 7-27　$WSi_2/MoSi_2$ 复合材料断裂面上的解理台阶 (b) 为 (a) 局部放大

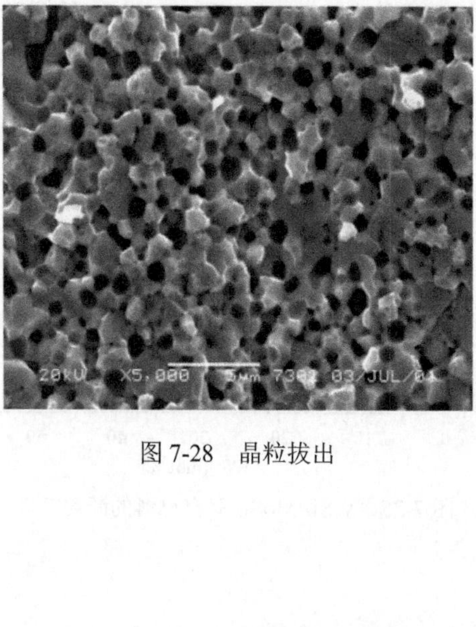

图 7-28　晶粒拔出

图 7-29 示出了 $WSi_2/MoSi_2$ 复合材料表面压痕裂纹的扩展形貌。从图 7-29(a)和(b)可以看出，裂纹扩展过程中出现与 $Al/MoSi_2$ 复合材料中相似的偏转和微桥接，表明了裂纹偏转和微桥接韧化机制。图 7-29(c)是裂纹在前进方向上发生了弯曲，归因于添加物与基体间的弹性模量和膨胀系数的差异，造成材料内部产生径向张应力和切向压应力，从而使裂纹在前进方向发生弯曲，提高材料的抗断裂能力，韧性增加。

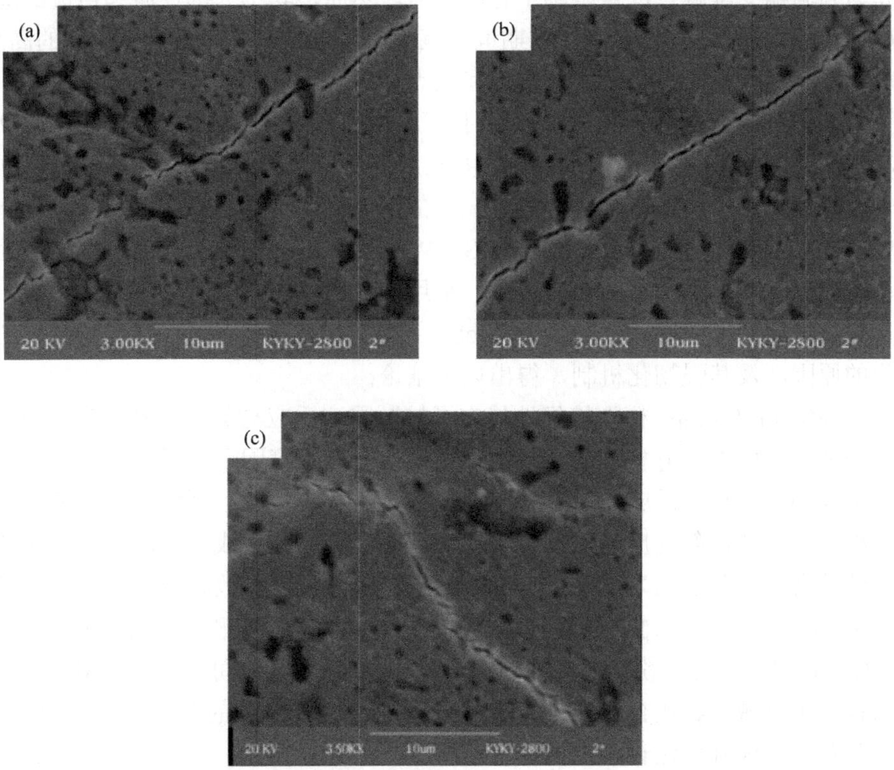

图 7-29　$WSi_2/MoSi_2$ 复合材料表面裂纹形貌

(a)偏转；(b)微桥接；(c)弯曲

分析可知，第二相 WSi_2 的加入提高了 $MoSi_2$ 材料的断裂韧性，其韧化机制有细晶韧化、晶粒拔出、裂纹偏转、微桥接和弯曲等。

7.5　本 章 小 结

$MoSi_2$ 的原子结合方式是共价键和离子键的混合，显示出既像陶瓷又像金属的混合物的特性，故称之为金属间化合物。$MoSi_2$ 及其复合材料因其高的熔点

(2030℃)、优异的抗氧化性和耐腐蚀性能、良好的导电性和导热性、高的热稳定性和较好的强度及适中的密度(6.24g/cm^3)等优异性能，而应用于航空、航天、交通运输、化工、机械等许多工业。20 世纪 50 年代初，Maxwell 首次提出 $MoSi_2$ 作为结构材料的设想，但由于材料的低温脆性，这种思想当时未得到重视；直到 1978 年，Schlichting 在一篇重要的综述性文章中，才认为 $MoSi_2$ 是一种非常重要的高温结构复合材料的基体材料，但由于其晶体结构特征，低温脆性、高温强度低和易高温蠕变等缺点严重限制了它的发展。然而，其诱人的性质和巨大的潜在应用价值，仍然促使了 90 年代初期世界范围内研究 $MoSi_2$ 高温结构材料的高潮，并成为 $MoSi_2$ 材料研究与开发的重点和热点。

本案例采用 X 射线衍射技术，分析了机械合金化过程参数(球料比、球磨介质和转速等)对 $MoSi_2$ 相生成的影响，并利用 Magini-Iasonna 模型，通过能量强度因子较好地界定了机械合金化合成 $MoSi_2$ 的两个机理：扩散固溶反应和类自蔓延反应。通过 X 射线洐射分析了 Al-Mo-Si、W-Mo-Si 复合粉末在球磨过程及热处理的相态变化，获得了合适的合成工艺。采用扫描电子显微镜对微观组织、断口组织及裂纹扩展路径观察，分析了 Al/$MoSi_2$、WSi_2/$MoSi_2$ 复合材料硬度与断裂韧性变化的原因，及其强韧化机制，得出以下结论：

① Magini-Iasonna 模型较好地界定了扩散固溶反应与类自蔓延反应——两种机械合金化合成 $MoSi_2$ 机理的球磨能量大小：有效强度因子大于 1.06J/(g·s)，则合成机理为类自蔓延反应；有效强度因子小于 0.917J/(g·s)，则为扩散固溶反应的合成机理。以类自蔓延反应机理合成的 $MoSi_2$ 晶相开始生成、全部生成及非晶相产生的球磨能量分别约为 24kJ/g、99kJ/g 和 243kJ/g；以扩散固溶反应机理合成的 $MoSi_2$ 晶相开始生成的球磨能量约为 114kJ/g，因而其需要很长的球磨时间。

② Al-Mo-Si 混合粉末在高能球磨过程中无 Al-Mo 中间相产生，Al 或 W 的加入推迟了机械合金化合成 $MoSi_2$ 过程的完成。球磨 40h 后的粉末，经高于 1000℃热处理利于完成合金化合成过程。

③ 添加 8.5at.%Al 和 50mol.%WSi_2 第二相具有较佳的强韧化综合作用，$MoSi_2$ 材料的硬度值分别提高了 34%和 60%，断裂韧性值分别提高了 64%和 86%。添加 Al 和 WSi_2 等第二相的强化机制表现为细晶强化、固溶强化和第二相颗粒强化。Al/$MoSi_2$ 复合材料的韧化机制为细晶韧化、裂纹偏转和微桥接；WSi_2/$MoSi_2$ 复合材料的韧化机制为细晶韧化、晶粒拔出、裂纹偏转、微桥接和弯曲。

参考文献

[1] Zhang H, Liu X. Analysis of milling energy in synthesis and formation mechanisms of molybdenum disilicide by mechanical alloying. International Journal of Refractory Metals and Hard Materials, 2001, 19(3): 203-208.

[2] Patankar S N, Xiao S Q, Lewandowski J J, et al. The mechanism of mechanical alloying of $MoSi_2$. Journal of materials research, 1993, 8(6): 1311-1316.

[3] Zhang H, Long C, Chen P, et al. Synthesis and properties of $MoSi_2$ alloyed with aluminum. International Journal of Refractory Metals and Hard Materials, 2003, 21(1-2): 75-79.

[4] 孙祖庆，叶峰，杨王玥，等. 烧结温度对液相反应烧结 Al/$MoSi_2$ 材料相形成的影响. 中国有色金属学报, 1994, 4(1):84.

[5] 李建林，江东亮，谭寿洪. Al 对热压 $MoSi_2$ 材料显微结构的影响. 无机材料学报, 1999, 14(1):78-82.

[6] Ramasesha S K, Shobu K. Reactive infiltration of aluminum into molybdenum disilicide preform. Journal of the American Ceramic Society, 1998, 81(3): 730-732.

[7] Ramberg C E, Worrell W L. Fabrication and high-temperature phase stability of Mo（Al, Si）$_2$-$MoSi_2$ Intermetallics. Journal of the American Ceramic Society, 2000, 83(4): 946-948.

[8] Liu Y, Shao G, Tsakiropoulos P. Thermodynamic reassessment of the Mo-Si and Al-Mo-Si systems. Intermetallics, 2000, 8(8): 953-962.

[9] 张厚安，刘心宇. WSi_2/$MoSi_2$ 复合粉末材料的机械合金化合成. 稀有金属, 2001, 25(4): 282-285.

[10] Naidu S V N, Sriramamurthy A M, Rao P R. The Mo-W（Molybdenum-Tungsten）system. Bulletin of Alloy Phase Diagrams, 1984, 5(2):177.

[11] Schwarz R B, Srinivasan S R, Petrovic J J, et al. Synthesis of molybdenum disilicide by mechanical alloying. Materials Science and Engineering: A, 1992, 155(1-2): 75-83.

[12] 寇开昌，杨延清，艾云龙 等. $MoSi_2$-WSi_2 复合体系的自蔓延燃烧合成. 稀有金属材料与工程, 2000, 29(3):190.

[13] Liu Y, Shao G, Tsakiropoulos P. Thermodynamic reassessment of the Mo-Si and Al-Mo-Si systems. Intermetallics, 2000, 8(8): 953-962.

[14] Ramberg C E, Worrell W L. Fabrication and High-Temperature Phase Stability of Mo（Al, Si）$_2$-$MoSi_2$ Intermetallics. Journal of the American Ceramic Society, 2000, 83(4): 946-948.

[15] Becher P F. Microstructural design of toughened ceramics. Journal of the American Ceramic Society, 1991, 74(2): 255-269.

[16] Faber K T, Evans A G. Crack deflection processes—I. Theory. Acta metallurgica, 1983, 31(4): 565-576.

第 8 章　硅化物氧化中的应用实例

8.1　应 用 对 象

二硅化钼($MoSi_2$)基复合材料。

8.2　分 析 目 的

① 分析 $MoSi_2$ 基复合材料低温氧化过程之中的相态变化；

② 弄清 $MoSi_2$ 基复合材料“PEST”发生的机理。

8.3　分 析 仪 器

采用 D8 ADVANCE X 射线衍射仪(靶材为 Cu 靶，波长为 1.54 Å，扫描速度 20°/min，扫描角度 20°～90°)测定样品氧化表面的相组成；利用带有能量色散光谱仪(EDS)的 KYKY-2800 型、S-570 型扫描电子显微镜(SEM)观察和分析氧化表面形貌及微区成分。

8.4　结果与分析

8.4.1　$MoSi_2$ 材料的低温氧化

1. $MoSi_2$ 材料的低温氧化性能

实验用 $MoSi_2$ 坯块采用机械合金化完全合成的 $MoSi_2$ 粉末经等静压(100 MPa、2 min)于 1600℃烧结 1h 工艺制备，其相对密度为 93.1%，氧化前样品表面经金相砂纸磨光。图 8-1 为 $MoSi_2$ 坯块分别在 400℃、500℃、600℃长时间氧化后质量变化与氧化时间的关系曲线。从图可知，坯块在 400℃和 600℃氧化时，其质量变化都经历一孕育期之后，呈直线增加，144 h 后出现钝化，质量维持恒定，材料表面呈现红褐色，质量增重分别为 0.209 mg/cm^2 和 0.084 mg/cm^2；而 $MoSi_2$ 在 500℃氧化 96 h 后，质量随时间的延长变化明显，480 h 达到 1.28 mg/cm^2，表面呈红黄色，表现出比低于或高于此温度快得多的氧化速率。这种现象与 Meschter[1, 2]、Chou[3, 4]、Chen 等[5]的实验结果相似。但实验中未发现材料坯块的粉末化过程，且从图 8-1 可以看出，500℃时氧化增重与时间的关系并非如Meschter[2]所述为线性的。

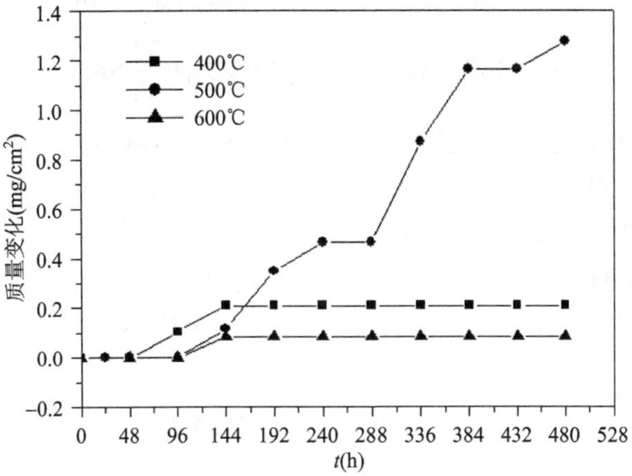

图 8-1　$MoSi_2$ 材料的低温氧化曲线

2. X 射线衍射分析

对氧化 480 h 后的 $MoSi_2$ 坯块进行 X 射线衍射分析，其 XRD 谱如图 8-2 所示。发现在 400℃、500℃、600℃氧化时除较强的 $MoSi_2$ 衍射峰外，都存在一定的 Mo_5Si_3 和 Mo_8O_{23} 衍射峰，SiO_2 峰强较低，经归一化处理后已不明显，表明 $MoSi_2$ 坯块在氧化过程中发生了下列反应：

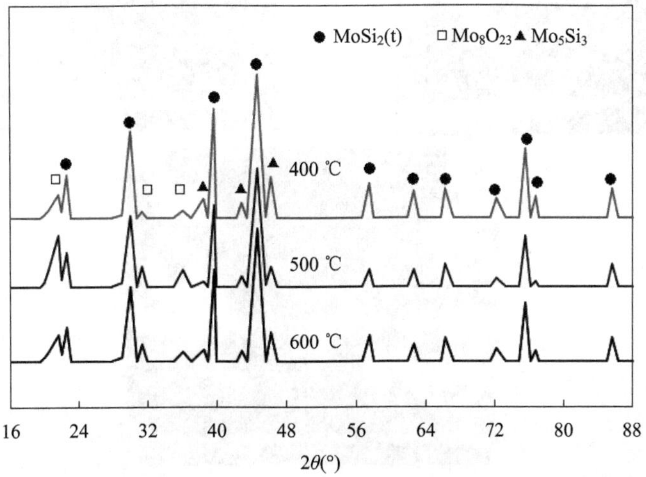

图 8-2　$MoSi_2$ 样品氧化 480h 的 XRD 谱

$$\frac{5}{7}MoSi_2+O_2 \longrightarrow \frac{1}{7}Mo_5Si_3+SiO_2 \tag{8-1}$$

$$16\,Mo_5Si_3+139O_2 \longrightarrow 10\,Mo_8O_{23}+48\,SiO \tag{8-2}$$

$$\frac{16}{55}MoSi_2+O_2 \longrightarrow \frac{2}{55}Mo_8O_{23}+\frac{32}{55}SiO_2 \tag{8-3}$$

与文献[6,7]相比较，本实验中没有生成强烈的 MoO_3 衍射峰，而是以亚稳态的 Mo_8O_{23} 存在。对比图中生成相的强度可知，坯块在 500℃氧化时形成了强度很高的 Mo_8O_{23} 衍射峰，而坯块在 400℃氧化时的 Mo_8O_{23} 衍射峰强度比 600℃的稍高，但均低于 500℃。由于 Mo_8O_{23} 是亚稳态的[8]，在一定的氧压条件下很容易进一步氧化成具有挥发性的 MoO_3［式(8-4)］，影响 SiO_2 连续性保护膜的形成，将使氧化严重[2]。

$$2Mo_8O_{23}+O_2 \longrightarrow 16MoO_3 \tag{8-4}$$

3. *表面形貌分析*

图 8-3 为 $MoSi_2$ 坯块在不同温度氧化 480 h 的表面形貌。根据 Meschter 等对 Mo-Si-O 氧化层的分析[2]，氧化层的主要组成为 SiO_2、$MoSi_2$、Mo_8O_{23} 和 Mo_5Si_3，

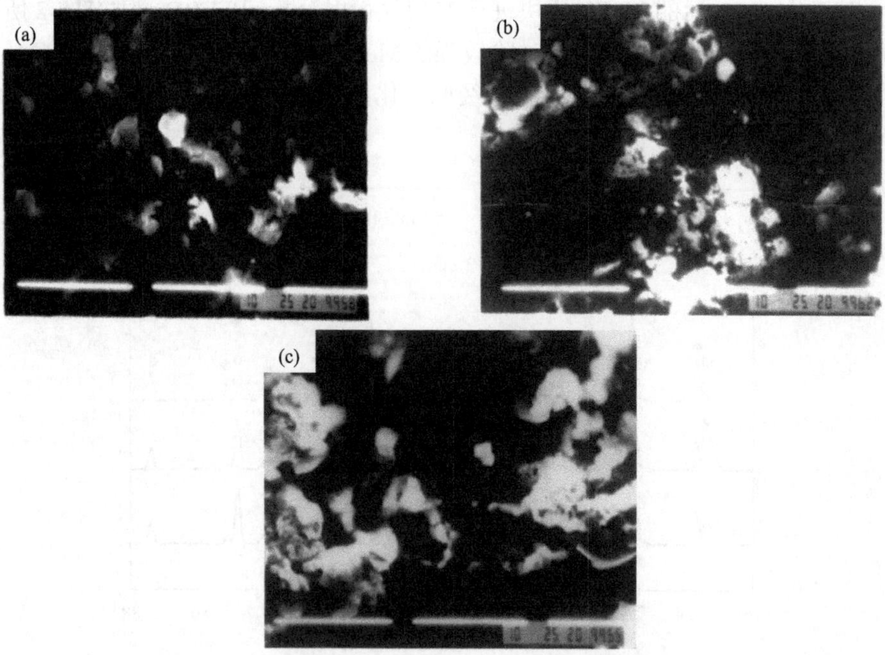

图 8-3 $MoSi_2$ 坯块氧化 480 h 的表面形貌(SEM)

(a) 400℃；(b) 500℃；(c) 600℃

图中材料表面暗色物质主要是 SiO_2，白色物质是 SiO_2、$MoSi_2$、Mo_8O_{23} 和 Mo_5Si_3 的混合物。坯块 500℃氧化时表面白色物质最多，表面形成致密 SiO_2 膜所需时间最长，氧化最严重，质量增加最多；600℃氧化时表面白色物质较少，故质量增加较少。同时可以看到在三种温度条件下经过长时间的氧化后，表面仍有较大面积的黑色物质，表明 SiO_2 保护膜覆盖着大部分的坯块表面，阻碍了 $MoSi_2$ 的进一步氧化，使之未发生“PEST”现象。

4. $MoSi_2$ 氧化相的低温化学稳定性图的建立

(1) 热力学分析

反应式(8-1)～(8-4)中相关物质的热力学参数列于表 8-1[8-13]。

表 8-1　相关物质的热力学参数

性质	ΔH^0_{298} (kJ/mol)	ΔS^0_{298} [J/(mol·K)]	C_p [J/(mol·K)]
$MoSi_2$	−131.71	65.02	$67.831+11.97\times10^{-3}T-6.569\times10^5T^{-2}$
Mo_5Si_3	−309.62	207.34	$183.360+35.041\times10^{-3}T-12.00\times10^5T^{-2}$
MoO_3	−745.17	77.82	$75.186+32.635\times10^{-3}T-8.786\times10^5T^{-2}$
Mo_8O_{23}	−5003.4	1970.0	
Mo	0	28.77	$13.38+9.95\times10^{-3}T+2.59\times10^5T^{-2}$
Si	0	18.9	$23.85+2.95\times10^{-3}T-4.14\times10^5T^{-2}$
O_2	0	205.14	$25.48+15.20\times10^{-3}T-5.06\times10^{-6}T^2$

在一定温度下时，物质的标准吉布斯自由能为[14]：

$$\Delta G^0_{T(相)}=\Delta H^0_{298(相)}-T\Delta S^0_{298(相)}+\int_{298}^{T}C_p\mathrm{d}T-T\int_{298}^{T}(C_p/T)\mathrm{d}T \tag{8-5}$$

对于反应 $aA+bB\longrightarrow cC+dD$，标准自由能变化 ΔG^0 值[14]为：

$$\Delta G^0_{反应,T}=c\Delta G^0_{c,T}+d\Delta G^0_{d,T}-a\Delta G^0_{a,T}-b\Delta G^0_{b,T} \tag{8-6}$$

利用式(8-5)和式(8-6)，反应(8-1)～(8-4)在 400～600℃的自由能变化见表 8-2。

表 8-2　反应的自由能变化

温 度	$\Delta G^0_{反应,T}$ (kJ/mol)			
(℃)	反应(8-1)	反应(8-2)	反应(8-3)	反应(8-4)
400	−737.2042	−476.0273	−582.3975	−187.478
500	−719.8379	−463.9151	−568.1454	−16.8367
600	−702.5688	−451.3469	−553.6627	133.7294

从表 8-2 可见，由于 $\Delta G^0{}_{反应,T}<0$，反应(8-1)～(8-3)均能进行，但反应(8-4)的发生，随温度升高则需要一定的氧压条件。

(2) $MoSi_2$ 氧化相的低温化学稳定性图的建立

又知平衡态氧分压可表示为[9,14]：

$$\ln P_{O_2} = \Delta G^0/(RT) \tag{8-7}$$

式中：ΔG 为系统自由能变化值(kJ/mol)；R 为摩尔气体常数，等于 8.314 J/(K·mol)；T 为热力学温度(K)；P_{O_2} 为给定温度下金属氧化物的分解压(Pa)。

可计算出 300℃、350℃、400℃、450℃、500℃、550℃、600℃、650℃和 700℃时，反应式(8-1)、式(8-2)和式(8-4)的 P_{O_2} 值。依据计算结果，然后取温度(℃)为横坐标，P_{O_2} 的常用对数值为纵坐标作图，即为 $MoSi_2$ 材料低温氧化相的化学稳定性图[15](图 8-4)。

从图 8-4 可知，$MoSi_2$ 材料在低温氧化时生成相与温度、氧分压之间有密切关系。$MoSi_2$ 材料在一定温度下氧化时，氧化产物受氧分压控制。当氧分压值低于图中第三条线时，$MoSi_2$ 保持稳定，将不被氧化；当氧分压值处于Ⅲ区时，$MoSi_2$ 选择性氧化，材料表面会因 Si 的选择氧化而形成一层致密的氧化膜，从而阻止了氧进一步向二硅化钼内的扩散使之继续氧化，氧化生成相为 Mo_5Si_3、SiO_2；当氧分压值处于Ⅱ区时，由于 Mo 和 Si 同时氧化，Si 的氧化物不能形成致密的氧化膜，因而起不到保护作用，导致氧化能进一步进行，氧化生成相主要为 Mo_8O_{23} 和 SiO_2；当氧分压值处于Ⅰ区时，Mo 和 Si 也是同时氧化且挥发，$MoSi_2$ 表面的氧化膜不稳定，氧化程度加重，氧化生成相为挥发性的 MoO_3 和 SiO_2[16,17]。

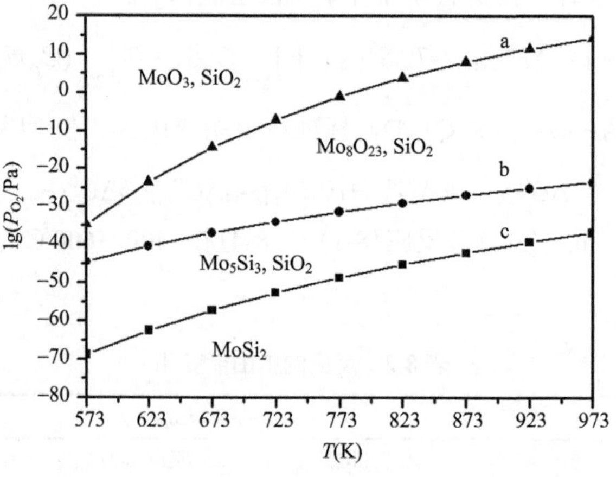

图 8-4　$MoSi_2$ 材料低温氧化相的化学稳定性图

Liu 等[18]在分析 $MoSi_2$ 的低温氧化行为时，计算出 Mo-Si-O 系于 773K 的等温截面图(图 8-5)，反映了 $MoSi_2$ 低温平衡氧化过程：氧含量沿图中 L 线增加，首先 Si 从 $MoSi_2$(A 点)中析出，氧化生成 Mo_5Si_3、SiO_2；然后 Mo_5Si_3 中的 Si 逸出，氧化生成 SiO_2 和 Mo_3Si；Mo_3Si 中的 Si 最后也转化为 SiO_2；随后氧化相进入 Mo 的氧化物与 SiO_2 区。由文献[8]知，Mo_8O_{23} 氧分数约为 0.742，位于 MoO_2 与 MoO_3 之间，说明随氧含量的继续增加，$MoSi_2$ 的氧化相先形成 Mo_8O_{23} 和 SiO_2，然后形成 MoO_3 和 SiO_2。可见，上述分析结果与图 8-4 是一致的。

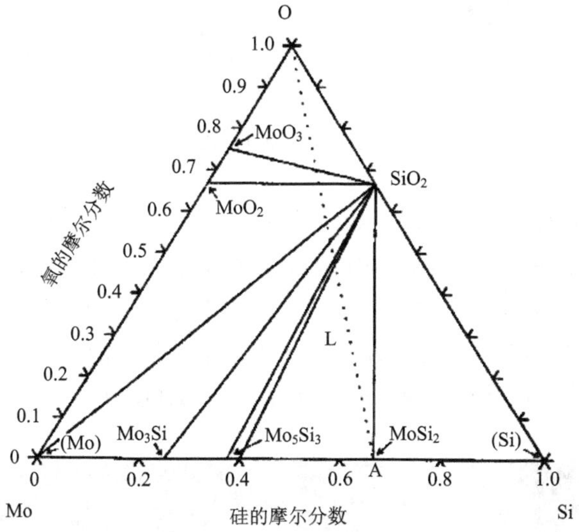

图 8-5　Mo-Si-O 系 773K 的等温截面图

因而，实际中 $MoSi_2$ 材料低温氧化时在其表面首先形成 Mo_5Si_3、SiO_2 层，将氧和基体分离开；继续氧化依赖于氧能否顺利地扩散到达基体界面及界面氧分压的大小。若材料中存在较多的缺陷(如孔洞、晶界等)，将提高氧的扩散能力和界面氧分压值，使 $MoSi_2$ 氧化后不仅生成 Mo_5Si_3，还较多地生成 Mo_8O_{23}；更严重时甚至可能生成大量的挥发性 MoO_3，破坏 SiO_2 保护膜的致密性，进一步促进氧的扩散和维持较高的界面氧分压值，循环往复，使坯块沿晶界分离，导致材料的 PEST 破坏。

(3) 化学稳定性图的分析

图 8-6 为 $MoSi_2$、稀土/$MoSi_2$ 和 SiC/$MoSi_2$ 三种材料坯块在 500℃氧化时质量变化曲线[19]。其相对密度分别为 93.1%、94.0%和 90.5%。从图可以看出，氧化 480h 后质量增重大小顺序为:SiC/$MoSi_2$ 材料＞稀土/$MoSi_2$ 材料＞纯 $MoSi_2$。

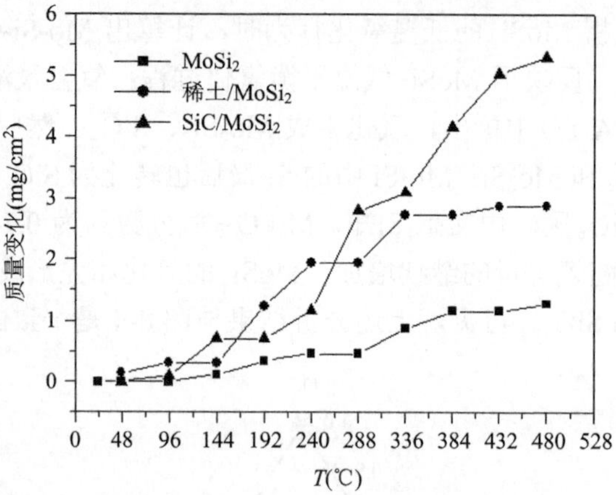

图 8-6　三种材料 500℃的氧化曲线

$MoSi_2$、稀土/$MoSi_2$ 和 SiC/$MoSi_2$ 三种材料的显微组织如图 8-7 所示。从图发现三者均较致密，但 SiC/$MoSi_2$ 坯块中有少量微孔，稀土/$MoSi_2$ 坯块晶粒细小存在较多晶界。图 8-8 为三种材料空气中 500℃氧化 480 h 后的 XRD 谱。图中表明三种材料氧化后 Mo_8O_{23} 峰强最大的是 SiC/$MoSi_2$ 坯块，Mo_5Si_3 峰强最大的是稀土/$MoSi_2$，$MoSi_2$ 坯块中两相的峰强最小且都没有 MoO_3 相。

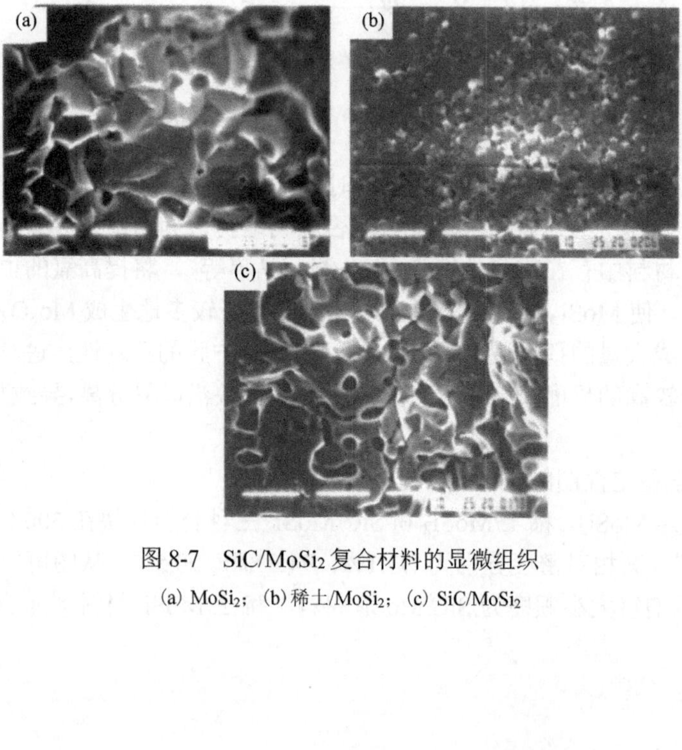

图 8-7　SiC/$MoSi_2$ 复合材料的显微组织

(a) $MoSi_2$；(b) 稀土/$MoSi_2$；(c) SiC/$MoSi_2$

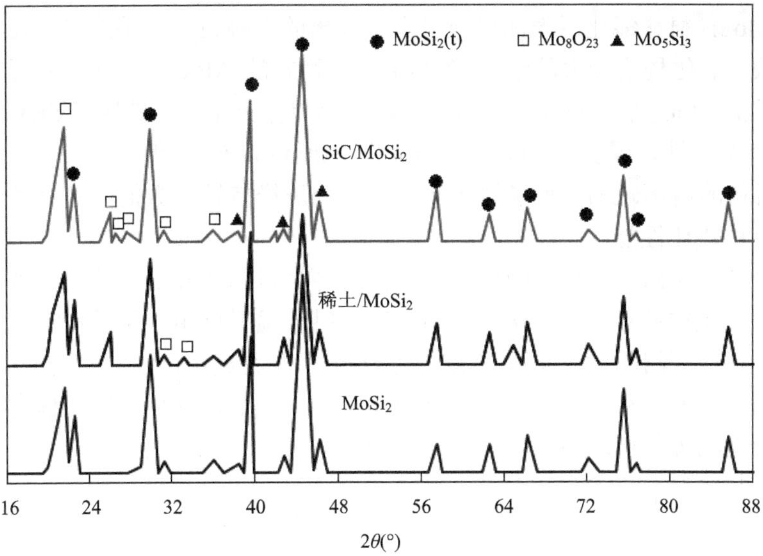

图 8-8　试样 500℃氧化 480 h 的 XRD 谱

实验中，$MoSi_2$、稀土/$MoSi_2$ 和 SiC/$MoSi_2$ 三种材料氧化后主要氧化相为 Mo_8O_{23} 和 Mo_5Si_3。由于材料坯块均比较致密，氧化后表面会形成较致密的 SiO_2 保护膜，使界面氧分压低于图 8-4 中相应温度的第 1 条线值，从而避免了挥发性 MoO_3 相生成。但因 SiC/$MoSi_2$ 坯块内部存在孔洞，稀土/$MoSi_2$ 坯块中存在较多的晶界(图 8-7)，利于氧的扩散，提高了界面氧分压，从而使氧化生成相(如 Mo_8O_{23}、Mo_5Si_3)的强度明显高于纯 $MoSi_2$ 材料；又知，氧通过孔洞比晶界更易扩散，故稀土/$MoSi_2$ 坯块氧化生成相 Mo_8O_{23} 峰强低于 SiC/$MoSi_2$，而 Mo_5Si_3 峰强高于 SiC/$MoSi_2$，表现出随扩散至界面的氧分压增大，$MoSi_2$ 材料低温氧化相由 Mo_5Si_3、SiO_2 向 Mo_8O_{23} 和 SiO_2 转变的趋势，与图 8-4 相符。从图 8-9 也可见，稀土/$MoSi_2$

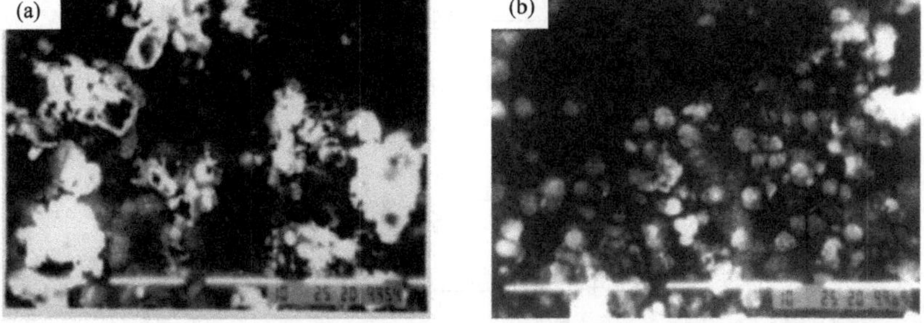

图 8-9　两种材料 500℃氧化 480h 后的表面形貌(SEM)

(a) 稀土/$MoSi_2$；(b) SiC/$MoSi_2$

和 SiC/$MoSi_2$ 材料氧化后表面出现了少量分离的小颗粒，这是晶界、孔洞部位氧扩散较快，氧化程度较大的结果(图 8-6)。亚稳态的 Mo_8O_{23} 若出现在晶界，转化成挥发性的 MoO_3 后，将使氧化后的晶粒沿晶界分离出来，破坏了 SiO_2 氧化膜的连续性和保护性，暴露出的新颗粒表面又能继续以较大速率氧化。因而，减少 $MoSi_2$ 材料的内部缺陷，使扩散至界面的氧分压维持较低数值，将有助于提高材料的低温抗氧化性能。

由上分析，$MoSi_2$ 材料的低温氧化性能与材料的内部组织结构、氧化条件及氧化过程中生成的相有密切关系。$MoSi_2$ 材料低温氧化相的化学稳定性图能较好地定性解释微观组织对氧化程度的影响，阐明了低温氧化过程中相的变化与温度、氧分压间的关系，从而对实践具有指导作用[15]。当然，材料的氧化程度除了热力学因素的影响外，更取决于其动力学行为。

5. $MoSi_2$ 材料低温氧化动力学模型的建立与分析

Chou 等[3]研究了 $MoSi_2$ 在 648～773K 的氧化动力学规律，认为成长过程中体积改变与时间成线性关系。Meschter[2]也认为 $MoSi_2$ 在 500℃氧化速率比低于或高于此温度时要快得多，且主要线性地依赖于时间。Chen 等[5]研究了在氧气和氧气与氩气混合条件下 673～873K 时 $MoSi_2$ 复合材料的氧化行为，结果表明：773K 时 SiO_2 的增长速率随时间延长而下降，SiO_2 厚度的平方值随氧分压的增加而增大，低温氧化过程受体扩散控制。Liu 等[18]最近也从体扩散角度研究了 $MoSi_2$ 的低温氧化动力学问题，表明在低温下由于 $MoSi_2$ 较低的体扩散系数不能维护 Si 氧化形成致密的 SiO_2 膜，导致 Mo 和 Si 的协同氧化。注意到上述研究均偏重于单一反应或氧扩散过程，而 $MoSi_2$ 的低温氧化过程既包含化学反应，也存在氧等元素的扩散，有必要综合考虑。

(1) $MoSi_2$ 材料低温氧化动力学模型的建立

从 4.1.4 小节分析知，$MoSi_2$ 在 400～600℃氧化时，相的变化顺序为：

$$MoSi_2 \longrightarrow Mo_5Si_3+SiO_2 \longrightarrow Mo_8O_{23}+SiO_2 \longrightarrow MoO_3+SiO_2$$

若忽略亚稳相 Mo_8O_{23}，则 $MoSi_2$ 的低温氧化过程可看作一连串反应，由于空气中氧充足(或氧充足条件下)，该连串反应写为：

$$MoSi_2+\frac{7}{5}O_2 \xrightarrow{k_1} \frac{1}{5}Mo_5Si_3+\frac{7}{5}SiO_2 \tag{8-8}$$

$$Mo_5Si_3+\frac{21}{2}O_2 \xrightarrow{k_2} 5MoO_3+3SiO_2 \tag{8-9}$$

设 $MoSi_2$ 为 A 组分，其 t 时刻的浓度记为 C_A，原始浓度记为 C_{A0}；Mo_5Si_3 为 B 组分，其 t 时刻的浓度记为 C_B，原始浓度记为 C_{B0}；MoO_3 为 C 组分，其 t 时刻

的浓度记为 C_C，原始浓度记为 C_{C0}。式(8-8)和式(8-9)中 k_1 和 k_2 为各自反应常数，假设反应均为一级反应，则

$$\begin{cases} -\dfrac{dC_A}{dt}=k_1C_A \\ -\dfrac{dC_B}{dt}=k_2C_B \end{cases} \tag{8-10}$$

分别积分，得

$$C_A = C_{A0}e^{-k_1t} \tag{8-11}$$

$$C_B = C_{B0}e^{-k_2t} \tag{8-12}$$

根据反应式(8-8)，式(8-12)可写为：

$$C_B = C_{B0}e^{-k_2t} = \frac{1}{5}k_1C_Ae^{-k_2t} \tag{8-13}$$

又根据连串反应知

$$\begin{array}{llll} & MoSi_2 \longrightarrow & 1/5Mo_5Si_3 \longrightarrow & MoO_3 \\ t=0 & C_{A0} & 0 & 0 \\ t=t & C_A & C_B & C_C \end{array}$$

设 $MoSi_2$ 足够纯且致密，即 $C_{A0}=1$，则

$$\frac{dC_B}{dt} = \frac{1}{5}k_1C_A - k_2C_B \tag{8-14}$$

将式(8-11)代入式(8-14)得

$$C_B = \frac{k_1\left(e^{-k_1t} - e^{-k_2t}\right)}{5\left(k_2 - k_1\right)} \tag{8-15}$$

联合式(8-13)与式(8-15)，合并化简

$$k_1e^{-k_1t} = k_2e^{-k_2t} \tag{8-16}$$

实验中，样品的氧化增重应为参与反应的氧质量 m（忽略挥发损失），由式(8-8)和式(8-9)，知

$$\Delta m = \frac{7}{5}k_1C_A + \frac{21}{2}k_2C_B \tag{8-17}$$

将式(8-11)、式(8-15)、式(8-16)代入并化简，得到因化学反应引起的质量增重：

$$\Delta m = \frac{7}{2}k_1e^{-k_1t} = \frac{7}{2}k_2e^{-k_2t} \tag{8-18}$$

$MoSi_2$ 氧化一定时间后将在表面形成氧化膜，空气(或外界)中的氧必须扩散通过氧化膜与界面基体接触，氧化反应才能继续进行[20](图 8-10)。

根据扩散第二定律：

$$\mathrm{d}m = -D\frac{\Delta C}{x}\mathrm{d}t \tag{8-19}$$

$$\mathrm{d}x = k\mathrm{d}m \tag{8-20}$$

式中，D 为扩散系数，x 为氧化层厚度，k 为常数。将式(8-20)代入式(8-19)，并取气相中氧浓度为 C_0，整理得

$$\mathrm{d}m = k_0\frac{C_0 - 2/7C_{\mathrm{A}}}{m}\mathrm{d}t \tag{8-21}$$

式中，k_0 为系数，$2/7C_{\mathrm{A}}$ 为到达基体界面的氧浓度。结合化学反应，将式(8-11)代入，并积分，有

$$m^2 = 2k_0C_0t + \frac{7k_0}{k_1}\mathrm{e}^{-k_1t} + \mathrm{Cons.} \tag{8-22}$$

又知当 t=0 时，m=0；代入式(8-22)，积分常数 Const.表示为：

$$\mathrm{Const.} = -\frac{7k_0}{k_1}$$

于是，$MoSi_2$ 材料低温氧化时的动力学模型为：

$$\Delta m^2 = 2k_0C_0t + \frac{7k_0}{k_1}\mathrm{e}^{-k_1t} - \frac{7k_0}{k_1} \tag{8-23}$$

式中，Δm 为 $MoSi_2$ 材料氧化时的质量变化量，k_0 为与氧扩散系数有关的系数，C_0 为环境中的氧浓度，k_1 为反应常数，t 为氧化时间。可见，式(8-23)综合反映了 $MoSi_2$ 材料在低温氧化过程中化学反应及氧通过氧化膜扩散作用的影响。

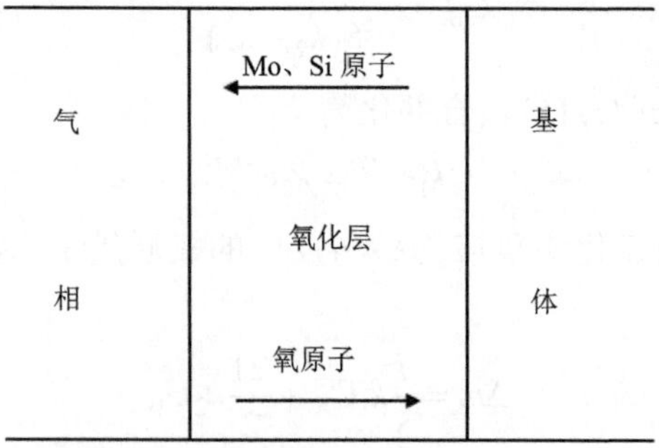

图 8-10　材料通过氧化膜的反应途径

(2) $MoSi_2$ 材料低温氧化动力学模型的应用分析

利用建立的 $MoSi_2$ 材料低温氧化动力学模型[式(8-23)]，对 400～600℃时于空气中氧化的 $MoSi_2$ 氧化曲线进行拟合，其结果如图 8-11 和表 8-3 所示。

表 8-3　拟合数据结果

温 度(℃)	时 间(h)	k_0	k_1	标准偏差	置信度(%)
400	48～144	1.520E-3	0.194	7.704E-34	96.4
	144～480	1.781E-9	5.253E-9	1.179E-17	91.5
500	0～480	5.035E-7	0.277	1.449E-2	95.3
600	96～144	3.100E-4	0.166	4.537E-8	96.1
	144～480	4.655E-7	5.753E-7	3.501E-7	99.9

从表 8-3 可以看出，置信度高，故模拟效果好[21](图 8-11)。比较表 8-3 中各温度与时间段的 k_0 和 k_1 值知，400℃氧化 48～144h 时，$k_1 > k_0$，表明此时氧化速率受反应所控制，质量增重较快，144～480h 时，$k_1 \approx k_0$ 均很小，表明氧化膜的保护作用较强，质量变化甚微(图 8-1)；500℃氧化时，$k_1 > k_0$，氧化反应始终占据

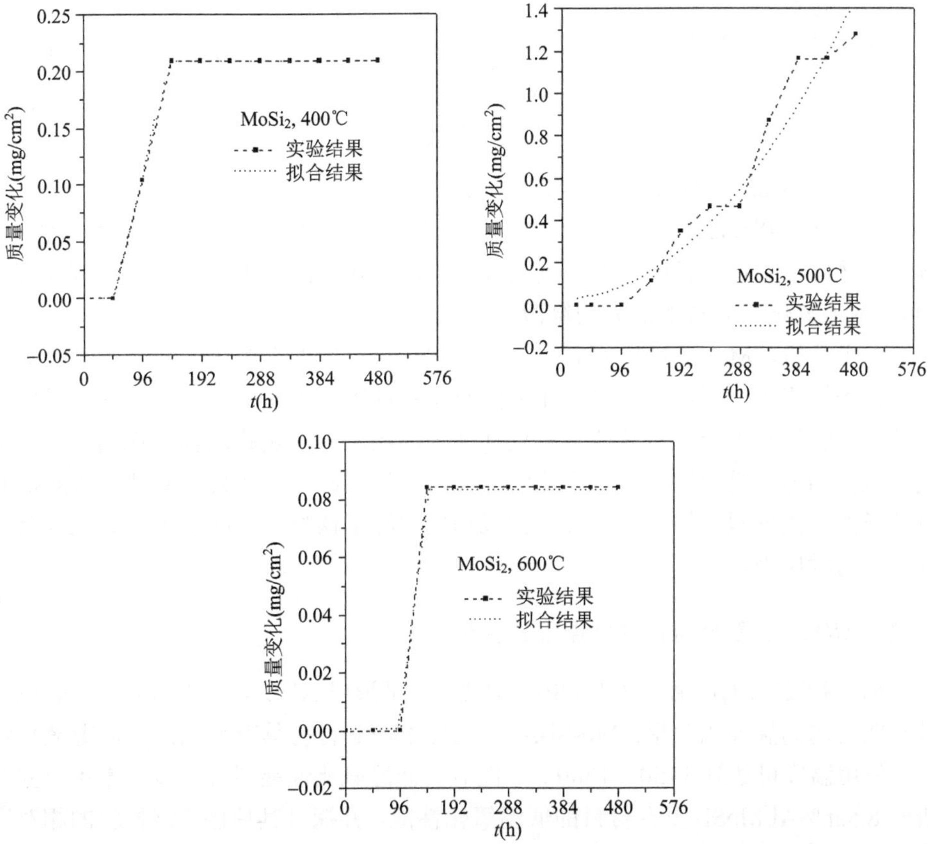

图 8-11　$MoSi_2$ 低温氧化动力学模型的拟合曲线

主导地位，因而质量增重较大；600℃氧化时与 400℃的情况相似，只是 k_1 比 400℃的略小，故其质量变化较小。可见，式(8-23)能较好地反映 $MoSi_2$ 材料的低温氧化过程。至于在三种温度氧化开始阶段，质量变化微弱，可能与 Chou 等描述的形核过程有关[20]。

(3) $MoSi_2$ 材料 500℃时氧化异常严重的动力学解释

反应常数 k_1 与温度 T 有关，对于复杂反应而言，k_1 与 T 的关系可表示为[14]：

$$k_1 = k_0' T^n e^{-E_0/RT} \tag{8-24}$$

式中，k_0'、n、E_0 为经验常数，R 为摩尔气体常数。利用式(8-24)对 T 求导，并令 $k_1' = 0$，则

$$nT + \frac{E_0}{R} = 0 \tag{8-25}$$

即当 $T = -\dfrac{E_0}{nR}$ 时，反应常数 k_1 取极大值。

将式(8-25)两边取对数，并将表 8-3 中的数据代入，化简去掉 k_0'，可得：

$$\begin{cases} E_0 = 333.88 \\ n = -53.088 \end{cases} \tag{8-26}$$

代入式(8-25)，计算出　T=756.45 K。

即当 T =483.45℃时，反应常数 k_1 取极大值。其与 500℃非常接近，因而，$MoSi_2$ 材料 500℃时氧化异常严重的现象，通过建立的动力学模型，可解释为在 500℃附近氧化反应常数最大的缘故。

综上分析，$MoSi_2$ 材料的低温氧化性能与材料的微观组织、氧化条件及氧化生成相密切相关，利用其低温氧化相的热稳定性图可阐明氧化相与氧压、温度间的关系，解释组织形态对其低温氧化性能的影响，并对实践起指导作用；建立的低温氧化动力学模型综合考虑了化学反应与扩散的影响，较好地阐述了 $MoSi_2$ 材料的低温氧化过程中的控制因素，并成功地解释了该材料 500℃附近氧化异常严重的动力学原因。

8.4.2 Al/$MoSi_2$ 复合材料的低温氧化性能

据文献[22, 23]报道，在 $MoSi_2$ 中添加 Al 可形成 Al_2O_3，降低 SiO_2 相的含量，具有明显的高温强化效果；Mo-Si-Al 系也比 $MoSi_2$ 材料具有更高的抗高温氧化性能，使用温度可达到 1750～1800℃。但对其低温氧化性能研究较少。本小节主要研究 8.5at.%Al/$MoSi_2$ 复合材料的低温氧化性能，并探讨其原因。该材料的相对密度为 95.1%，氧化前样品表面经金相砂纸磨光。

1. 低温氧化性能

图 8-12 为 Al/$MoSi_2$ 复合材料在 400～700℃的氧化曲线。从图可以看出，Al/$MoSi_2$ 复合材料的低温氧化现象与纯 $MoSi_2$ 材料（图 8-1）的相似，即在 400℃和 600℃氧化时质量略有增加，700℃氧化时质量略有减小，均在氧化 144 h 后质量维持稳定；500℃氧化 240 h 后出现粉末脱落现象，质量（含脱落粉末量）变化较大，类似于纯 $MoSi_2$ 材料 500℃氧化时的 PEST 现象[3]。比较而言，Al/$MoSi_2$ 复合材料的低温氧化质量增加明显高于纯 $MoSi_2$ 材料，这与 Mitra 等[24]观察的高温氧化现象相似。

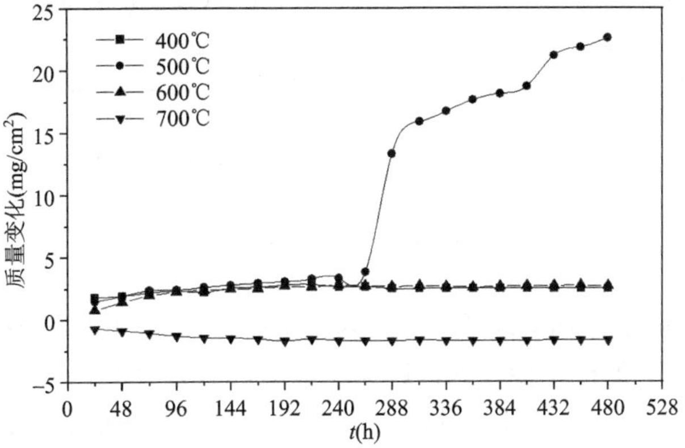

图 8-12　Al/$MoSi_2$ 复合材料的低温氧化曲线

2. X 射线衍射分析

Al/$MoSi_2$ 复合材料表面氧化 480h 后的 X 射线衍射结果如图 8-13 所示。样品氧化前仅有 $MoSi_2$ 衍射峰，Al 以固溶态形式存在于 $MoSi_2$ 基体中[25]。400℃氧化 480 h，表面有 Al_2O_3 和 $2SiO_2$ 相生成；600℃氧化时表面生成 $Al_2(MoO_4)_3$、Al_2O_3、SiO_2 和少量 Mo_8O_{23} 相；700℃时氧化相为 Mo_8O_{23} 和少量 Al_2O_3、SiO_2，它们的主衍射峰仍为 $MoSi_2$。而 500℃氧化时物相发生了较大的变化，主衍射峰已转变为 MoO_3。

3. 表面形貌分析

Al/$MoSi_2$ 复合材料 400℃和 600℃氧化 480 h 后的表面形貌相似，图 8-14(a) 示出了 600℃氧化后的材料表面 SEM 照片。根据 Meschter[2]对 Mo-Si-O 氧化层的分析，结合图 8-13 知，氧化层的主要相组成为 Al_2O_3、SiO_2、$MoSi_2$、Mo_8O_{23} 及 $Al_2(MoO_4)_3$，图中材料表面大部分的暗色物质主要是 Al_2O_3 和 SiO_2，白色物质是

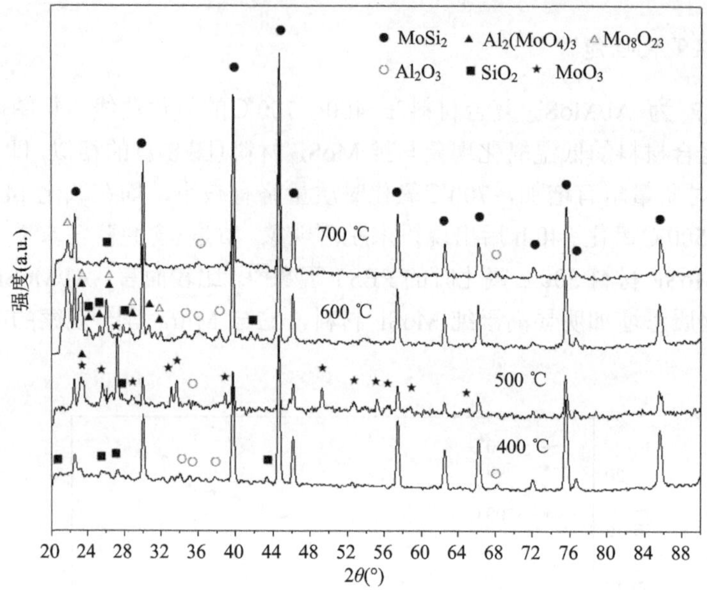

图 8-13　Al/MoSi2 复合材料低温氧化表面的 XRD 谱

Al_2O_3、SiO_2、$MoSi_2$、Mo_8O_{23} 及 $Al_2(MoO_4)_3$ 的混合物。由于 Al_2O_3、SiO_2 的保护作用[26]，阻碍了氧的进一步侵入，避免了基体材料的深入氧化，因而氧化程度较低。其质量维持不变可归因于氧化物的挥发失重与氧化增重之间的平衡。纯 $MoSi_2$ 材料 400℃氧化时也发现类似现象。图 8-14(b)反映了 Al/MoSi2 复合材料 700℃氧化表面的形貌。可见，其表面也分布着 Al_2O_3 和 SiO_2 氧化物，材料的氧化程度低。该温度下材料的氧化曲线在 0～144 h 呈负增长变化，可归因于在较高温度下挥发引起的失重大于氧化增重的结果。

图 8-14　Al/MoSi2 复合材料 600℃(a)和 700℃(b)氧化表面的形貌

图 8-15 为 Al/$MoSi_2$ 复合材料在 500℃氧化表面形貌。由图 8-15(a)可看出，在其表面上杂乱分布着许多针状物，X 射线衍射分析结果(图 8-13)表明为 MoO_3 晶须。正由于在氧化过程中大量生成松散的 MoO_3 相，破坏了 Al_2O_3 和 SiO_2 连续致密保护性膜的形成，促进了低温氧化程度，从而导致较大的质量变化(图 8-12)，这与 Chou[3]的实验结果相一致。按照 Chou[27]的分析，MoO_3 晶须优先在颗粒内表面和裂纹处形核和长大，在 MoO_3 的挥发及内应力的作用下，材料发生灾难性损坏(即 PEST 反应)，形成分散的粉末。图 8-15(b)为从 Al/$MoSi_2$ 复合材料 500℃氧化表面脱落的粉末，证实了 PEST 的发生。

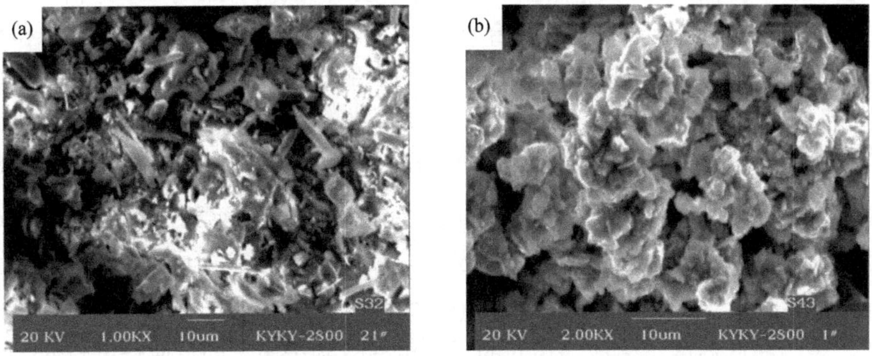

图 8-15　Al/$MoSi_2$ 复合材料 500℃氧化表面(a)和脱落粉末(b)的形貌

4. 热力学分析

由图 8-13 知，Al/$MoSi_2$ 复合材料在 400～700℃氧化时，主要发生了下列反应：

$$\frac{4}{3}Al+O_2 \longrightarrow \frac{2}{3}Al_2O_3 \tag{8-27}$$

$$\frac{16}{55}MoSi_2+O_2 \longrightarrow \frac{2}{55}Mo_8O_{23}+\frac{32}{55}SiO_2 \tag{8-3}$$

$$\frac{2}{7}MoSi_2+O_2 \longrightarrow \frac{2}{7}MoO_3+\frac{4}{7}SiO_2 \tag{8-28}$$

反应中有关物质的热力学数据除在表 8-1 列出之外，其他列于表 8-4。根据式(8-5)和式(8-6)计算出反应(8-27)、反应(8-28)在不同温度的自由能变化值，如表 8-5 所示。可见，反应的自由能变化值均小于 0，表明上述反应在热力学上均能进行。

表 8-4 相关物质的热力学参数[8-13]

性质		ΔH_{298}^0 (kJ/mol)	S_{298}^0 [J/(mol·K)]	C_p [J/(mol·K)]
Al	(298～933K)	0	28.46	$19.29+14.51\times10^{-3}T+0.731\times10^5T^{-2}$
	(933～2500K)	28.94	71.68	31.878
Al_2O_3	(298～800K)	−1675.27	50.94	$103.85+26.267\times10^{-3}T-29.09\times10^5T^{-2}$
	(800～2327K)	−1622.04	152.53	$120.516+9.192\times10^{-3}T-48.37\times10^5T^{-2}$

由 8.1.4 小节知，$MoSi_2$ 低温氧化过程中生成 Mo_8O_{23} 还是 MoO_3 相，与表面膜的致密性有关。对于 Al/$MoSi_2$ 复合材料，具有保护作用的氧化物有 Al_2O_3 和 SiO_2 相，它们的生成对材料的氧化程度有一定的影响。化学平衡常数反映了反应进行的程度，根据范特霍夫方程[14]：

$$\mathrm{d}\ln k_\mathrm{p}/\mathrm{d}T = \Delta H_\mathrm{m}^0/(RT^2) \tag{8-29}$$

式中，k_p 为平衡常数；ΔH_m^0 为标准生成焓，是温度 T 的函数，即 $\mathrm{d}H_\mathrm{m}^0=\Delta C_p\mathrm{d}T$，$C_p$ 为定压热容。由式(8-29)计算出反应(8-27)、反应(8-3)和反应(8-28)的平衡常数如表 8-5 所示。发现 500℃时，反应(8-27)的平衡常数值远小于其他温度或反应的值，表明在此温度下生成 Al_2O_3 的反应更易达到平衡，即反应程度较低，因而降低了表面氧化物膜的保护作用，将利于 MoO_3 相的生成，这可能是 Al/$MoSi_2$ 复合材料于 500℃氧化时表面生成大量挥发性的 MoO_3 相的原因之一，导致发生 PEST 现象。

表 8-5 反应自由能和平衡常数

温度(℃)	反应(8-27)		反应(8-3)		反应(8-28)	
	$\Delta G_{反应T}^0$ (kJ/mol)	$\ln k_\mathrm{p}$	$\Delta G_{反应T}^0$ (kJ/mol)	$\ln k_\mathrm{p}$	$\Delta G_{反应T}^0$ (kJ/mol)	$\ln k_\mathrm{p}$
400	−989.534	52.878	−582.572	104.457	−575.345	102.838
500	−971.678	14.155	−568.145	89.283	−558.301	86.884
600	−977.163	125.019	−553.663	77.360	−541.388	74.603
700	−966.243	117.440	−538.976	67.893	−524.604	64.862

综上分析，Al/$MoSi_2$ 复合材料的低温抗氧化性能明显劣于纯 $MoSi_2$，500℃时氧化 240h 发生了 PEST 现象，归因于生成 Al_2O_3 的反应程度低，氧化膜的保护作用减弱，以及大量 MoO_3 晶须的生成，引起内应力增加的结果[28]。

8.4.3　$WSi_2/MoSi_2$ 复合材料的低温氧化性能

据文献[17,29,30]报道，$WSi_2/MoSi_2$ 复合材料的使用温度可达 1700～1900℃，添加 50mol.%WSi_2 具有显著高温补强 $MoSi_2$ 的效果，然而对其低温氧化性能的研究较少。本小节研究 50mol.%$WSi_2/MoSi_2$ 复合材料的低温氧化规律。该材料的相对密度为 96.4%，氧化前样品表面均经金相砂纸磨光。

1. 低温氧化性能

图 8-16 为 $WSi_2/MoSi_2$ 复合材料 400～700℃的低温氧化曲线。从图可以看出，$WSi_2/MoSi_2$ 复合材料在 400℃氧化时质量变化微弱；500℃氧化 48h 后质量开始增加；600℃和 700℃氧化时，质量变化较大，质量增加量与氧化时间近似符合线性关系，这与 Meschter 考察纯 $MoSi_2$ 材料 500℃氧化速率主要线性地依赖于时间的现象相似[2]。与图 8-1 比较，显而易见，$WSi_2/MoSi_2$ 复合材料的低温氧化性能与纯 $MoSi_2$ 材料的存在较大差别，前者的低温抗氧化性低劣。

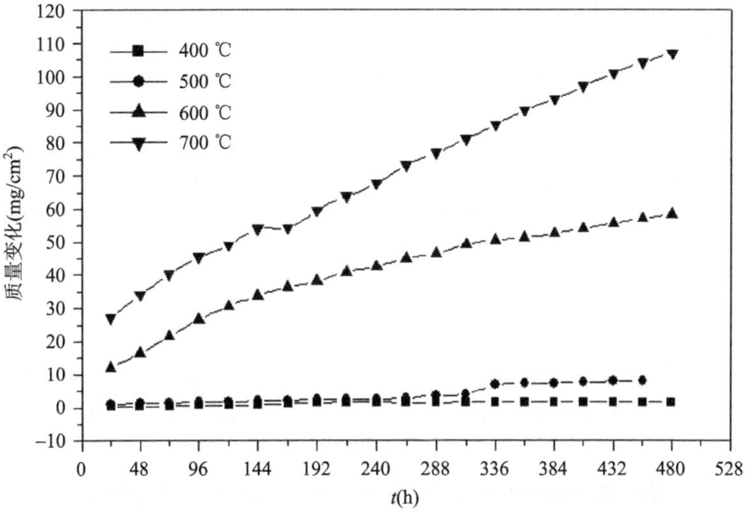

图 8-16　$WSi_2/MoSi_2$ 复合材料的低温氧化曲线

实验中，观察了 $WSi_2/MoSi_2$ 复合材料在不同温度氧化时，样品颜色和形状变化。发现 400℃氧化样品表面呈浅黄色，形状完整；500℃样品表面呈黄色，氧化 48h 开始脱落黄色粉末，144h 脱落的粉末量明显增加，312h 后裂成小块；600℃和 700℃氧化 2h 即有较大裂纹形成，表面生长出黄色针状物，氧化 72h 出现黄色分离层，随后大量脱落黄色粉末。可见，$WSi_2/MoSi_2$ 复合材料在 500～700℃氧化已出现明显的 PEST 特征[3]。

2. X 射线衍射分析

图 8-17 为 $WSi_2/MoSi_2$ 复合材料在 400～700℃氧化 480 h 后表面 XRD 谱。由图可见，$WSi_2/MoSi_2$ 复合材料低温氧化主要生成 MoO_3、WO_3 和 SiO_2 等相，$(Mo,W)_5Si_3$ 为 $(Mo,W)Si_2$ 退化而成，其与氧反应最后将生成 MoO_3、WO_3 和 SiO_2。由于 MoO_3 和 WO_3 具有较强的挥发性[3,31]，图 8-16 氧化曲线为氧化增重和挥发失重效应的叠加。比较图中各物相的峰强可知，400℃氧化时，主衍射峰仍为 $(Mo,W)Si_2$，氧化相峰强较弱；500℃氧化时 WO_3 相峰强最大，氧化相的峰强上升；600℃与 700℃氧化具有类似现象，主衍射峰为 WO_3，基体物相 $(Mo,W)Si_2$ 已不明显。这表明随着温度升高，氧化程度加深，它与实验结果是一致的。对于 $WSi_2/MoSi_2$ 复合材料而言，低温氧化过程中因大量 MoO_3 和 WO_3 挥发相[3,31]的生成，破坏了 SiO_2 膜的保护作用，所以氧化速率增大，低温抗氧化性降低。

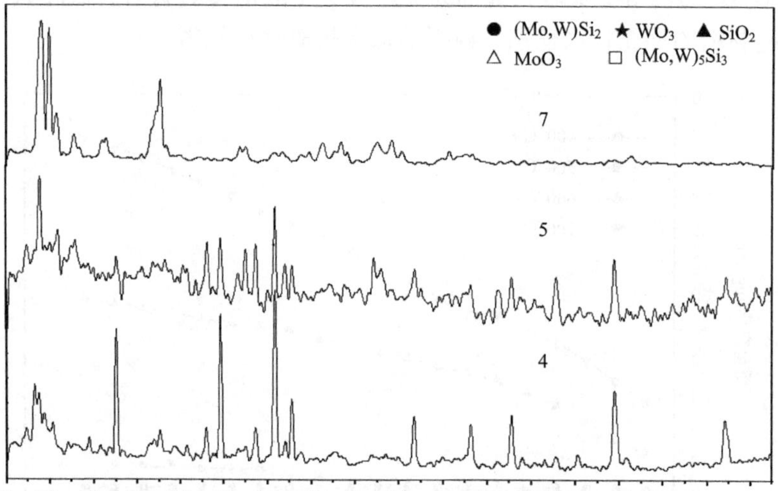

图 8-17　$WSi_2/MoSi_2$ 复合材料低温氧化 480h 后的 XRD 谱

3. 氧化表面 SEM 分析

$WSi_2/MoSi_2$ 复合材料低温氧化表面的 SEM 照片(图 8-18)进一步说明了挥发性氧化相 MoO_3 和 WO_3 的影响。图 8-18(a)为该材料 400℃氧化 480 h 后的形貌，借鉴 Meschter 对 Mo-Si-O 氧化层的分析[2]，图中较亮的松散棉絮状物为 WO_3、MoO_3、$(Mo,W)_5Si_3$ 和 SiO_2 相组成的混合物，而材料表面较多地为保护性 SiO_2 覆盖(较暗部分)，样品表面也没有发现明显裂纹，因而氧化程度低(图 8-16)。而在 500℃氧化 480 h 后[图 8-18(b)]，表面可见分散的颗粒、凹坑和裂纹，归因于反应生成了较多的 WO_3 和 MoO_3 氧化相(图 8-17)，其挥发后在材料表面留下凹坑，并伴有大的体积效应，将在晶界产生较大的内应力[32]，也阻碍了表面连续致密的 SiO_2 保护膜生成，利于氧通过晶界、微裂纹等缺陷部位扩散并与基体发生反应，促进了氧化过程的进行[33]。图 8-18(c)反映了该材料在 600℃和 700℃氧化时，开始表面生成的针状物的形貌，微探针分析表明针状物为 WO_3 和 MoO_3 的混合物，它已完全破坏了原有材料表面的形貌，表面组织松散，SiO_2 的保护作用微弱，急剧加深了 $WSi_2/MoSi_2$ 复合材料的氧化程度，导致最后 PEST 现象的发生，如图 8-18(d)所示，氧化 480 h 后，最后样品已变为分散的颗粒及其团聚体。

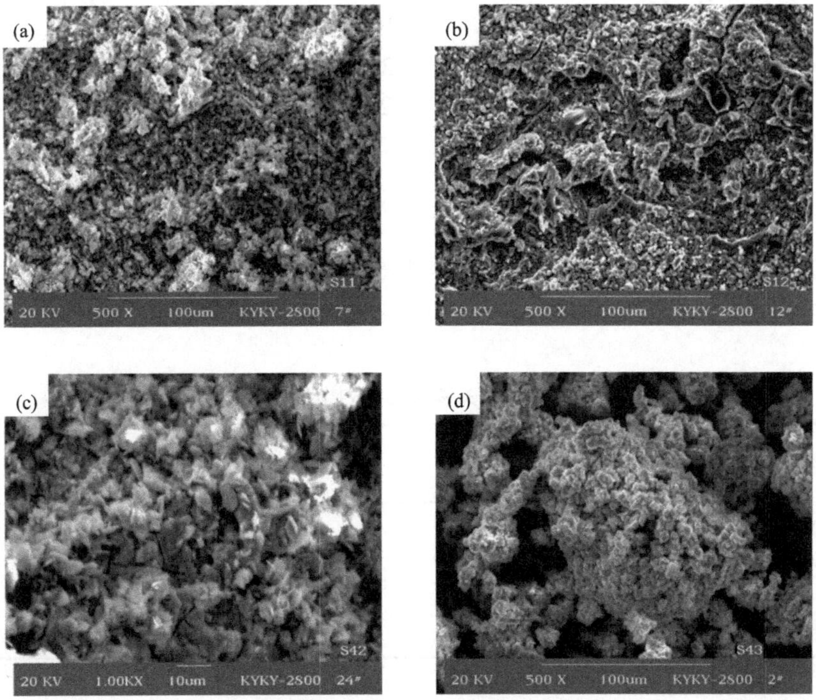

图 8-18　$WSi_2/MoSi_2$ 复合材料低温氧化表面的 SEM 照片

图 8-18(b)～(d)解释了 $WSi_2/MoSi_2$ 复合材料低温氧化 PEST 现象的发生过程[3]：①表面氧化产生 MoO_3、WO_3 和 SiO_2 等氧化相；②由于 MoO_3 和 WO_3 的挥发，促使了裂纹形成并阻碍了表面连续致密的 SiO_2 保护膜生成，氧化反应继续维持；③缺陷多的晶界和裂纹部位，更易发生氧的扩散反应，反应生成物的挥发及晶界应力的增加使晶粒解聚[33, 34]，破坏材料的完整性，导致颗粒分离；④随着氧化时间的延长，氧化程度不断加深，脱落的颗粒愈来愈多，最后引起材料灾难性

毁坏，产生 PEST 现象[35]。

4. 热力学分析

由图 8-17 知，$WSi_2/MoSi_2$ 复合材料 400～700℃氧化时，主要发生下列反应：

$$\frac{5}{7}MoSi_2+O_2 \longrightarrow \frac{1}{7}Mo_5Si_3+SiO_2 \tag{8-1}$$

$$\frac{5}{7}WSi_2+O_2 \longrightarrow \frac{1}{7}W_5Si_3+SiO_2 \tag{8-30}$$

$$\frac{2}{21}Mo_5Si_3+O_2 \longrightarrow \frac{10}{21}MoO_3+\frac{6}{21}SiO_2 \tag{8-31}$$

$$\frac{2}{21}W_5Si_3+O_2 \longrightarrow \frac{10}{21}WO_3+\frac{6}{21}SiO_2 \tag{8-32}$$

$$\frac{2}{7}MoSi_2+O_2 \longrightarrow \frac{2}{7}MoO_3+\frac{4}{7}SiO_2 \tag{8-28}$$

$$\frac{2}{7}WSi_2+O_2 \longrightarrow \frac{2}{7}WO_3+SiO_2 \tag{8-33}$$

反应中有关物质的热力学参数[8-13]见表 8-1 和表 8-6。按式(8-5)、式(8-6)、式(8-29)计算上述反应的自由能变化和平衡常数值，列于表 8-7 和表 8-8。

表 8-6　相关物质的热力学参数[8-13]

性质	ΔH^0_{298} (kJ/mol)	S^0_{298} [J/(mol·K)]	C_p [J/(mol·K)]
WSi_2	−92.75	64.02	$67.831+11.042\times10^{-3}T-6.092\times10^5T^{-2}$
W_5Si_3	−134.56	247.27	$179.678+39.20\times10^{-3}T-8.878\times10^5T^{-2}$
WO_3 (298～1050K)	−842.91	75.73	$21.255+3.389\times10^{-3}T-4.418\times10^5T^{-2}$

表 8-7　反应自由能 $\Delta G^0_{反应T}$　（单位：kJ/mol）

温度(℃)	反应(8-1)	反应(8-30)	反应(8-31)	反应(8-32)	反应(8-28)	反应(8-33)
400	−737.2402	−744.3535	−467.4395	−522.2395	−575.3454	−611.0851
500	−719.8378	−727.6407	−450.6091	−502.1608	−558.3006	−592.3528
600	−702.5689	−711.0314	−433.9339	−481.7692	−541.3879	−573.4741
700	−685.3945	−694.5234	−417.4095	−461.0971	−524.6035	−554.4677

表 8-8　反应平衡常数

温度(℃)	反应(8-1)	反应(8-30)	反应(8-31)	反应(8-32)	反应(8-28)	反应(8-33)
400	131.7669	133.0438	88.5535	93.3490	102.8383	111.5323
500	112.0205	113.2334	70.1272	78.1504	86.8838	94.4891
600	96.8114	97.9758	59.7982	66.3907	74.6026	81.3303
700	84.7402	85.8669	51.6110	57.0134	64.8617	70.8604

由表 8-7 和表 8-8 可以看出，对于上述反应自由能值均小于 0，表明均能进行。同时，反应(8-30)、(8-31)、(8-33)的自由能变化值和平衡常数分别小于或大于反应(8-1)、(8-31)、(8-32)的值，说明 WO_3 比 MoO_3 相在氧化过程中更易生成，因而图 8-17 中 WO_3 相峰强较大。

5. *动力学分析*

由 8.3.4 小节可以看出，WSi_2 和 $MoSi_2$ 的性质相近，且氧化反应及氧化物也具有相似的特性，因而 $WSi_2/MoSi_2$ 复合材料的低温氧化过程可看作是如下并行反应的结果：

$$\begin{cases} MoSi_2 \xrightarrow{k_1} \frac{1}{5}Mo_5Si_3 \xrightarrow{k_2} MoO_3 \\ WSi_2 \xrightarrow{k_3} \frac{1}{5}W_5Si_3 \xrightarrow{k_4} WO_3 \end{cases} \tag{8-34}$$

依照之前的相似过程，可推导出 $WSi_2/MoSi_2$ 复合材料低温氧化的动力学方程：

$$\Delta m^2 = 2k_0C_0t + \frac{7k_0}{k_1}e^{-k_1t} + \frac{7}{k_3}e^{-k_3t} - \frac{7(k_1+k_3)}{k_1k_3}k_0 \tag{8-35}$$

利用式(8-35)对该材料的低温氧化曲线进行拟合，结果如表 8-9 所示。由表 8-9 可知，400℃时 k_0 较 k_1、k_2 值大得多，表明扩散占主导地位，质量变化微弱；而 500～700℃时，k_1、$k_2 > k_0$，表明氧化反应剧烈，因而质量增重较大。结合表 8-9 和图 8-19，式(8-35)较好地反映了 $WSi_2/MoSi_2$ 复合材料的低温氧化过程。

表 8-9　拟合数据结果

温度(℃)	k_0	k_1	k_3	标准偏差	置信度(%)
400	0.127	3.7E-3	3.7E-3	3.65E-2	99
500	3.83E-9	1.44	1.44	0.644	98
600	16.107	5.96E+7	5.96E+7	1.453	98
700	49.46	6.62E+15	6.62E+15	11.89	98

8.5 本章小结

金属间化合物 $MoSi_2$ 被认为是非常有潜力的高温结构候选材料之一。尽管其具有优秀的高温抗氧化特性，但它低温区域(500℃左右)表现出加速氧化趋势，并可导致二硅化钼粉化即所谓“PEST”现象，直接影响了 $MoSi_2$ 产品的寿命。PEST 现象不是 $MoSi_2$ 材料的本质特征，而与材料的组织和环境条件有关。至于第二相的影响，仅涉及了部分增强体与 $MoSi_2$ 基体间的热力学相容性及对抗氧化性的影响。500℃氧化异常严重的现象一直得不到合理的解释，有必要结合组织形态、氧化条件、第二相、氧化生成相形式等，并从热力学和动力学入手，建立动力学模型，阐明材料的低温氧化机理。

本案例基于此，利用 X 射线衍射技术分析了 $MoSi_2$ 在 400～600℃时氧化时的相态变化规律，并结合热力学和动力学，构建了 $MoSi_2$ 的低温氧化动力学模型，给出了 PEST 产生的动力学原因。同时探讨了添加 Al 和 WSi_2 后对基体 $MoSi_2$ 低温氧化性能的影响，利用 X 射线衍射技术和电子显微电镜观察了表面形貌组织的变化，解释了 $MoSi_2$ 基复合材料的低温氧化性能和氧化机理。得出以下结论：

① $MoSi_2$ 材料的低温氧化性能与材料的微观组织、氧化条件及氧化生成相密切相关，利用其低温氧化相的热稳定性图可阐明氧化相与氧压、温度间的关系，解释组织形态对其低温氧化性能的影响，并对实践起指导作用。

②纯 $MoSi_2$ 材料低温氧化时，质量增重与时间之间遵从关系式：$\Delta m^2 = 2k_0C_0t + \frac{7k_0}{k_1}e^{-k_1t} - \frac{7k_0}{k_1}$，能较好地阐述了 $MoSi_2$ 材料的低温氧化过程中的控制因素，并在此基础上成功地阐明了 500℃附近氧化异常严重归于反应常数最大的动力学原因。

③ $Al/MoSi_2$ 复合材料的低温抗氧化性能明显劣于纯 $MoSi_2$，500℃时氧化 240h 发生了 PEST 现象，归因于生成 Al_2O_3 的反应程度低，氧化膜的保护作用减弱，导致大量 MoO_3 晶须的生成，引起内应力增加的结果。

④第二相 WSi_2 对 $MoSi_2$ 复合材料的低温抗氧化性能具有较大影响，在 500～700℃均发生了 PEST 现象，其原因是 WO_3 和 MoO_3 等挥发相优先大量生成。其动力学方程可表示为：$\Delta m^2 = 2k_0C_0t + \frac{7k_0}{k_1}e^{-k_1t} + \frac{7}{k_3}e^{-k_3t} - \frac{7(k_1+k_3)}{k_1k_3}k_0$。

参考文献

[1] Meschter P J. Oxidation kinetics of $MoSi_2$ and $MoSi_2$ reinforcement mixtures. Materials Research Society Symposium Proceedings, 1991, 213: 1027.

[2] Meschter P J. Low-temperature oxidation of molybdenum disilicide. Metallurgical Transactions A, 1992, 23A(6): 1763.
[3] Chou T C, Nieh T G. Room temperature compressive deformation behavior of $MoSi_2$. Scripta Metallurgica, 1992, 26(10): 1637.
[4] Chou T C, Nieh T G. Interface-controlled phase transformation and abnormal grain growth of α-Al_2O_3 in thin γ-alumina films. Thin solid films, 1992, 221(1-2): 89-97.
[5] Chen J, Li C, Fu Z, et al. Low temperature oxidation behavior of a $MoSi_2$-based material. Materials Science and Engineering: A, 1999, 261(1-2): 239-244.
[6] Fitzer E. Molybdenum disilicide as high-temperature material, Proc. 2nd Plansee Semin. Vienna: Springer, 1955: 56.
[7] 王德志. 自蔓延高温合成 $MoSi_2$/Mo_5Si_3 复合材料. 长沙: 中南工业大学, 1998.
[8] Bygden J, Sichen D, Seetharaman S. A thermodynamic study of the molybdenum-oxygen system. Metallurgical and Materials Transactions B, 1994, 25: 885-891.
[9] 陈鸿海. 金属腐蚀学. 北京: 北京理工大学出版社, 1995.
[10] 迪安. 兰氏化学手册. 北京: 科学出版社, 1991.
[11] 邱信立, 廉乐明, 李力能. 工程热力学. 北京: 中国建筑工业出版社, 1992.
[12] Pankraiz L B. Thermodynamic Properties of Elements and Oxides. United States Department of the Interior Bureau of Mines: 1982, 10.
[13] 梁英教, 李荫昌. 无机物热力学数据手册. 沈阳: 东北大学出版社, 1993.
[14] 天津大学物理化学教研室. 物理化学. 北京: 高等教育出版社, 1985.
[15] 张厚安, 庞佑霞, 李颂文, 等. 关于 $MoSi_2$ 氧化相低温化学稳定性图的建立与分析. 稀有金属, 2000, 24(6): 423.
[16] Kurokawa K. Molybdenum disilicide for uses at ultra-high temperatures-outline of oxidation properties. Bulletin of the Japan Institute of Metals, 1993, 32: 668-675.
[17] 江尧, 赵世柯, 王刚. 二硅化钼材料的研究现状及应用前景. 无机材料学报, 2001, 16(4): 577.
[18] Liu Y Q, Shao G, Tsakiropoulos P. On the oxidation behaviour of $MoSi_2$. Intermetallics, 2001, 9(2): 125-136.
[19] 张厚安, 李颂文, 龙春光, 等. $MoSi_2$ 基复合材料低温氧化行为的研究. 功能材料, 2000, 31(3): 333.
[20] 唐仁政. 物理冶金基础. 北京: 冶金工业出版社, 1997.
[21] 张静秋, 韩玉玮, 刘沙. 实验数据的线性和多项式回归拟合. 稀有金属与硬质合金, 2001, 6: 64.
[22] Costa e Silva A, Kaufman M J. Microstructural modification of $MoSi_2$ through aluminum additions. Scripta Metallurgica et Materialia(United States), 1993, 29(8): 1141.
[23] Niihara K, Suzuki Y. Strong monolithic and composite $MoSi_2$ materials by nanostructure design. Materials Science and Engineering: A, 1999, 261(1-2): 6-15.
[24] Mitra R, Rao V V R. Effect of minor alloying with Al on oxidation behaviour of $MoSi_2$ at

1200℃. Materials Science and Engineering: A, 1999, 260 (1-2): 146-160.

[25] Ramberg C E, Worrell W L. Fabrication and high-temperature phase stability of Mo (Al, Si)$_2$-$MoSi_2$ Intermetallics. Journal of the American Ceramic Society, 2000, 83 (4): 946-948.

[26] Jiang W, Uchiyama T J. Oxidation behavior of $MoSi_2$ at high temperatures. Journal of the Japan Institute of Metals, 1999, 63 (10): 1129-1130.

[27] Chou T C, Nieh T G. Pesting of the high-temperature intermetallic $MoSi_2$. JOM, 1993, 45 (12): 15-21.

[28] 张厚安，刘心宇. Al/$MoSi_2$复合材料的低温氧化行为. 矿冶工程, 2001, 21 (4): 77-79.

[29] Schwarz R B, Srinivasan S R, Petrovic J J, et al. Synthesis of molybdenum disilicide by mechanical alloying. Materials Science and Engineering: A, 1992, 155 (1-2): 75-83.

[30] Subrahmanyam J, Rao R M. Combustion synthesis of $MoSi_2$ WSi_2 alloys. Materials Science and Engineering: A, 1994, 183 (1-2): 205-210.

[31] Wriedt H A. The OW (oxygen-tungsten) system. Bulletin of Alloy phase diagrams, 1989, 10 (4): 368-384.

[32] Chou T C, Nieh T G. Mechanism of $MoSi_2$ pest during low temperature oxidation. Journal of materials research, 1993, 8 (1): 214-226.

[33] McKamey C G, Tortorelli P F, DeVan J H, et al. A study of pest oxidation in polycrystalline $MoSi_2$. Journal of materials research, 1992, 7 (10): 2747-2755.

[34] Westbrook J H, Wood D L. "PEST" degradation in beryllides, silicides, aluminides, and related compounds. Journal of Nuclear Materials, 1964, 12 (2): 208-215.

[35] 张厚安，龙春光，刘心宇. WSi_2/$MoSi_2$ 复合材料的低温氧化特征. 稀有金属, 2002, 26 (3): 202-205.

第 9 章　硅化物摩擦磨损中的应用实例

9.1　应 用 对 象

$MoSi_2$ 基复合材料。

9.2　分 析 目 的

通过分析 $MoSi_2$ 基复合材料及其配对副，在不同摩擦磨损条件下的表面形貌特征与相态，弄清材料呈现选定磨损性能的内在原因，即其磨损机理。

9.3　分析仪器与方法

采用 D8 ADVANCE X 射线衍射仪(靶材为 Cu 靶，波长为 1.54 Å，扫描速度 20 °/min，扫描角度 20°～90°)测定样品的相组成；利用带有能量色散光谱仪(EDS)的 KYKY - 2800 型、S-570 型扫描电子显微镜(SEM)，观察和分析磨损表面形貌及微区成分。

9.4　结果与分析

9.4.1　不同温度下 $MoSi_2$ 的高温磨损行为[1]

1. 实验部分

摩擦磨损实验在 XP-5 型高温摩擦磨损试验机上进行，采用销盘式滑动摩擦副。销试样为二硅化钼，其采用高温自蔓延方法合成，经冷压(压力为 300 MPa，保压时间 2 min)和高温真空烧结(烧结温度 1500℃，保温时间 1 h)成型。盘试样选用纯度为99.4%的 Al_2O_3 陶瓷。摩擦副材料的性能如表 9-1 所示。实验条件为：载荷为 50 N，线速度为 0.126 m/s，温度分别为 700℃、800℃、900℃、1000℃和 1100℃。实验前后用酒精反复清理试样，以保证称量的准确和观察的清晰。用精度为 0.1 mg 的电子天平称量试样的质量，由于实验中销与盘样品的实际磨损面积尺寸不一致，本章采用单位磨损面积上的体积损失作为材料的磨损率；摩擦系数由高温试验机上的计算模块自动给出。

表 9-1　摩擦副材料的性能

材料	硬度(HRA)	断裂韧性($MPa\cdot m^{1/2}$)	相对密度(%)	粗糙度 R_a	尺寸(mm)
$MoSi_2$	81.12	6.67	95.9	0.4	$\Phi8\times18$
Al_2O_3	82.20	3.10	97.2	0.8	$\Phi54\times8$

2. 实验结果与讨论

(1)摩擦磨损性能

摩擦系数随温度变化如图 9-1 所示。可以看出，在 700℃时，摩擦系数维持在 0.45～0.55 之间；随着温度的升高，摩擦系数值增大，当温度超过 900℃，摩擦系数又呈现略降低的趋势，但基本维持在 0.6～0.8 之间。同时，摩擦系数随时间的变化在 700℃时相对平稳；但随温度升高，摩擦系数波动范围较大，表明温度升高，摩擦副表面的氧化、黏着、变形等过程加剧。

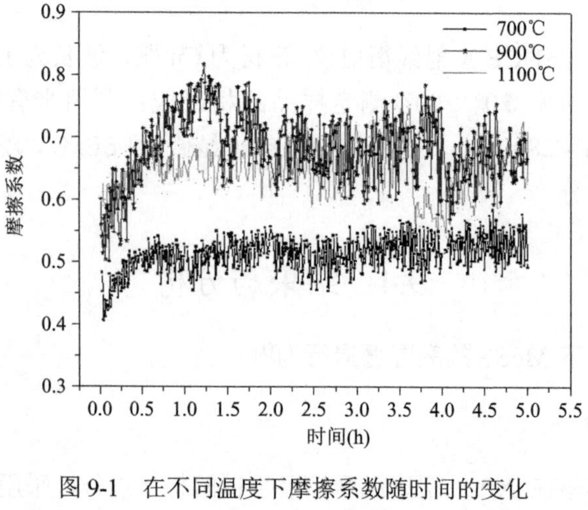

图 9-1　在不同温度下摩擦系数随时间的变化

图 9-2 给出了 $MoSi_2$ 和 Al_2O_3 的磨损率随温度的变化情况。从图可知，在 700～900℃区间，$MoSi_2$ 材料的磨损率较低，随温度升高而缓慢增加；当温度继续升高至 1000℃，磨损率明显增大。由于 $MoSi_2$ 存在塑脆转变特性，即在 1000℃附近材料会从脆性向塑性转变，从而影响了材料的磨损机理。对摩件 Al_2O_3 的磨损率在 700～1000℃区间随温度升高而增加，1100℃时，其磨损率反而下降。

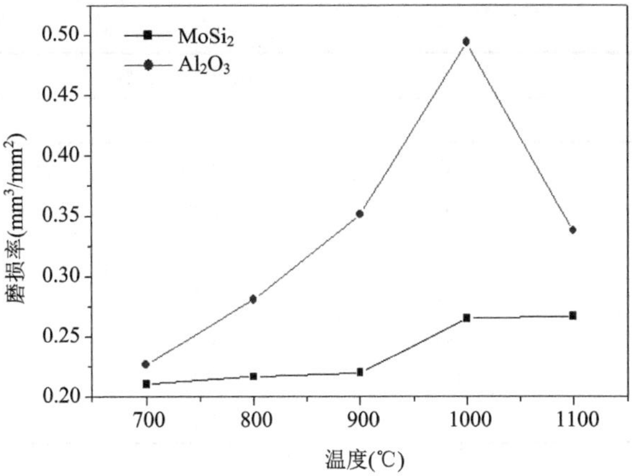

图 9-2　$MoSi_2$ 和 Al_2O_3 随温度变化的磨损率

(2) 磨损机理分析

图 9-3 为 $MoSi_2$ 磨损表面的 XRD 谱。从图可知，$MoSi_2$ 材料在 700～1100℃与 Al_2O_3 对摩时，其表面存在 4 种相：$MoSi_2$、Al_2O_3、Mo_5Si_3 和 SiO_2，Al_2O_3 相来自于对摩件，随温度升高其峰强增加，表明黏着磨损越严重。由于实验在空气中进行，二硅化钼高温下氧化是必然的，Mo_5Si_3 和 SiO_2 相正是 $MoSi_2$ 氧化的结果，温度越低，氧化相峰强越低，氧化现象轻微。

图 9-4 给出了二硅化钼在不同温度时的磨损表面形貌。$MoSi_2$ 的磨损表面可分为灰色和白色两个区域。EDS 分析结果(表 9-2)表明，灰色区以 Mo、Si 元素为主，只有少量 Al 元素，且 Mo 与 Si 原子比约为 1∶2，主要是 $MoSi_2$ 相，同时伴随对摩件 Al 元素的扩散，随着温度的提高，表面 Al 原子分数呈增大趋势，这是黏着现象严重的表现，与图 9-3 结果一致。白色以及某些深色部分为富 Al 区，Mo、Si 元素含量较少，从图 9-3 知，该部分主要由 Mo_5Si_3、SiO_2 和 Al_2O_3 相组成。综合图 9-3 和图 9-4 知，$MoSi_2$ 高温磨损过程中普遍存在氧化与黏着现象。

表 9-2　图 9-4 中的 EDS 结果

区域	原子百分比(%)		
	Mo	Si	Al
点 a，图 9-4(a)	28.64	60.81	10.55
点 b，图 9-4(a)	8.03	18.17	73.80
点 c，图 9-4(a)	12.24	29.66	58.10
点 a，图 9-4(b)	23.08	55.08	21.84
点 b，图 9-4(b)	9.24	23.64	67.12
点 a，图 9-4(c)	24.58	54.78	20.64

续表

区域	原子百分比(%)		
	Mo	Si	Al
点 b, 图 9-4(c)	1.29	6.06	92.65
点 c, 图 9-4(c)	5.62	2.79	91.59
点 a, 图 9-4(d)	20.30	46.58	33.12
点 b, 图 9-4(d)	1.51	0.45	98.04
点 c, 图 9-4(d)	7.40	1.07	91.53
点 a, 图 9-4(e)	30.05	67.86	2.09
点 b, 图 9-4(e)	4.71	3.51	91.78

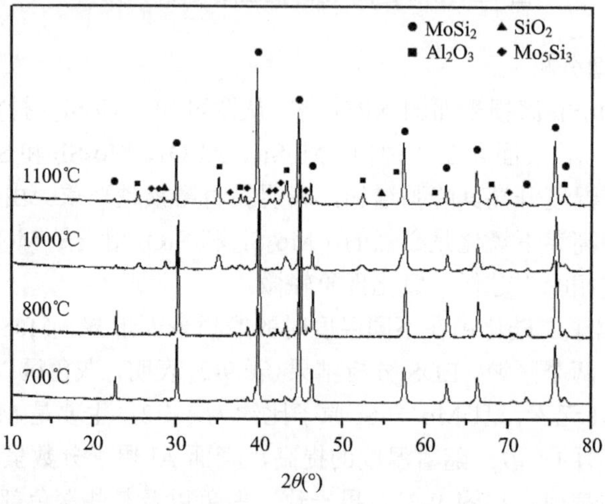

图 9-3　$MoSi_2$ 磨损表面的 XRD 谱

图 9-4(a)和(b)是 $MoSi_2$ 在 700℃和 800℃时磨损表面的形貌，其表面粗糙，有明显的黏着痕迹。由于氧化和黏着现象较轻，摩擦系数和材料的磨损率较低。$MoSi_2$ 的塑脆转变温度在 1000℃左右，当磨损温度为 900℃时，材料在力的作用下已表现出一定的塑性，此时表面被抹平，但黏着痕迹依然存在[图 9-4(c)]。从图 9-4(d)可明显看出，1000℃时表层材料沿运动方向的变形痕迹和磨粒的擦伤痕迹，同时也发现材料表面存在许多与运动方向垂直的裂纹，这是磨粒磨损、变形断裂与黏着的综合结果，裂纹的存在还促使了氧化磨损的加剧，导致材料的磨损率急剧增大(图 9-2)。图 9-4(f)是该材料 1000℃磨损后的断面组织，可见断面呈现三个层，最外层是氧化与黏着层，中间为变形层，该层晶粒沿运动方向拉长并形成纤维状组织，里层为基体。温度升高至 1100℃时，氧化现象严重，材料表面

附着较多松散的白灰色状物质，从表 9-2 和图 9-3 可知，其主要由 Al_2O_3、Mo_5Si_3 和 SiO_2 相组成，该松散的物质在磨损过程中极易脱落，并对表面形成衍磨作用，使表面平整，摩擦系数略有下降，材料的磨损率仍保持较高值。

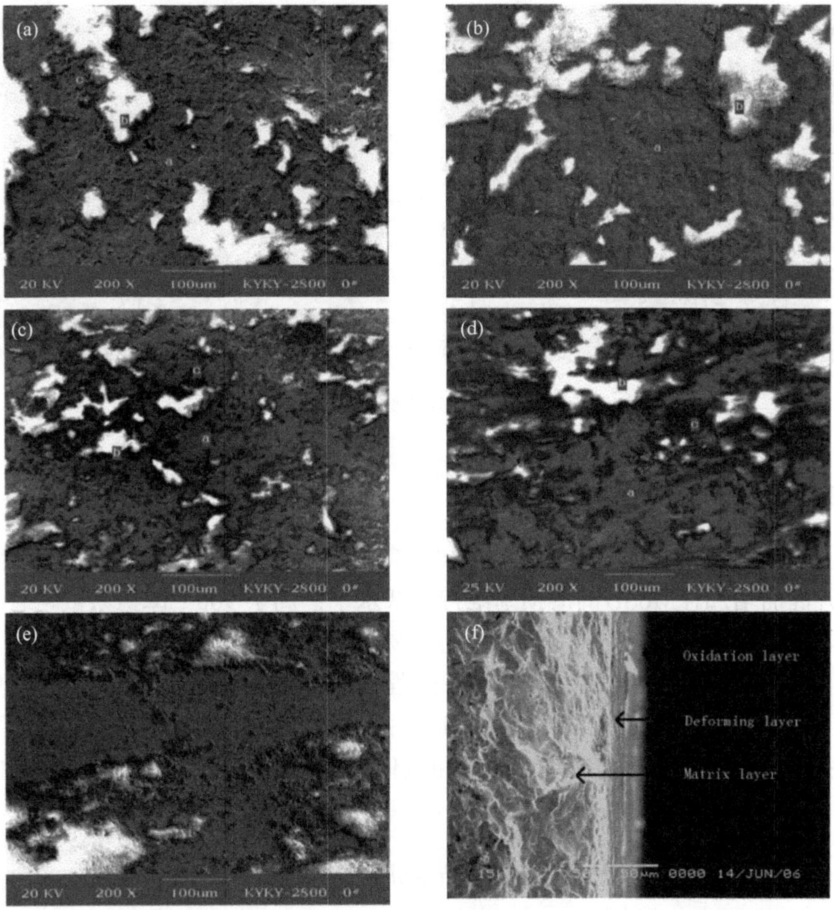

图 9-4　$MoSi_2$ 的磨损表面形貌

(a) 700℃, (b) 800℃, (c) 900℃, (d) 1000℃, (e) 1100℃，(f) 为 (d) 的断面图

Al_2O_3 的磨损表面形貌如图 9-5 所示。可以看出，900℃时 Al_2O_3 表面出现大面积黏着痕迹；1000℃时其磨损表面形成了黑色膜，有利于降低摩擦系数，同时表面还有大面积因黏着撕裂而形成的剥落区，导致其磨损率很高(图 9-2)，脱落的较硬 Al_2O_3 磨粒擦伤 $MoSi_2$ 表面[图 9-4(d)]，形成磨粒磨损；1100℃时表面在衍磨作用下变得平滑，但仍然呈现出黏着迹象。可见，对偶件 Al_2O_3 陶瓷的磨损机理主要是以黏着磨损为主。另一方面，尽管 Al_2O_3 的硬度高于 $MoSi_2$

而断裂韧性低于 $MoSi_2$(表 9-1)，但 Al_2O_3 的磨损率比 $MoSi_2$ 的高得多，这可因于高温下黏着节点的破坏主要发生在 Al_2O_3 一侧，导致 Al_2O_3 因黏着磨损而质量损失严重。

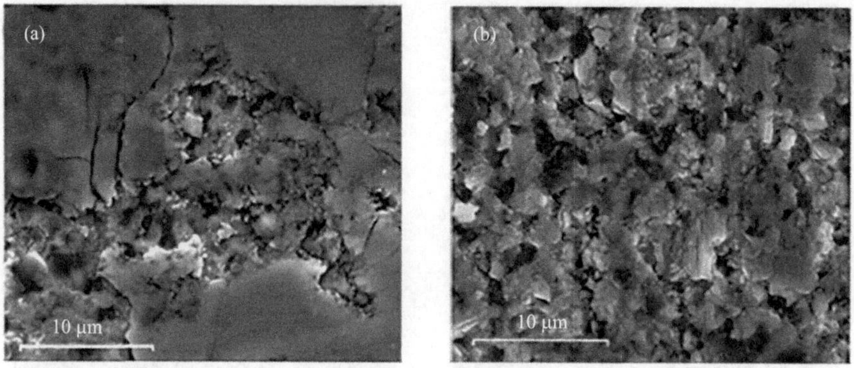

图 9-5　Al_2O_3 的磨损表面形貌

3. 结论

① $MoSi_2/Al_2O_3$ 摩擦副在 700～1100℃高温滑动时，低于 900℃时摩擦系数随温度升高而增加，$MoSi_2$ 的磨损率维持较低水平；高于 900℃摩擦系数略有下降，但基本维持在 0.6～0.8 之间，$MoSi_2$ 的磨损率却显著增加。

② $MoSi_2$ 的高温磨损是一个复杂过程：低于 900℃时，氧化与黏着磨损是 $MoSi_2$ 的主要磨损形式；但高于 900℃时，由于塑脆转变特性的影响，材料磨损表面发生磨粒磨损、变形与断裂，黏着和氧化磨损加剧，导致磨损率明显增加。偶件 Al_2O_3 的磨损形式为黏着磨损。

9.4.2　$MoSi_2$ 高温磨损行为的配对副特性研究[2]

1. 实验过程

将 $MoSi_2$ 烧结坯块线切割并经由金相砂纸抛光为试验样品。材料的硬度在硬度试验机上测试，施加的载荷为 60 N，停留时间 10 s，用单边切口梁法测试材料的断裂韧性，其值取 5 次测量的平均值。选用 Al_2O_3、反应烧结的 SiC 和 Si_3N_4（纯度均≥95 %）3 种陶瓷作为 $MoSi_2$ 的配副材料，其力学性能如表 9-3 所示。

采用销盘式摩擦副，磨损实验在 XP-5 型高温摩擦磨损试验机上大气环境干摩擦条件下进行，$MoSi_2$ 为销，配副材料为盘。实验条件如下：①温度 1000 ˚C，载荷 30 N；②滑动速率：0.084 m/s、0.126 m/s、0.168 m/s、0.210 m/s 和 0.252 m/s。用精度为 0.1mg 的电子天平称量试样的质量，材料的磨损率采用单位磨损体积

[$mm^3/(m\cdot N)$]表示；摩擦系数由高温试验机上的计算模块自动给出，并取相对稳定状态时的数值。

表 9-3　配对副材料的力学性能

材料	硬度（HRA）	断裂韧性（$MPa\cdot m^{1/2}$）	致密度（%）	表面粗糙度 R_a	尺寸(mm)
$MoSi_2$	81.12	6.67	95.9	0.4	$\Phi8\times18$
SiC	77.61	6.05	95.5	0.8	$\Phi54\times8$
Si_3N_4	79.21	2.91	90.0	0.8	$\Phi54\times8$
Al_2O_3	82.20	3.10	97.2	0.8	$\Phi54\times8$

2. 实验结果

(1) 摩擦磨损性能

图 9-6 为 $MoSi_2$ 与 Al_2O_3 陶瓷对摩时摩擦系数和磨损率随时间变化的曲线。从图可见，$MoSi_2$ 的高温磨损过程存在跑合期、过渡期和稳定期三个磨损阶段：0～2 h(跑合期)，磨损量超过总磨损量的 1/2，摩擦系数达到极大值；第 3 h(过渡期)，摩擦系数和磨损率缓慢下降；3～5 h(稳定期)，摩擦系数和磨损量基本无大的变化。$MoSi_2$ 与 SiC 和 Si_3N_4 对摩时也出现相同现象，因而选用稳定磨损期各摩擦副的摩擦系数与磨损率进行讨论。

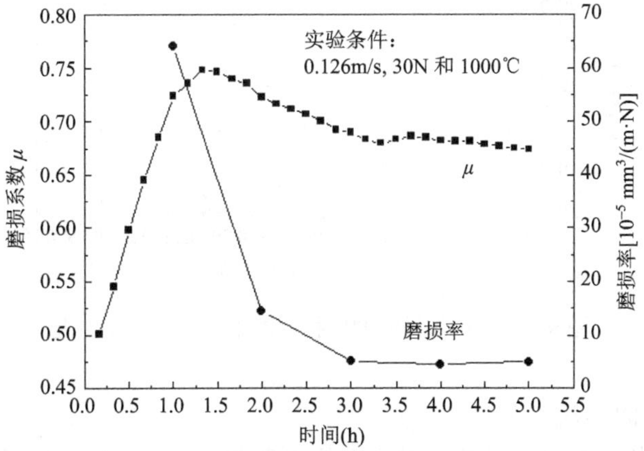

图 9-6　$MoSi_2$ 与 Al_2O_3 配对时摩擦系数与磨损率随时间的变化

滑动速率对三种 $MoSi_2$/陶瓷摩擦副的影响如图 9-7 所示。由图知，随滑动速率的增大，摩擦系数和 $MoSi_2$ 的磨损率均呈下降趋势；也可看到，配对副材料对摩擦系数和 $MoSi_2$ 的磨损率有明显的影响。比较三种配对副，$MoSi_2$ 与 Al_2O_3 配对时具有最高的摩擦系数；与 SiC 配对时，摩擦系数和 $MoSi_2$ 的磨损率最低。

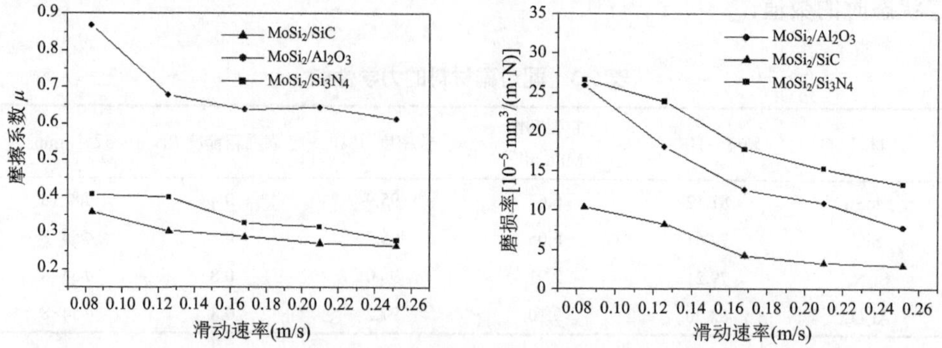

图 9-7　不同配对副的摩擦系数与 $MoSi_2$ 的磨损率曲线

图 9-8 给出了配对副材料的磨损率随滑动速率变化的情况。从图可见，SiC 和 Si_3N_4 出现磨损后增重的现象，这与高温下的氧化反应有关；三种配对副材料在对摩过程中，Al_2O_3 的质量损失最大，而 SiC 的质量变化最小。结合图 9-7 和图 9-8 知，SiC 是一种较适合于 $MoSi_2$ 的高温配对副材料。

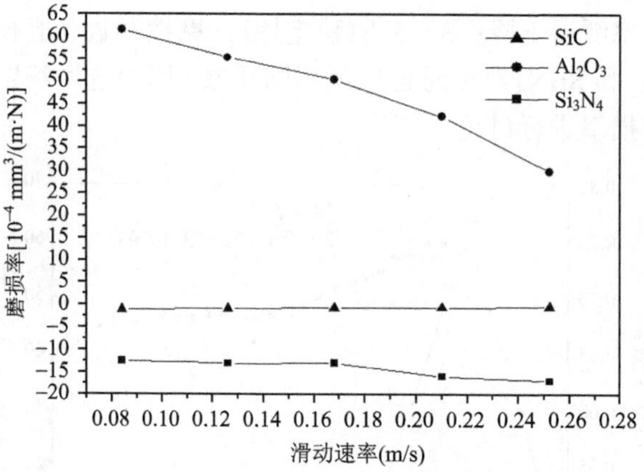

图 9-8　配对副材料的磨损率随滑动速率变化情况

(2) 磨损表面形貌

图 9-9 示出了 $MoSi_2$ 及其三种配对副材料磨损表面的形貌。从图可看出，当与 Al_2O_3 配对时，$MoSi_2$ 表面[图 9-9(a)]存在许多白色、少量黑色小区域以及灰色区域，EDS 分析白色区域主要为 Si、O 元素，黑色区域主要为 Al、O 元素，灰色区域主要为 Mo、Si 元素；从图 9-10 知，$MoSi_2$ 表面存在 $MoSi_2$、Mo_5Si_3、SiO_2 和 Al_2O_3 四种相，其中 Mo_5Si_3 和 SiO_2 是 $MoSi_2$ 高温氧化的结果，Al_2O_3 来自于配

对副，因而图 9-9(a)中，白色区域主要为 SiO_2 相，黑色区域为 Al_2O_3 相，灰色区域主相为 $MoSi_2$；表明氧化和黏着是 $MoSi_2$ 的主要磨损形式，$MoSi_2$ 表面也可见因黏着而撕裂的脱落坑，此时 $MoSi_2$ 表现出较高的摩擦系数和磨损率；随着滑动速率的增大，摩擦热效应更加明显，Al_2O_3 和 SiO_2 相增强，$MoSi_2$ 表面形成一层由白色和黑色区域组成的薄膜[图 9-9(b)]，导致摩擦系数和磨损率降低。当与 SiC 或 Si_3N_4 配对时，$MoSi_2$ 表面平整(图 9-9)，且以 $MoSi_2$ 和 Mo_5Si_3 相为主(图 9-10)，这是表层脱落的氧化物颗粒研磨的结果；滑动速率较小时[图 9-9(d)和(g)]，缺陷较多的晶界部位高温下优先氧化，出现了许多晶界裂纹，少数晶粒在交变应力作用下脱落形成了点蚀坑；随着滑动速率的增大[图 9-9(e)和(h)]，晶界裂纹变得模糊，表面点蚀坑减少，这可归因于高速时摩擦热作用增强导致表层 SiO_2 流动性增加而利于裂纹的愈合、孔洞的填充和晶粒脱落的减少，表面更加光滑，因而摩擦系数和 $MoSi_2$ 的磨损率随滑动速率的增大而减小。

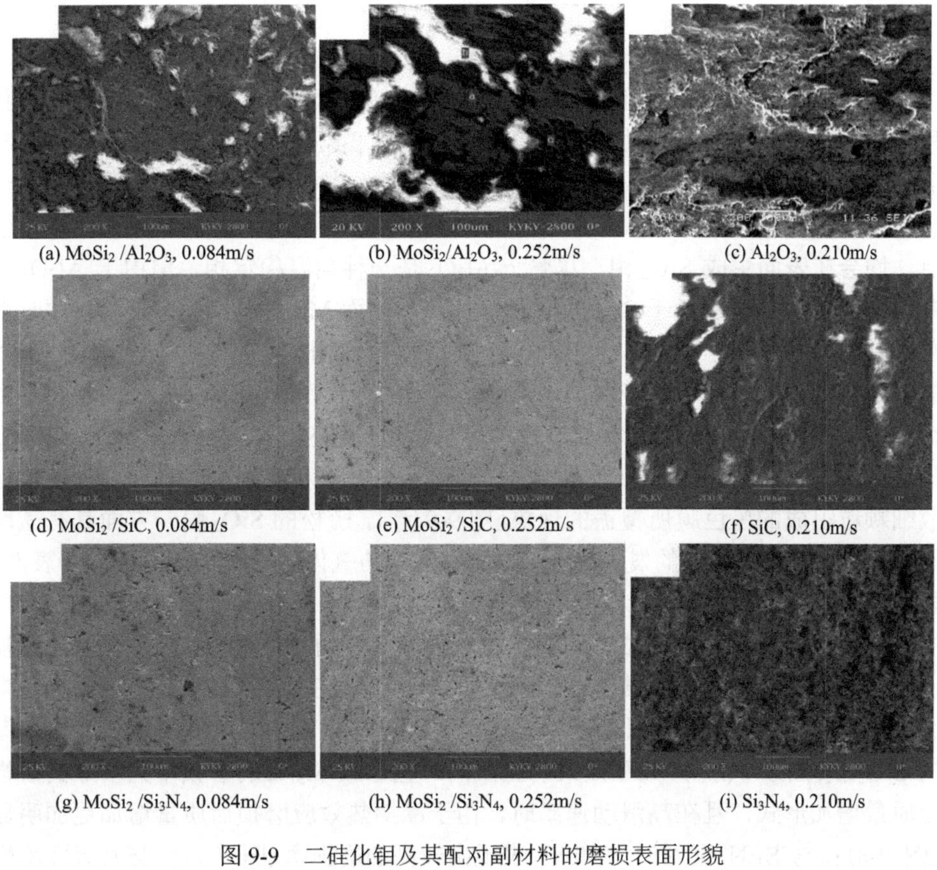

(a) $MoSi_2$ /Al_2O_3, 0.084m/s　(b) $MoSi_2$/Al_2O_3, 0.252m/s　(c) Al_2O_3, 0.210m/s

(d) $MoSi_2$ /SiC, 0.084m/s　(e) $MoSi_2$ /SiC, 0.252m/s　(f) SiC, 0.210m/s

(g) $MoSi_2$ /Si_3N_4, 0.084m/s　(h) $MoSi_2$ /Si_3N_4, 0.252m/s　(i) Si_3N_4, 0.210m/s

图 9-9　二硅化钼及其配对副材料的磨损表面形貌

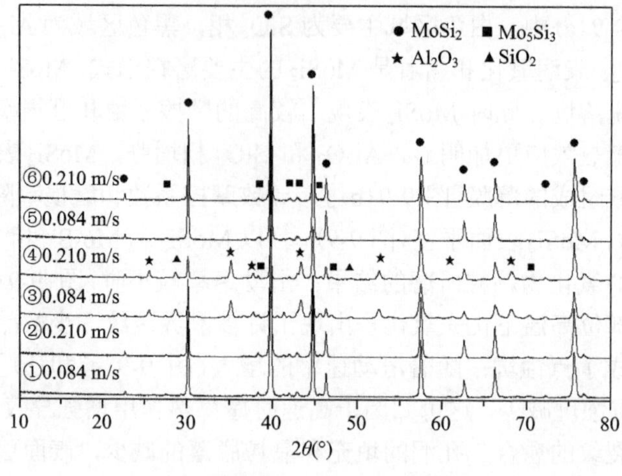

图 9-10　与不同材料配对时 $MoSi_2$ 磨损表面的 XRD 谱

①和②:SiC;③和④:Al_2O_3;⑤和⑥:Si_3N_4

(3)配对副材料的影响

三种配对副材料的相组成如图 9-11 所示。从图可知，Al_2O_3 由 α-Al_2O_3 主相和少量 $MgAlO_4$ 相(烧结添加剂)组成，而 SiC 由 β-SiC 主相、部分 α-SiC 相和 Si 组成，Si_3N_4 则由 α-Si_3N_4 主相和 β-Si_3N_4 组成，这与其采用反应烧结制备方法相一致。由于高温磨损试验在大气中进行，SiC、Si_3N_4 以及 $MoSi_2$ 的高温氧化不可避免，均会在表面生成 SiO_2 相，尽管 α-Al_2O_3 是一种高温稳定相，但由于 Al_2O_3 与 SiO_2 间的液相温度远低于 SiO_2 间的液相温度，因而 $MoSi_2$ 与 Al_2O_3 高温对摩时易发生黏着，摩擦系数与 $MoSi_2$ 的磨损率维持在较高的水平。图 9-9(c)也表明 Al_2O_3 的质量损失主要来源于黏着磨损，导致非常高的磨损率(图 9-8)。SiC 原材料中含有 Si 单质(图 9-11)，在高温磨损过程中更易氧化形成 SiO_2，但由于在 800～1150℃范围内，SiC 表面生成的 SiO_2 膜比较疏松，实验中也观察到 SiC 表面为一层较松散细颗粒组成的黑色膜所覆盖的现象[图 9-9(f)]，疏松的 SiO_2 膜一方面具有减摩作用，避免了黏着现象的发生，另一方面脱落后的氧化物细颗粒研磨 $MoSi_2$ 表面，导致表面平整光滑(图 9-9)，因而摩擦系数和 $MoSi_2$ 的磨损率较低；同时，疏松的 SiO_2 膜易于脱落，其造成的质量损失接近于 SiC 的氧化增重，因而在高温磨损过程中 SiC 的磨损率基本维持稳定(图 9-8)。而对于 Si_3N_4 而言，其高温氧化增重远高于 SiC 且致密度较低(表 9-3)，因而高温磨损过程中其表面易形成一层较厚的 SiO_2 膜[图 9-9(i)]，减摩效果明显，同时也导致 Si_3N_4 的磨损率为明显的磨损后质量增加形式，且在高滑动速率时，由于摩擦热效应磨损后质量增加更加明显(图 9-8)；与 Si_3N_4 配对时，$MoSi_2$ 表现出较高的磨损率(图 9-7)，与其表面承受较大的交变应力而点蚀坑较多有关[图 9-9(g)和(h)]。

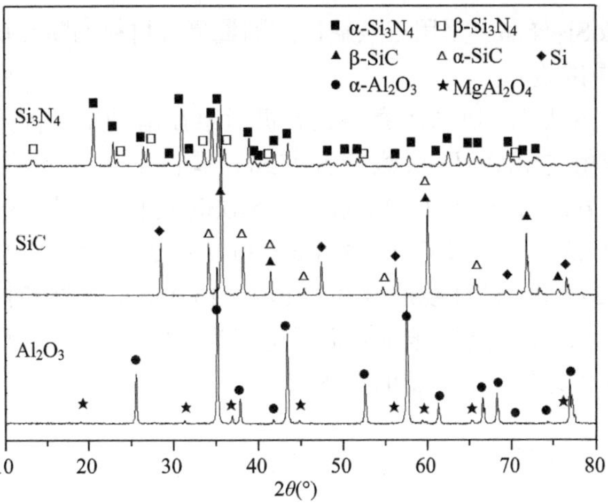

图 9-11　三种配对副材料的 XRD 谱

3. 结论

① $MoSi_2$ 与 Al_2O_3、SiC 和 Si_3N_4 三种陶瓷配对副材料在 1000℃大气环境中对摩时，其摩擦系数和磨损率均随滑动速率的增加而下降；与 SiC 配对时，$MoSi_2$ 具有最低的摩擦系数和磨损率，且 SiC 的磨损率相对稳定，因而 SiC 是一种适合于 $MoSi_2$ 的高温配对副材料。

② Al_2O_3 易与 $MoSi_2$ 在高温磨损过程中形成黏着，导致二者具有较高的摩擦系数和磨损率，$MoSi_2$ 的主要磨损形式为黏着和氧化。$MoSi_2$ 与 SiC 和 Si_3N_4 对摩时，由于配对副材料表面形成 SiO_2 膜，摩擦系数保持在较低水平，其磨损形式均表现为研磨、轻微点蚀和氧化；但由于 SiC 表面形成一层松散的氧化物 SiO_2 膜，而 Si_3N_4 表面形成了较厚 SiO_2 膜，导致 $MoSi_2$ 的点蚀磨损程度增加。

9.4.3　La_2O_3-WSi_2-$MoSi_2$/合金钢的干滑动磨损行为[3]

1. 实验过程

(1) 试验样品

将纯 Mo 粉(99.9%，粒度 2～4μm)、W 粉(99.5%，粒度 2～4μm)和 Si 粉(99.5%，粒度 43μm)，按原子比 1∶1∶4 配比，得到混合粉料，将 La_2O_3(99.9%，粒度 2～4μm)按质量分数 0.8%加入混合料中，在 TM-2 型混料机中充分混合均匀后，经高温自蔓延反应合成 La_2O_3 和 WSi_2 增强 $MoSi_2$ 复合材料(简称 RWM)粉末，利用 ZTY-50-20 型真空热压炉将 RWM 粉末热压成型(热压温度 1 700℃、压力 25 MPa)，得到待测 La_2O_3 和 WSi_2 增强 $MoSi_2$ 复合材料试样。为了便于比较，用相同的工艺也制备了纯

$MoSi_2$ 和 $WSi_2/MoSi_2$ 样品。采用三点缺口法测量复合材料的断裂韧性。

(2) 摩擦磨损试验

采用 MRH-5A 型环-块摩擦磨损试验机考察在滑动干摩擦条件下的摩擦磨损性能，摩擦副接触方式为环-块线接触方式。偶件上试环为调质 45#钢环(硬度 HRC22，尺寸为 ϕ49.22 mm×13.06 mm)；$MoSi_2$ 基复合材料下试块尺寸为 19.05 mm×12.32 mm×12.32 mm (按 GB 12444.2—90 标准加工而成)。实验条件为：载荷 78 N、176 N 和 274 N，试环线速度 0.52 m/s、1.04 m/s，试验时间为 8 h。采用电子分析天平(精度 0.1mg)测量样品磨损质量损失，根据摩擦力值计算出摩擦系数，摩擦系数和磨损率均取 5 次实验的平均值。

2. 实验结果与分析

(1) 材料的性能

表 9-4 列出了 $MoSi_2$、$WSi_2/MoSi_2$ 和 RWM 3 种复合材料的力学性能。可见，RWM 的硬度和断裂韧性最高，比 $MoSi_2$ 的分别提高了 4.0HRA 和 178.26%，比 $WSi_2/MoSi_2$ 的分别提高了 2.07HRA 和 49.56%。$WSi_2/MoSi_2$ 材料的较高硬度来源于 WSi_2 的固溶强化；引入复合强化相 La_2O_3 微粒后，La_2O_3 起到颗粒强化作用，从而进一步提高 RWM 复合材料的硬度，而 RWM 复合材料的高断裂韧性归因于 WSi_2 和 La_2O_3 的晶粒细化效应及其对裂纹扩展的阻碍作用。

表 9-4　$MoSi_2$、$WSi_2/MoSi_2$ 和 RWM 复合材料的性能

材料	密度 ρ (g/cm^3)	硬度 (HRA)	断裂韧性 K_{IC} (MPa·m$^{1/2}$)
$MoSi_2$	5.99	81.12	6.67
$WSi_2/MoSi_2$	7.87	83.05	12.41
RWM	7.89	85.12	18.56

(2) *pv* 值对复合材料摩擦磨损性能的影响

表 9-5 列出了不同 *pv* 值时，3 种材料的摩擦系数和磨损质量损失测试结果。可以看出，当 *pv* 值低于 142.48 时，RWM 和 $WSi_2/MoSi_2$ 复合材料的滑动摩擦系数比纯 $MoSi_2$ 材料的低，其中 RWM 复合材料的摩擦系数更低。其原因在于，二元及三元 $MoSi_2$ 基复合材料具有较高的硬度和弹性模量，随着载荷增大，弹性变形及实际接触面积均较小，故摩擦系数较低。当 *pv* 值高于 142.28 N·m/s 时，复合材料的摩擦系数有所增大并比 $MoSi_2$ 的高，其原因有待于进一步研究。与此同时，RWM 复合材料的抗磨性能显著优于 $MoSi_2$ 和 $WSi_2/MoSi_2$。当 *pv* 值小于 183.04 N·m/s 时，RWM 复合材料的磨损质量损失仅为相同条件下 $MoSi_2$ 的 1/4～1/6 和

$WSi_2/MoSi_2$ 的 1/2。这可归因于 La_2O_3 和 WSi_2 对 $MoSi_2$ 的复合强韧化。一般地，材料的抗磨性(1/ω)同材料的硬度(H)和断裂韧性(K_{IC})成正比[4]，即 $\frac{1}{\omega} \propto H^{\frac{1}{2}} K_{IC}^{\frac{3}{4}}$。由于 La_2O_3 和 WSi_2 复合增强相存在硬化和韧化协同作用(表 9-4)，故 RWM 复合材料的硬度和断裂韧性很高，抗磨性增强。

表 9-5　*pv* 值对材料摩擦磨损性能的影响

pv 值 (N·m/s)	摩擦系数 μ			磨损质量损失(mg)		
	$MoSi_2$	$MoSi_2/WSi_2$	RWM	$MoSi_2$	$MoSi_2/WSi_2$	RWM
40.56	0.36	—	0.35	171.02	—	47.97
81.12	0.31	—	0.27	403.09	—	70.46
91.52	0.59	0.40	0.36	511.40	240.21	104.64
142.48	0.66	0.38	0.34	502.10	236.54	103.22
183.04	0.36	0.44	0.45	454.97	197.33	74.83
284.96	0.27	0.41	0.40	275.24	221.67	188.95

(3) 磨损表面形貌分析

图 9-12 示出了 La_2O_3 和 WSi_2 增强 $MoSi_2$ 复合材料的磨损表面形貌 SEM 照片。可以看出，当 *pv* 值较小(40.56 N·m/s)时，RWM 复合材料磨损表面存在明显的犁沟及黏着迹象[图 9-12(a)]。可以推测，硬质复合材料微突体在摩擦过程中对较软的 45#表面产生犁削作用并导致其表层材料脱落，脱落的磨屑可黏附于复合材料磨损表面或在反复摩擦过程中发生硬化，并反过来对复合材料磨损表面产生擦伤作用，因此 RWM 复合材料磨损表面呈现一定程度的犁削和黏着迹象。当 *pv* 值增大至 81.12 N·m/s 时，复合材料磨损表面呈现某种抛光迹象，犁削和黏着迹象减弱[图 9-12(b)]。当 *pv* 值增大至 142.28 N·m/s 时，黏着加剧并呈现断裂迹象[图 9-12(c)]。其原因在于，在较高应力作用下摩擦热效应显著加强，摩擦副接触表面瞬时高温导致偶件 45#钢剪切强度显著降低，局部接触峰顶发生焊合和转移，此时复合材料的磨损率仍维持在较低值。当 *pv* 值继续增大至 284.96 N·m/s 时，在高载、高速摩擦条件下，摩擦副接触表面接触应力很高，摩擦热效应进一步加强，偶件和 RWM 复合材料的机械力学性能明显降低，磨损表面黏着加剧并出现大面积疲劳剥落迹象[图 9-12(d)]，故磨损质量损失显著增大。

3. 结论

① La_2O_3 和 WSi_2 复合增强 $MoSi_2$ 复合材料的抗磨性能优于纯 $MoSi_2$ 和 $WSi_2/MoSi_2$ 材料；当 *pv* 值小于 183.04 N·m/s 时，三元复合材料的磨损质量仅为相同实验条件下 $MoSi_2$ 的 1/4～1/6 和 $WSi_2/MoSi_2$ 的 1/2。

(a) pv=40.56 N·m/s

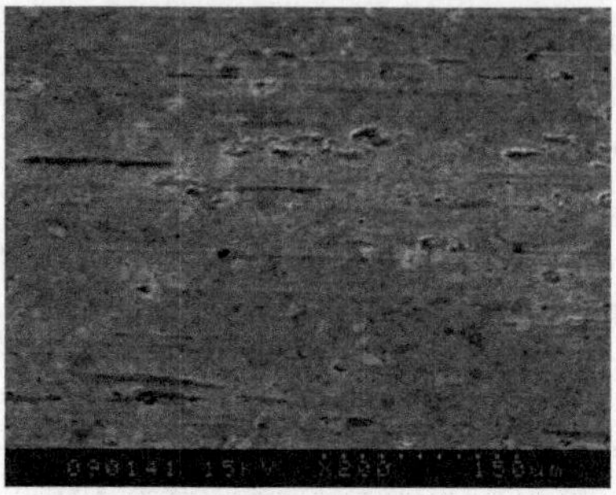

(b) pv=81.12 N·m/s

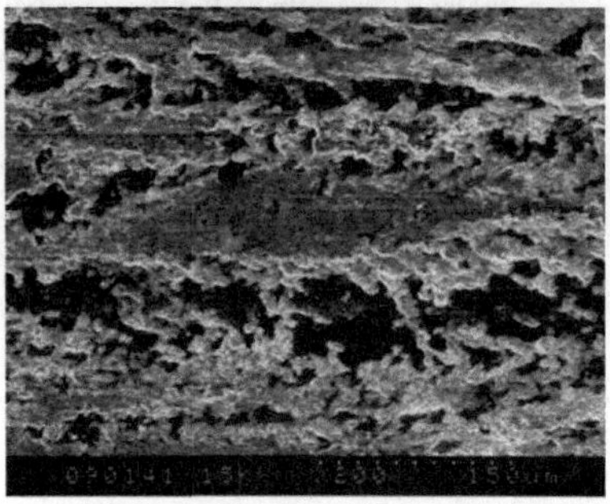

(c) pv=142.28 N·m/s

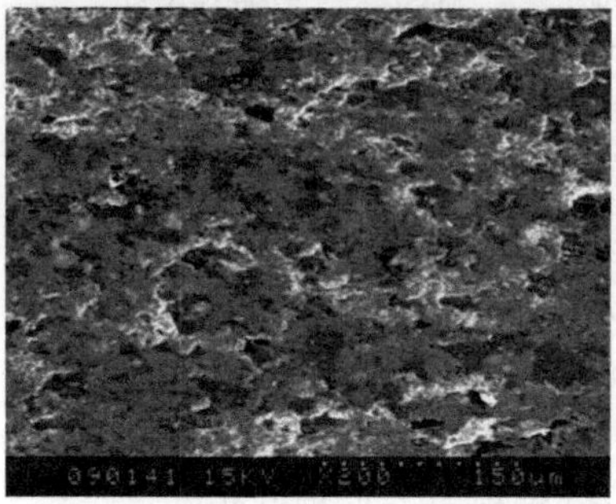

(d) pv=284.96 N·m/s

图 9-12　La_2O_3 和 WSi_2 增强 $MoSi_2$ 复合材料的磨损表面形貌 SEM 照片

② 随 pv 值增加，La_2O_3 和 WSi_2 增强 $MoSi_2$ 复合材料依次呈现犁削、黏着磨损和疲劳磨损等特征。

9.4.4　$MoSi_2$ 材料油润滑下的摩擦磨损性能与磨损机理

1. 摩擦系数

图 9-13 为 $MoSi_2$ 材料与 45 调质钢、45 淬火钢和 CrWMn 钢(表面粗糙度 R_a 为 0.32μm，其平均硬度分别为 HRC20、HRC42 和 HRC55)组成的摩擦副在 20# 机油润滑下的摩擦系数，滴油速度 0.25mL/min，摩擦总行程为 36km。从图可见，$MoSi_2$ 材料与中、低硬度的两种 45 钢油润滑下对摩，其摩擦系数随负荷增大近似于直线下降，150 N 时其值最小，分别约为 0.1 和 0.2，而与高硬度的 CrWMn 钢油润滑下对摩，其摩擦系数在不同负荷时均保持较低值且随负荷变化较小：从 30 N 的 0.12 上升至 80 N 的 0.2，随后又降至 150 N 的 0.15。总之，三种摩擦副采用油润滑，均一定程度地降低了摩擦系数值，低负荷时效果更加明显。

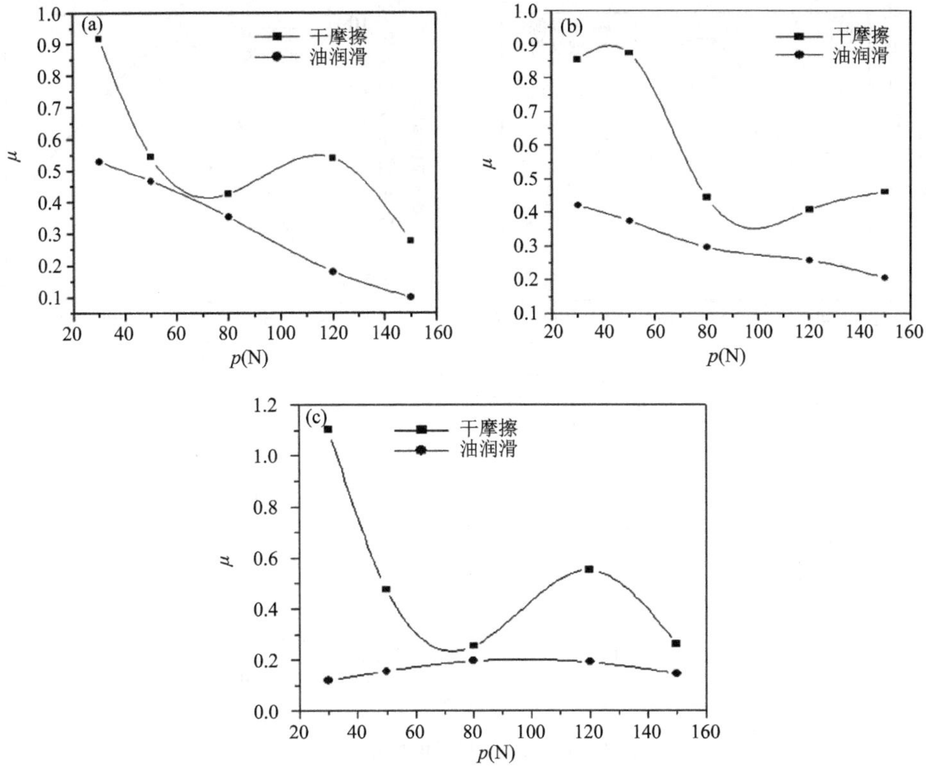

图 9-13　三种摩擦副在油润滑下的摩擦系数曲线

(a) $MoSi_2$/45 调质钢；(b) $MoSi_2$/45 淬火钢；(c) $MoSi_2$/CrWMn 钢

2. 磨损性能

$MoSi_2$ 材料分别与三种钢配对在不同条件下的磨损率如图 9-14 所示。从图可看出，除与高硬度的 CrWMn 钢在高于 80 N 对摩时，$MoSi_2$ 的磨损率变化较小外，其他变化规律与干摩擦时相似。但采用油润滑方式，降低了 $MoSi_2$ 材料的磨损率，且负荷越大，作用越明显。

图 9-15 反映了三种合金钢在干摩擦和油润滑条件下的磨损率。由图可知，对于中、低硬度的 45 调质钢和 45 淬火钢而言，在油润滑条件下其质量损失远远超过干摩擦时的情况，严重时前者甚至是后者的 30～60 倍(如 80 N)，而对于高硬度的 CrWMn 钢，其磨损率比干摩擦时增加较少，说明与干摩擦相比，油润滑条件下材料的磨损机制发生了改变。综合图 9-13、图 9-14 和图 9-15 可知，三对摩擦副在油润滑条件下 150 N 时具有较好的摩擦磨损性能。

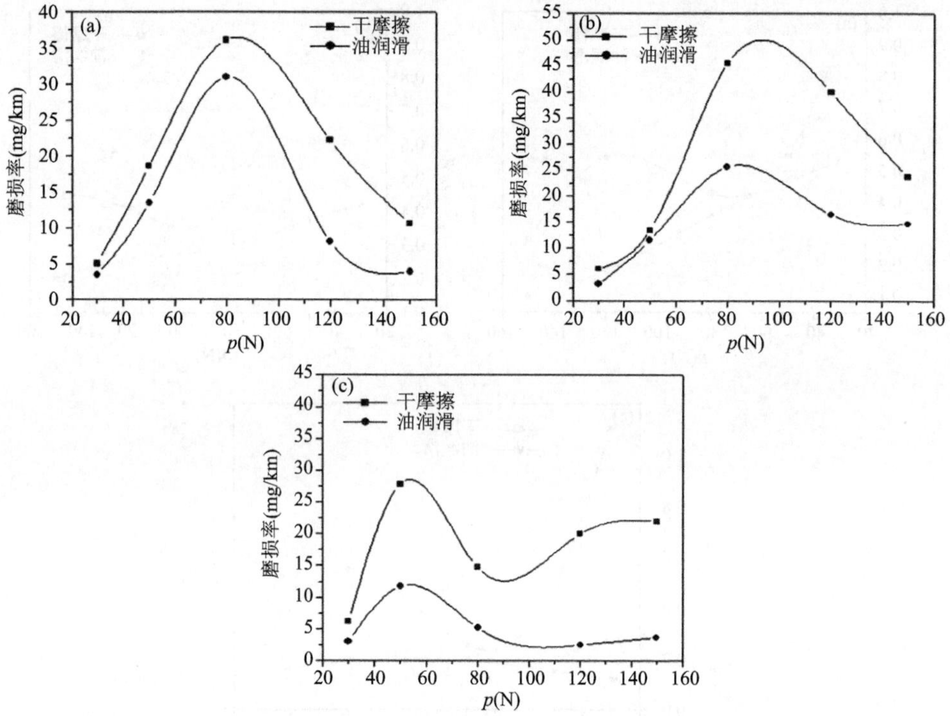

图 9-14　$MoSi_2$ 材料的磨损率曲线

(a) 对摩件：45 调质钢；(b) 对摩件：45 淬火钢；(c) 对摩件：CrWMn 钢

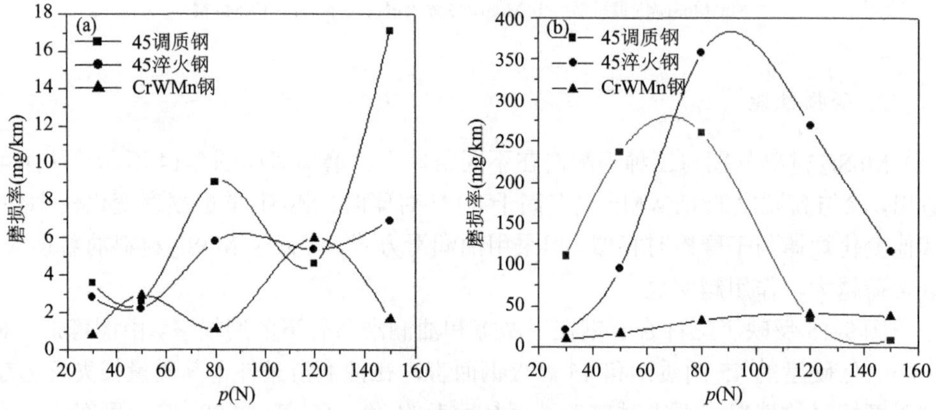

图 9-15　不同合金钢偶件的磨损率

(a) 干摩擦；(b) 油润滑

3. 磨损机理分析

在油润滑条件下，$MoSi_2$ 材料/三种合金钢之间处于边界润滑状态，摩擦接触表面间油膜的存在，减轻了微凸凹体的接触及表面间元素传递过程，因而摩擦系数较干摩擦的低。

图 9-16、图 9-17 和图 9-18 分别为 $MoSi_2$ 材料与 45 调质钢、45 淬火钢和 CrWMn 钢偶件的磨损表面形貌。从图 9-16(a)和(d)可以看出，50 N 时 $MoSi_2$ 材料表面粗糙，45 调质钢表面发生了明显的塑性变形，$MoSi_2$ 材料的损失是因塑性变形产生晶间断裂的结果。图 9-16(b)和(e)表明负荷增大到 80 N 时，$MoSi_2$ 和 45 钢表面存在较大的应力，材料表面出现严重的疲劳断裂凹坑和裂纹，此时材料的磨损率很高[图 9-14(a)]。从图 9-16(c)和(f)可看出，摩擦表面较平整光滑，对图 9-16(c)中 A 区进行探针分析(表 9-6)，有少量 Fe 附着在 $MoSi_2$ 材料表面，说明已发生轻微黏着，因而 150 N 时摩擦系数和 $MoSi_2$ 材料的磨损率很低。

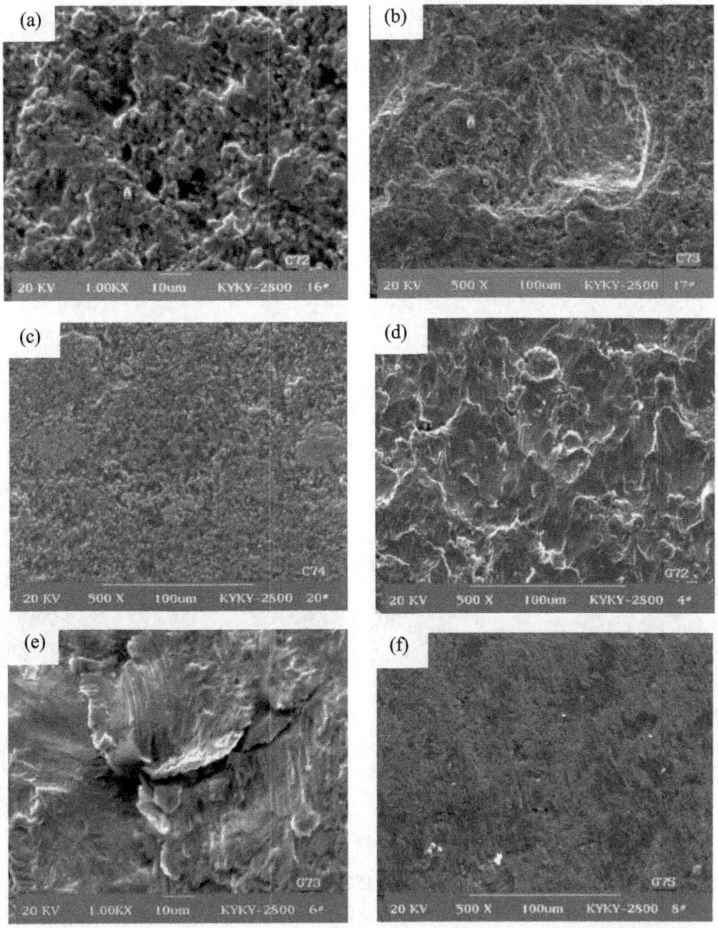

图 9-16　油润滑下 $MoSi_2$ 材料与 45 调质钢的磨损表面形貌

(a) $MoSi_2$，50N；(b) $MoSi_2$，80N；(c) $MoSi_2$，150N；(d) 45 调质钢，50N；(e) 45 调质钢，80N；(f) 45 调质钢，150N

与图 9-16 相比，图 9-17 反映了 $MoSi_2$ 材料和 45 淬火钢对摩时表面形貌的差别。50 N 时 45 淬火钢表面已有薄层金属因黏着、撕裂而转移；80 N 时粘着程度较严重，$MoSi_2$ 材料表面 B 区的微探针结果见表 9-6，表面形貌更为粗糙，磨损率较高，摩擦系数则因互嵌作用降低而下降[图 9-13(b)]；150 N 时，摩擦表面又变得较为光滑，摩擦系数和 $MoSi_2$ 材料的磨损率降低。

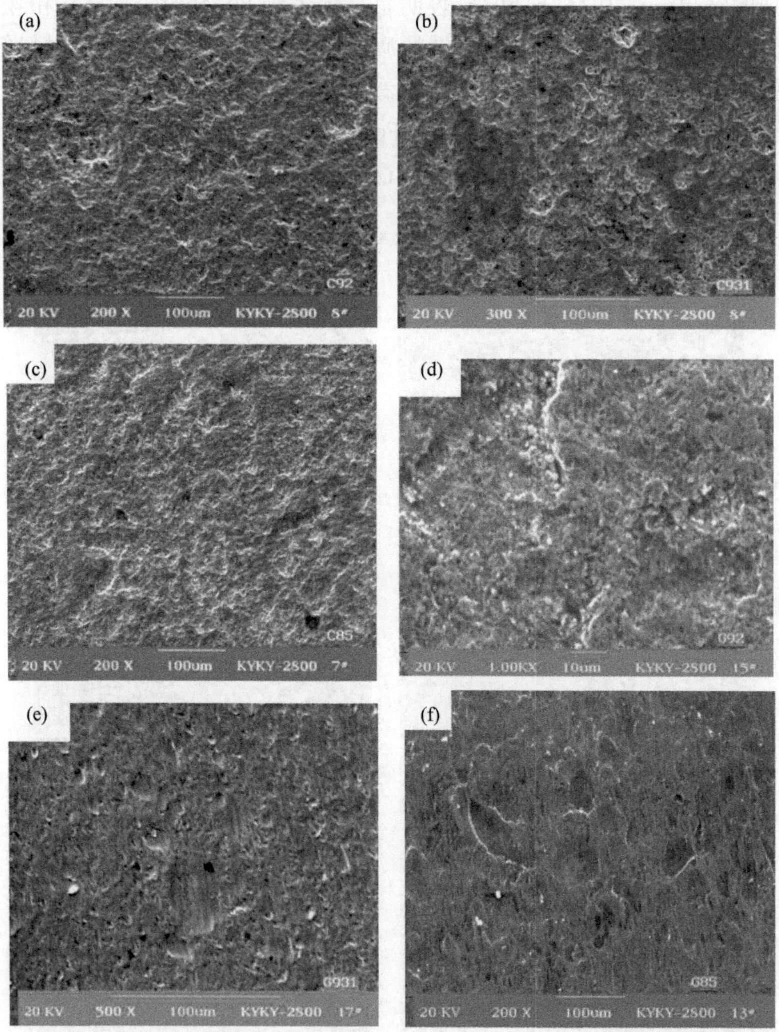

图 9-17　油润滑下 $MoSi_2$ 材料与 45 淬火钢的磨损表面形貌

(a) $MoSi_2$，50N；(b) $MoSi_2$，80N；(c) $MoSi_2$，150N；(d) 45 淬火钢，50N；(e) 45 淬火钢，80N；(f) 45 淬火钢，150N

同样地，$MoSi_2$ 材料与 CrWMn 钢偶件在 50 N 时发生黏着[图 9-18(a)(d)]，80 N 和 150 N 时表面出现犁削痕迹，黏着迹象逐渐不明显，表明同时伴随磨粒磨损存在，故 50 N 时 $MoSi_2$ 材料的磨损率最高，而 80 N 时的摩擦系数最高。负荷增大，$MoSi_2$ 的磨损率和对摩件 CrWMn 钢的磨损率呈上升趋势是犁削式磨粒磨损作用增强的结果。

表 9-6　图 9-16(c) 中 A 区和图 9-17(b) 中 B 区的微探针结果

区域	成分 (at.%)		
	Mo	Si	Fe
A 区	31.46	54.07	14.47
B 区	8.48	22.67	66.86

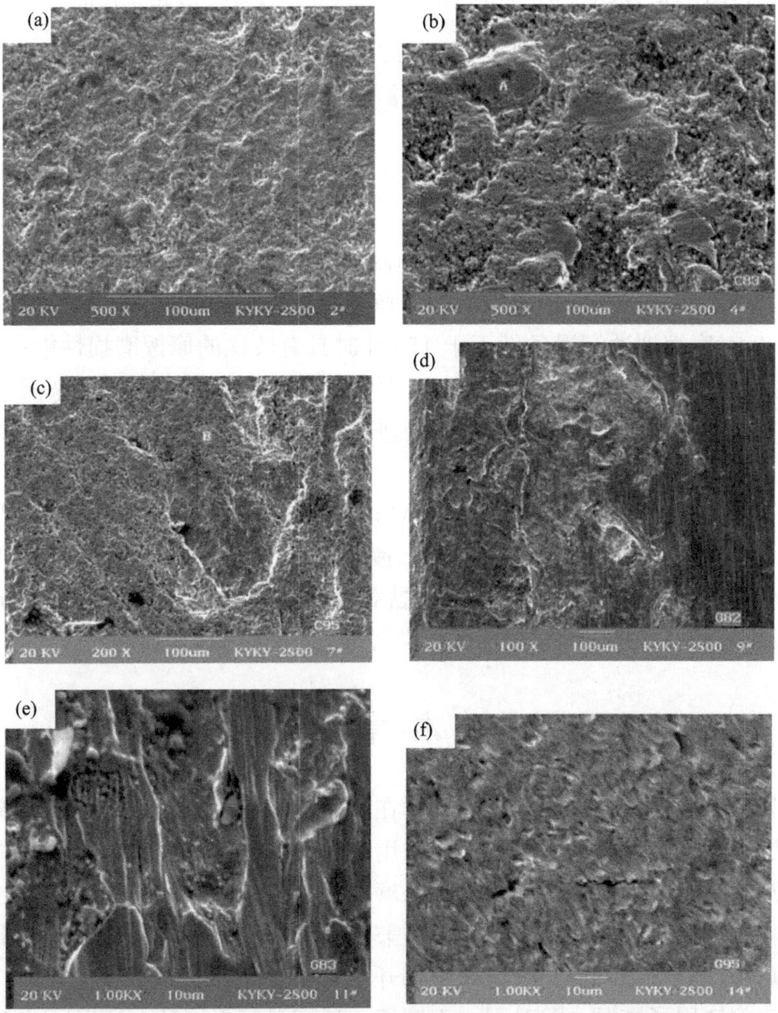

图 9-18　油润滑下 $MoSi_2$ 材料与 CrWMn 钢的磨损表面形貌

(a) $MoSi_2$，50N；(b) $MoSi_2$，80N；(c) $MoSi_2$，150N；(d) CrWMn 钢，50N；(e) CrWMn 钢，80N；(f) CrWMn 钢，150N

注意到，45 调质钢和淬火钢在油润滑条件下的磨损率远比干摩擦的大（图 9-15），赵兴中等[5]在研究 TiC(N)-Al_2O_3 陶瓷油润滑下的磨损性能时也发现类似现象。除了磨损机制发生变化外，据 Sasada 等[6,7]研究表明，磨屑的形成实际上是经过一种“元素传递”的过程。干摩擦时从表面脱落的新磨屑随着摩擦的进行发生运动，由于表面能较高及摩擦作用，这些分散的磨屑很容易结合、积聚、长大，最后形成较大的游离磨屑而离开摩擦面。而在油润滑条件下，脱落的磨屑会很快吸附一些油分子，致使其表面能降低，摩擦面的表面能也会降低，从而使磨屑再黏附到母体和偶件上的可能性减小，减弱了黏着程度；但利于硬的 $MoSi_2$ 材料的磨屑混合于油中，随着摩擦运动进入接触面充当磨粒，形成三体磨损状态，对硬度较小的材料产生切削作用，必将增大较低硬度材料的磨损率[8-10]。实验中，油润滑条件下的最后磨屑非常细小，即是此原因造成。图 9-16、图 9-17 中偶件磨损表面的划痕也与此有关，表现为切削式磨粒磨损。由于 CrWMn 钢的硬度较高，因而其磨损率在油润滑下增加相对较少。

4. 结论

① 采用 20 号机械油润滑可有效地降低 $MoSi_2$ 材料的磨损率及其与 45 调质钢、45 淬火钢和 CrWMn 钢偶件间的摩擦系数。

② 三对摩擦副油润滑条件下于 150 N 时具有较优的摩擦磨损性能；由于对摩件材料性质的差异，45 调质钢和 45 淬火钢在油润滑下的磨损率远高于干摩擦，而 CrWMn 钢则增加相对较少，其原因归于磨损机制的改变和磨屑的磨粒磨损作用。

③ 根据对摩件的不同，油润滑下 $MoSi_2$ 材料的主要磨损机制存在差异：与低硬度的 45 调质钢对摩时，为塑性变形、疲劳断裂，轻微黏着磨损和切削式磨粒磨损；与中硬度的 45 淬火钢对摩时为黏着磨损和切削式磨粒磨损；与高硬度的 CrWMn 钢对摩从 50N 时的黏着磨损转化为 150 N 时的犁削磨损。

9.5 本章小结

材料的摩擦是两个物体相对运动时在其接触面上发生的切向阻抗现象。材料的摩擦性能与接触表面动力学、外界作用的载荷和位移、表面形貌和材料性质有关，通常用摩擦系数来表征[10]。材料的磨损是由于接触表面间的摩擦而导致物质不断损耗的现象。金属间化合物 $MoSi_2$ 兼具金属与陶瓷双重特性，并能电火花加工，其耐磨性能从 20 世纪 90 年代中期开始受到关注。

本案例选用了高温、配对副、干摩擦、油润滑等不同条件环境下的 $MoSi_2$ 基复合材料作为研究对象，通过 X 射线衍射技术分析了其相态变化，采用扫描电子显微镜观察了摩擦副材料表面的形貌特征，并结合 EDS，分析了 $MoSi_2$ 基复合材料的磨损机理，解释了材料宏观摩擦磨损性能的变化内因。得出以下结论：

① $MoSi_2$ 及其复合材料具有优良的耐磨性能。磨损率的大小和磨损机理与其组织和性能、摩擦条件(负荷、偶件性质、润滑状态、温度、气氛等)密切相关。

② $MoSi_2$ 基复合材料与合金钢偶件干摩擦时，表现出较好的耐磨性能。由于对摩偶件的性质和摩擦过程中接触表面材料性质的改变，其摩擦磨损性能和磨损机理也发生改变，应根据具体应用条件合理选择。干摩擦条件下，$MoSi_2$ 基复合材料的主要磨损机制有犁沟磨损、氧化、疲劳和黏着磨损。

③ 采用 20 号机械油润滑可有效地降低 $MoSi_2$ 材料的磨损率及其与合金钢偶件间的摩擦系数。油润滑下 $MoSi_2$ 材料的主要磨损机制随合金钢低至高的硬度发生从塑性变形、疲劳断裂逐渐向黏着磨损、磨粒磨损、犁削磨损的转变。

④ $MoSi_2$ 的高温磨损是一个复杂过程：低于 900℃时，氧化与黏着磨损是 $MoSi_2$ 的主要磨损形式；但高于 900℃时，由于塑脆转变特性的影响，材料磨损表面发生磨粒磨损、变形与断裂。SiC 是一种适合于 $MoSi_2$ 的高温配对副材料，归因于 SiC 表面形成一层松散的氧化物 SiO_2 膜。

参 考 文 献

[1] Zhang H, Hu X, Tan W, et al. Wear behaviors of $MoSi_2$ at elevated temperatures. Key Engineering Materials, 2008, 368-372: 961-963.

[2] 张厚安, 古思勇, 严迪科, 等. $MoSi_2$ 高温磨损行为的配副特性研究. 摩擦学学报, 2010, 30(2): 174-178.

[3] Zhang H, Hu X, Yan J, et al. Dry sliding wear behaviors of La_2O_3-WSi_2-$MoSi_2$ composite against alloy steel. Wear, 2006, 260(7-8): 903-908.

[4] Hawk J A, Alman D E, Stoloff N S. Abrasive wear behavior of $MoSi_2$-Nb composites . Script Metall Mater, 1994, 31(4): 473-478.

[5] 赵兴中, 刘家浚, 朱宝亮. 干摩擦及水或油润滑下 TiC(N)-Al_2O_3 陶瓷/不锈钢摩擦副的磨损性能研究. 摩擦学学报, 1998, 18(1): 7.

[6] Sasada T, Norose S. The formation and growth of wear particles through mutual material transfer . Proceedings of the JSLE-ASLE International Lubrication Confere, 1976, 22: 82-91.

[7] Sasada T, Norose S, Mishina H. The behavior of adhered fragments interposed between sliding surfaces and the formation process of wear particles. Journal of Lubrication Technology, 1981, 103: 195.

[8] Wang Y, Hsu S M. Wear and wear transition modeling of ceramics. Wear, 1996, 195(1-2): 35-46.

[9] Wang Y, Hsu S M. Wear and wear transition mechanisms of ceramics. Wear, 1996, 195(1-2): 112-122.

[10] 全永昕, 施高义. 摩擦磨损原理. 杭州: 浙江大学出版社, 1988: 11.

第 10 章 AlN/BN 陶瓷中的应用实例

10.1 应 用 对 象

AlN-BN 复合陶瓷。

10.2 分 析 目 的

分析目的是探究立方氮化硼(c-BN)作为增强相引入 AlN/BN 复合陶瓷中对材料显微组织、力学性能和各向异性的影响，以及如何通过热压烧结技术优化复合陶瓷的性能。

10.3 分 析 仪 器

Archimedes 法用于测定样品密度，三点弯曲法和万能试验机(Auto Graph AGS-X, Japan)用于测试弯曲强度，维氏硬度计(HVS-1000A, China)和场发射扫描电镜(SEM, ZEISS, Sigma 500，德国)用于测试硬度和观察裂纹变化，X 射线衍射仪(XRD, SmartLab 3 kW, Japan)分析相组织，透射电子显微镜(TEM, FEI, Tecnai G2 F20, USA)进行高分辨形貌和电子衍射分析。

10.4 结果与分析

10.4.1 实验过程

1. 原料及样品制备

选取 AlN、c-BN 和 h-BN 粉末为原料(表 10-1)，其相组成和显微结构如图 10-1 所示。按表 10-2 称取 AlN、c-BN 和 h-BN 粉末后放入尼龙球磨罐中，加入适量的 Al_2O_3 磨球和酒精后进行球磨混料 5h 形成复合粉末浆料，将其置于干燥箱中进行 90℃干燥 24 h，并通过 200 目筛网获得 AlN/BN 复合粉末(图 10-2、图 10-3)。最后，将其倒入热压模具并放入真空热压炉中，在氮气气氛下于 1850℃保温 5 h，压力为 20 MPa，制备出 Φ70 mm × (35 ± 0.5) mm 样品，经切割、研磨和抛光后进行性能测试。

表 10-1 原料粉末有关参数

名称	纯度(wt.%)	平均粒度(μm)	产地
c-BN	>99.9	0.5	富耐克超硬材料股份有限公司
h-BN	>99	4	丹东市化工研究所有限责任公司
AlN	>99	1.14	厦门钜瓷科技有限公司

图 10-1 粉末原料的 XRD 衍射谱(a)和 SEM 图：(b) AlN; (c) h-BN; (d) c-BN

表 10-2　实验中不同样品的成分配比

样品编号	c-BN (wt.%)	h-BN (wt.%)	AlN (wt.%)
0C25H	0	25	
5C20H	5	20	
10C15H	10	15	75
15C10H	15	10	
20C5H	20	5	
25C0H	25	0	

图 10-2　AlN/BN 复合粉末的 SEM 图

(a) 0C25H; (b) 5C20H; (c) 10C15H; (d) 15C10H; (e) 20C5H; (f) 25C0H

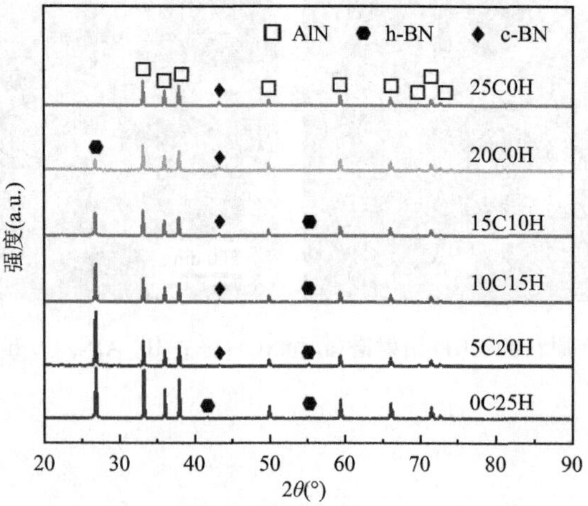

图 10-3　AlN/BN 复合粉末的 XRD 衍射谱

2. 性能测试

采用 Archimeds 法测定 AlN/BN 复合陶瓷样品的密度。热压烧结过程中，“片层”状 h-BN 会趋向于垂直压力方向排列和生长[4]，导致样品出现明显的各向异性。因此，采用⊥、≡、//分别表示“片层”状 h-BN 与试验力(F)方向的位置关系，⊥表示 h-BN 片层与 F 垂直，如测试面 A 所示，≡和//分别表示 h-BN 片层与 F 平行的两种情况，如测试面 B 和测试面 C 所示，将 AlN/BN 复合陶瓷按图 10-4 方式进行切割并抛光成尺寸为 35 mm × 4 mm × 3 mm 的三种试样($\sigma_{\perp}$、$\sigma_{\equiv}$、$\sigma_{//}$)，并在万能试验机(Auto Graph AGS-X, Japan)上采用三点弯曲法测试样品的弯曲强度，试样的测试面如图 10-4 所示，每种试样测试 10 个，取其平均值。利用维氏硬度计(HVS-1000A, China)在⊥和//表面上压印来预制裂纹和测试硬度，并使用场发射扫描电镜(SEM, ZEISS, Sigma 500, German)观察压印顶角处裂纹变化规律。

采用取向偏向指数[5](IOP)表征 AlN/BN 复合陶瓷的方向性程度。IOP 的计算公式为：

$$\mathrm{IOP}=\begin{cases}\dfrac{(I_{100}/I_{002})\mathrm{perp}}{(I_{100}/I_{002})\mathrm{par}}, & (I_{100}/I_{002})\mathrm{perp}>(I'_{100}/I'_{002})\mathrm{par}\\[2ex] \dfrac{(I'_{100}/I'_{002})\mathrm{par}}{(I_{100}/I_{002})\mathrm{perp}}, & (I_{100}/I_{002})\mathrm{perp}<(I'_{100}/I'_{002})\mathrm{par}\end{cases} \tag{10-1}$$

式中，I 和 I' 分别表示(⊥)面和(//)面上 h-BN 相的(100)和(002)晶面的衍射峰强度。如果 IOP = ± 1，表明 h-BN 晶粒为随机性排列，不存在较为明显的方向性；若 IOP > 1，表明 h-BN 晶粒平行于热压方向生长，若 IOP < −1，表明 h-BN 晶粒垂直于热压方向生长，IOP 的绝对值(|IOP|)越大 h-BN 的方向性越强。

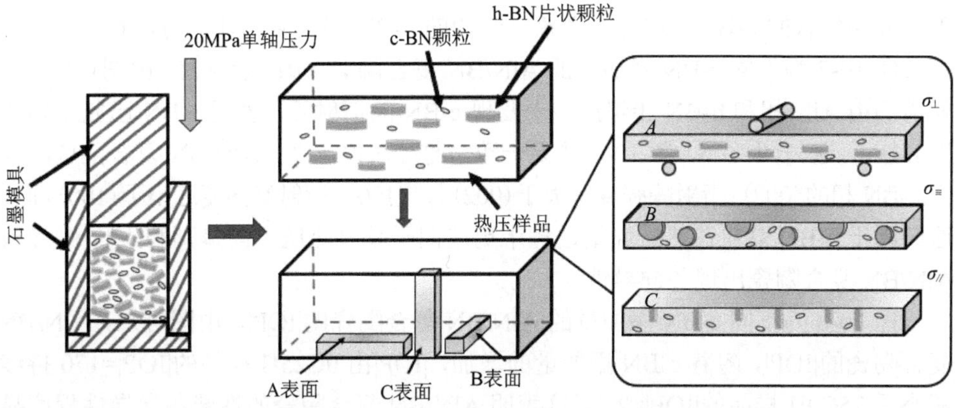

图 10-4　AlN/BN 复合陶瓷不同方向示意图

3. 显微表征

采用 X 射线衍射仪（XRD, SmartLab 3 kW, Japan）分析产物的相组织。衍射源为 Cu K_α 射线，波长 $\lambda = 1.54$ Å，扫描范围为 $2\theta = 20° \sim 90°$，扫描速率为 20 °/min。采用场发射扫描电镜（SEM, ZEISS, Sigma 500, German）观察样品形貌和粒径分布，透射电子显微镜（TEM, FEI, Tecnai G2 F20, USA）进行高分辨形貌和电子衍射分析。

10.4.2 讨论与分析

为考察 c-BN 的相变温度和显微结构变化情况，对 c-BN 粉末进行（1450～1850℃）热处理，以确定合适的烧结温度。图 10-5 为 c-BN 粉末分别在不同温度下处理后的 XRD 衍射谱。从图可知，c-BN 在 1450℃热处理过后，衍射峰无变化，1550℃热处理后开始出现 h-BN 的（002）衍射峰，表明在该温度下 c-BN 开始向 h-BN 转变，c-BN 发生重构形核和主动扩散生长[6]，并向稳定的 h-BN 相转变。随着温度进一步升高，c-BN 相变为 h-BN 的程度增加，1850℃热处理过后，未发现 c-BN 的衍射峰，表明 c-BN 已完全转变为 h-BN。

为进一步研究 c-BN 相变时显微结构的变化，采用 TEM 进行表征。图 10-6 为 c-BN 粉末进行 1850℃热处理前后的 TEM 图和 HRTEM 图。从图可知，c-BN 粉末进行热处理后，晶粒外观仍保持不规则颗粒形状，但粒度有明显增大，表明晶粒热处理后发生了体积膨胀。图 10-6（b）和图 10-6（d）分别展示了 c-BN 热处理前后的晶格条纹。从图可知，晶面间距为 0.208 nm 的平行条纹对应于 c-BN 的（111）晶面[3]，晶面间距为 0.333 nm“洋葱”结构的弯曲条纹，对应于 h-BN 的（002）晶面。晶格条纹的变化，表明在 1850℃热处理后 c-BN 已完全相变为“洋葱”状 h-BN 并发生了一定的体积膨胀，这与图 10-5 的结论和文献[2,3]的研究结果一致。不同于“片层”状的 h-BN，这种“洋葱”结构的 h-BN 不具备明显的方向性。

图 10-7 为不同 c-BN 添加量的 AlN/BN 复合陶瓷 XRD 衍射谱。由图可知，衍射谱均由 AlN 相和 h-BN 相组成，未发现 c-BN 的衍射峰，表明 c-BN 已完全转变为 h-BN，这与图 10-5、图 10-6 结果一致。通过对比发现，AlN/BN 复合陶瓷样品中 h-BN 相的$(002)_\perp$衍射峰强度远大于$(002)_{/\!/}$，$(100)_\perp$衍射峰强度远小于$(100)_{/\!/}$面，这归因于 h-BN 晶粒在热压烧结过程中更趋向于垂直热压方向排列和生长[7]，导致 AlN/BN 复合陶瓷出现各向异性。

图 10-8 为不同 c-BN 添加量的 AlN/BN 复合陶瓷的|IOP|。由图可知，AlN/BN 复合陶瓷的|IOP|，随着 c-BN 添加量的增加，|IOP|由 0C25H 样品的|IOP|=170 持续减小至 25C0H 样品的|IOP|≈2.7。这表明 AlN/BN 复合陶瓷的性能各向异性程度显著减小，这归因于“洋葱”状 h-BN 的增多和“片层”状 h-BN 的减少。

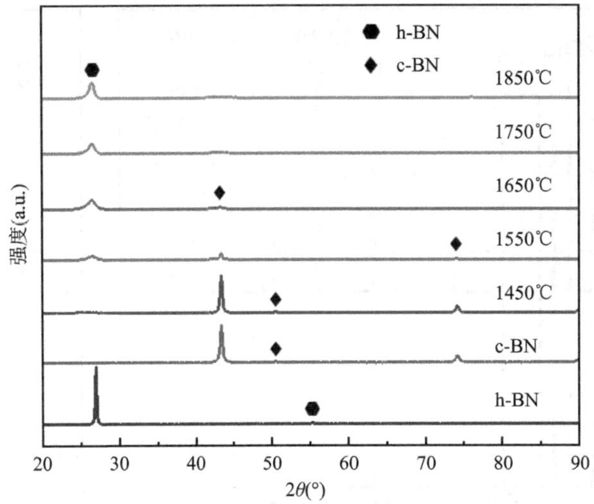

图 10-5　c-BN 不同烧结温度 XRD 衍射谱

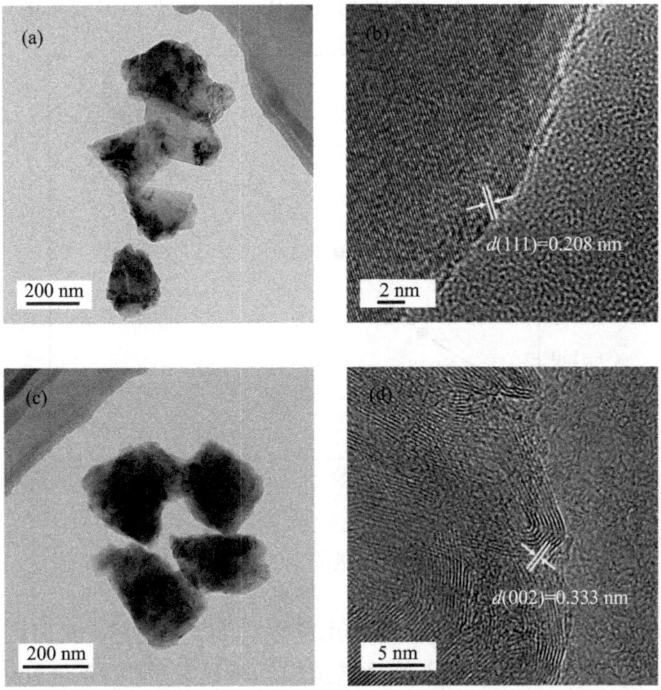

图 10-6　c-BN 粉末 1850℃/5 h 热处理前后的 TEM 图和 HRTEM 图

(a)(b) 热处理前；(c)(d) 热处理后

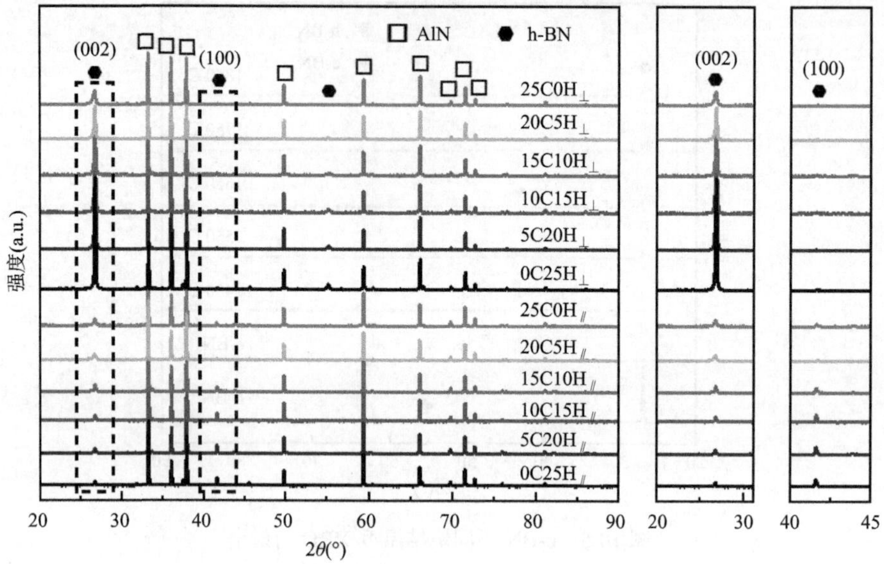

图 10-7　不同 c-BN 添加量的 AlN/BN 复合陶瓷 XRD 衍射谱

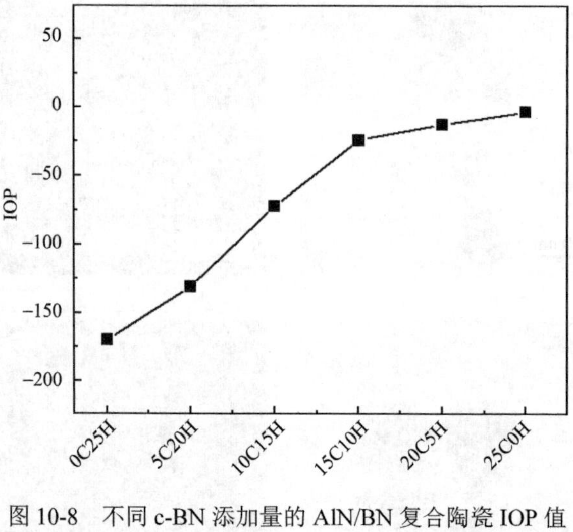

图 10-8　不同 c-BN 添加量的 AlN/BN 复合陶瓷 IOP 值

图 10-9 为不同 c-BN 添加量的 AlN/BN 复合陶瓷的 SEM 断口图。从图可知，c-BN 添加量对 AlN/BN 复合陶瓷的显微组织影响显著。未添加 c-BN 时(0C25H)，“片层”状 h-BN 均匀分布于 AlN 晶界处并具有明显的定向排列趋势，0C25H 的各向异性特性大，这与图 10-8 结果相符，同时存在大量的孔隙缺陷，这归因于“片层”状 h-BN 交叉堆砌形成的“卡片房式”结构，阻碍了 AlN/BN 复合陶瓷的致密化。c-BN 添加量为 5%～15%时[图 10-9(b)～(d)]，由 c-BN 相变形成的“洋

葱”状 h-BN 填充了“片层”状 h-BN 交错堆积的间隙，孔隙明显减少。c-BN 添加量为 20%～25%时[图 10-9(e)(f)]，大量“洋葱”状 h-BN 发生了团聚，导致孔隙缺陷增多。

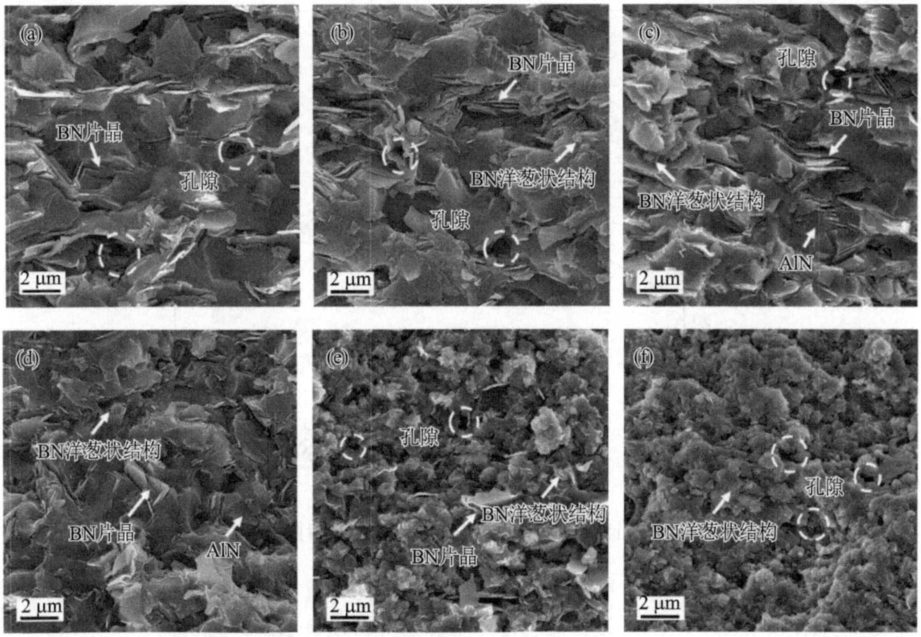

图 10-9　不同 c-BN 添加量的 AlN/BN 复合陶瓷的 SEM 断口图

(a) 0C25H; (b) 5C20H; (c) 10C15H; (d) 15C10H; (e) 20C5H; (f) 25C0H

图 10-10 为不同 c-BN 添加量的 AlN/BN 复合陶瓷的致密度。从图可知，随着 c-BN 添加量的增加，AlN/BN 复合陶瓷的致密度呈现先增后降趋势。c-BN 添加量不超过 15%时，“洋葱”状 h-BN 可有效填充孔隙缺陷，致密度得到持续提升，c-BN 添加量大于 15%时(20C5H、25C0H)，过量的 c-BN 颗粒易于在前驱体中团聚，并在相变为“洋葱”状 h-BN 时而产生孔隙缺陷，导致致密度降低。可见，适量添加 c-BN 可有效减少 AlN/BN 复合陶瓷的孔隙缺陷，提高致密度。

为了进一步研究 AlN/BN 复合陶瓷的显微结构，采用 TEM 对 10C15H 进行微观表征。图 10-11(a)为 10C15H 的 TEM 图。从图可见，“洋葱”状 h-BN 与“片层”状 h-BN 均匀分布于 AlN 晶粒的晶界处，晶粒之间接触紧密。两种 h-BN 的的形貌有明显差异，“洋葱”状 h-BN 为类似球形的细小颗粒，与粗大板条形状“片层”状 h-BN 相互交叉黏接，填充了孔隙缺陷。图 10-11(b)和图 10-11(c)分别为 A 区域和 B 区域的 HRTEM。从图可知，晶面间距为 0.333 nm 的扭曲状晶格条纹对应于洋葱”状 h-BN 的(002)面，这与文献[3]的研究结果一致，另一组晶面间距为 0.216 nm 的晶格条纹排列规整，属于“片层”状 h-BN 的(100)面。同时，晶面间距为 0.269 nm 的晶格条纹属于 AlN 的(100)面，其与 h-BN 的(100)面的晶格条纹紧密接触。

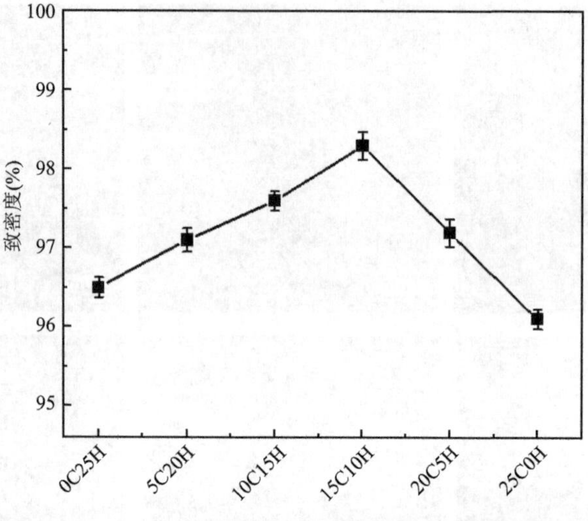

图 10-10　不同 c-BN 添加量的 AlN/BN 复合陶瓷的致密度

图 10-11　10C15H 的 TEM 和 HRTEM 图

(a) TEM; (b) A 区域 HRTEM; (c) B 区域 HRTEM

图 10-12 为 AlN/BN 复合陶瓷裂纹扩展的 FESEM 图。图 10-12(a)～(c)分别为 15C10H 在≡、⊥和//方向上的裂纹扩展状况。从图可知，在裂纹扩展过程中“片层”状 h-BN 和“洋葱”状 h-BN 均出现桥联、裂纹偏转和晶粒拔出的现象，这些现象均具有很好的增强增韧作用[1]。“片层”状 h-BN 和“洋葱”状 h-BN 两者的增韧效果有所不同，如图 10-9(a)(b)所示，裂纹沿着“片层”状 h-BN 晶粒在≡和⊥方向延伸时，裂纹主要以桥接、偏转和拔出的形式[8]扩展，这归因于“片层”状 h-BN 的层内是以强共价键结合，可阻碍了裂纹扩展，起到明显增韧的作

用；当裂纹沿着 // 方向延伸时[图 10-9(c)]，由于 h-BN 片层以弱的范德瓦耳斯力进行结合[9,10]，会成为裂纹扩展的快速通道，这表明"片层"状的 h-BN 在≡和⊥方向增韧效果将会明显优于//方向。相比较于"洋葱"状 h-BN，其晶粒结构外层均存在强共价键且对不同方向上的裂纹扩展均起到阻碍作用，各方向上的增韧效果相同。另外，样品中的孔隙缺陷会产生应力集中[11]，也将会加速裂纹扩展，不利于强度的提高。对比图 10-9(d)～(f) 也可得出相同结果，当孔隙缺陷较多时[图 10-12(f)]，孔隙缺陷为裂纹提供了快速通道，增韧效果降低。

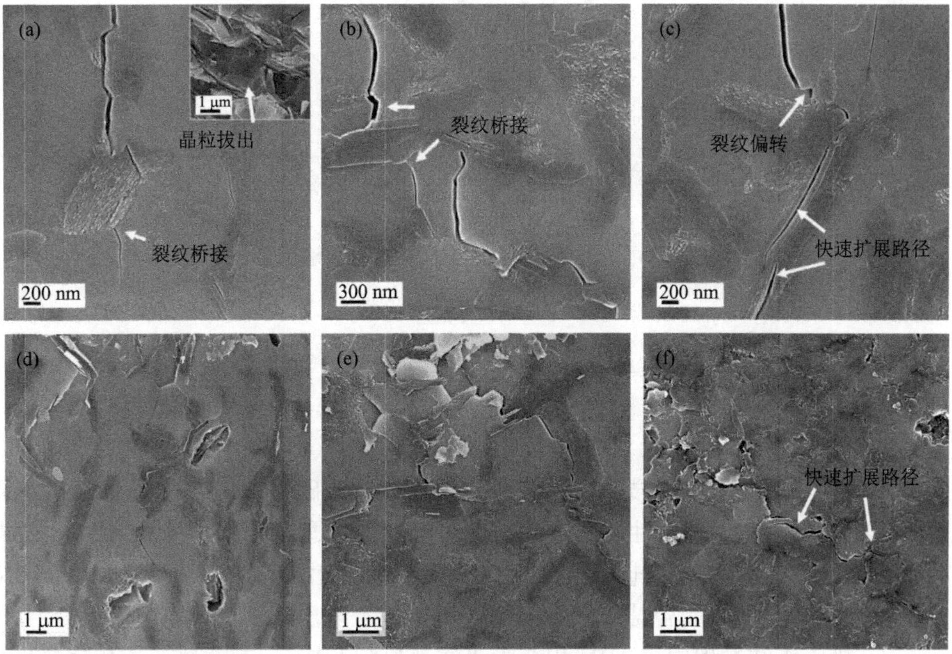

图 10-12　AlN/BN 复合陶瓷裂纹扩展的 FESEM 图

(a)～(c)、(e) 15C10H; (d) 0C25H; (f) 25C0H

图 10-13 为不同 c-BN 添加量的 AlN/BN 复合陶瓷的弯曲强度。从图可知，AlN/BN 复合陶瓷的弯曲强度具有明显的各向异性($\sigma_{\equiv} > \sigma_{\perp} > \sigma_{//}$)，这与前面的分析相符。c-BN 的引入对不同方向的弯曲强度均有明显提高，但提高程度有所差异。在≡和⊥方向上，$\sigma_{\equiv}$和 $\sigma_{\perp}$先增后减，15C10H 样品达到最高(362 MPa 和 340 MPa)，相比于 0C25H 提高了 20.5%和 15.6%，20C5H 和 25C0H 样品的 $\sigma_{\perp}$和 $\sigma_{\equiv}$降低，这是由于孔隙缺陷较多，为裂纹提供了快速通道[图 10-12(f)]；在 // 方向上，$\sigma_{//}$持续增加，25C0H 样品的 $\sigma_{//}$达到 239MPa，比 0C25H 提高了 136.6%。同时对比发

现，25C0H 样品的弯曲强度各向异性显著降低，这与图 10-7 的结果相符。因此，c-BN 相变形成的“洋葱”状 h-BN 不仅具有明显的增韧作用，同时可有效减小力学性能的各向异性。

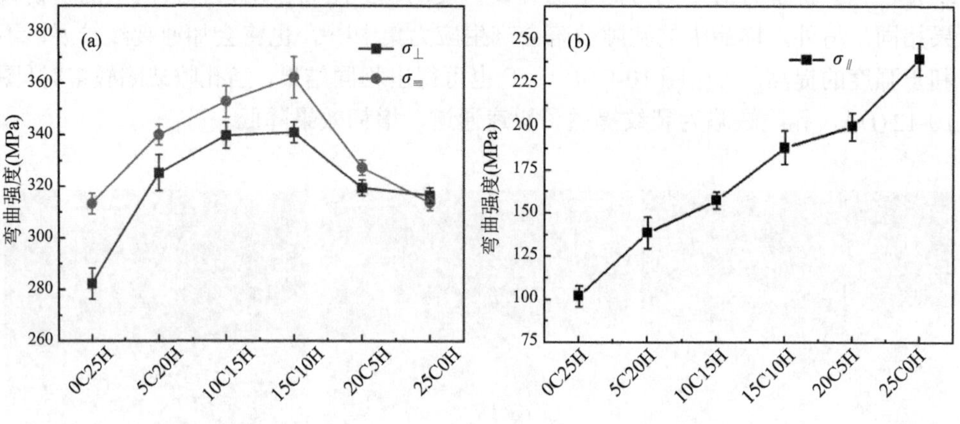

图 10-13　不同 c-BN 添加量的 AlN/BN 复合陶瓷的弯曲强度

(a) ⊥和≡方向; (b) // 方向

10.5　本 章 小 结

本研究采用热压烧结技术，系统研究了立方氮化硼(c-BN)添加量对 AlN/BN 复合陶瓷显微组织、力学性能和各向异性的影响。通过 X 射线衍射(XRD)、扫描电子显微镜(SEM)、透射电子显微镜(TEM)等先进表征手段，深入分析了 c-BN 相变行为及其对复合陶瓷结构和性能的作用机制，得出以下结论：

① 热压烧结过程中，c-BN 相变为“洋葱”状 h-BN，有效填充了孔隙缺陷，缓解了 h-BN 的定向排列趋势，|IOP|由 0C25H 样品的 170 减小至 25C0H 样品的 2.7，各向异性程度得到显著改善。

② c-BN 添加量不高于 15%时(15C10H)，裂纹扩展主要以桥联、偏转和晶粒拔出为主；c-BN 添加量过多时(0C20H、0C25H)，孔隙缺陷增加，为裂纹提供了快速通道。

③ 15C10H 样品的 $\sigma_{\equiv}$和 $\sigma_{\perp}$达到最高值($\sigma_{\equiv}$=362 MPa，$\sigma_{\perp}$=340 MPa)，分别比 0C25H 样品提高了 20.5%和 15.6%，25C0H 的 $\sigma_{/\!/}$达到最高值($\sigma_{/\!/}$=239 MPa)，比 0C25H 样品提高了 136.6%。

参 考 文 献

[1] Liu Z T, Zhao S Q, Yang T, et al. Improvement in mechanical properties in AlN-h-BN composites with high thermal conductivity. J Adv Ceram, 2021, 10(6): 1317-1325.

[2] Banhart F, Zwanger M, Muhr H J. The formation of curled concentric-shell clusters in boron nitride under electron irradiation . Chemical Physics Letters, 1994, 231(1): 98-104.

[3] Yang H T, Fang H L, Yu H, et al. Low temperature self-densification of high strength bulk hexagonal boron nitride. Nat Commun, 2019, 10: 9.

[4] Zhang Z, Duan X, Tian Z, et al. Texture and anisotropy of hot-pressed h-BN matrix composite ceramics with *in situ* formed YAG . J Adv Ceram, 2022, 11(04): 532-544.

[5] Xue J X, Liu J X, Xie B H, et al. Pressure-induced preferential grain growth, texture development and anisotropic properties of hot pressed hexagonal boron nitride ceramics. Scripta Materialia, 2011, 65(11): 966-969.

[6] Petrushai A, Materials R. Features of a cBN-to-graphite-like BN phase transformation under pressure . Diamond, 2000, 9: 1487-1491.

[7] Duan X, Wang M, Jia D, et al. Anisotropic mechanical properties and fracture mechanisms of textured h-BN composite ceramics . Materials Science Engineering: A, 2014, 607: 38-43.

[8] Cho W S, Lee Y H, Cho M W, et al. Microstructure and mechanical properties of AlN-BN based machinable ceramics. Proceedings of the Key Engineering Materials: F, 2004 . Trans Tech Publ.

[9] Yang X, Nitta S, Pristovsek M, et al. Scalable synthesis of multilayer h-BN on AlN by metalorganic vapor phase epitaxy: nucleation and growth mechanism . 2D Materials, 2019, 7(1): 015004.

[10] Ci L, Song L, Jin C, et al. Atomic layers of hybridized boron nitride and graphene domains . Nature Materials, 2010, 9(5): 430-435.

[11] Yang P, Wang L X, Zhao W H, et al. Hot-pressing sintered AlN-BN ceramics with high thermal conductivity and low dielectric loss. Ceram Int, 2020, 46(6): 8431-8437.

第 11 章 橡胶复合材料中的应用实例

11.1 应用对象

橡胶复合材料。

11.2 分析目的

① 合成纳米粒子及改性纳米粒子的表征；

② 橡胶复合材料硫化特性、微观结构、热稳定性能、静态力学性能、动态力学性能表征。

11.3 分析仪器

采用日本电子 JEOL 公司的 JEOL 200CX 型 TEM 对纳米粉体进行形貌表征，并对橡胶基体中纳米粒子的分散及界面结合状态进行表征；采用日本电子 JEOL 公司的 JSM-2010F 型 HRTEM 对纳米粉体进行形貌及 SAED 表征；采用日本理学株式会社的 D/max2200 型 XRD 进行粉体成分表征；采用美国 Nicolet 公司的 Avatar370 型 FTIR 进行粉体改性表征；采用上海德杰仪器设备有限公司生产的 MDR-2000 型无转子硫化仪进行硫化特性表征；采用日本电子 JEOL 公司 JSM-6700F 型 SEM 对硫化胶进行拉伸断面微观结构表征；采用深圳市瑞格尔仪器有限公司的 RG3005 型电子拉力机对硫化胶进行拉伸及撕裂性能表征；采用美国 TA 公司的 TGA Q500 型 TGA 对硫化胶的热稳定性能进行表征；采用日本 UBM 公司的 Rheogel E4000 型动态力学分析仪对硫化胶进行动态力学测试表征。

11.4 结果与分析[1]

11.4.1 实验过程

1. 实验原材料及试剂

实验原材料及试剂如表 11-1 所示。

表 11-1　实验原材料及试剂

实验原料	牌号/纯度	产地
天然橡胶(NR)	SCR 5L	海南天然橡胶集团股份有限公司
丁苯橡胶(SBR)	1502	中石化齐鲁石化公司
凹凸棒石(AT)	提纯级	江苏玖川纳米材料科技有限公司
十六烷基三甲基溴化铵(CTAB)	A.R.	国药集团化学试剂有限公司
六水合硝酸铈[$Ce(NO_3)_3 \cdot 6H_2O$]	A.R.	国药集团化学试剂有限公司
氨水($NH_3 \cdot H_2O$)	A.R	国药集团化学试剂有限公司
其他橡胶助剂	工业级	市售

2. 纳米复合粉体制备

将真空干燥的 15.0g AT 和溶有 15.3g $Ce(NO_3)_3 \cdot 6H_2O$ 的 700mL 水溶液加入三口烧瓶中，超声搅拌 30min 获得均匀稳定的悬浮液。将悬浮液加热到 75℃，缓慢滴加 100mL $NH_3 \cdot H_2O$，搅拌反应 3h。降至室温，过滤、洗涤、干燥、研磨，然后将所得粉末真空烘箱 200℃灼烧 8h，制得 AT-CeO_2 粉末。

3. 纳米复合粉体改性

在三口烧瓶中加入 20g 真空干燥的 AT(或 AT-CeO_2)和 300 mL 去离子水，超声搅拌 30 min，获得均匀稳定的悬浮液，然后加入 4.8 g 季铵盐 CTAB，80℃剧烈搅拌 3 h，降至室温，静置 12 h，过滤，洗涤，真空干燥，研磨粉碎，即得 CTAB-AT(或 CTAB-AT-CeO_2) 。

4. 硫化胶制备

胶料混炼采用传统法在 XK-160 型开放式炼胶机上进行。胶料硫化在 YX-25 型半自动压力成型机上进行，硫化条件 150℃×20 MPa×t_{90}，硫化胶样片尺寸为 $13 \times 12 \times 0.2\ cm^3$。

11.4.2　实验结果与分析

1. 纳米粉体表征

图 11-1 为 AT 及 AT-CeO_2 的 TEM 微观形貌。由图可见，AT 主要以棒晶束结构存在，类似竹竿束，其表面光滑；而 AT-CeO_2 呈芝麻棒状，CeO_2 颗粒基本均匀负载于 AT 表面，未见明显团聚；同时可见，在 AT-CeO_2 合成过程中，AT 棒晶束发生了部分解离，且因为 CeO_2 的存在，其聚集程度下降。

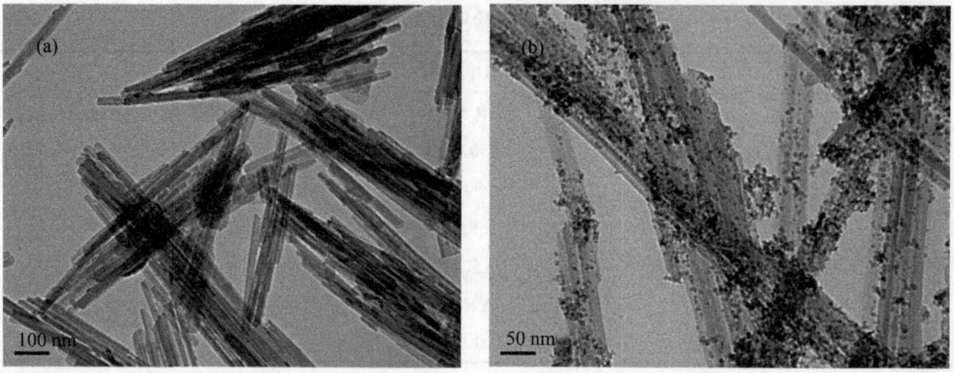

图 11-1　AT 及 AT-CeO_2 的 TEM 微观形貌

(a) AT；(b) AT-CeO_2

图 11-2 为 AT 及 AT-CeO_2 的 XRD 谱。由图可见，AT 的 XRD 谱在 2θ=8.3°、19.8°、27.3°出现了特征衍射峰，分别对应于 AT 的(110)、(040)、(400)晶面。AT-CeO_2 的 XRD 谱在 2θ=28.5°、33.0°、47.4°、56.1°出现了面心立方 CeO_2 的特征衍射峰(JCPDS# 34-0394)，分别对应于 CeO_2 的(111)、(200)、(220)、(311)晶面，进一步确定 CeO_2 已经复合到 AT 表面。

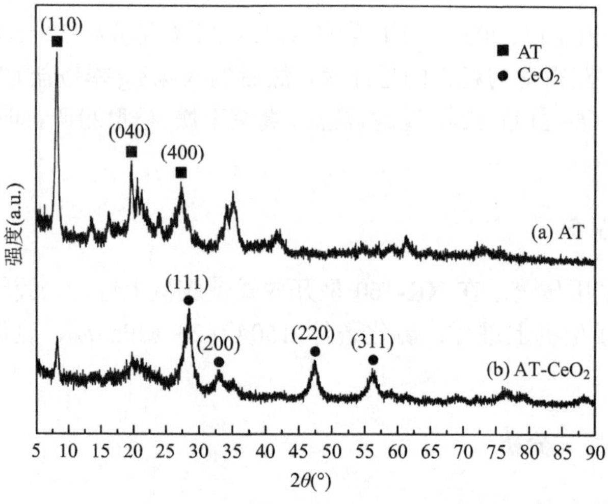

图 11-2　AT 及 AT-CeO_2 的 XRD 谱

图 11-3 为 AT-CeO_2 的 HRTEM 及 SAED 图片。由图 11-3(a)可见，CeO_2 颗粒基本呈立方状或不规则状，粒径 5nm 左右，单分散性良好，无团聚情况，颗粒晶格条纹清晰，其晶格条纹间距为 0.31nm，与 JCPDS# 34-0394(111)晶面间距相吻合[2]。由图 11-3(b)可见，CeO_2 的 SAED 衍射环样式清晰明朗、条带狭窄，表现

为细小颗粒特征。

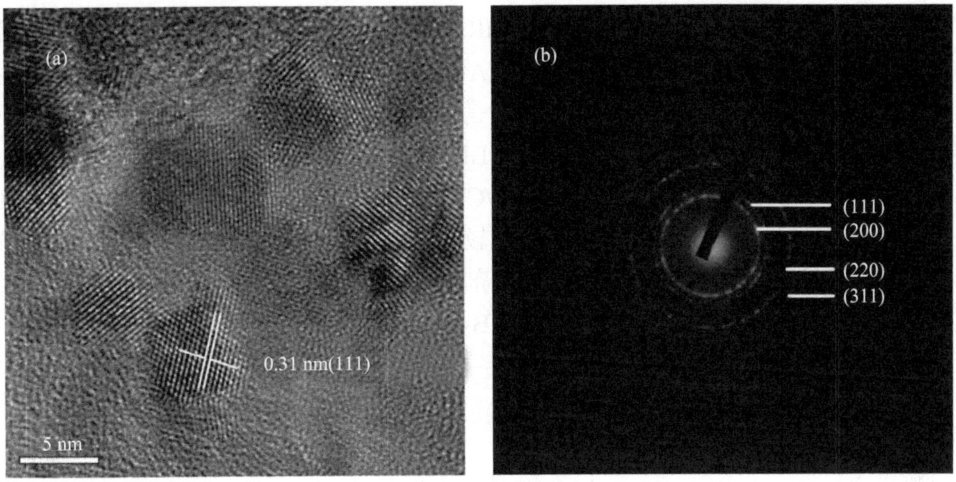

图 11-3　AT-CeO_2 的 HRTEM 及 SAED 图片

(a) HRTEM；(b) SAED

图 11-4 为 AT-CeO_2 及 CTAB-AT-CeO_2 的 FTIR 谱，相对于曲线(a)，曲线(b)在 2926cm^{-1}、2854cm^{-1} 左右的吸收峰对应于—CH_3 和—CH_2 的伸缩振动，说明有机改性成功[3-6]。

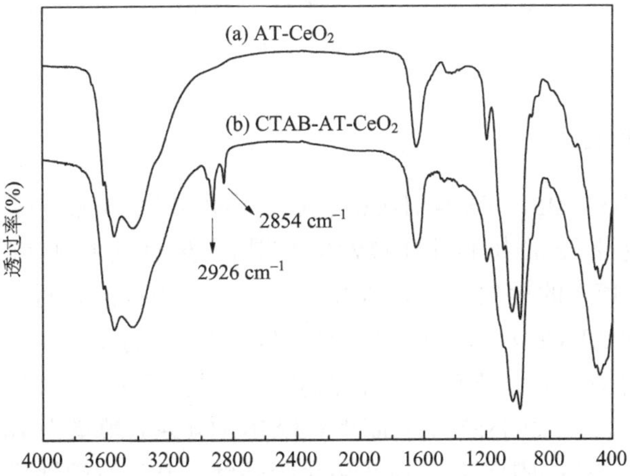

图 11-4　AT-CeO_2 及 CTAB-AT-CeO_2 的 FTIR 谱

2. 硫化特性表征

图 11-5 为 NR/SBR/CTAB-AT 及 NR/SBR/CTAB-AT-CeO_2 硫化参数。由图可见，随着填料填量的增加，NR/SBR/CTAB-AT 及 NR/SBR/CTAB-AT-CeO_2 的 t_{90} 及 t_{s2} 均呈现缩短的趋势，分析认为，这是由于改性粒子表面的季铵盐促进硫化所致[7]。同时可见，在相同填量下，NR/SBR/CTAB-AT 与 NR/SBR/CTAB-AT-CeO_2 的 t_{s2} 相近，而 t_{90} 则明显短于 NR/SBR/CTAB-AT-CeO_2。分析认为，一方面，AT 表面包覆 CeO_2 后，其阳离子交换能力较未包覆前出现下降；另一方面，极细粒径的 CeO_2 吸附能力较强，可能对硫化剂及促进剂存在一定的吸附作用，因此相对于 NR/SBR/CTAB-AT，NR/SBR/CTAB-AT-CeO_2 胶料的 t_{90} 偏长。

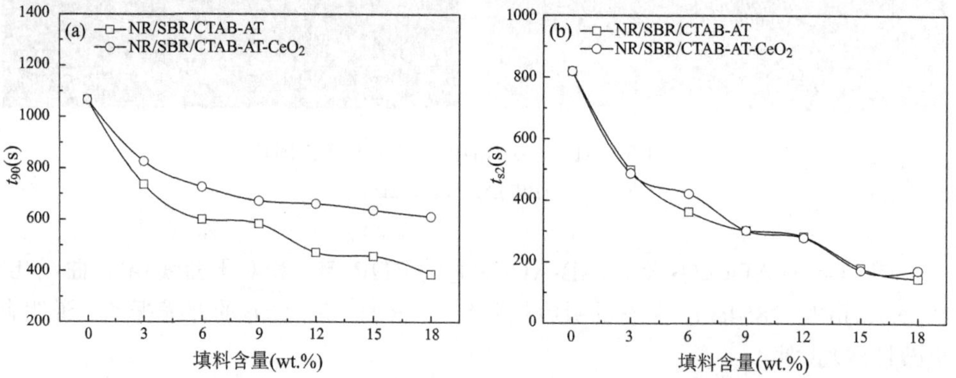

图 11-5　NR/SBR/CTAB-AT 及 NR/SBR/CTAB-AT-CeO_2 的硫化参数

(a) t_{90}；(b) t_{s2}

3. 微观结构表征

图 11-6 为 NR/SBR/CTAB-AT-CeO_2 拉伸断面 SEM 微观形貌。由图 11-6(a) 可见，未填充硫化胶的拉伸断面较为光滑，表明其拉伸强度较低；随着 CTAB-AT-CeO_2 填量的增加，图 11-6(b)、(c)、(d) 的拉伸断面表现出明显的韧性变形，当 CTAB-AT-CeO_2 填量为 12 wt.%时，硫化胶的拉伸断面呈剧烈撕扯状，说明纳米粒子对橡胶大分子产生了强烈的限制作用，形成了良好的增强增韧作用，使硫化胶能够抵抗较大的外应力；而当 CTAB-AT-CeO_2 填量为 18wt.%时，硫化胶断面出现了较为齐整的撕裂带，说明硫化胶硬度上升，抗塑性形变能力下降，其拉伸强度可能有所降低[8,9]。

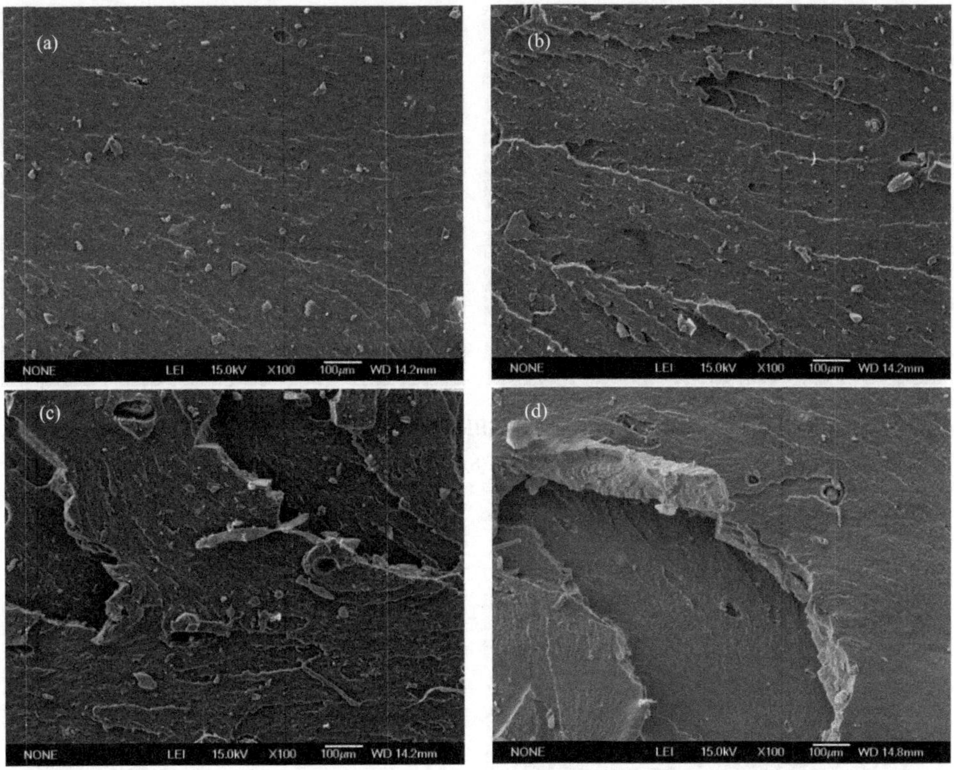

图 11-6　NR/SBR/CTAB-AT-CeO_2 拉伸断面 SEM 微观形貌

(a) 70/30/0；(b) 70/30/6；(c) 70/30/12；(d) 70/30/18

图 11-7 为 NR/SBR/CTAB-AT（70/30/12）及 NR/SBR/CTAB-AT-CeO_2（70/30/12）拉伸断面的 SEM 照片。由图可见，二者断面均可观察到均匀分散的 AT 棒晶或棒晶束，相对而言，NR/SBR/CTAB-AT-CeO_2 棒晶束的解离程度更高，但 CeO_2 纳米颗粒与 AT 棒晶端头无法分辨。

为进一步了解 CeO_2 纳米颗粒在橡胶基体中的分散状态及对 AT 分散的影响，对 NR/SBR/CTAB-AT（70/30/12）及 NR/SBR/CTAB-AT-CeO_2（70/30/12）进行了超薄切片 TEM 观察，如图 11-8 所示。由图 11-8（a）可见，在 NR/SBR/CTAB-AT 中，AT 主要以 2～3 根棒晶组成的棒晶束状态存在，大部分棒晶及棒晶束沿加工方向取向，形成长程有序的 AT 填料网络。而由图 11-8（b）可见，NR/SBR/CTAB-AT-CeO_2 中 AT 解离程度较高，有较多 AT 以单根棒晶状态存在，与 SEM 观察结果一致，这可能是因为 CeO_2 的存在促进了 AT 棒晶束的解离；由图 10-8（b）同时可见，CeO_2 弥散于橡胶基体中，部分 CeO_2 纳米颗粒形成类似于炭黑聚集体的纳米团聚体，团聚体粒径基本≤30nm，CeO_2 并未破坏 AT 的取向结构，AT 棒晶、棒晶束、单分散 CeO_2 及 CeO_2 微团聚颗粒共同组成填料网络。

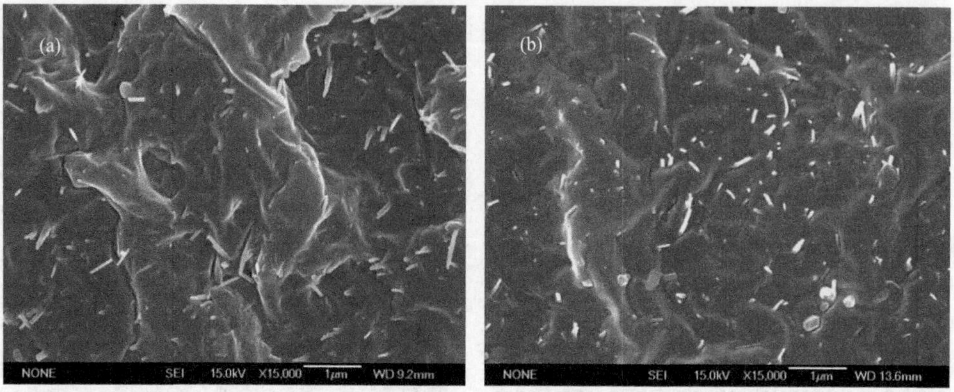

图 11-7 NR/SBR/CTAB-AT(70/30/12)及 NR/SBR/CTAB-AT-CeO_2(70/30/12)拉伸断面 SEM 照片

(a)NR/SBR/CTAB-AT；(b)NR/SBR/CTAB-AT-CeO_2

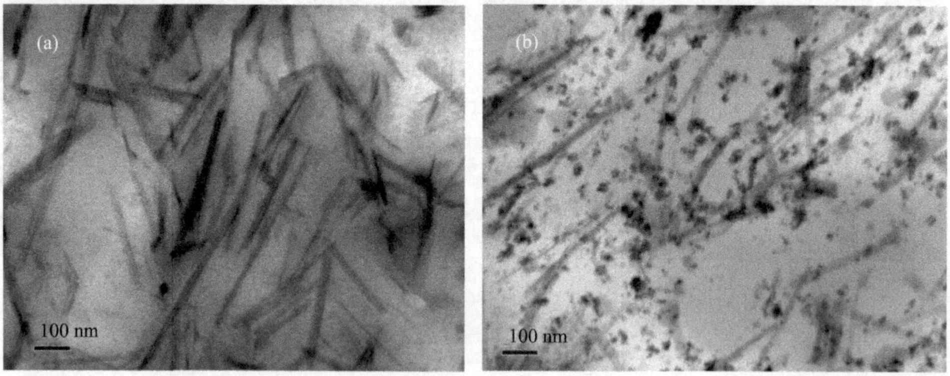

图 11-8 NR/SBR/CTAB-AT(70/30/12)及 NR/SBR/CTAB-AT-CeO_2(70/30/12)的 TEM 照片

(a)NR/SBR/CTAB-AT；(b)NR/SBR/CTAB-AT-CeO_2

4. 静态力学性能表征

图 11-9 为 NR/SBR/CTAB-AT 及 NR/SBR/CTAB-AT-CeO_2 的静态力学性能。由图 11-9(a)可见，随着填料填量的增加，NR/SBR/CTAB-AT 及 NR/SBR/CTAB-AT-CeO_2 的拉伸强度均先上升后下降，NR/SBR/CTAB-AT 在填料填量为 9 wt.%时达到拉伸强度最大值 17.5 MPa，较未填充提高 20.4%；而 NR/SBR/CTAB-AT-CeO_2 在填料填量为 12 wt.%时达到拉伸强度最大值 19.6 MPa，较未填充提高 34.5%。当填料填量<12 wt.%时，NR/SBR/CTAB-AT 及 NR/SBR/CTAB-AT-CeO_2 的拉伸强度非常接近。类似的，由图 11-9(b)、(c)、(d)、(e)可见，当填料填量<12wt.%时，NR/SBR/CTAB-AT 及 NR/SBR/CTAB-AT-CeO_2 具备接近的扯断伸长率、100%定伸应力、300%定伸应力以及撕裂强度，而当填料填量>12 wt.%时，与

NR/SBR/CTAB-AT 相比，NR/SBR/CTAB-AT-CeO_2 具有较低的扯断伸长率及 100%定伸应力，较高的 300%定伸应力及撕裂强度。由图 11-9(f)可见，在相同填量下，NR/SBR/CTAB-AT-CeO_2 的邵氏硬度低于 NR/SBR/CTAB-AT。

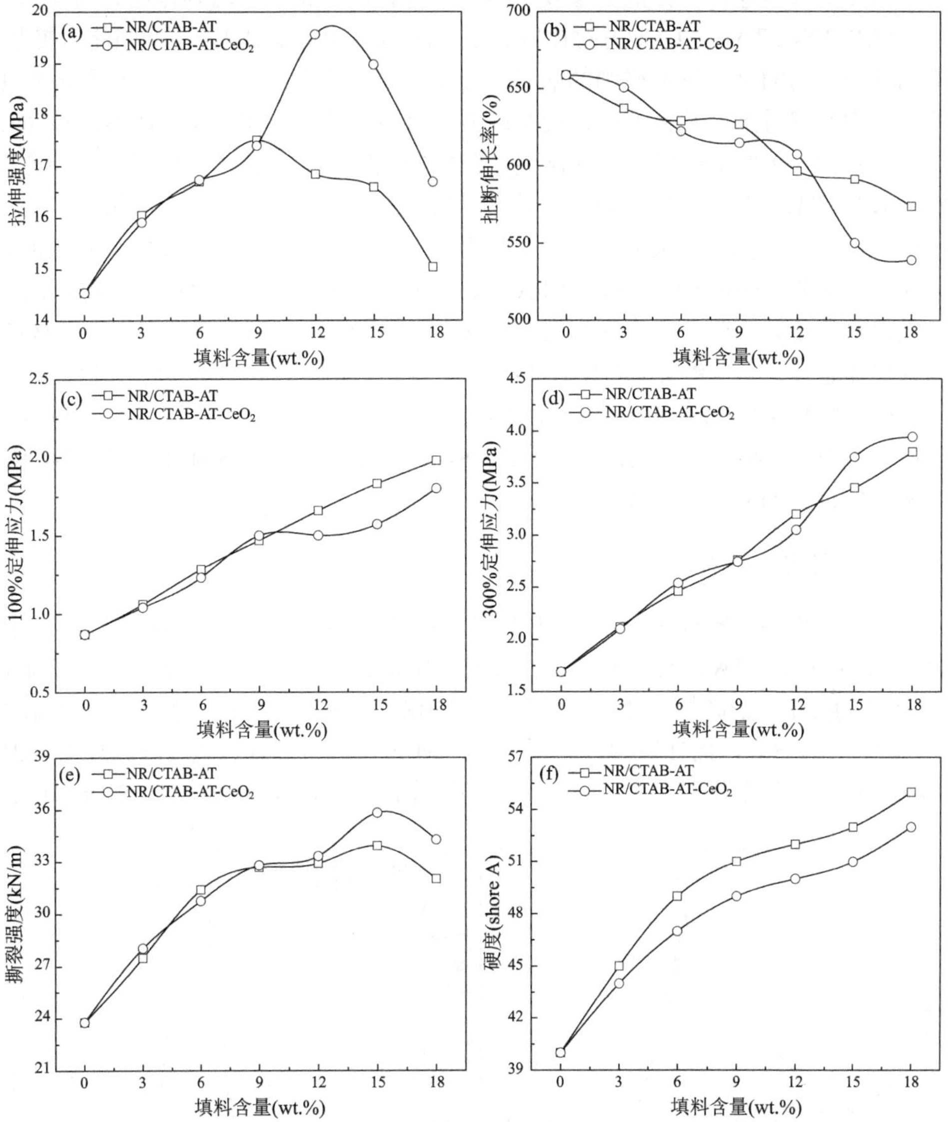

图 11-9　NR/SBR/CTAB-AT 及 NR/SBR/CTAB-AT-CeO_2 的力学性能

(a)拉伸强度；(b)扯断伸长率；(c)100%定伸应力；(d)300%定伸应力；(e)撕裂强度；(f)邵氏硬度

分析认为，硫化胶的网络结构、填料的分散及其与橡胶基体的界面结合是造成 NR/SBR/CTAB-AT 和 NR/SBR/CTAB-AT-CeO_2 静态力学性能差异的主要原因[10]。如前所述，CeO_2 促进了 AT 的棒晶解离，使其更加易于分散，同时，极细纳米尺度的 CeO_2 粒子弥散于橡胶基体中本身就起了良好的增强作用。因此相对于 CTAB-AT，CTAB-AT-CeO_2 对橡胶分子链的运动能力限制更大，增强能力更强。但同时应考虑的是，CeO_2 极细的纳米粒径及极大的比表面积使其易于吸附胶料中的硫化剂及促进剂，从而使硫化胶交联效率有所下降，这也正是 NR/SBR/CTAB-AT-CeO_2 的 100%定伸应力及邵氏硬度较低的原因。当填料填量较低时，一方面 NR/SBR/CTAB-AT 中 CTAB-AT 可均匀分散，另一方面 NR/SBR/CTAB-AT-CeO_2 中由 CeO_2 均匀弥散导致的增强与交联程度下降导致的力学性能下降相互抵消，因此 NR/SBR/CTAB-AT 与 NR/SBR/CTAB-AT-CeO_2 的各项力学性能极其接近。然而当填料填量较高时，NR/SBR/CTAB-AT 中 CTAB-AT 分散效果明显下降，橡胶/填料界面恶化，而 NR/SBR/CTAB-AT-CeO_2 中 CeO_2 促进了 AT 的分散，因此相对于 NR/SBR/CTAB-AT，NR/SBR/CTAB-AT-CeO_2 表现出较高的拉伸强度、300%定伸应力以及撕裂强度。综上，相对于 NR/SBR/CTAB-AT，NR/SBR/CTAB-AT-CeO_2 具备更加良好的静态力学性能。

5. 热稳定性能表征

图 11-10 为 NR/SBR 及 NR/SBR/CTAB-AT-CeO_2 的 TG 及 DTG 曲线。由图 11-10(a)可见，CTAB-AT-CeO_2 的加入使硫化胶的热分解速率明显降低，在降解残余量为 50 wt.%时，NR/SBR 及 NR/SBR/CTAB-AT-CeO_2 对应温度分别为 376.6℃、386.8℃，而在降解残余量为 20 wt.%时，NR/SBR 及 NR/SBR/CTAB-AT-CeO_2 对应温度分别为 425.6℃、438.1℃。由图 11-10(b)可见，NR/SBR/CTAB-

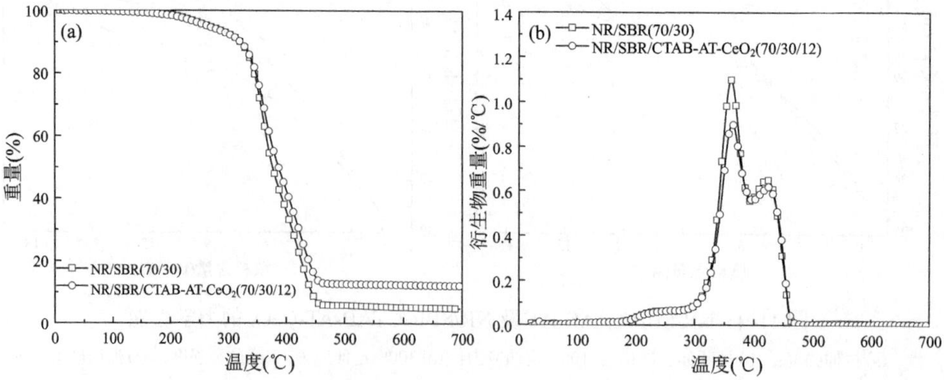

图 11-10　NR/SBR/CTAB-AT-CeO_2 的 TG 及 DTG 曲线

(a) TG；(b) DTG

AT-CeO_2 有两个最快热降解速率 363.1℃、423.6℃，分别对应于 NR、SBR 分子的最快热降解温度，较 NR/SBR 的 360.1℃、422.2℃略有提高。分析认为，CTAB-AT-CeO_2 加入后不仅与橡胶分子链相互缠结，并且使硫化胶交联密度上升，因此提高了硫化胶的耐热能力；同时，CTAB-AT-CeO_2 的填料阻隔作用阻碍了橡胶降解小分子产物的逸出，也延缓了橡胶的热降解速率[11,12]。

6. 动态力学性能表征

图 11-11 为 NR/SBR 及 NR/SBR/CTAB-AT-CeO_2 的 DMA 曲线。由图 11-11(a)可见，NR/SBR/CTAB-AT-CeO_2 的 E' 明显高于 NR/SBR，这是因为 CTAB-AT-CeO_2 对橡胶基体的增强作用所致。由图 11-11(b)可见，NR/SBR 的 Tanδ 曲线在−37.3℃出现一个峰值，同时在−45.3℃出现微弱峰肩，表明未填充 NR/SBR 具有两个玻璃化转变温度，即 NR/SBR 共混体系并未达到分子水平的均相体系。与之形成对比的是，NR/SBR/CTAB-AT-CeO_2 的 Tanδ 曲线只有−41.2℃出现一个峰值，即只存在一个玻璃化转变温度，这说明 CTAB-AT-CeO_2 的加入改善了 NR/SBR 的共混结构，形成了分子水平的均相体系，这也正是 CTAB-AT-CeO_2 增强时硫化胶力学性能得到明显提高的一个重要原因。由图 11-11(b)同时可见，NR/SBR/CTAB-AT-CeO_2 的 Tanδ_{max} 明显低于 NR/SBR，这是由于 CTAB-AT-CeO_2 对橡胶大分子链的限制作用造成的。

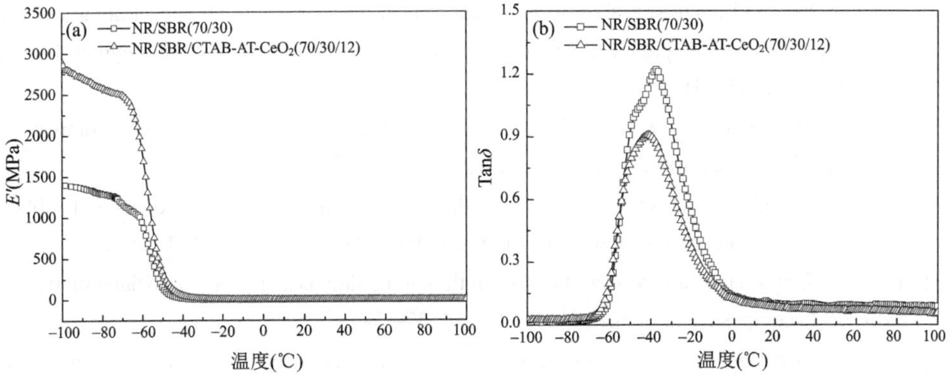

图 11-11　NR/SBR/CTAB-AT-CeO_2 的 DMA 性能

(a) E'；(b) Tanδ

11.5　本 章 小 结

① 以液相沉淀法在 AT 表面负载了纳米 CeO_2，并对复合粉体进行有机化改

性，然后以机械共混法制备了 NR/SBR/CTAB-AT 及 NR/SBR/CTAB-AT-CeO_2 纳米复合材料。

② 实验制备的 CeO_2 粒径约 5 nm 左右，结晶良好，以单分散状态负载于 AT 表面，形成芝麻棒状 AT-CeO_2 纳米复合粉体，并成功进行了表面改性。

③ 在 NR/SBR/CTAB-AT-CeO_2 制备过程中，CeO_2 促进了 AT 棒晶束的解离，并弥散于橡胶基体中与 AT 协同增强，使硫化胶的力学性能大幅提高，并优于 NR/SBR/CTAB-AT。

④ 热稳定性能及动态力学性能分析表明，CTAB-AT-CeO_2 不但提高了硫化胶的热稳定性，也改善了 NR/SBR 的共混结构，形成分子水平的均相体系。

参 考 文 献

[1] Zhao G Z, Shi L Y, Feng X, et al. Palygorskite-cerium oxide filled rubber nanocomposites. Applied Clay Science, 2012, 67-68: 44-49.

[2] Fang J H, Cao Z Y, Zhang D S, et al. Preparation and CO conversion activity of ceria nanotubes by carbon nanotubes templating method . Journal of Rare Earth, 2008, 26(2): 153-157.

[3] Chen X L, Zhou Z W, Lv W C, et al. Preparation of core-shell structured T-ZnO/polyaniline composites via graft polymerization . Materials Chemistry and Physics, 2009, 115 (1): 258-262.

[4] Chen Y, Zhao Y J, Zhou S Y, et al. Preparation and characterization of polyacrylamide/palygorskite . Applied Clay Science, 2009, 46 (2): 148-152.

[5] Lei Z Q, Yang Q L, Wu S, et al. Reinforcement of polyurethane/epoxy interpenetrating network nanocomposites with an organically modified palygorskite . Journal of Applied Polymer Science, 2009, 111 (6): 3150-3162.

[6] Roy N, Bhowmick A K. Novel *in situ* polydimethylsiloxane-sepiolite nanocomposites: structure-property relationship . Polymer, 2010, 51 (22): 5172-5185.

[7] López-Manchado, M A, Arroyo M, Herrero B, et al. Vulcanization kinetics of natural rubber-organoclay nanocomposites . Journal of Applied Polymer Science, 2003, 89 (1): 1-15.

[8] Lei Y D, Tang Z H, Zhu L X, et al. Functional thiol ionic liquids as novel interfacial modifiers in SBR/HNTs composites . Polymer, 2011, 52(5): 1337-1344.

[9] Das A, Stöckelhuber K W, Jurk R, et al. A general approach to rubber-montmorillonite nanocomposites: intercalation of stearic acid . Applied Clay Science, 2011, 51(1-2): 117-125.

[10] Lorenz H, Fritzsche J, Das A, et al. Advanced elastomer nano-composites based on CNT-hybrid filler systems .Composites Science and Technology, 2009, 69 (13): 2135-2143.

[11] Choudalakis G, Gotsis A D. Permeability of polymer/clay nanocomposites: a review. European Polymer Journal, 2009, 45 (4): 967-984.

[12] Sengupta R, Chakraborty S, Bandyopadhyay S, et al. A short review on rubber/clay nanocomposites withemphasis on mechanical properties . Polymer Engineering and Science, 2007, 47 (11): 1956-1974.

第 12 章　MoO_x/C 复合材料中的应用实例

12.1　应 用 对 象

无定形 MoO_x/C 复合材料。

12.2　分 析 目 的

分析目的是探究葡萄糖添加量对产物相态和显微结构的影响，以及评价 MoO_x/C 复合材料的电催化析氢性能。

12.3　分 析 仪 器

X 射线衍射仪（XRD）、X 射线光电子能谱仪（XPS）、场发射扫描电镜（SEM）、透射电子显微镜（TEM）、拉曼光谱仪、碳硫分析仪和氧氮分析仪。

12.4　结果与分析

12.4.1　实验过程

1. 材料的合成

采用四水钼酸铵为钼源［$(NH_4)_6Mo_7O_{24}\cdot 4H_2O$，AHM，≥99%］，硝酸铵（$NH_4NO_3$，≥99 %）为氧化剂，甘氨酸（$C_2H_5NO_2$，≥99 %）为燃料，葡萄糖（$C_6H_{12}O_6$，≥99 %）为碳源。其中，分别保持 AHM、硝酸铵和甘氨酸用量为 0.01 mol、0.20 mol 和 0.10 mol，研究不同葡萄糖与 AHM 的摩尔比（即 1.5、2.0、2.5 和 3.0）对 SCS 合成氧化钼/碳复合材料的相态与形貌的影响，产物命名为 MoO_x/nC（n 表示葡萄糖与 AHM 的摩尔比）。表 12-1 为原料成分配比。将原料放入 1000 mL 的烧杯中并加入 100 mL 的去离子水，进行充分搅拌形成溶液，随后放置在小型电阻丝加热炉上进行加热，加热过程中会形成大量气泡和水蒸气，等溶液变成淡黄色凝胶状时，燃烧反应开始进行，伴随大量的气体和热量产生，燃烧反应完成后（约 45 s）获得蓬松的黑色产物。

表 12-1　SCS 合成 MoO_x/nC 的原料成分配比

样品	AHM (mol)	NH_4NO_3 (mol)	$C_2H_5O_2N$ (mol)	$C_6H_{12}O_6$ (mol)
MoO_x/1.5C	0.01	0.20	0.10	0.015
MoO_x/2.0C	0.01	0.20	0.10	0.020
MoO_x/2.5C	0.01	0.20	0.10	0.025
MoO_x/3.0C	0.01	0.20	0.10	0.030

2. 结构检测与表征方法

采用 X 射线衍射仪（Rigaku, D/max-RB12, Japan）分析产物物相，X 射线光电子能谱仪（XPS，PHI-5300）分析产物表面元素的化学价态组成，场发射扫描电镜（SEM，Zeiss, ULTRA 55, German）观察样品形貌和粒径分布，透射电子显微镜（TEM，FEI, Tecnai G2 F20, USA）进行高分辨形貌和电子衍射分析，拉曼光谱仪（Renishaw, inVia, England）分析样品的结构。分别采用碳硫分析仪（LECO, CS-444, UAS）和氧氮分析仪（LECO, TC-436, USA）测试样品的碳、氧含量。

3. 电催化析氢性能测试

采用三电极体系，即负载催化剂的玻碳电极（Φ5 mm）为工作电极，饱和甘汞电极为参比电极，石墨棒电极为对电极，电解液为 0.5 mol/L H_2SO_4 溶液。分别称取 5 mg 的四种 MoO_x/nC 样品（MoO_x/1.5C、MoO_x/2.0C、MoO_x/2.5C 和 MoO_x/3.0C）和商用 20 % Pt/C，并分别加入 0.225 mL 的酒精和 0.675 mL 去离子，进行充分研磨分散，随后加入 100 μL Nafion 溶液（5 wt.%, D520）后进行超声波分散 15 min 形成催化剂浆料。利用移液枪取 10 μL 的催化剂浆料滴于玻碳电极表面，随后在室温下干燥 24 h，经计算，催化剂在玻碳电极表面的负载量为 0.1 mg/cm^2。利用电化学工作站（CHI760E, 辰华），采用线性扫描伏安法（LSV）进行稳态极化曲线测试，扫描速率为 5 mV/s，电位范围为 0.2～0.8 mV。另外，通过对比 MoO_x/2.5C 催化剂在 0.5 mol/L H_2SO_4 电解液中进行 1000 个 CV 循环测试（5 mV/s）前后的 LSV 极化曲线，表征 MoO_x/2.5C 催化剂的催化析氢稳定性能。电化学交流阻抗图在 0.02～106 Hz、过电势为 200 mV、振幅电压为 5 mV 的条件下进行。

12.4.2　讨论与分析

1. 葡萄糖含量对 MoO_x/C 相组织的影响

图 12-1 为不同 AHM/葡萄糖的摩尔比（1.5、2.0、2.5 和 3.0）SCS 合成产物的

XRD 衍射谱。从图可知，$MoO_x/1.5C$ 样品出现尖锐的 MoO_2、MoO_3 和 Mo_4O_{11} 的衍射峰，表明产物由结晶度高的钼氧化物组成。$MoO_x/2.0C$ 样品的相组成与 $MoO_x/1.5C$ 样品一致，但其衍射峰强度明显较弱，表示样品结晶度降低。当增加葡萄糖添加量时，$MoO_x/2.5C$ 和 $MoO_x/3.0C$ 样品未出现明显的衍射峰，表明这两个样品均形成无定形态产物。上述研究结果表明，葡萄糖添加量对产物的结晶程度有明显影响。

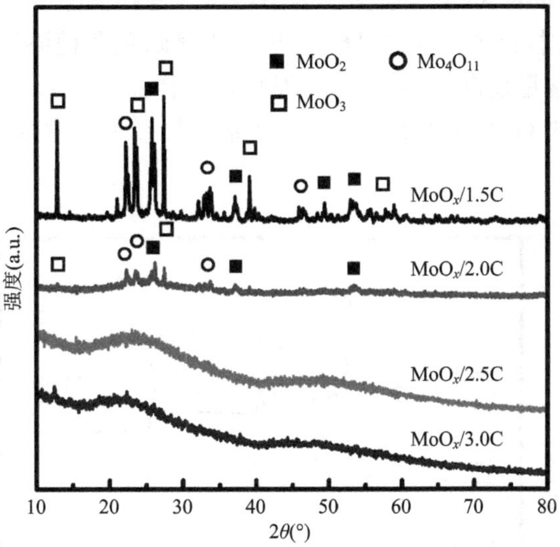

图 12-1　SCS 合成 MoO_x/nC 样品的 XRD 衍射谱

2. 葡萄糖含量对 MoO_x/C 成分与价态的影响

采用有机元素分析仪检测样品的 C、O，结果如表 12-2 所示。$MoO_x/1.5C$ 样品的 C 含量仅为 1.2 %，表明样品存在残余碳，这来源于葡萄糖的热解反应。SCS 反应过程中，葡萄糖被热分解成碳材料[反应(12-1)]，同时，大部分碳材料将被继续加热形成气态产物[反应(12-2)]。$MoO_x/2.0C$、$MoO_x/2.5C$ 和 $MoO_x/3.0C$ 样品的碳含量分别增加至 8.9 %、15.4 %和 18.6 %，这表明葡萄糖的增加会吸收过多的热量，抑制了反应(12-2)的发生。另外，四种样品中的 O 元素含量变化不大。

$$C_3H_{12}O_6 \longrightarrow 3C+6H_2O \tag{12-1}$$

$$C+O_2 \longrightarrow CO_2 \tag{12-2}$$

表 12-2 SCS 合成 MoO_x/nC 样品的碳、氧含量

元素	MoO_x/1.5C	MoO_x/2.0C	MoO_x/2.5C	MoO_x/3.0C
C (wt.%)	1.2	8.9	15.4	18.6
O (wt.%)	32.2	35.3	34.8	35.1

为进一步研究样品的元素成分与化学价态结构，对四种样品进行 XPS 表征。图 12-2 为四种样品的 XPS 全谱图。从图可知，每种样品中均含有 Mo、O 和 C 元素，通过对比各样品 C 1s 特征峰，发现其强度随葡萄糖添加量的增加而增强，说明样品中的碳含量逐渐增加。同时，发现四种样品中的 O 1s 特征峰强度相当，表明四种样品中的 O 含量基本一致。上述结果与元素含量分析结果(表 12-2)相符合。

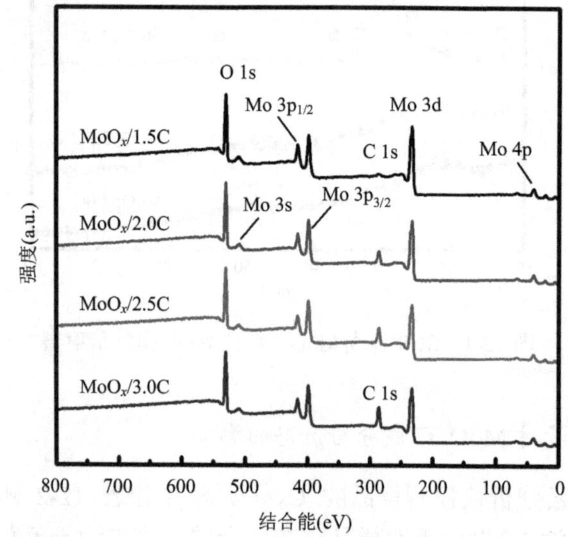

图 12-2 SCS 合成 MoO_x/nC 样品的 XPS 全谱图

对四种样品的 Mo 元素进行 XPS 窄扫描并拆解拟合。图 12-3 为四种样品 Mo 3d 的 XPS 窄扫描拆解拟合图。从图可知，四种样品均出现不同 Mo 价态的特性峰，表明样品由混合价态的氧化钼组成，这与 XRD 的结果相符。其中，232.8 eV 和 229.6 eV 分别归属于 MoO_2 的 Mo^{4+} $3d_{3/2}$ 和 Mo^{4+} $3d_{5/2}$，231.3 eV 和 235.9 eV 分别对应于 MoO_3 的 Mo^{6+} $3d_{5/2}$ 和 Mo^{6+} $3d_{3/2}$，234.4 eV 属于 Mo_4O_{11} 的 Mo^{5+} $3d_{3/2}$。通过计算不同价态 Mo 元素特征峰的相对面积，得出 Mo^{4+}、Mo^{5+}和 Mo^{6+}的原子比含量如表 12-3 所示，从表可知，随着葡萄糖添加量的增加，Mo^{4+}的含量稍有减少，

Mo^{6+}含量略有增加。这是由于葡萄糖热解需要消耗能量，随着葡萄糖添加量的增加，燃烧温度会持续降低，导致 MoO_3 被还原为 MoO_2 的程度不断下降，钼氧化物(MoO_2、MoO_3 和 Mo_4O_{11})的形成过程如反应式(12-3)～(12-5)所示[5]。

$$(NH_4)_6Mo_7O_{24} \longrightarrow 7MoO_3+6NH_3+3H_2O \tag{12-3}$$

$$4(NH_4)_6Mo_7O_{24} \longrightarrow 7(NH_4)_2Mo_4O_{13}+10NH_3+5H_2O \tag{12-4}$$

$$3MoO_3+2NH_3 \longrightarrow 3MoO_2+N_2+3H_2O \tag{12-5}$$

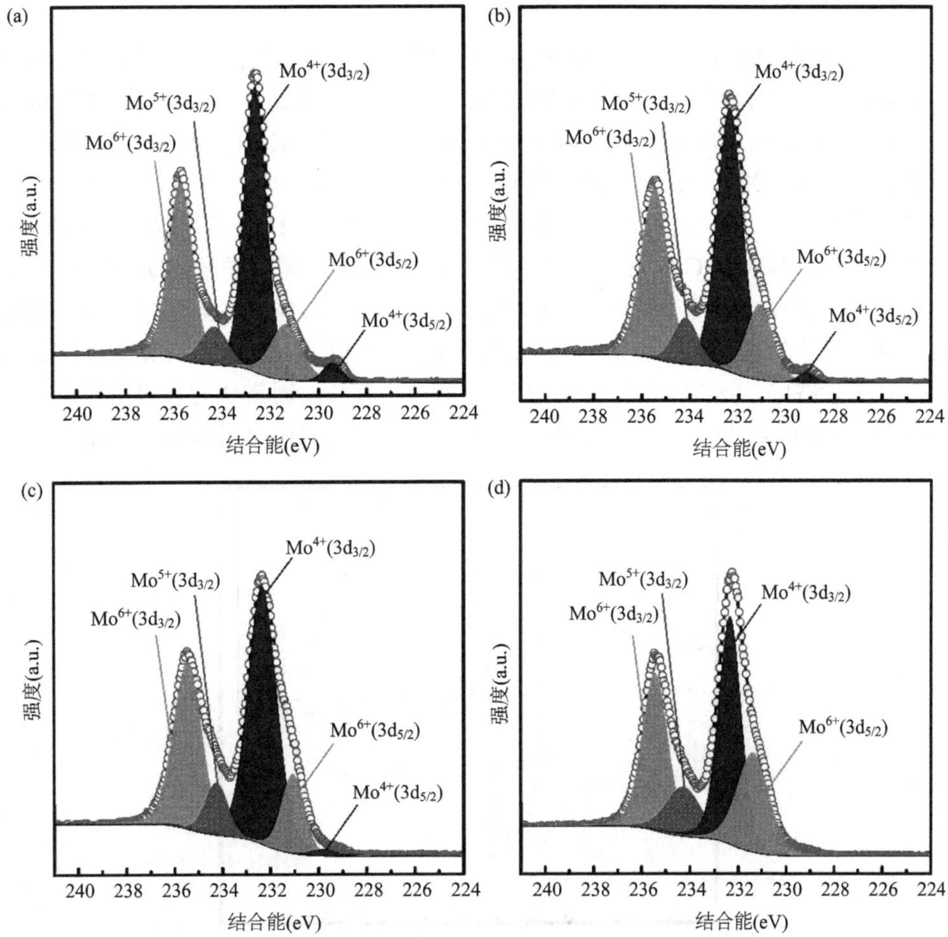

图 12-3　SCS 合成的 MoO$_x$/nC 的 Mo 3d XPS 窄扫描拟合图

(a) MoO$_x$/1.5C; (b) MoO$_x$/2.0C; (c) MoO$_x$/2.5C; (d) MoO$_x$/3.0C

表 12-3　MoO_x/nC 不同价态 Mo 元素的原子百分含量

样品	Mo^{4+} (at.%)	Mo^{6+} (at.%)	Mo^{5+} (at.%)
$MoO_x/1.5C$	49.7	42.5	7.8
$MoO_x/2.0C$	49.2	43.2	7.6
$MoO_x/2.5C$	46.8	45.4	7.8
$MoO_x/3.0C$	36.5	51.4	12.1

3. 拉曼表征 MoO_x/C 的结构缺陷

采用拉曼光谱对 SCS 合成 MoO_x/nC 样品的化学组成进行表征。图 12-4 为 SCS 合成 $MoO_x/2.5C$ 的拉曼光谱图。从图可知，分别位于 993 cm^{-1}、819 cm^{-1}、660 cm^{-1}、378 cm^{-1}、338 cm^{-1} 和 282 cm^{-1} 的拉曼峰归属于氧化钼(MoO_2、MoO_3 和 Mo_4O_{11})的特征峰，这与 XRD 和 XPS 的结果相符合。同时，存在明显的 D 峰(1360 cm^{-1})和 G 峰(1570 cm^{-1})，这两者表示样品中含有碳。其中，D 峰表征碳的无序程度，即缺陷度；G 峰表示 C 原子 sp^2 杂化面内的伸缩振动，即有序度。D 峰与 G 峰的积分强度比值(I_D/I_G)可表征碳结构的混乱程度，I_D/I_G 值越大，则表示混乱程度越高，即含有缺陷越多。经计算，$MoO_x/2.5C$ 的 I_D/I_G 值为 1.34，表明 $MoO_x/2.5C$ 样品含有大量缺陷，这与 $MoO_x/2.5C$ 为无定形结构有关。通常认为，材料含有的缺陷越多，表明存在更多的活性位点，这有利于其作为催化材料方面的应用。

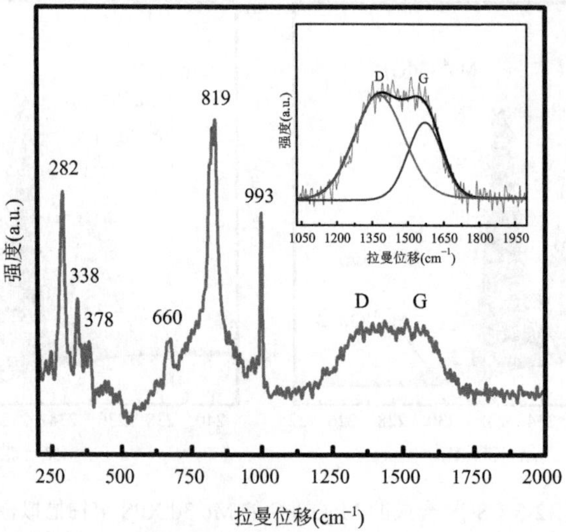

图 12-4　SCS 合成 $MoO_x/2.5C$ 样品的拉曼光谱图

4.　MoO_x/C 的微观形貌演变

图 12-5 为 SCS 合成的四种样品的 FE-SEM 图。从图可知，$MoO_x/1.5C$ 样品由结晶态的不规则粗大颗粒组成[图 12-5(a)]，结合 XRD 的分析结果(图 12-1)可知，大颗粒为 MoO_2、MoO_3 和 Mo_4O_{11} 的混合物；$MoO_x/2.0C$ 样品呈现出由许多尺寸为 100～200 nm 的不规则 MoO_x 颗粒均匀嵌入片状基体中而形成的多孔泡沫状结构[图 12-5(b)]，同时，对图 12-5(b)的局部区域进行元素面扫描[图 12-5(c)]，可知片状基体由 Mo、O 和 C 元素组成，并结合 XRD 和 XPS 的分析结果，可确定片状基体由无定形的 MoO_x 和无定形碳组成。$MoO_x/2.5C$ 样品和 $MoO_x/3.0C$ 样品的形貌均为多孔泡沫状结构[图 12-5(d)]，从其高倍数的 FE-SEM 图[图 12-5(e)]可看出，样品表面光滑，未发现 MoO_x 颗粒。

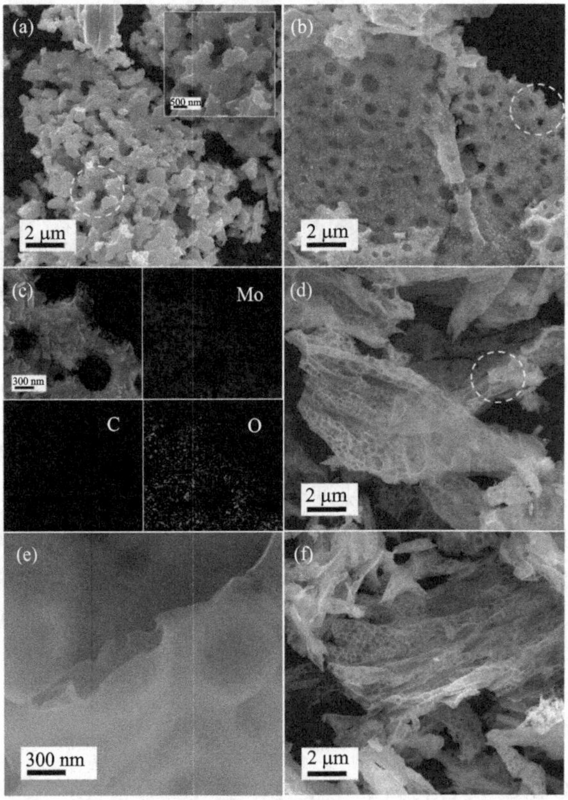

图 12-5　MoO_x/nC 样品的 FE-SEM 图和 $MoO_x/2.0C$ 的 Mo、C、O 面扫描图

(a) $MoO_x/1.5C$; (b)、(c) $MoO_x/2.0C$; (d)、(e) $MoO_x/2.5C$; (f) $MoO_x/3.0C$

为了进一步研究 MoO_x 的相态与显微结构，采用 TEM 对 MoO_x/2.5C 样品进行表征。图 12-6 为 MoO_x/2.5C 样品的 TEM、高角环形暗场相(HAADF)和元素面分布图。从图 12-6(a)可明显观察到多孔结构，这与 SEM 的结果一致，同时，从 SEAD 图(插图)中没有观察到衍射斑点，进一步证明了 MoO_x/2.5C 样品为无定形结构。图 12-6(b)～(e)为样品的 HAADF 和元素面分布图。从图可知，Mo、C、O 元素分布均匀，表明无定形 MoO_x 与无定形碳紧密接触。

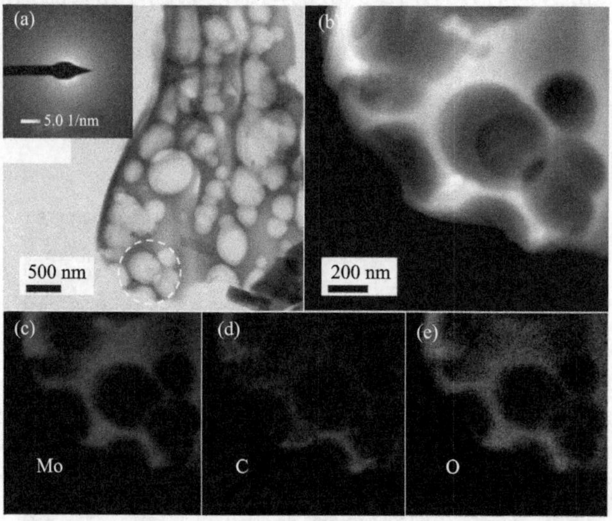

图 12-6　MoO_x/2.5C 样品的 TEM 图、SAED 图、HAADF 图和面扫描图

(a) TEM 和 SAED(插图); (b) HAADF; (c)(d)(e) Mo、C、O 面扫描图

综上可知，采用四水钼酸铵为钼源，硝酸铵为氧化剂，甘氨酸为燃料，并引入葡萄糖作为碳源，利用 SCS 可快速合成 MoO_x/nC 复合材料。葡萄糖添加量对 SCS 合成产物的形貌具有显著影响，随着葡萄糖量的增加，MoO_x 的相态与形貌从不规则粗大颗粒→不规则细小和部分无定形态→完全无定形结构的规律进行演变。当葡萄糖与钼源的摩尔比值为 2.5，即 MoO_x/2.5C，可合成无定形 MoO_x 与无定形碳均匀混合的多孔泡沫状 MoO_x/C 复合材料。

5. MoO_x/C 的电催化析氢性能

为评价 MoO_x/nC 复合材料的电催化析氢(HER)性能，采用三电极体系，在 0.5 mol/L H_2SO_4 的酸性电解质环境，分别对 MoO_x/1.5C、MoO_x/2.0C、MoO_x/2.5C 和 MoO_x/3.0C 进行析氢电化学测试。同时，在相同条件下对商业铂/碳催化剂(20 wt.% Pt/C)进行电化学测试，以进行性能对比。

图 12-7 为 MoO_x/nC 复合材料和 20 wt.% Pt/C 催化剂在 0.5 mol/L H_2SO_4 溶液

中的 HER 极化曲线。从图可知，商业 Pt/C 催化剂的起始电位≈0 V(*vs*. RHE)，当电流密度达到 10 mA/cm^2 的过电位(表示为 $\eta10$，下同)为 32.5 mV，显示出优异的催化活性，该结果与有关文献报道一致[2,3]，也证明了本实验电化学测试的准确性。$MoO_x/1.5C$ 和 $MoO_x/2.0C$ 的起始电位分别为 270 mV 和 211 mV，$\eta10$ 分别为 375 mV 和 321 mV，表现出弱的析氢催化性能，这归因于样品中含有大量块体 MoO_x。研究表明，块体氧化钼材料的催化活性低[3]。$MoO_x/2.5C$ 和 $MoO_x/3.0C$ 样品的起始电位分别为 132 mV 和 176 mV，$\eta10$ 分别为 212 mV 和 265 mV，析氢催化性能明显提高，其中，$MoO_x/2.5C$ 样品的析氢催化性能最为优异，这与样品形成的无定形的相态以及相对碳含量有关。对比有关报道发现，$MoO_x/2.5C$ 样品的性能优于 MoO_2/rGO 复合材料[3]、Mo-$MoSe_{2-x}$ 纳米片[1]等。

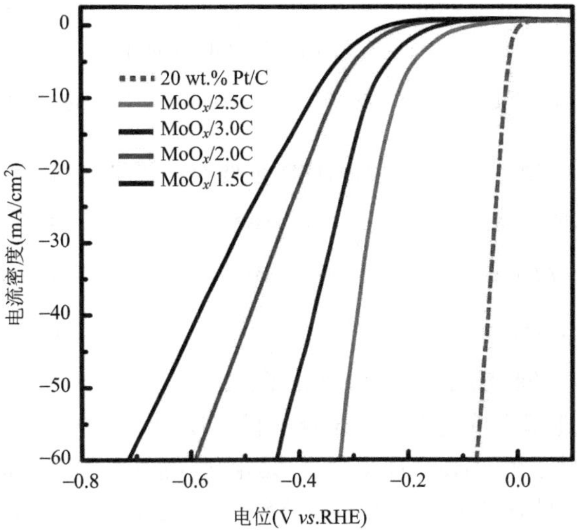

图 12-7　MoO_x/nC 复合材料和 20 wt.% Pt/C 催化剂在 0.5 mol/L H_2SO_4 溶液中的 HER 极化曲线

塔菲尔(Tafel)斜率是催化材料的固有特征，是表征催化活性的重要指标，其是利用 Tafel 公式对 HER 极化曲线进行计算，并通过对线性极化部分进行拟合而获得。图 12-8 为 MoO_x/nC 复合材料和 20 wt.% Pt/C 催化剂的 Tafel 曲线。从图可知，20wt.% Pt/C 催化剂的 Tafel 斜率为 29.2 mV/dec，析氢催化性能优异，这与文献[2, 6]的结果一致。MoO_x/nC 复合材料的 Tafel 斜率大小次序为：84.9 mV/dec ($MoO_x/2.5C$)＜113.3 mV/dec ($MoO_x/3.0C$)＜175.7 mV/dec ($MoO_x/2.0C$)＜247.9 mV/dec ($MoO_x/1.5C$)，可见，$MoO_x/2.5C$ 样品的催化活性最为优异，这与 HER 极化曲线(图 12-7)的结果相吻合。

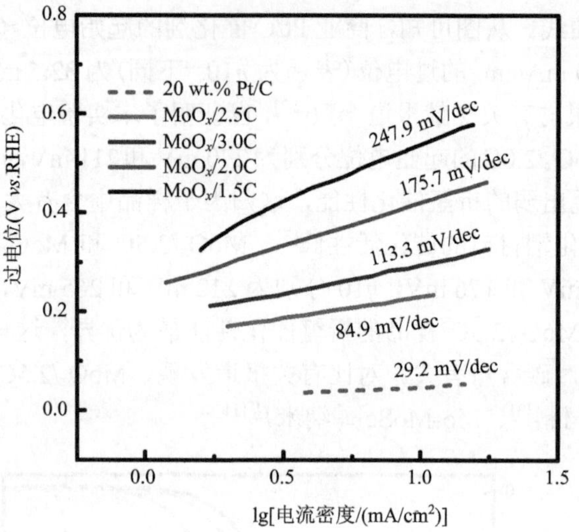

图 12-8　MoO_x/nC 复合材料和 20 wt.% Pt/C 催化剂的 Tafel 曲线

研究表明[7]，在酸性电解液中，HER 主要存在以下三种反应机制：

① Volmer 反应：$H_3O^+ + e^- \longrightarrow H_{ad} + H_2O$　　（Tafel 斜率= 120 mV/dec）

② Heyrovsky 反应：$H_{ad} + H^+ + e^- \longrightarrow H_2$　　（Tafel 斜率= 40 mV/dec）

③ Tafel 反应：$H_{ad} + H_{ad} \longrightarrow H_2$　　（Tafel 斜率= 30 mV/dec）

式中，H_{ad} 为吸附在催化剂活性位的氢原子。

HER 的反应速率主要受上述三个反应机制控制。其中，Volmer 反应主要发生氢离子的化学吸附过程，Heyrovsky 反应是电化学脱附过程，Tafel 反应是氢原子化学脱附过程。当催化剂的 Tafel 斜率分别达到 120 mV/dec、40 mV/dec 和 30 mV/dec 时，其对应的 HER 反应步骤分别为 Volmer、Volmer-Heyrovsky 和 Volmer-Tafel 反应。

因此，从上述可知，在 0.5 mol/L H_2SO_4 酸性条件下，20 wt.%Pt/C 的 Tafel 斜率为 29.2 mV/dec，表明其 HER 遵循 Volmer-Tafel 机制；MoO_x/2.5C 的 Tafel 斜率为 84.9 mV/dec，表明其 HER 反应以 Volmer-Heyrovsky 机制进行，电化学吸附是反应速率的控制步骤。

采用电化学阻抗谱分析催化剂在 HER 反应过程中的电荷转移电阻(R_{ct})，R_{ct} 由 Nyquist 谱的半圆终点的截距确定，R_{ct} 越小说明电子转移阻力越低，HER 的反应速率越快。图 12-9(a)为 MoO_x/nC 的 Nyquist 图。从图可知，MoO_x/nC 复合材料的 HER 反应速率快慢程度为 MoO_x/2.5C ＞ MoO_x/3.0C ＞ MoO_x/2.0C ＞ MoO_x/1.5C，MoO_x/2.5C 具有最快的 HER 反应速率，表明其催化活性最好，这与 HER 极化曲线(图 12-7)和 Tafel 斜率(图 12-8)结果一致。

另外，催化剂的稳定性也是评价催化性能的重要参数。为此，本研究对 MoO_x/2.5C 样品进行了稳定性测试。图 12-9(b)为 MoO_x/2.5C 样品首次和循环 1000 次 CV 循环测试后的 HER 极化曲线。从图可知，MoO_x/2.5C 样品经过 1000 次的循环测试后的极化曲线与首次极化曲线基体保持不变，表明 MoO_x/2.5C 催化剂在酸性条件下具有优异的稳定性。

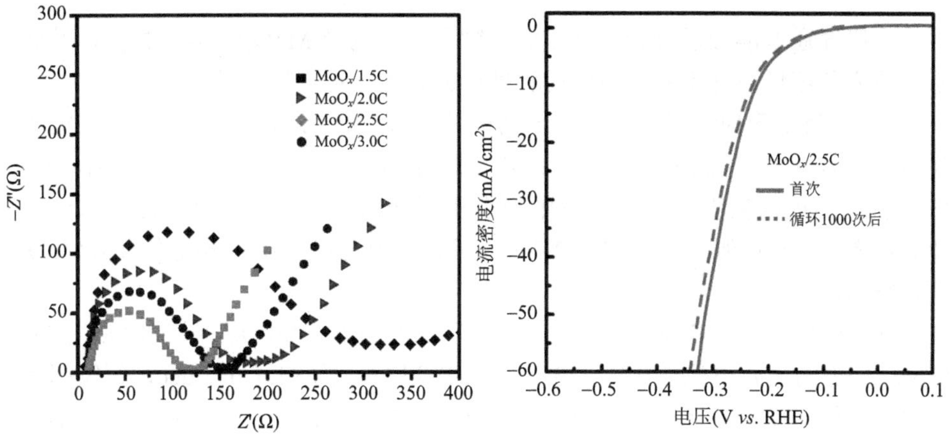

图 12-9　MoO_x/2.5C 的 Nyquist 图和 MoO_x/2.5C 样品在 0.5 mol/L H_2SO_4 电解液中首次和循环 1000 次后的 HER 极化曲线

(a) Nyquist 图; (b) 循环 HER 极化曲线

已有研究证实，碳材料的引入，如纳米碳片[2]、石墨烯[3]、无定形碳[8]和多孔碳[4]等可显著提高材料的电化学性能，这归因于：①碳的存在能提高催化剂的导电性，增加电子迁移速率；②碳能有效分散和细化催化剂，提高催化剂的比表面积，增加催化活性位点数量；③碳可为催化剂提供二维支撑载体，有效稳定催化剂结构，提高催化稳定性。

本实验中，SCS 合成的 MoO_x/nC 样品具有典型的泡沫状多孔结构(图 12-5)，这有利于提供更多的活性位点。另外，通过引入葡萄糖作为碳源，并且随着葡萄糖添加量的增加，一方面，使 MoO_x 得到细化并演变为无定形态 MoO_x，无定形结构含有丰富的空隙和空位等缺陷，可提供高的活性位点密度[9]；另一方面，形成无定形碳，使导电性得到提高。因此，由于 MoO_x/1.5C 样品主要由结晶度高的粗大 MoO_x(MoO_2、MoO_3 和 Mo_4O_{11})组成，催化活性低；MoO_x/2.0C 样品由于含有一定量的无定形态 MoO_x，催化活性位点增加，同时碳含量增加，导电性变好，使得其 HER 催化性能得到一定程度提高；MoO_x/2.5C 样品为无定形态 MoO_x 和碳组成的无定形结构，拥有大量的活性位点和良好的导电性，使得其具有优异的析氢催化性能。同时，无定形结构的 MoO_x 和碳紧密接触(图 12-6)，有效稳定了催化剂结构，提高了催化稳定性；对比于 MoO_x/2.5C 样品，MoO_x/3.0C 样品的 HER 催化性能有所减弱，这归因于碳含量的增加导致 MoO_x 含量下降(表 12-3)，使得 MoO_x/3.0C 样品中的活性位点数目减少。

12.5　本 章 小 结

本研究通过溶液燃烧合成技术成功制备了无定形 MoO_x/C 复合材料，并通过系统研究葡萄糖添加量对材料结构和性能的影响，得出以下结论：

① 以葡萄糖为源碳，利用 SCS 可快速合成氧化钼/碳复合材料，葡萄糖添加量对 MoO_x/nC 的相态和显微结构有显著影响，随着葡萄糖添加量的增加，MoO_x 的形貌从不规则粗大颗粒→不规则细小和部分无定形态→完全无定形态进行演变。当葡萄糖与钼源的摩尔比为 2.5 时，可合成无定形结构的多孔泡沫状 MoO_x/C 复合材料。

② 在 0.5 mol/L H_2SO_4 条件下，相比于 MoO_x/1.5C、MoO_x/2.0C 和 MoO_x/3.0C，MoO_x/2.5C 的起始电位(η10)为 132 mV，Tafel 斜率为 84.9 mV/dec，析氢催化性能最好，催化稳定性优异，这归因于 MoO_x/2.5C 具有的无定形结构提供了丰富的催化活性位点，以及碳的引入提高了电子传递速率和结构稳定性，同时 MoO_x/2.5C 的多孔泡沫状结构也提供了高的催化活性面积。

参 考 文 献

[1] Lei L. MoS_2 formed on mesoporous graphene as a highly active catalyst for hydrogen evolution. Advanced Functional Materials, 2013, 23(42): 5326-5333.

[2] Chen L. Mo-based ultrasmall nanoparticles on hierarchical carbon nanosheets for superior lithium ion storage and hydrogen generation catalysis. Advanced Energy Materials, 2017, 7(15): 1602782.

[3] Xie X. The synergistic effect of metallic molybdenum dioxide nanoparticle decorated graphene as an active electrocatalyst for an enhanced hydrogen evolution reaction. Journal of Materials Chemistry A, 2015, 3(15): 8055-8061.

[4] Li B B. MoO_2-CoO coupled with a macroporous carbon hybrid electrocatalyst for highly efficient oxygen evolution. Nanoscale, 2015, 7(40): 16704-16714.

[5] Gu S. Facile solution combustion synthesis of MoO_2 nanoparticles as efficient photocatalysts. Crystengcomm, 2017, 19: 6516-6526.

[6] Yang L. Co-N-doped MoO_2 nanowires as efficient electrocatalysts for the oxygen reduction reaction and hydrogen evolution reaction. Nano Energy, 2017, 41: 772-779.

[7] Zhang L. Carbon-based electrocatalysts for hydrogen and oxygen evolution reactions. ACS Catalysis, 2017, 7(11): 7855-7865.

[8] Wu H. Ultrafast synthesis of amorphous VO_x embedded into 3D strutted amorphous carbon frameworks-short-range order in dual-amorphous composites boosts lithium storage. Journal of Materials Chemistry A, 2018, 6(16): 7053-7061.

[9] Yan S. Research advances of amorphous metal oxides in electrochemical energy storage and conversion. Small, 2019, 15(4): 1804371.

第 13 章 五氧化二钒能源材料中的应用实例

13.1 应 用 对 象

五氧化二钒。

13.2 分 析 目 的

① 分析五氧化二钒粉末及电极的相态、微观组织。

② 分析改性前后五氧化二钒的电化学性能。

13.3 分 析 仪 器

采用 X 射线衍射仪（XRD，SmartLab 3kW，日本，靶材为铜靶，波长为 1.54 Å，扫描速度 20°/min，扫描角度 10°～80°）测定样品的相组成；使用扫描电子显微镜（FESEM，蔡司 sigma 500，德国）和能量色散光谱仪（EDS，牛津仪器 X-maxN，英国）观察合成粉末的形貌、电极的微观结构以及成分分布；使用扫描/透射电子显微镜（Talos F200S，美国）和能量色散 X 射线光谱仪（EDS）分析电极的形貌与成分分布；采用 KBr 压片法制样，在 BRUKER ALPHA 光谱仪上收集了 4000～400 cm^{-1} 范围内的傅里叶变换红外光谱（FTIR），扫描次数 32 次，分辨率 4 cm^{-1}，根据不同的吸收峰位置来分析样品的化学官能团；通过拉曼（Raman）光谱定性分析分子的振动、转动等信息，采用型号为 Thermo Scientific DXR2xi；通过 X 射线光电子能谱技术（X-ray pHotoelectron spectroscopy, XPS）分析样品表面的元素组成、含量以及价态，所采用测试仪器型号为 AXIS SUPPA$^+$（日本岛津公司），采用 Al K_α 射线，并通过碳的 C 1s 峰（284.8 eV）进行能量校正；通过电感耦合等离子体技术（inductively coupled plasma, ICP）对材料中的元素进行定性和定量分析。采用型号为 SHIMADZU、ICPMS-2030LF；通过电子顺磁共振（electron paramagnetic resonance, EPR）定性和定量检测物质原子或分子中所含的不配对电子，采用型号为 Bruker A300。

13.4 结果分析

作为钒氧化物家族中的一员，V_2O_5可以提供高的理论比容量，层状的结构有利于离子迁移，从而实现快速反应动力学。然而，较差的导电性和结构稳定性限制了V_2O_5的实际应用[1]。金属离子预嵌入在提高氧化钒基正极材料电化学循环性能方面是一种广泛应用的方法。嵌入进去的金属离子不仅可以作为支柱来稳定层状结构，还可以作为掺杂剂来改善离子扩散动力学[2]。大多数情况下，金属离子是通过水热法，和水分子一起整合到钒氧化物中[3]。已有报道显示，嵌入的金属离子与层间水分子协同作用，提高了电池的电化学性能。Yang 等证明，将过渡金属离子(如Fe^{2+}、Co^{2+}、Ni^{2+}、Mn^{2+}、Zn^{2+}和Cu^{2+}等)预插层到V_2O_5中间层中，可以有效改善水系 ZIBs 的电化学性能[1]。改善后的材料用作正极材料时，表现出了较高的容量，较好的倍率性能，良好的循环稳定性，以及优异的宽温度适应性。研究人员还发现，除了过渡金属阳离子外，碱金属和碱土金属阳离子在稳定钒酸盐结构方面起着与过渡金属阳离子相同的“支柱”作用[4, 5]。相比于上述研究较多的预嵌入金属，铝同为主族元素的一员，研究的相对较少。铝是地壳中含量最丰富的金属元素(占地壳重量的 8.3%)，与过渡金属相比，铝具有成本低、毒性低的优点。三价铝离子与VO_x结构中的 O 原子可以形成稳定的化学键：Al—O 键能为 502 kJ/mol，高于其他已报道的如 Na—O(270 kJ/mol)、Mg—O(358 kJ/mol)和 Mn—O(362 kJ/mol)[6]。在电化学过程中，Al^{3+}的稳定价态不会参与化学反应。这些优点使铝成为合成钒酸盐和揭示阳离子的预插入效应的理想元素。Li 等开发出$V_{10}O_{24}\cdot 12H_2O$($V_{10}O_{24}$-Al)作为水系 ZIB 的正极材料[7]。$V_{10}O_{24}$-Al 电极表现出优异的循环寿命和增强的离子扩散能力，但未探究一并嵌入的水分子在电池性能上的具体贡献。Jiang 等通过高温淬火法将 Al 离子掺杂到V_2O_5晶格中(Al-V_2O_5)，并且在制备过程中，在表面/近表面上引入了丰富的氧空位，这有助于电子的快速转移[8]。密度泛函理论(DFT)计算表明，Al 离子掺杂到V_2O_5中显著降低了Zn^{2+}扩散势垒，并提高了V_2O_5的电导率。这些结果证明，通过引入Al^{3+}来开发具有改进的结构稳定性和电化学性能的钒氧化物基正极材料是可行的。

本实验通过燃烧合成法成功地将铝离子引入V_2O_5晶格，在消除水分子的影响的同时确保了铝离子进入V_2O_5的晶格中。通过第一性原理计算证明了 Al 离子占位，并通过计算电荷密度和态密度探讨了引入的 Al 离子对 Zn 离子扩散行为的影响。该研究将有助于更好地理解V_2O_5中的掺杂效应及其优选位置。

13.4.1 实验部分

1. 实验步骤

反应物为 2.92 g NH_4VO_3、16g NH_4NO_3、8.4 g $CO(NH_2)_2$、0.39 g $Al(NO_3)_3 \cdot 9H_2O$。所有试剂都是分析纯的。将所有反应物与 50 mL 去离子水一起放入 500 mL 烧杯中，配成溶液。搅拌均匀后，将带有橡胶塞的烧杯放在电炉上加热(不完全封闭，允许气体释放)。加热直至水分被完全烧干，随后烧杯中有大量烟雾出现。反应温度约为 160℃。然后将烧杯迅速从电炉中取出并在室温下自然冷却。为了进行比较，在不加 $Al(NO_3)_3 \cdot 9H_2O$ 的条件下，以同样的步骤合成纯的 V_2O_5。

2. 第一原理计算方法

密度泛函理论(DFT)计算通过原子尺度材料模拟的计算机程序包(vienna Ab initio simulation package, VASP)和投影缀加平面波(projector augmented wave, PAW)方法进行[9]。使用 Perdew Burke Ernzerhof(PBE)泛函的广义梯度近似(GGA)处理交换泛函[9, 10]。平面波展开的能量截止值被设置为 400 eV，施加在每个原子上的力小于 0.02 eV/Å 作为几何弛豫的收敛标准。采用 9×4×2 布里渊区积分的 Monkhorst Pack K 空间取样计算 V_2O_5 的能量。自洽计算采用 10^{-5} eV 的收敛能量阈值。通过哈密顿量(DFT+ U 方法)中的哈伯德项考虑了 V 原子三维态的局部化特征。将 3.25 eV 的 U_{eff} 值应用于 V 元素[11]。本案例建立了两种晶胞模型，分别计算了它们的形成能和体系能量用于证明铝离子的优选占位；对掺铝前后材料的电荷密度和态密度进行计算，以证明 Al 的存在对 V_2O_5 的化学配位和电子结构的影响。

13.4.2 Al^{3+}调控钒氧化物的表征与分析

1. Al^{3+}调控钒氧化物的物相表征与分析

合成的两种正极材料的 XRD 谱图如图 13-1(a)所示，利用 JADE 软件，将其与 PDF 卡片库进行比对，所测样品的衍射峰大体上和 V_2O_5 的标准卡片(JCPDS, No. 41-1426)峰位吻合。但对其局部放大[图 13-1(b)]，可以观察到 V_2O_5-Al 在 20°处的衍射峰向低角度发生了较小的偏移。与偏移衍射峰相对应的晶面为(001)晶面，根据布拉格方程计算可知，其晶格间距在 V_2O_5-Al 中为 4.39 Å，在 V_2O_5 为 4.38 Å，说明 Al 的引入对 V_2O_5 的层间距产生了较小的影响，可能的原因是掺杂量较少。同样在 41°处观察到相同现象，如图 13-1(c)所示。为了进一步确认 Al 的引入对 V_2O_5 的层间距的影响，采用 HRTEM 进行了更直观的观测，如图 13-1(d)

所示。观察到 0.348 nm 和 0.340 nm 的层间距分别与(201)晶面和(110)晶面相对应，反映在 XRD 谱图上分别是位于 25.56°和 26.14°处的衍射峰。这两处的晶面间距并没有变化，与从 XRD 谱图上计算到的结果一致。V_2O_5-Al 的选区电子衍射图(SAED)如图 13-1(e)所示。

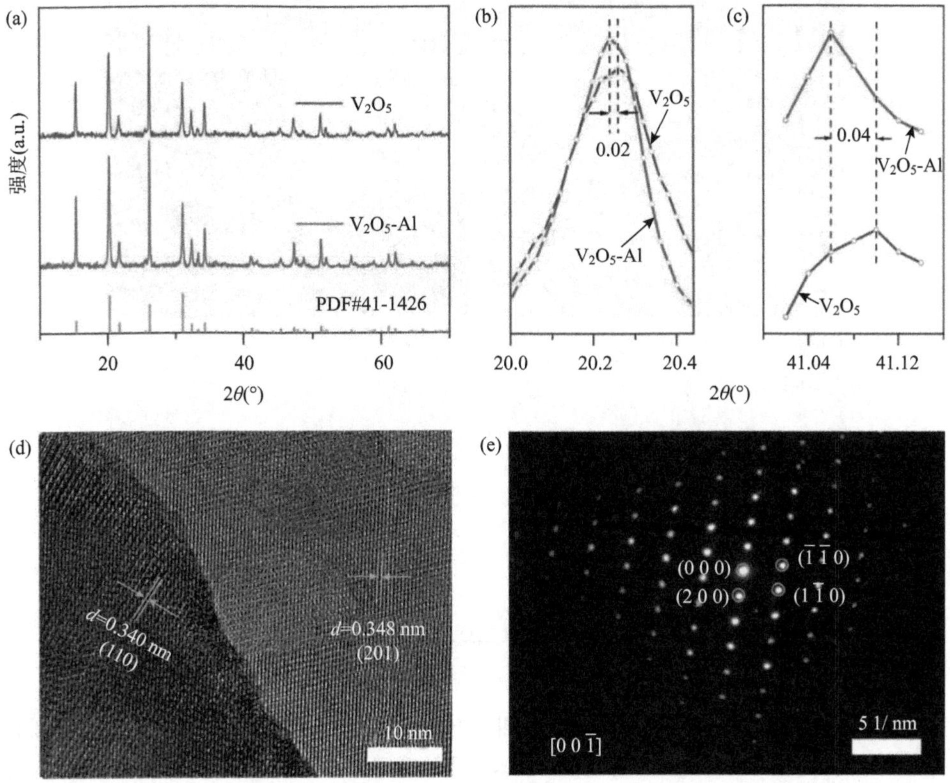

图 13-1　(a) V_2O_5 和 V_2O_5-Al 的 XRD 谱图以及(b) 20°和(c) 41°附近的放大图；V_2O_5-Al 的(d) HRTEM 和(e) SAED 图

2. Al^{3+}调控钒氧化物的形貌表征与元素分析

V_2O_5和V_2O_5-Al的SEM如图13-2(a)和(b)所示，两者的形貌均由长度在0.1～6 μm 的块组成，大小不一。进一步放大发现，后者由纳米片堆叠而成，并具有明显的孔结构[图 13-2(c)]，对应的元素扫描如图 13-2(d)所示，Al、V 和 O 均匀分布。能量色散 X 射线光谱(energy dispersive X-ray spectroscopy, EDX)如图 13-2(e)所示，计算峰的面积，可知 Al:V 的原子比约为 0.03:1。

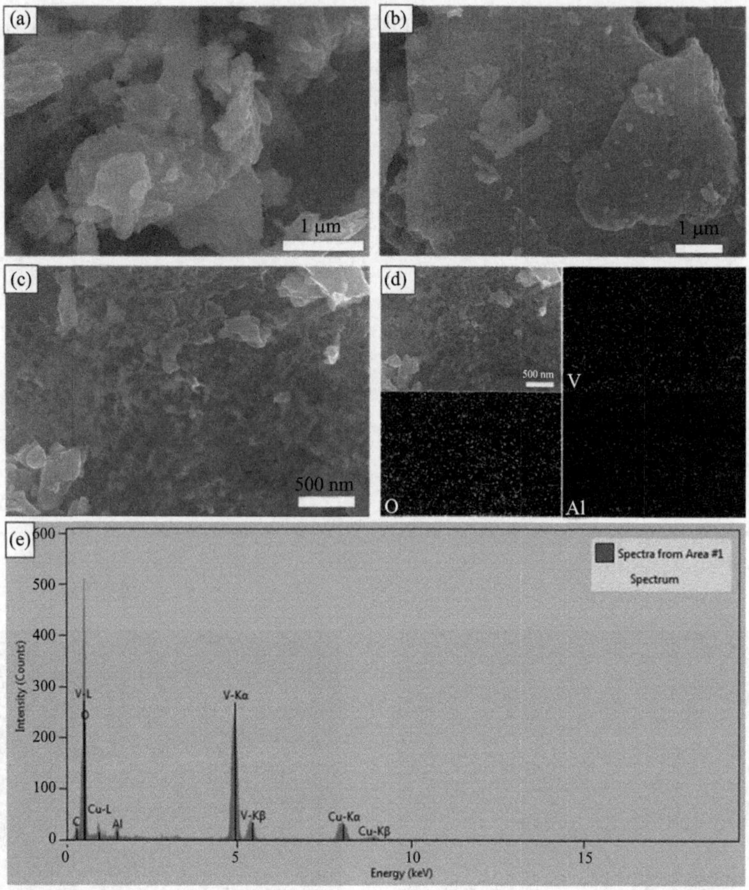

图 13-2　(a) V_2O_5 和(b) V_2O_5-Al 的 SEM 图；V_2O_5-Al 的(c)高分辨率 SEM 以及相应的(d)能谱图和(e) EDX 能谱

3. Al^{3+}的结合方式及对钒价态的影响

两种材料的拉曼光谱如图 13-3(a)所示。在 V_2O_5 的拉曼光谱中，143 cm^{-1} 处的特征峰对应的是—O—V—O—键的弯曲振动，而 V_2O_5-Al 在此处蓝移了 2 cm^{-1}，表明 Al^{3+}的引入增强了层与层之间的相互作用，使层间变得更稳固[12,13]。283 cm^{-1} 和 997 cm^{-1} 处的特征峰分别对应于 V^{5+}═O 键的弯曲和拉伸振动[14]。520 cm^{-1} 处的特征峰归属于 V—O 键的拉伸振动，407 cm^{-1} 和 700 cm^{-1} 处的特征峰归属于 V—O—V 的弯曲和拉伸振动[15]。使用 Gauss 和 Lorentz 函数对 407 cm^{-1} 左右的特征峰进行拟合，如图 13-3(b)所示。除了对应于 V—O—V 拉伸振动的位于 407 cm^{-1} 处的拟合峰外，V_2O_5-Al 的拟合结果中还出现了另一个位于 380 cm^{-1} 处的弱峰，该拟合峰可归属于 Al—O 键，表明 Al 原子是以离子键的形式与层间联系的，而不是弱相互作用[16]。V_2O_5-Al 的 FTIR 光谱中 1402 cm^{-1} 处的特征峰也证实了 Al—O 键的存在，如图 13-3(c)所示。位于 1002 cm^{-1} 和 781 cm^{-1} 处的特征峰分别归属于 V═O 的对称拉伸振动和 V—O—V 的拉伸振动[17, 18]。

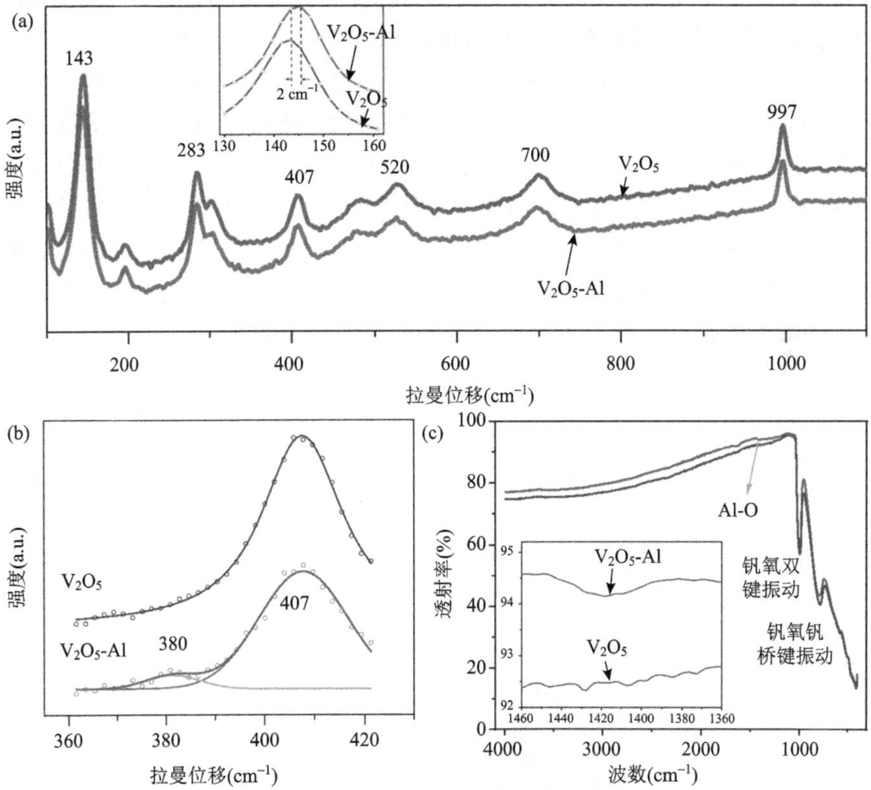

图 13-3　(a) V_2O_5 和 V_2O_5-Al 的 Raman 谱图及其(b) 部分波数的拟合图；(c) V_2O_5 和 V_2O_5-Al 的 FTIR 谱图

V_2O_5-Al 表面的 V、O 和 Al 元素可以通过测量 XPS 光谱来识别，如图 13-4(a)所示。与 V_2O_5 的 XPS 光谱相比，位于 74.0 eV 的 Al 2p 特征峰仅出现在 V_2O_5 的光谱中，表明 Al^{3+}成功引入 V_2O_5 中。取 513～520 eV 范围内的数据进行拟合，如图 13-4(c)所示，516.4 eV 和 517.6 eV 的两个拟合峰分别对应于 V^{4+}和 V^{5+}的 V $2p_{3/2}$电子[19]。计算各自区域的面积，得到 V_2O_5-Al 中 V^{4+}/V^{5+}的摩尔比为 6.5%，高于 V_2O_5 中 V^{4+}/V^{5+}的摩尔比(2.5%)，表明在引入 Al^{3+}的过程中，V^{5+}的一部分被还原为 V^{4+}。通过 ICP 测得了准确的 Al∶V 为 2.5∶100。考虑到电中性，V^{4+}的增加比例应为 7.5%，而实际增加比例为 4%。可能的原因是在样品处理和测试过程中，表面上的部分 V^{4+}被氧化为 V^{5+}。另一个可能的原因是在制备过程中引入了氧空位缺陷，考虑到在金属掺杂的过程中，这一现象比较常见[20]。

为了进一步证实，对 V_2O_5 和 V_2O_5-Al 样品的 O 1s 光谱进行分峰拟合，如图 13-4(c)所示。两个样品中都出现了两个明显的峰。530 eV 处的特征峰对应于 V_2O_5 的晶格氧(命名为 $O_Ⅰ$ 峰)，而 531.7 eV 的峰则归因于金属氧化物晶格中的氧空位(命名为 $O_Ⅱ$ 峰)[21]。V_2O_5-Al 的 $O_Ⅱ$ 峰的面积占总峰($O_Ⅰ$)的 29.7%，高于 V_2O_5 的 23.4%。为了进一步确认 O 空位的存在，对其进行了电子顺磁共振测试(EPR)，如图 13-4(d)所示。与 V_2O_5 相比，V_2O_5-Al 样品在 3536 *G* 处(*G*=2.0 的磁场下)显示出更强的共振信号，这与从 O 空位表面捕获的电子有关。此外，V_2O_5-Al 样品中 3640 *G* 磁场下的共振信号峰值强度也比 V_2O_5 强，这表明 V_2O_5-Al 样品中 V^{4+} 的含量更高。这些结果与上述 XPS 表征结果非常一致。氧空位是金属氧化物材料中的重要缺陷之一。O 空位的存在可以促进离子扩散动力学，提高电导率，并提供额外的活性位点参与锌离子存储，对提高电池容量起着积极作用[22]。

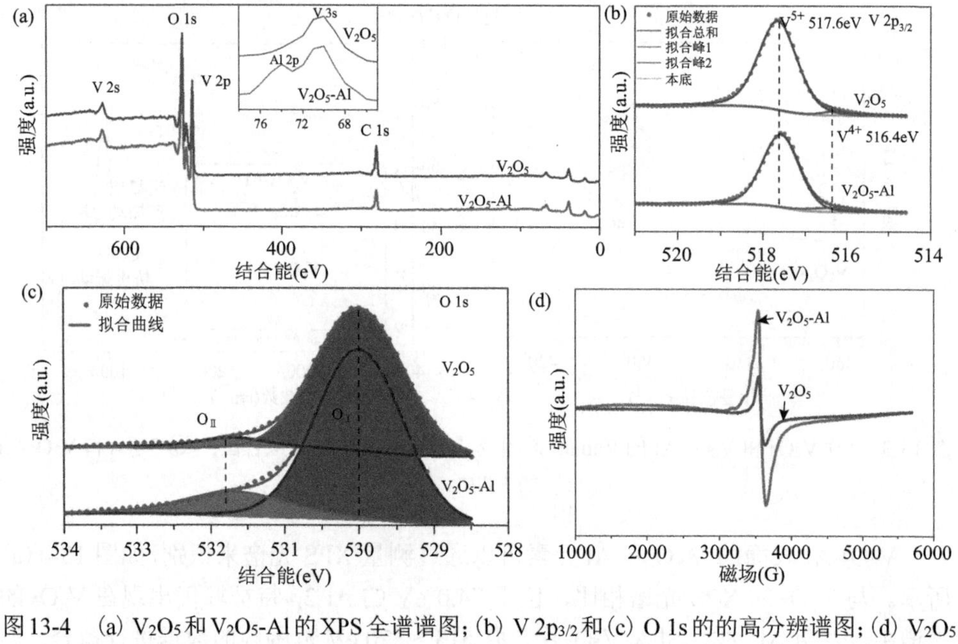

图 13-4　(a) V_2O_5 和 V_2O_5-Al 的 XPS 全谱谱图；(b) V $2p_{3/2}$ 和 (c) O 1s 的的高分辨谱图；(d) V_2O_5 和 V_2O_5-Al 的 EPR 测试图

13.4.3　理论模拟分析

利用第一性原理计算了 Al^{3+} 在 V_2O_5 中的掺杂位置。V_2O_5 的空间群为 *Pmmn* 正交结构，晶格参数为 $a = 3.619$ Å、$b = 4.797$ Å、$c = 11.552$ Å、$\alpha = \beta = \gamma = 90°$。建立了两个晶胞模型来寻找 Al^{3+} 的位置，模型 1 为铝原子取代晶格钒[图 13-5(a)]，

模型 2 为铝原子插入 V_2O_5 层间[图 13-5(b)]。对它们的形成能进行比较(表 13-1)，模型 2 的形成能更低，证明了稳定的铝占位偏向于 V_2O_5 的层间。同时体系总能量也更低，证明了 Al^{3+} 嵌入层间后使 V_2O_5 更稳定。模型 2 的微分电荷态密度如图 13-5(c)所示。铝原子附近的电荷密度减小，而钒原子附近的电荷密度增加，表明钒原子部分还原，这与 XPS 数据吻合较好。V_2O_5 和 V_2O_5-Al 的态密度如图 13-5(d)和(e)所示，原始 V_2O_5 是一种带隙为 2.32 eV 的半导体。铝离子的预插入使带隙减小到 2.14 eV。同时 V_2O_5-Al 的费米能级与导带重叠，表现出更多的金属特征，这意味着更好的电子导电性。V、O 和 Al 的投影态密度(PDOS)分布在相同能量区域内，说明这些原子的轨道发生了强杂化[23]。综上所述，V_2O_5-Al 中 Al 的存在通过改变局部的化学配位改变了 V_2O_5 的电子结构，提高了 V_2O_5 的结构稳定性和电导率。

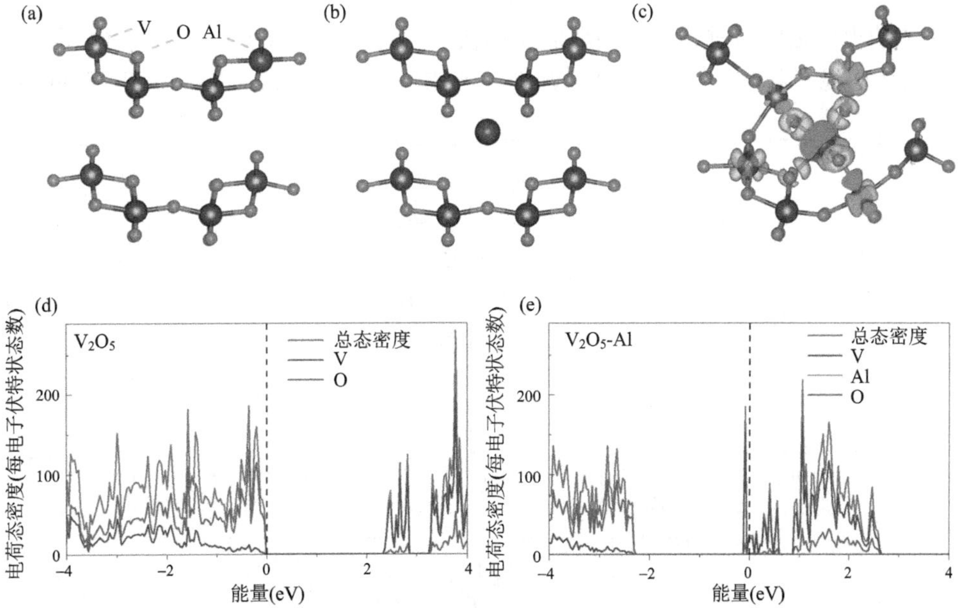

图 13-5　(a)铝原子替代钒原子晶胞结构示意图和(b) 铝原子嵌入层中的晶胞结构示意图及其(c) 差分电荷态密度，其中黄色区域表示电子数目的增加，而蓝色区域表示电子数的减少；(d) V_2O_5 和(e) V_2O_5-Al 的 PDOS 图

表 13-1　两种模型的形成能比较

样品	V_2O_5	模型 1	模型 2
总能量(eV)	−199.90	−196.10	−209.98
形成能(eV/mol)	/	−1.38	−6.33

13.4.4 电化学测试结果与分析

以 *N*-甲基-2-吡咯烷酮(NMP)为溶剂，将活性材料、导电碳和聚偏氟乙烯(PVDF)以 7∶2∶1 的质量比混合，制备工作电极。然后将浆料涂在集电器钛箔上，钛箔为直径 1 cm、厚度 25 μm 的圆片。随后在真空干燥箱中 80℃恒温加热 8 h 以去除 NMP。工作电极的平均厚度和质量负荷分别为 43 μm 和 1.5 mg/cm^2。两种材料的表观电极密度约为 34.9 g/cm^3。采用 3 mol/L 的 Zn(SO)$_4$ 水溶液作为电解液。锌金属片(直径 15 mm、厚度 0.13 mm)和玻璃纤维过滤器(Whatman，GF/A 级)用作对电极和隔膜。将以上各部件组装成纽扣电池进行电化学测试。

1. CV 测试及分析

图 13-6(a)和(b)显示了 V_2O_5-Al 和 V_2O_5 在 0.1 mV/s 的扫描速率下，在 0.2～1.6V 的电压范围内进行三次循环的循环伏安曲线(CV)。V_2O_5 和 V_2O_5-Al 的前三个循环曲线形状相似，表明两者皆为可逆的氧化还原过程。它们都在 1.0/0.9V

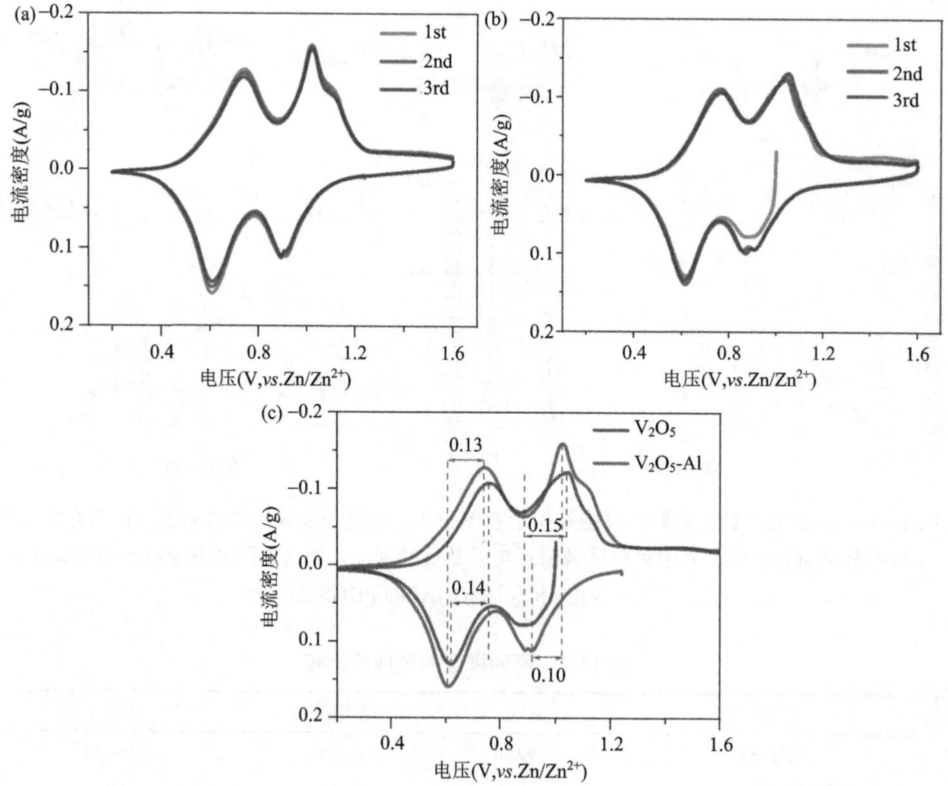

图 13-6　(a) V_2O_5-Al 和(b) V_2O_5 在 0.1 mV/s 的扫描速率下 CV 以及(c) 首圈 CV 曲线的对比

和 0.7/0.6V 左右有两对主要的氧化还原峰，分别对应于氧化还原对 V^{5+}/V^{4+}和 V^{4+}/V^{3+}。同时，三次循环中相同的氧化还原峰的位置，相似的强度以及几乎相同的曲线积分面积，显示出电化学过程的高度可逆和稳定的脱嵌过程。两种材料在 0.9 V 处左右观察到有一个小峰，但在随后的循环中逐渐消失，可能是由不可逆的副反应引起的。

图 13-6(c)中比较了 V_2O_5 和 V_2O_5-Al 的 CV 曲线的第一个循环。两种材料的 CV 曲线都不完整，这是为了更好地进行比较，在设置测试参数时，将起始电压设置为自然开路电压，完全充电电压(1.6 V)设置为循环的结束电压。与 V_2O_5 相比，V_2O_5-Al 具有更大的峰值电流和更小的峰间隙(表 13-2)，这表明 V_2O_5-Al 具有更小的极化和更好的氧化还原性能。

如图 13-7(a)和(c)，测量了 V_2O_5 和 V_2O_5-Al 在不同扫描速率下的 CV 曲线，以进一步研究两者的电化学动力学。在电化学上，如果峰值电位随扫描速率而变化，则系统应被视为电化学不可逆的，Randles-Sevcik 方程不适用。峰值电流 *i*

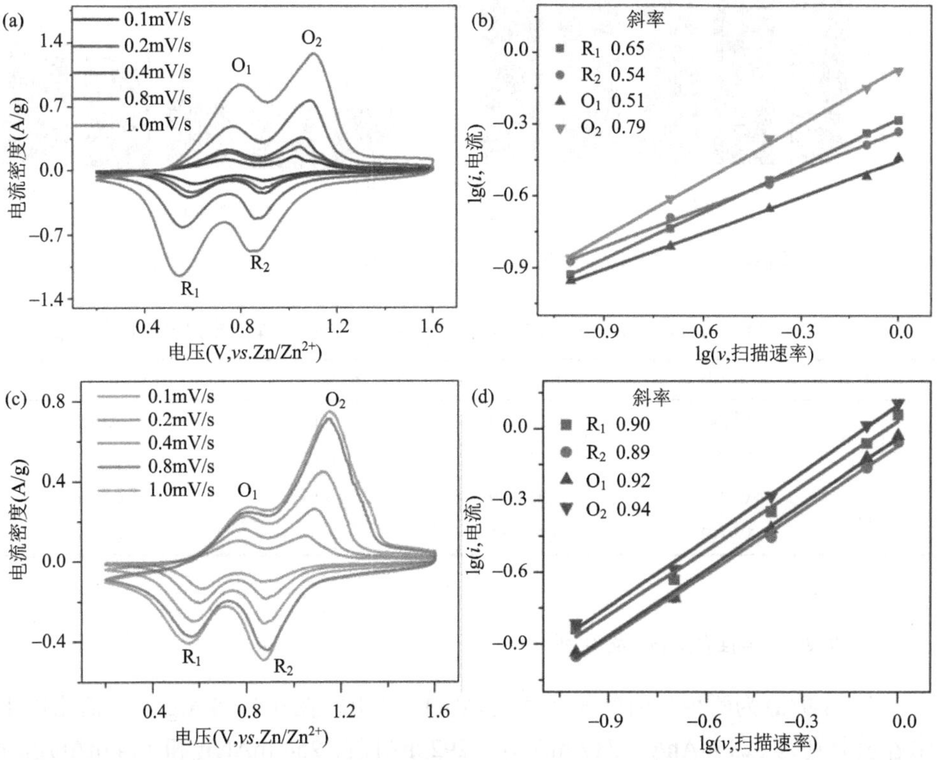

图 13-7　(a) V_2O_5 在不同扫速下的 CV 曲线及其(b) 四个峰对应的峰值电流 lg (*i*)与扫描速率 lg (*v*)关系图；(c) V_2O_5-Al 在不同扫速下的 CV 曲线及其(d) 四个峰对应的峰值电流 lg (*i*)与扫描速率 lg (*v*)关系图

和扫描速率 v 的关系可用经验方程分析控制电化学过程的主要因素，其中参数 a 和 b 可调。对于 V_2O_5-Al，V^{5+}/V^{4+}的氧化峰和还原峰的计算 b 值分别为 0.94 和 0.89[图 13-7(d)]，高于 V_2O_5 的 0.79 和 0.54[图 13-7(b)]，表明该反应中离子扩散速率提高，且主要为非扩散控制过程。V^{4+}/V^{3+}的结果同 V^{5+}/V^{4+}保持一致。对赝电容贡献率进行拟合计算如图 13-8 所示。当扫描速率从 0.1 mV/s 增加 1 mV/s，V_2O_5-Al 电极的赝电容贡献率从 70%增加到 91%。在相应的扫描速率下，V_2O_5 电极的赝电容贡献率从 23%增加到 47%。V_2O_5-Al 电极较高的赝电容贡献反映了 V_2O_5-Al 电极内部快速的离子传输能力。随着扫速增加，离子扩散贡献率逐渐降低，这与大扫速下离子迁移时间变短，无法完全进行有关。

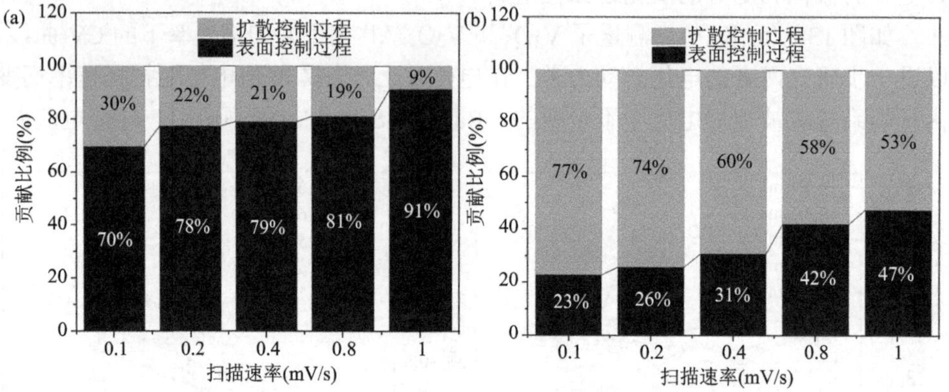

图 13-8　(a) V_2O_5-Al 和 (b) V_2O_5 在不同扫描速率下赝电容贡献比例

表 13-2　V_2O_5-Al 和 V_2O_5 在 0.1 mV/s 扫描速率下首圈 CV 曲线峰位置以及两峰间隔的对比

样品	氧化还原对	峰位置 (V)	峰间隔 (V)	中心位置 (V)
V_2O_5-Al	V^{5+}/V^{4+}	1.02/0.92	0.10	0.970
	V^{4+}/V^{3+}	0.74/0.61	0.13	0.675
V_2O_5	V^{5+}/V^{4+}	1.04/0.89	0.15	0.965
	V^{4+}/V^{3+}	0.76/0.62	0.14	0.690

2. 电池倍率性能测试及分析

图 13-9(a)为两种材料的倍率性能，V_2O_5-Al 电极在 0.5～8 A/g 的电流密度下，比容量分别为 323 mAh/g、312 mAh/g、292 mAh/g、254 mAh/g 和 194 mAh/g，而 V_2O_5 电极的容量在相应的电流密度下分别为 246 mAh/g、235 mAh/g、219 mAh/g、201 mAh/g 和 182 mAh/g。两种材料不同的电化学性能可归因于 Al 离子和 O 空位的成功引入。当电流密度从 8 A/g 逐渐降低到 0.5 A/g，V_2O_5-Al 电极的容量恢复

到初始值 323 mAh/g，这明显高于 V_2O_5 电极 87%的容量保持率和文献所报道的 Al-V_2O_5[8]电极 84%的容量保留率，$V_{10}O_{24}$-Al[7]电极 89%的容量保持率，略高于 PANI-VOH 电极 97%的容量保留率[24]，证明了 V_2O_5-Al 电极良好的倍率性能。

3. 电池循环性能测试及分析

V_2O_5 和 V_2O_5-Al 正极在 0.5 A/g 和 4 A/g 的电流密度下的循环测试结果如图 13-9(b)所示。V_2O_5-Al 电极在 0.5 A/g 下的放电容量为 319 mAh/g，在 200 次的充放电循环后仍然不衰减，而在相同电流密度下，V_2O_5 电极表现较差，在循环 30 圈后容量上升为 260 mAh/g，随后便开始衰减，在 200 圈时比容量衰减到 220 mAh/g，容量保持率只有 84.6%。在 4 A/g 时，V_2O_5-Al 电极的初始比容量为 178 mAh/g，然后在经历了 150 次循环后，比容量增加到 260 mAh/g，这可归因于电池的活化过程[图 13-9(c)]。在随后的循环中，比容量先经历了一个缓慢下降，在 1500 个循环时稳定下来，在随后的循环中，比容量保持 74%的最大比容量、

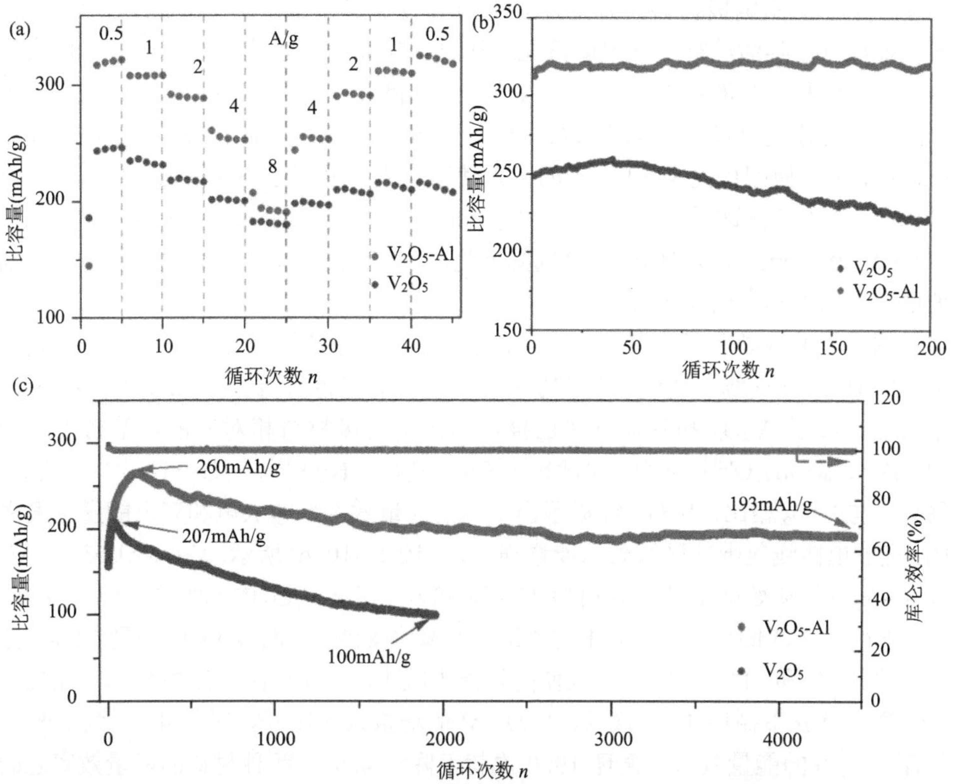

图 13-9　(a) V_2O_5-Al 和 V_2O_5 的倍率性能和(b)在 0.5 A/g 以及(c) 4 A/g 的电流密度下的循环性能对比图

108%的初始比容量直到 4400 圈循环结束。而 V_2O_5 的容量在 100 个循环达到最大比容量 207 mAh/g 之后，便开始迅速下降，在 1900 个循环时，容量只保留了最大比容量的 48%，初始比容量的 64%。对于 V_2O_5-Al，每个循环的容量衰减率为 0.0059%，仅为 V_2O_5 每个循环衰减率(高达 0.0274%)的 1/20。基于上述讨论，可能的原因是引入 Al^{3+}改变了 V_2O_5 晶格中的局部化学配位，形成了更具离子特性的 Al—O 键，从而增强了层间相互作用，提高了晶体结构的稳定性[25]。

4. 电池阻抗测试及储能性能分析

图 13-10(a)显示了 V_2O_5-Al 和 V_2O_5 在初始状态和 15 次 CV 循环后的交流阻抗图。在本实验中，A 为 0.785 cm^2，n 为 4，C 为 3×10^{-3} mol/cm^3。σ_ω 是在交流阻抗谱的低频区域由 Z'-$\omega^{-1/2}$ 拟合的线斜率，如图 13-10(b)所示。在初始状态下，V_2O_5-Al 的离子扩散速率为 9.93×10^{-15} cm^2/s，高于 V_2O_5 的 8.32×10^{-16} cm^2/s，这可以解释为 Al 离子掺入可以有效地调整局部化学配位，激发 V^{4+}和 V^{5+}之间的电子跃迁，从而提高电极材料的导电性并增强其离子扩散动力学[17]。此外，V_2O_5-Al 的孔隙形态使其活性材料与电解液充分接触，从而缩短了离子传输距离，促进了离子在电极和电解液界面之间的有效传输。在高频区域中，由 V_2O_5-Al 的半圆表示的电荷转移电阻(R_{ct})约为 120 Ω, 远低于 381 Ω，表明电荷转移增强。由上述讨论推测，主要原因可能是 Al 离子的掺入使带隙变窄并促进电子转移，从而提高电导率[26, 27]。CV 测试后，V_2O_5-Al 和 V_2O_5 的扩散系数分别提高到 9.44×10^{-13} cm^2/s 和 9.94×10^{-15} cm^2/s，同时 R_{ct} 也分别降低为 40 Ω 和 55 Ω，可能的原因是电极逐渐被电解液润湿和电活化过程[28]。

图 13-10(c)显示了根据 0.5～8 A/g 电流密度放电曲线计算的 V_2O_5-Al 和 V_2O_5 电池的 Ragone 曲线。V_2O_5-Al 在功率密度为 405 W/kg 时表现出 260 Wh/kg 的能量密度，高于 V_2O_5 和其他一些已报道的钒基正极材料相对应的能量密度，如 $Al_{0.84}V_{12}O_{30.3}\cdot nH_2O$[29]、$V_5O_{12}\cdot 6H_2O$[30]、$Ca_{0.25}V_2O_5\cdot nH_2O$[31]、$V_2O_5\cdot nH_2O$[32]都要好。另外，与 V_2O_5 相比，V_2O_5-Al 显示出更高的能量效率，即放电和充电能量密度之比。充放电曲线包围的区域表示能量损失，如图 13-10(d)所示。V_2O_5-Al 在 0.5 A/g 和 4 A/g 下的初始能量效率分别为 87%和 68%，高于 V_2O_5 的 82%和 64%。在 0.5 A/g 下循环 200 圈后，V_2O_5-Al 的能量效率降到 81% ，而 V_2O_5 的降到 71%，分别下降了 6%和 11%。Al^{3+}的引入使能量损失减少，这在实际应用中可降低能量损耗。在 4 A/g 下循环 4400 次后，V_2O_5-Al 的能量效率比开始时低 4%，为 64%。然而，V_2O_5 的能量效率仅循环 1900 次就下降到 42%。两种材料的能量效率之间的显著差异可归因于 V_2O_5-Al 更少的副反应和更低的极化程度，进一步证实了 Al^{3+}的引入可以有效改善钒氧化物的电化学性能，尤其是层状钒氧化物的循环稳定性(表 13-3)。

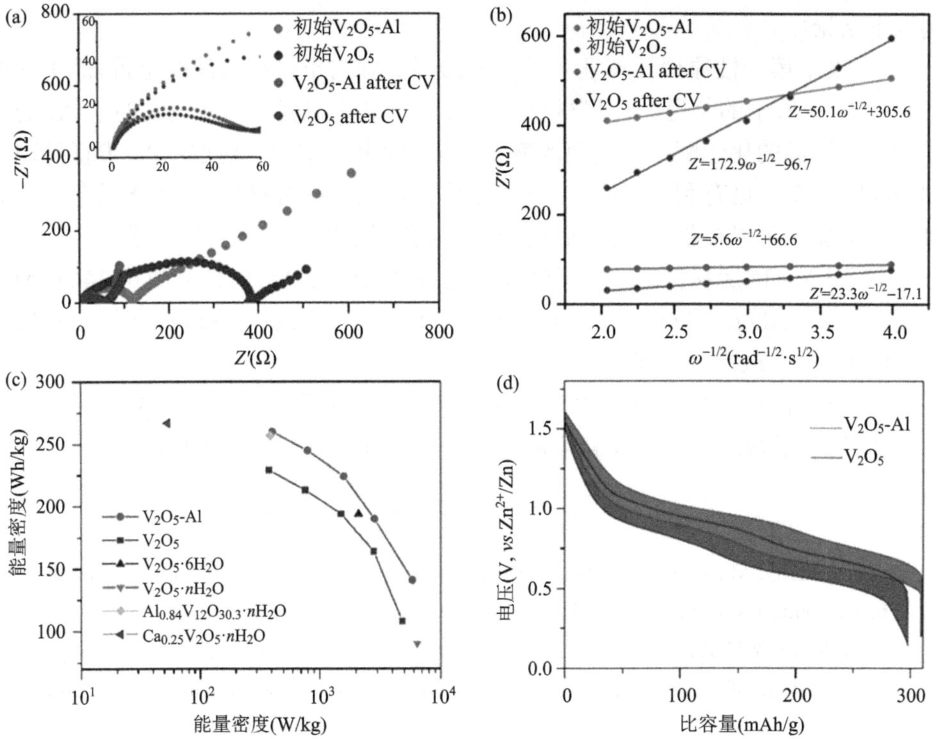

图 13-10　(a) V_2O_5-Al 和 V_2O_5 进行 CV 测试前后在频率范围 100 kHz 至 0.01 Hz 内的交流阻抗谱图及其(b) 低频区 Z'-$\omega^{-1/2}$ 关系图；(c) V_2O_5-Al、V_2O_5 和其他报道的钒基材料为正极的锌离子电池 Ragone 曲线；(d) V_2O_5-Al 和 V_2O_5 在 0.5 A/g 电流密度下的充放电曲线对比

表 13-3　V_2O_5 和 V_2O_5-Al 在 0.5 A/g 时的能量效率

状态	V_2O_5 首圈	V_2O_5-Al 首圈	V_2O_5 第 200 圈	V_2O_5-Al 第 200 圈
能量效率(%)	82.31	86.57	70.61	81.31

13.5　本 章 小 结

本章通过燃烧合成方法成功地将 Al^{3+}引入 V_2O_5 晶格，与水热法经常引入水分子不同，该法在确保 Al^{3+}引入材料的同时还消除了水分子对电池性能的影响。通过 XRD、Raman、XPS 和 EPR 等手段对引入 Al^{3+}前后材料的结构、形貌和元素价态等进行了表征与分析，并通过第一性原理深入分析了引入 Al^{3+}后材料的能量体系变化以及对材料电化学性能的影响。将 V_2O_5-Al 和 V_2O_5 分别用于锌离子电池正极材料，对其电化学性能进行表征，分析了 Al^{3+}对材料电化学性能的影响。得

到以下结论：

① 采用第一性原理计算证明了引入的铝更倾向于占据层间的位置，而不是取代结构中 V 原子的位置。计算材料的形成能、电荷密度和态密度证明了 Al 的存在改变了局部的化学配位，进而改变了 V_2O_5 的电子结构。通过 XPS 表征发现了 Al—O 键存在，这有利于增强 V_2O_5 的结构稳定性，同时材料中 V^{4+}的比例上升，氧空位增加，可以提供额外的活性位点，这有利于提高材料的比容量。

② 引入 Al^{3+}后材料的电化学性能明显提高，在 0.5 A/g 时比容量由 246 mAh/g 提高至 323 mAh/g，且材料的循环稳定性显著提高，在循环 4400 圈保持在初始比容量的 108%，最高比容量的 74%。

③ 对交流阻抗数据分析表明引入铝离子后，电子状态的改变激发了 V^{4+}和 V^{5+}之间的电子跃迁，从而提高电极材料的导电性并增强其离子扩散动力学。

参 考 文 献

[1] Yang G, Li Q, Ma K X, et al. The degradation mechanism of vanadium oxide-based aqueous zinc-ion batteries. Journal Materials Chemistry A, 2020, 8: 8084-8095.

[2] Huang K, Lu Y Y, Zhu T Y, et al. A high performing Zn-ion battery cathode enabled by *in-situ* transformation of V_2O_5 atomic layers. Angewandte Chemie Intnational Edition, 2020, 59: 17004.

[3] Lewis CEM, Fernando F S, Siriwardena P, et al. Vanadium-containing layered materials as high-performance cathodes for aqueous zinc-ion batteries. Advanced Materials Technologies, 2022, 7: 2100505.

[4] Xiao F, Song X X, Li Z H, et al. Embedding of Mg-doped V_2O_5 nanoparticles in a carbon matrix to improve their electrochemical properties for high-energy rechargeable lithium batteries. Journal of Materials Chemistry A, 2017, 5: 17432-17441.

[5] Islam S, Alfaruqi M H, Sambandam B, et al. A new rechargeable battery based on a zinc anode and a NaV6O15 nanorod cathode. Chemical Communications, 2019, 55: 3793-3796.

[6] Luo Y R. Comprehensive handbook of chemical bond energies. Boca Raton: CRC Press, 2007.

[7] Li Q, Wei T Y, Ma K X, et al. Boosting the cyclic stability of aqueous zinc-ion battery based on Al-doped $V_{10}O_{24}\cdot 12H_2O$ cathode materials. ACS Applied Materials & Interfaces, 2019, 11(23): 20888-20894.

[8] Jiang H M, Gong W B, Zhang Y F, et al. Quench-tailored Al-doped V_2O_5 nanomaterials for efficient aqueous zinc-ion batteries. Journal of Energy Chemistry, 2022, 70: 52-58.

[9] Kresse G, Furthmüller J. Efficiency of ab-initio total energy calculations for metals and semiconductors using a plane-wave basis set. ScienceDirect, 1996, 6: 15-50.

[10] Perdew J, Burke K, Ernzerhof M. Generalized gradient approximation made simple. Physical Review Letters, 1997, 77(18): 3865-3868.

[11] Szymanski N J, Liu Z T Y, Alderson T, et al. Electronic and optical properties of vanadium

oxides from first principles. Computational Materials Science, 2018, 146: 310-318.

[12] Sun J M, Li P T, Wang K, et al. Effect of Al^{3+} and Al_2O_3 co-modification on electrochemical characteristics of the 5V cathode material $LiNi_{0.5}Mn_{1.5}O_4$. Ionics, 2020, 26: 3725-3736.

[13] Zhan S Y, Wei Y J, Bie X F, et al. Structural and electrochemical properties of Al^{3+} doped V_2O_5 nanoparticles prepared by an oxalic acid assisted soft-chemical method. Journal of Alloys and Compounds, 2010, 502 (1): 92-96.

[14] Lippert J L, Tyminski D, Desmeules P J. Determination of the secondary structure of proteins by laser Raman spectroscopy. Journal of the American Chemical Society, 1976, 98 (22): 7075-7080.

[15] Kazimirov V, Pereira-Ramos J P, Baddour H R, et al. The Raman spectrum of the γ'-V_2O_5 polymorph: a combined experimntal and DFT study. Journal of Raman Spectroscopy, 2015, 46: 406-412.

[16] Mcmillan P, Piriou B. Raman spectroscopy of calcium aluminate glasses and crystals. Journal of Non-Crystalline Solids, 1983, 55 (2): 221-242.

[17] Zheng J Q, Zhang Y F, Hu T, et al. New strategy for the morphology-controlled synthesis of V_2O_5 microcrystals with enhanced capacitance as battery-type supercapacitor electrodes. Crystal Growth Design, 2018, 18 (9): 5365-5376.

[18] Pinna N, Willinger M G, Weiss K, et al. Local structure of nanoscopic materials——V_2O_5 nanorods and nanowires. Nano Letters, 2003, 3:1131-1134.

[19] Liu F, Chen Z X, Fang G Z, et al. V_2O_5 Nanospheres with mixed vanadium valences as high electrochemically active aqueous zinc-ion battery cathode. Nano-Micro Lett, 2019, 11 (1): 25.

[20] Yuan J, Liu Y Y, Bo T T, et al. Activated HER performance of defected single layered TiO_2 nanosheet via transition metal doping. International Journal of Hydrogen Energy, 2020, 45 (4): 2681-2688.

[21] Lu X H, Zeng Y X, Yu M H, et al. Oxygen-deficient hematite nanorods as high-performance and novel negative electrodes for flexible asymmetric supercapacitors. Advanced Materials, 2014, 26 (19): 3148-3155.

[22] Wang L, Xie X, Dinh K N, et al. Synthesis, characterizations, and utilization of oxygen-deficient metal oxides for lithium/sodium-ion batteries and supercapacitors. Coordination Chemistry Reviews, 2019, 397: 138-167.

[23] Ding Y C, Peng Y Q, Chen S H, et al. Hierarchical porous metallic V_2O_3@C for advanced aqueous zinc-ion batteries. ACS Applied Materials Interfaces, 2019, 11 (47): 44109-44117.

[24] Wang M S, Zhang J, Zhang L Z, et al. Graphene-like vanadium oxygen hydrate (VOH) nanosheets intercalated and exfoliated by polyaniline (PANI) for aqueous zinc ion batteries (ZIBs). ACS Applied Materials Interfaces, 2020, 12 (28): 31564-31574.

[25] Tian M, Liu C F, Zheng J Q, et al. Structural engineering of hydrated vanadium oxide cathode by K^+ incorporation for high-capacity and long-cycling aqueous zinc ion batteries. Energy Storage Materials, 2020, 29: 9-16.

[26] Fu J, Luo X. A first-principles investigation of α, β, and γ-MnO_2 as potential cathode materials in Al-ion batteries. RSC Advanced, 2020, 10: 39895-39900.

[27] Bi W C, Wu Y J, Liu C F, et al. Gradient oxygen vacancies in V_2O_5/PEDOT nanocables for high-performance supercapacitors. ACS Applied Energy Materials, 2018, 2(1): 668-677.

[28] Wang Y, Li J, Wei Z D. Transition-metal-oxide-based catalysts for the oxygen reduction reaction. Journal of Materials Chemistry A, 2018, 6: 8194-8209.

[29] Zheng J Q, Liu C F, Tian M, et al. Fast and reversible zinc ion intercalation in Al-ion modified hydrated vanadate. Nano Energy, 2020, 70: 104519.

[30] Zhang N, Jia M, Dong Y, et al. Hydrated layered vanadium oxide as a highly reversible cathode for rechargeable aqueous zinc batteries. Advanced Functional Materials, 2019, 29: 1807331.

[31] Xia C, Guo J L, Li P, et al. Highly stable aqueous zinc-ion storage using layered calcium vanadium oxide bronze cathode. Angewandte Chemie International Edition, 2018, 57: 3943.

[32] Yan M Y, He P, Chen Y, et al. Water-lubricated intercalation in $V_2O_5 \cdot nH_2O$ for high-capacity and high-rate aqueous rechargeable zinc batteries. Advanced Materials, 2018, 30(1): 1703725.

第 14 章　锰氧化物锂离子电池负极材料应用实例

14.1　应用对象

锰氧化物锂离子电池负极材料。

14.2　分析目的

① 分析锰氧化物的物相组成、化学成分和微观形貌结构，探索物相组成、化学成分和微观形貌结构对电极材料电化学性能的影响规律；

② 分析锰氧化物的比表面积和孔隙率，探索比表面积和孔隙率对电极材料电化学性能影响规律；

③ 分析锰氧化物的循环伏安曲线、恒流充放电曲线、倍率曲线以及电化学阻抗谱等，综合评价锰氧化物锂离子电池材料的电化学性能。

14.3　分析仪器

采用 X 射线自动化衍射仪（丹东仪器，YDF）分析锰氧化物的物相组成，选用 Cu 靶为辐射靶，测试电压为 40 kV，电流为 20 mA，扫描角度范围为 10°～80°，扫描速度为 0.1°/s。采用热重分析测量复合物中氮掺杂碳层的含量，选用的热分析仪为日本岛津公司生产的 DTG-60（H）型热重分析仪，测试范围为室温至 600℃，升温速率为 10℃/min。利用激光拉曼光谱仪（英国雷尼绍公司，inVia Reflex 型）分析样品中单质碳的存在以及碳层的石墨化程度，其中激光器波长为 532 nm，拉曼位移范围为 10～2000 cm^{-1}。采用 X 射线光电子能谱仪（XPS，美国 Thermo Fisher Scientific 公司，ESCALAB 250XI 型）分析锰氧化物中样品的化学组成和元素的化学价态。采用高分辨场发射扫描电子显微镜（SEM，日本日立高新科技 SU8020）和透射电子显微镜（TEM，JEM-2100，加速电压 200 kV）观察锰氧化物的微观形貌结构。采用美国麦克仪器公司的 ASAP 2460 型多站比表面积测试系统分析锰氧化物的比表面积和孔隙率，测试前脱气处理温度为 250℃，脱气时间为 4 h。采用电化学工作站（CHI760E，上海辰华仪器有限公司）对锰氧化物锂离子电池进行循环伏安曲线和交流阻抗谱测试。其中循环伏安测试电压为 0.01～3.00 V，扫描速率为 0.1 mV/s，循环圈数为 3 圈；交流阻抗谱的测试频率为 0.01 Hz～1000 kHz，振幅为 5 mV，测试温度为室温。采用高性能电池测试系统（深圳新威公司，BST-900）锰氧化物锂离子电池进行恒流充放电测试和倍率性能测试。其中恒流充放电测试的电压范围为 0.01～3.00 V，测试的电流密度分别为 500 mA/g 和 1000 mA/g，测试圈数分别为 200 圈和 1000 圈；倍率性能测试选择的电流密度分别为 100 mA/g、200 mA/g、500 mA/g、1000 mA/g、2000 mA/g、4000 mA/g、500 mA/g、100 mA/g。

14.4　结果与分析

14.4.1　实验过程

1. 原料

本实验所使用的原料主要为碳酸氢铵（分析纯，广东光华科技股份有限公司）、硫酸锰（分析纯，天津大茂化学试剂厂）、苯胺（分析纯，丰源精细化工有限责任公司）、硫酸（分析纯，廉江市爱廉化试剂有限公司）、无水乙醇（分析纯，广东光华科技股份有限公司）、有机电解液（电池级，东莞杉杉电池材料有限公司）、Super-P（电池级，荷兰科琴公司）、N-甲基吡咯烷酮（分析纯，天津致远化学试剂有限公司）、聚偏氟乙烯（分析纯，法国阿尔德里奇公司）、锂片（电池级，国药集团化学试剂有限公司）。

2. MnO@NC 复合材料的制备

图 14-1 为 MnO@NC 微球的制备实验流程示意图[1]。首先，配制一定浓度的硫酸锰（$MnSO_4$）和碳酸氢铵（NH_4HCO_3）溶液，置于特氟龙聚四氟乙烯水热釜中，通过水热反应（160℃，4 h）合成碳酸锰（$MnCO_3$）颗粒，并将碳酸锰颗粒经过高温煅烧处理（550℃下保温 4 h）获得 Mn_2O_3 颗粒。然后，称取 100 mg 上述 Mn_2O_3 粉末置于 100 mL 0.01 mol/L 的稀硫酸溶液中，通过磁力搅拌使其充分分散；往上述悬浮溶液中加入 25 μL 的苯胺溶液，并将其置于冰浴条件下磁力搅拌 6 h，获得的黑色胶状物用去离子水和无水乙醇离心清洗 3 次，将产物置于恒温干燥箱中（80℃，12 h）进行干燥。最后，收集干燥完毕的样品，置于管式炉中，在 600℃下进行煅烧（氩气气氛，保温 3 h），获得最终产物 MnO@NC 微球。为了进行对照，将 $MnCO_3$ 在相同条件下进行煅烧，获得单纯的 MnO 样品。

3. MnO@NC 复合材料的表征测试

称取一定量的 MnO@NC 复合材料，先进行过筛处理，然后分别进行 X 射线衍射、X 射线光电子能谱分析以及氮气吸附-脱附等表征测试。取微量粉末样品分散在装有无水乙醇溶液的玻璃小瓶中，进行超声处理后，用胶头滴管吸出少量悬浮液，分别滴在硅片和铜网上，并进行红外干燥处理，用于扫描电镜(SEM)和透射电极(TEM)的测试分析。称取 0.14 g 锰氧化物样品，按照质量比 7∶2∶1 的比例与 Super-P 和 PVDF 混合，在手套箱中进行电池的封装，并在封装完毕后静置 12 h，最后利用电化学工作站和电池测试系统对电池进行电化学性能测试。

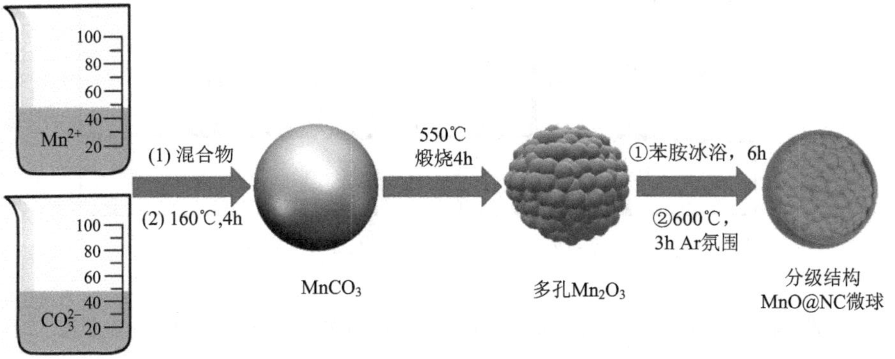

图 14-1　MnO@NC 微球的制备实验流程示意图[1]

14.4.2　实验结果与分析

1. 锰氧化物的物相分析

图 14-2 为合成的 Mn_2O_3、MnO@NC 微球和单纯 MnO 粉体的 XRD 衍射图谱。在图 14-2(a)中，所有的衍射峰都与立方晶系 Mn_2O_3 的标准卡片(JCPDS#73-1826)相匹配。这表明经过高温煅烧以后，$MnCO_3$ 前驱体已经完全转化为 Mn_2O_3 颗粒。图 14-2(b)和(c)分别为 MnO@NC 和单纯 MnO 的 XRD 衍射图谱。可以看出，这两种样品的衍射峰出现的位置基本一样。当衍射角度 2θ 为 34.94°、40.57°、58.72°、70.19°和 73.81°时，上述位置的衍射峰均可与标准立方晶系 MnO(JCPDS#07-0230)相匹配。这表明，经过碳化还原以后，Mn_2O_3 颗粒已经被完全还原为 MnO 相。值得注意的是，在 MnO@NC 的 XRD 衍射图谱中，并没有出现碳层的衍射峰，造成这一现象的原因可能是由于碳层的含量较低，并且是以无定形结构存在[1, 2]。另外，以上三种样品的 XRD 衍射图谱中，并没有出现其他杂质衍射峰，这表明本实验所制备的三种样品均具有较高的纯度。

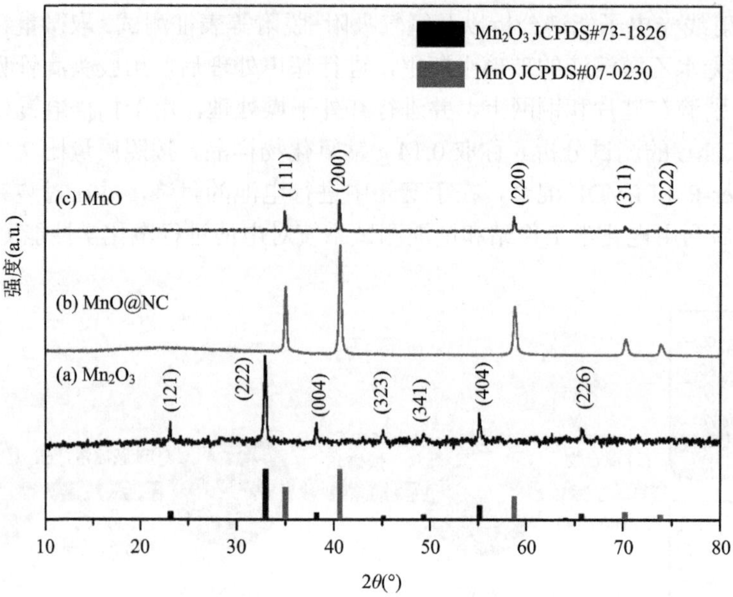

图 14-2　(a) Mn_2O_3、(b) MnO@NC 微球和(c)单纯 MnO 的 XRD 衍射图谱

2. 锰氧化物的微观形貌结构分析

为了探究合成样品的表面微观形貌结构特点，本实验对制备的 $MnCO_3$、Mn_2O_3 以及 MnO@NC 复合材料进行了 SEM 测试，并对 MnO@NC 样品进行了 TEM 测试。如图 14-3(a)所示，$MnCO_3$ 颗粒是由众多菱形纳米晶体堆积而成的多级结构微球，且直径约为 1.5 μm。在图 14-3 (b)中，Mn_2O_3 颗粒较好地保持着 $MnCO_3$ 前驱体的微球结构。但经高温煅烧处理后，Mn_2O_3 颗粒表面出现了明显的孔洞结构。图 14-3 (c)为 MnO@NC 复合材料的 SEM 图像。可以看出，MnO@NC 颗粒也呈现出典型的多级结构，并保持着从 Mn_2O_3 颗粒继承而来的微球状结构，其微球颗粒直径约为 1.5 μm。但 MnO@NC 颗粒表面变得更加粗糙，这可能是由于碳层存在的缘故。图 14-3 (d)为 MnO@NC 复合材料的 TEM 图像。可以看出，MnO@NC 微球呈现出典型的核壳状结构，其中碳层均匀地包覆在 MnO 颗粒表面。从高分辨率图片中可以清晰地观察到碳层的厚度约为 20 nm。图 14-3 (e)为 MnO@NC 微球的 EDS 能谱。由 EDS 能谱可知，样品中存在 Mn、C、N 以及 O 元素，这一结果与 XPS 全谱图的信息完全一致。值得注意的是，C 和 N 两种元素则存在于整个微球表面。这表明 MnO@NC 颗粒具有良好的复合效果，碳掺杂层已经成功包覆于 MnO 微球表面。

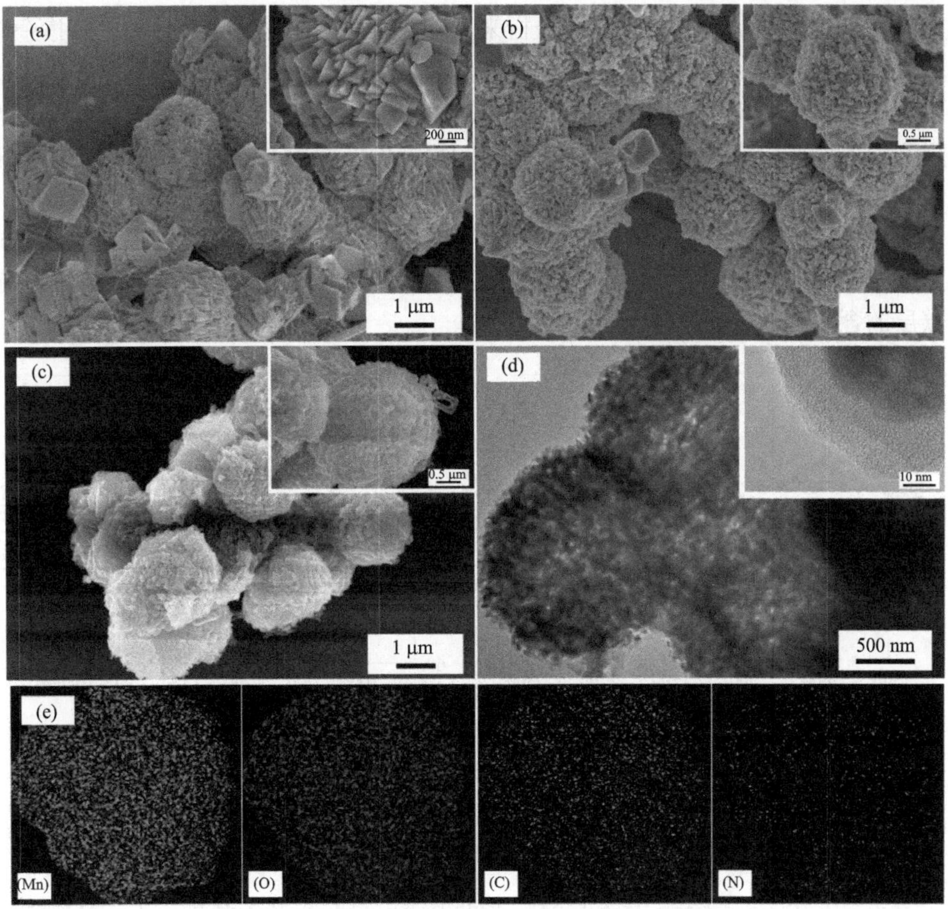

图 14-3　样品的 SEM 图像

(a) $MnCO_3$, (b) Mn_2O_3, (c) MnO@NC；样品的 TEM 图像：(d) MnO@NC 微球的；样品的 EDS 谱图：(e) MnO@NC 微球

3. 拉曼光谱和热重-差热分析

拉曼光谱测试是用来验证单质碳的存在以及其石墨化程度的有效表征手段。如图 14-4(a)所示，当拉曼位移为 1397 cm^{-1} 和 1572 cm^{-1} 时，图谱中出现两个明显的吸收峰，分别对应无序碳结构(D-band)和有序石墨碳结构(G-band)，这说明复合材料中有碳层存在[3-6]。其中，无序碳结构的强度与有序石墨化碳结构的强度比值接近于 0.96，证实了 MnO@NC 复合材料中的碳单质具有较高的石墨化程度，这将有利于增强负极材料的电导率。此外，在拉曼位移为 640 cm^{-1} 时出现一个尖锐的吸收峰，说明材料中有 MnO 相的存在[3-6]。

在本实验中，采用热重-差热分析来评价复合材料 MnO@NC 样品中氮掺杂碳层含量。如图 14-4(b)所示，MnO@NC 复合材料的热重变化曲线可以分为两个阶段。从室温到 350℃这一温度区间，由于样品中结合水和配位水的损失，MnO@NC 样品的质量减少量为 4.5%。在 350～600℃温度区间内，差热分析(DSC)曲线中出现一个明显的放热峰，并且伴随着 MnO@NC 复合材料的质量损失为 31.57%。出现这一现象可能的原因是由于氮掺杂碳层在高温条件下与氧气发生反应，生成了挥发性物质(如 CO_2 和 H_2O 等)。综上所述，在 MnO@NC 复合材料中，氮掺杂碳层的含量为 31.57%。

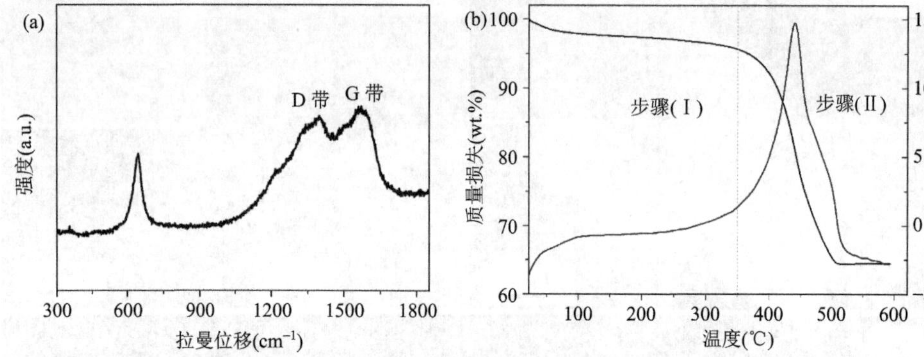

图 14-4 MnO@NC 复合材料的拉曼光谱(a)和热重-差热分析曲线(b)

4. X 射线光电子能谱(XPS)分析

为了分析 MnO@NC 复合材料的元素组成以及化学价态特征，本实验利用 X 射线光子光谱(XPS)对样品进行了测试。如图 14-5(a)所示，MnO@NC 复合材料的全谱峰表明，样品中含有 Mn、C、O、N 等元素。在如图 14-5(b)所示的 Mn 2p 图谱中，当结合能为 641.5 eV 和 653.2 eV 时，图谱中出现了两个明显的特征峰，分别对应 Mn $2p_{3/2}$ 和 Mn $2p_{1/2}$。结合 XRD 分析结果，这表明复合材料中的锰元素是以+2 价的形式存在[7-9]。如图 14-5(c)所示的 C 1s 高分辨率图谱中，当结合能为 284.9 eV、286.1 eV 和 289.5 eV 时，分别出现三个明显的特征峰。其中，位于 289.4 eV 的较强峰对应着 sp^2 杂化石墨碳。而位于 286.1 eV 和 289.5eV 的峰则分别对应着 sp^2 C—N 键和 C═O 中的碳原子[7-9]。在如图 14-5(d)所示的 N 1s 图谱中，两个明显的特征峰位于 400.7 eV 和 398.9 eV，分别对应五角吡咯型氮原子和六角吡啶型氮原子[7-9]。通过分析以上结果可知，作为碳源的苯胺，经过高温还原后已转化为氮掺杂碳层。此外，由于氮原子的存在，MnO@NC 负极材料的储锂性能和结构完整性也会在锂离子脱嵌过程中被增强。

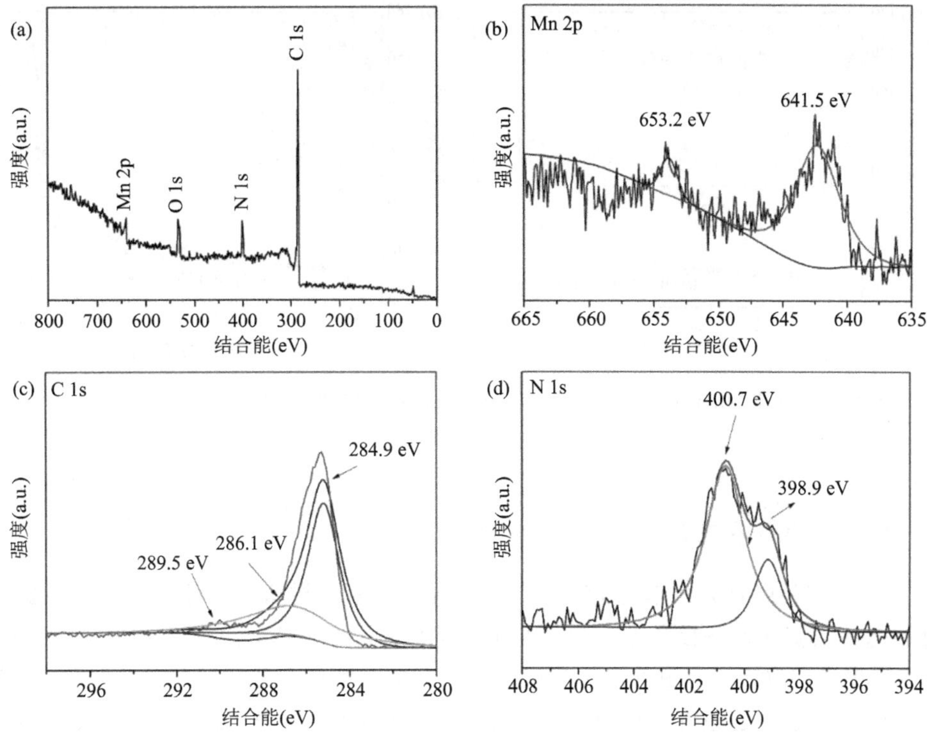

图 14-5　MnO@NC 的 XPS 谱图

(a) 全谱图；(b) Mn 2p；(c) C 1s；(d) N 1s

5. 氮气吸附-脱附测试分析

为了研究多孔结构和比表面积大小对 MnO@NC 复合材料电化学性能的影响，本实验在温度为 77 K 条件下，对所制备的单纯 MnO 样品和 MnO@NC 复合材料进行了氮气吸附-脱附测试。如图 14-6(a)和(b)所示，两种样品均呈现出典型的Ⅳ型等温线，且存在明显的滞回曲线，这表明样品中存在多孔结构。如图 14-6(a)所示，单纯 MnO 样品的 BET 比表面积和总孔径体积分别为 27.55 m^2/g 和 0.18 cm^3/g。经过氮掺杂碳层包覆氧化锰以后，MnO@NC 复合材料的比表面积和总孔径体积增加到 76.54 m^2/g 和 0.23 cm^3/g。通过图 14-6(a)和(b)内部所示孔径尺寸分布曲线观察，单纯 MnO 和 MnO@NC 复合材料的 BJH 平均孔结构的直径分别为 27.3 nm 和 20.7 nm。综合上述结果可知，氮掺杂碳层的存在，能够明显提高 MnO 微球的比表面积。因此，当 MnO@NC 复合材料作为锂离子电池负极材料时，活性材料与电解液将拥有更多的接触面积。此外，多孔结构也可以降低电极材料的体积膨胀效应，进而赋予 MnO@NC 复合材料优良的电化学性能[10, 11]。

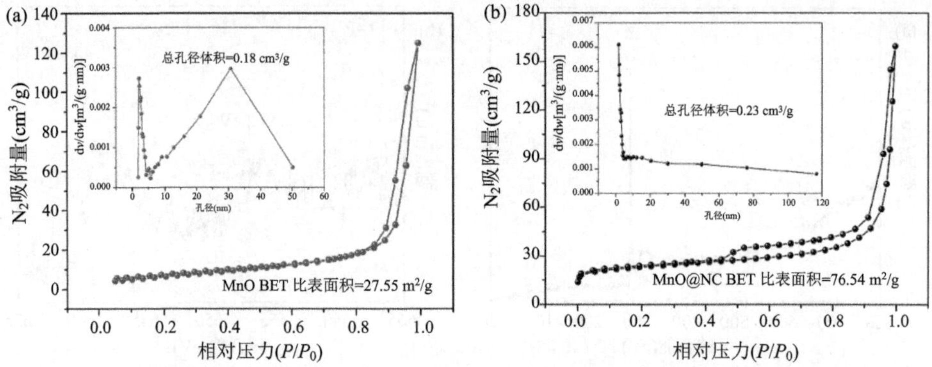

图 14-6　单纯 MnO (a) 和 MnO@NC (b) 复合材料的氮气吸附/脱附等温线和孔径尺寸分布曲线(内部)

6. 循环伏安和充放电曲线测试分析

图 14-7 (a) 和 (b) 为单纯 MnO 和 MnO@NC 复合材料作为锂离子电池负极材料的循环伏安(CV)曲线，(其中测试电压范围为 0.01～3V，扫描速率为 0.1 mV/s，扫描圈数为 3 圈)。由图可知，在首次阴极扫描过程中，当电位为 0.6 V 时，CV 曲线出现明显的还原峰，这对应着 Mn^{2+}被还原为锰单质 ($MnO + 2Li^+ + 2e^- \longrightarrow Mn + Li_2O$)，并伴随着固体电解质界面(solid electrolyte interphase， SEI)膜的形成[11, 12]。在首次阳极扫描过程中，当电位为 1.3 V 时，CV 曲线出现明显的氧化峰，这表明金属锰单质被氧化为 Mn^{2+}，并伴随着 Li_2O 的分解 ($Mn + Li_2O \longrightarrow MnO + 2Li + 2e^-$)。在随后的循环过程中，由于活性物质在首圈循环过程中发生极化现象，单纯 MnO 和 MnO@NC 复合材料的还原峰分别转移到 0.38 V 和 0.35 V，而氧化峰则转移到更高的电势位[13]。值得注意的是，两种材料第二圈和第三圈的 CV 曲线均呈现出较好的重合度。由此可以推断，制备的单质 MnO 和 MnO@NC 复合材料在充放电过程中具有良好的可逆性和稳定性[12]。

图 14-7 (c) 和 (d) 为单纯 MnO 和 MnO@NC 复合材料在电流密度为 100 mA/g 时，首圈到第三圈的恒流充放电曲线。在首圈的放电过程中，单纯 MnO 负极材料在电势为 0.3 V 时，出现一个明显较长的电压平台，这一过程对应着 MnO 被还原为单质锰，并伴随着 Li_2O 相生成的过程。当电压逐渐减少到 0.01 V 时，MnO 负极材料的首次放电比容量为 1245 mAh/g，这一数值远远高于 MnO 的理论比容量(756 mAh/g)。造成这一现象的原因可以归结于[13]：经过首圈循环后，活性物质表面形成了一层聚合物凝胶薄膜，进而使其具有额外的锂离子储存能力。在首次充电过程中，当电压范围为 1.0 到 1.5 V 之间出现了一个典型的倾斜线。这表示在该电压区间内，Mn^{2+}被还原为锰单质，并伴随着 Li_2O 的分解。最后，MnO 负

极材料产生的充电比容量为 723mAh/g。值得注意的是，MnO 负极材料的首圈库仑效率仅有 58%。造成电极材料较高不可逆容量的原因可能是充放电过程中 SEI 膜的形成消耗了大量锂离子[10, 13]。图 14-7(d)则展示了 MnO@NC 复合材料的恒流充放电曲线。在首次充放电过程中，可以观察到一个位于 0.3 V 的放电平台和一条位于 1.0～1.5 V 的倾斜线，这一变化趋势类似于单纯 MnO 负极材料的充放电曲线。有所不同的是，MnO@NC 复合材料的首次充/放电比容量可以达到 894/1328 mAh/g，并且它的首圈库仑效率为 67%。说明氮掺杂碳层能有效降低充放电过程中的不可逆反应，进而提高 MnO@NC 负极材料的电化学性能[9, 13]。

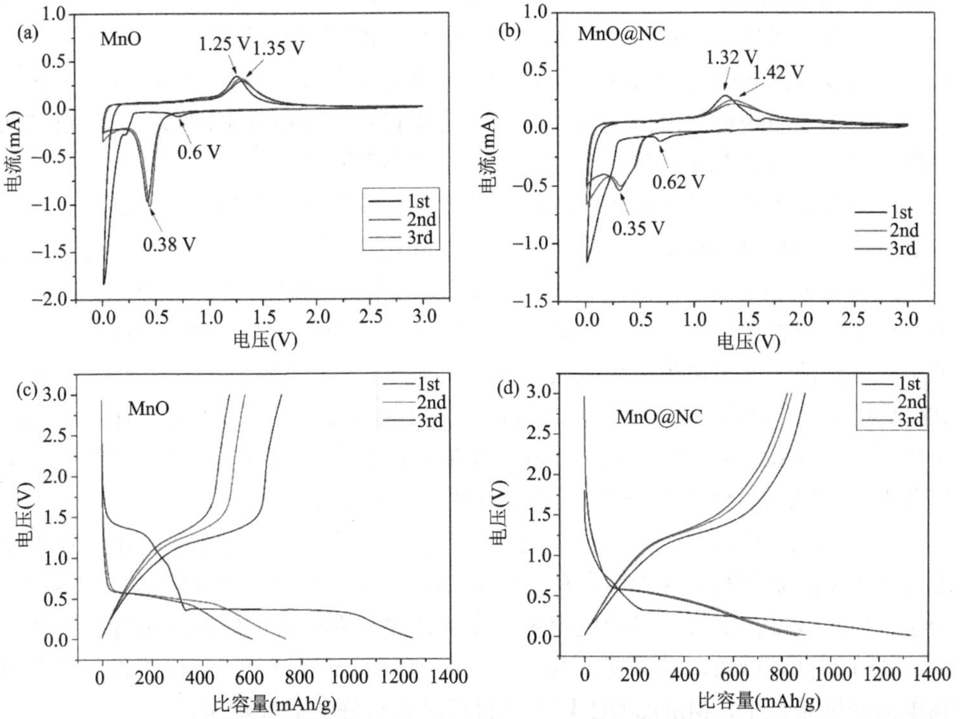

图 14-7　MnO (a)和 MnO@NC 复合材料 (b)的循环伏安曲线；MnO(c)和 MnO@NC 复合材料(d)在电流密度为 100 mA/g 时的恒流充放电曲线

7. 循环性能和交流阻抗测试分析

本实验通过恒流充放电测试来获取 MnO 和 MnO@NC 负极材料的循环性能、倍率性能以及库仑效率等信息，进而判断两种材料的电化学性能优劣。其中，测试的电压区间为 0.01～3V。如图 14-8(a)所示，MnO@NC 电极材料的初始充/放电比容量分别为 635/950 mAh/g。此外，由于 SEI 膜表面发生了不可逆反应，因此它的首圈库仑效率为 67%。随着循环圈数的增加，MnO@NC 负极材料的比容量呈现出典型的波浪形变化趋势，经过 200 圈循环以后，其可逆比容量可以达到 786 mAh/g。对于 MnO 基负极材料而言，MnO@NC 负极材料的比容量变化曲线呈现出波浪形趋势是一个常见的现象[14, 15]。由目前研究现状可知，造成这一现象的原因可能有两种。一种原因是 MnO 在充放电过程中转化成了较高的价态。另一种原因可能是循环过程中，锰晶簇聚合和其可逆性的混合效应，提高了氧化锰的转化反应。此外，MnO@NC 负极材料的首圈库仑效率为 67%，但是经过 7 圈循环后，则可以增加到 97%，并且在随后的循环过程中一直保持在 98%以上。这一现象表明 MnO@NC 负极材料具有良好的可逆性和循环稳定性。作为对照，本实验也在相同条件下测试了单纯 MnO 的循环性能。尽管单纯 MnO 的首次充/放电比容量可以达到 832/1321 mAh/g，但是它的首圈库仑效率只有 63%。在随后循环过程中，由于电极材料剧烈的体积膨胀以及其自身较差电导率的影响，经过 200 圈循环以后，单纯 MnO 负极材料的可逆比容量仅有 230 mAh/g。

倍率性能也是判断两种电极材料电化学性能优劣的重要参数。因此，本实验分别测试了两种材料在电流密度分别为 100 mA/g、200 mA/g、500 mA/g、1 A/g、2 A/g、4 A/g、500 mA/g 和 100 mA/g 时的倍率性能。如图 14-8(b)所示，在不同电流密度的测试条件下，MnO@NC 复合材料均表现出了优于单纯 MnO 负极材料的电化学性能。甚至电流密度为 4 A/g 时，MnO@NC 的可逆比容量仍可以达到 206 mAh/g。当电流密度返回到 500 mA/g 和 100 mA/g 时，它的可逆比容量仍能恢复到 570 mAh/g 和 780 mAh/g，其比容量保持率达可到 90%。这表明高电流密度条件下，MnO@NC 复合材料具有良好的体积稳定性。

为了探究电极材料在高电流密度条件下的长循环性能，本实验测试了在电流密度为 1 A/g、循环圈数为 250 圈时，MnO@NC 负极材料的循环性能。如图 14-8(c)所示，MnO@NC 复合材料的比容量变化曲线也呈现出典型的波浪形变化趋势，经过 250 圈循环以后，其可逆比容量可以达到 881 mAh/g。这一现象说明，在较高电流密度条件下，MnO@NC 复合材料仍具备良好的循环稳定性。

本实验采用交流阻抗测试(EIS)来分析两种材料的离子运输机制和界面电化学反应特征等基本电化学参量，进而揭示造成两者电化学性能差异的原因。如图 14-8(d)所示，单纯 MnO 和 MnO@NC 复合材料的 Nyquist 图谱都是由一个处于高中频区的半圆部分和一条处于中低频区的斜线部分组成。其中，电极材料和电解液之间的电荷转移电阻(R_{ct})由半圆部分的大小表示。斜线则对应来源于电极材料中的锂离子扩散速率。可以看出，MnO@NC 复合材料的半圆部分面积明显小于单纯 MnO 的半圆面积，这表明氮掺杂碳层可以明显降低单纯 MnO 的电荷转移电阻。此外，本实验还测试了经过 200 圈循环后单纯 MnO 和 MnO@NC 复合材料的交流阻抗图谱。相对于未经循环测试的 MnO@NC 电极而言，经过 200 圈循环测试以后 MnO@NC 的电荷转移电阻并未发生较为明显的变化。然而，循环后 MnO 电极材料的电荷转移阻抗则发生了明显的增加趋势。这一现象表明氮掺杂碳层在循环过程中可以有效维持 MnO 颗粒的体积完整性。

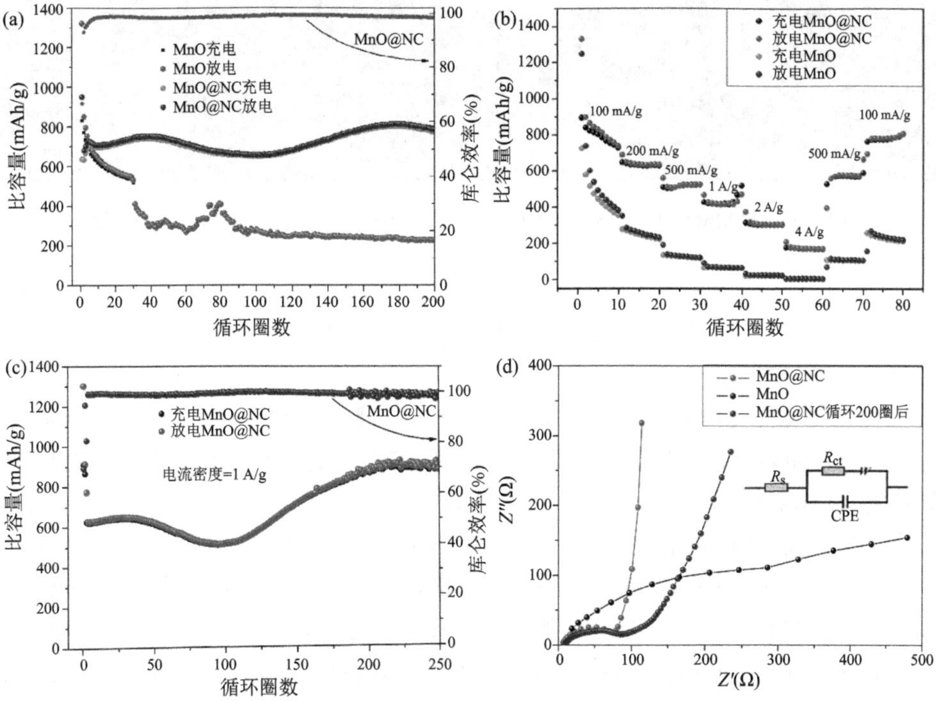

图 14-8　(a) MnO 和 MnO@NC 在电流密度为 0.5A/g 时的循环性能；(b) MnO 和 MnO@NC 复合材料的倍率性能；(c) MnO@NC 复合材料在 1A/g 时的循环性能；(d) 循环前后 MnO 和 MnO@NC 复合材料在测试频率为 0.01Hz～1000 kHz 的 EIS 谱图和等效电路图

8. 循环测试后的微观形貌分析

为了研究循环测试后单纯 MnO 和 MnO@NC 微球的形貌变化，利用扫描电子显微镜(SEM)对恒流充放电测试结束后的电极材料进行了观察。在图 14-9(a)中，由于充放电过程中发生了剧烈体积膨胀的缘故，MnO 微球颗粒发生了明显结构扭曲变形，甚至部分微球颗粒发生破裂。作为对照，图 14-9(b)展示了 MnO@NC 微球的 200 圈循环测试后的扫描电镜照片。可以看出，MnO@NC 微球保持了完整的微球结构，且直径仍维持在 2 μm 左右。由此可见，氮掺杂碳层的存在可以有效保持 MnO 颗粒的结构完整性，进而提高其电化学性能。

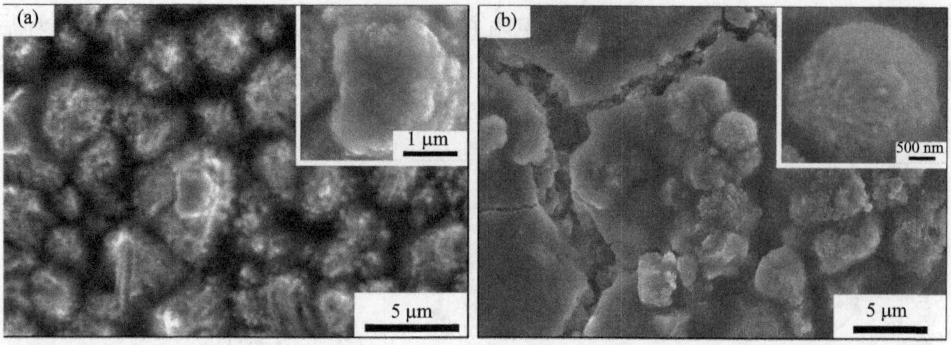

图 14-9　(a) MnO 和 (b) MnO@NC 复合材料经过 200 圈循环以后的 SEM 图像

14.5　本 章 小 结

本章以水热法和高温煅烧处理制备的 Mn_2O_3 颗粒为前驱体，以苯胺为碳源，通过原位表面聚合以及随后的高温碳化处理，制备出拥有多级结构的氮掺杂碳包覆氧化锰(MnO@NC)复合材料。通过 XRD、SEM、TEM、XPS、TG、拉曼光谱测试以及氮气吸附-脱附测试等手段对 MnO@NC 微球的物理性能进行了表征。最后，将制备的 MnO@NC 粉末按照一定比例，制成浆料涂于铜箔上，在手套箱中封装成 CR2032 型纽扣电池，并测试其电化学性能。本章的主要实验结论如下：

① 从结构组成来看，本次实验制备的 MnO@NC 复合材料成分单一，无明显杂质存在，具备良好的晶型结构和较高的纯度。

② 从形貌结构来分析，MnO@NC 颗粒呈现出直径约为 2 μm，具有核壳结构的多孔微球状，其中氮掺杂碳包覆层的厚度约为 20 nm。

③ 拉曼光谱分析结果表明，MnO@NC 微球的氮掺杂碳层具有较高的石墨化程度。TG 测试表明，氮掺杂碳层的质量分数约为 31.57%。

④ 氮气吸附-脱附测试结果表明，MnO@NC 复合材料的 BET 比表面积和总孔径体积分别为 76.54 m^2/g 和 0.23 cm^3/g，高于单纯 MnO 材料(其比表面积和总孔体积分别为 27.55 m^2/g 和 0.18 cm^3/g)。

⑤ 电化学性能测试结果表明，MnO@NC 负极材料在电流密度为 500 mA/g 时，经过 200 圈循环以后，它的可逆比容量可以达到 786 mAh/g。甚至当电流密度为 1 A/g 时，经过 250 圈循环以后，它的可逆比容量仍保持在 881 mAh/g。此外，在倍率性能测试过程中，当测试电流密度为 4 A/g 时，MnO@NC 复合材料的可逆比容量仍保持在 206 mAh/g。以上测试数据均高于单纯 MnO 负极材料的测试数值。综合以上分析结果，氮掺杂碳层包覆以及多级结构的设计可以明显提高 MnO 基负极材料的电化学性能。

参考文献

[1] Gou Q Z, Li C, Zhong W L, et al. Hierarchical structured porous N-doped carbon coating MnO microspheres with enhanced electrochemical performances as anode materials for lithium-ion batteries. Electrochimica Acta, 2019, 296: 730-737.

[2] Lian P C, Zhu X F, Liang S Z, et al. High reversible capacity of SnO_2/graphene nanocomposite as an anode material for lithium-ion batteries. Electrochimica Acta, 2011, 56(12): 4532-4539.

[3] Li X W, Xiong S L, Li J F, et al. MnO@carbon core-shell nanowires as stable high-performance anodes for lithium-ion batteries. Chemistry A-European of Journal, 2013, 19(34): 11310-11319.

[4] Wang J G, Liu H Y, Liu H Z, et al. Facile synthesis of microsized MnO/C composites with high tap density as high performance anodes for Li-ion batteries. Chemical Engineering Journal, 2017, 328: 591-598.

[5] Zhu G, Wang L, Lin H, et al. Walnut-like multicore-shell MnO encapsulated nitrogen-rich carbon nanocapsules as anode material for long-cycling and soft-packed lithium-ion batteries. Advanced Functional Materials, 2018, 28: 1800003.

[6] Tian Q, Luo C, Yang D, et al. A facile preparation route of MnO@C composite for high lithium storage anode. Chemical Physics Letters, 2024, 839: 14113.

[7] Zhai Y, Gai L, Gao Y, et al. Simple synthesis of 3D ground-moss-shaped MnO@N-C composte as superior anode material for lithium-ion batteries. Crystals, 2023, 13: 1420.

[8] Ding Y, Chen L H, Pan P, et al. Nitrogen-doped carbon coated MnO nanopeapods as superior anode materials for lithium ion batteries. Applied Surface Science, 2017, 422: 1113-1119.

[9] Zhang L L, Ge D H, Qu G L, et al. Formation of porous nitrogen-doped carbon-coating MnO nanospheres for advanced reversible lithium storage. Nanoscale, 2017, 9(17): 5451-5457.

[10] Wang X Z, Qiu S, Lu G X, et al. Fabrication of porous MnO microspheres with carbon coating for lithium ion battery application. Crystengcomm, 2014, 16(9): 1802-1809.

[11] Guo S M, Lu G C, Qiu S, et al. Carbon-coated MnO microparticulate porous nanocomposites serving as anode materials with enhanced electrochemical performances. Nano Energy, 2014, 9: 41-49.

[12] Sun B, Chen Z X, Kim H S, et al. MnO/C core–shell nanorods as high capacity anode materials for lithium-ion batteries. Journal of Power Sources, 2011, 196(6): 3346-3349.

[13] Wang J A, Zhang C B, Kang F Y. Nitrogen-enriched porous carbon coating for manganese oxide nanostructures toward high-performance lithium-ion batteries.Applied Materials & Interfaces, 2015, 7(17): 9185-9194.

[14] Li K Y, Shua F F, Guo X W, et al. High performance porous MnO@C composite anode materials for lithium-ion batteries. Electrochimica Acta, 2016, 188(3): 793-800.

[15] Sun Y M, Hu X L, Luo W, et al. Porous carbon-modified MnO disks prepared by a microwave-polyol process and their superior lithium-ion storage properties. Journal of Materials Chemistry, 2012, 22(36): 19190-19195.

第15章　石墨烯量子点在新能源材料中的应用实例

15.1　应用对象

石墨烯量子点。

15.2　分析目的

分析目的是探究石墨烯量子点对电子传输层和钙钛矿层成膜的影响，以及评价石墨烯量子点修饰电子传输材料的钙钛矿太阳能电池的光电性能。

15.3　分析仪器

场发射扫描电镜(SEM)、透射电子显微镜(TEM)、X射线衍射仪(XRD)、原子力显微镜(AFM)、光电效率测试仪(J-V)、光致发光光谱分析仪(PL)。

15.4　结果与分析

15.4.1　实验过程

1. 材料的合成

称取0.1 g石墨，将其填入多孔硅基底。再将该多孔硅基底转移至50 mL的高压反应釜中，并加入2 mL浓硝酸，密封后在160℃下反应5 h。待冷却至室温后，将得到的样品分别用去离子水和无水乙醇清洗数次，然后将透明的滤液转移至透析袋中静置7天。最后将石墨烯量子点分散于乙醇中，制备得到1 mg/mL的石墨烯量子点乙醇溶液。

2. 器件的组装

(1) 钙钛矿薄膜的制备

首先，制备$MAPbI_3$钙钛矿前驱体溶液：将1.2 mol/L PbI_2与1.2 mol/L MAI溶解于1 mL DMSO中，在60℃下封口搅拌30 min，可得到黄色透明液体，即为$MAPbI_3$钙钛矿前驱体溶液。

接着，用移液枪吸取 55 μL 前驱体溶液，将其均匀滴涂在电子传输层表面；4000 r/min 速率匀胶 30 s，并在旋涂程序开始后的第 10 s 用 150 μL 氯苯迅速滴涂在钙钛矿前驱体膜表面。匀胶结束后，将基底放置于 100℃加热板上退火 15 min，即可得到棕黑色的 $MAPbI_3$ 钙钛矿薄膜[1]。

(2) 空穴传输层的制备

首先，制备 Li 盐储备液：将 520 mg Li-TFSI 溶解于 1 mL 乙腈中。接着，将 72.3 mg 的 Spiro-OMeTAD 溶解于 1 mL 氯苯中，震荡溶解。向上述溶液中添加 28.8 μL tBP 和 17.5 μL 的 Li 盐储备液，充分搅拌溶解后制备得到空穴传输层前驱体溶液。以 4000 r/min 的速度，在已经冷却至室温的钙钛矿薄膜上旋转滴加 50 μL 空穴传输层前驱体溶液，旋涂时间为 15s[2]。最后，将旋涂好空穴传输层前驱体膜的基片放置于湿度＜10%的避光防潮柜中氧化 12 h，即可制备得到厚度约为 150 nm 的空穴传输层。

(3) 金属背电极的制备

利用真空镀碳仪，热蒸发法制备 Au 电极。腔内压强约 10^{-7} mbar，Au 薄膜厚度为 80～100 nm。

15.4.2　物相形貌检测与表征方法

采用 X 射线衍射仪 (Rigaku, Ultima IV, Japan) 分析产物物相，场发射扫描电子显微镜 (SEM，Hitachi S-4800, Japan) 观察样品、薄膜形貌和粒径分布，透射电子显微镜 (TEM，FEI, Tecnai G2 F20, USA) 进行高分辨形貌和电子衍射分析。

15.4.3　光电性能测试

I-V 曲线测试：AM1.5 100 MW/cm^2 光照条件，标准硅电池校准，电压范围 0～1.2 V，测试得到太阳能电池短路电流密度 (J_{sc})、开路电压 (V_{oc})、填充因子 (FF) 和光电转换效率。

IPCE 测试：波长扫描范围 300～800 nm，测试得到入射单色光子-电子转换效率。

电化学阻抗测试、暗态测试：电池外加−0.7 V 偏压，10 mV 交流微扰电压，频率范围为 20 mHz～1 MHz，测试得到器件阻抗随频率变化的特性。

瞬态及稳态光致发光谱 (PL) 测试：激发光发射波长 463 nm，监控波长为 780 nm，测试得到半导体材料的结构缺陷以及材料的发光性能。

15.4.4 实验结果讨论与分析

1. 石墨烯量子点的形貌及价态分析

分析图 15-1(a)，可以看出制备得到的石墨烯量子点的平均直径约为 3～5 nm 且分布均匀，无明显团聚现象。此外，图 15-1(a)的右上角内图则展示了石墨烯量子点的高分辨透射电镜图(HRTEM 图)，从图中可知该纳米粒子的晶格条纹间距为 0.216 nm，对应于石墨的(100)晶面。图 15-1(a)的右下角内图展示了实验中界面修饰所用的石墨烯量子点溶液照片，从照片中可以得知该溶液是无色且澄清透明的。为进一步证明石墨烯量子点已经被成功沉积于介孔 TiO_2 薄膜的表面，对 GQD-0/mp-TiO_2、GQD-1/mp-TiO_2 以及 GQD-2/mp-TiO_2 薄膜样品分别进行了 XPS 测试。在此需特别说明，由于我们采用的是浓硝酸(HNO_3)切割的方法制备得到的石墨烯量子点，终产物上会有残留的部分含 N 官能团联结，因此通过对 N 元素的 XPS 分析可以间接说明沉积在介孔 TiO_2 薄膜表面的石墨烯量子点的含量多少[3,4]。从图 15-1(b)可以看出，在结合能为 400.1 eV 处出现一个宽峰，归属于 N 元素的 1s 能级电子的特征跃迁信号[5]。另外，随着石墨烯量子点修饰次数的增加，特征峰信号强度随之增强。由此可以说明通过溶液浸润的方法，能够成功地将石墨烯量子点沉积在介孔 TiO_2 表面且随着修饰次数增多，沉积在介孔 TiO_2 表面的石墨烯量子点的量也随之增多。

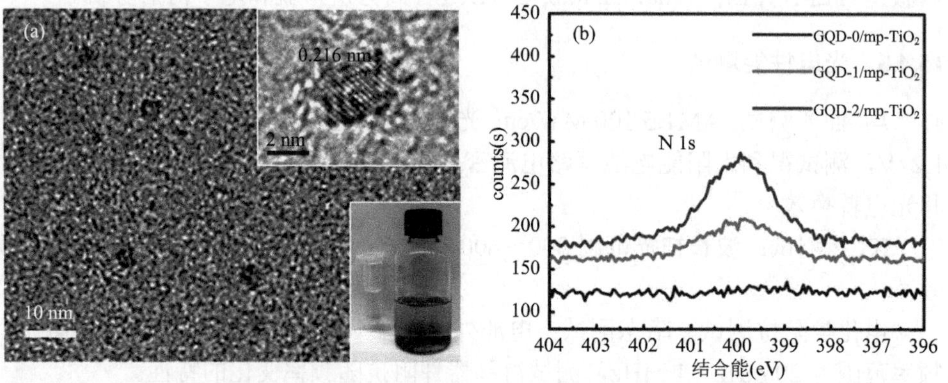

图 15-1　(a)石墨烯量子点(GQDs)的 TEM 图(内图右上为 GQDs 的 HRTEM 图，内图右下为 GQDs 溶液的照片)；(b)基于 GQD-0/mp-TiO_2、GQD-1/mp-TiO_2、GQD-2/mp-TiO_2 薄膜 N 1s 的高倍 XPS 谱图

2. 石墨烯量子点修饰电子传输层后对薄膜形貌的影响分析

图 15-2 是基于石墨烯量子点溶液不同修饰次数的介孔 TiO_2 表面 SEM 图。从图中可以看出，经石墨烯量子点修饰后的介孔 TiO_2 薄膜，其表面形貌依然是典型的 TiO_2 纳米粒子堆积而成的颗粒尺寸为 50～200 nm 介孔薄膜。另外，随着石墨烯量子点修饰次数的增多，修饰后的介孔 TiO_2 薄膜表面形貌无明显变化且未发现明显的石墨烯量子点存在。这可能是由于石墨烯量子点的粒子尺寸过小(3～5 nm)且量子点可能已成功嵌入于介孔层的缝隙中，很难通过扫描电镜发现。

图 15-2　基于石墨烯量子点溶液不同修饰次数的介孔 TiO_2 表面 SEM 图

(a) GQD-0/mp-TiO_2；(b) GQD-1/mp-TiO_2；(c) GQD-2/mp-TiO_2

3. 石墨烯量子点修饰的介孔 TiO_2 层的 EDS 分析

图 15-3(a)、(b)是针对 GQD-1/mp-TiO_2 薄膜进行的能量分布谱图(EDS)测试。由图 15-3(b)可知，该薄膜的主要峰归属于 Sn 和 O 元素，这是因为所使用的基底为导电玻璃 FTO(F 掺杂的 SnO_2)。其余强度较弱的峰归属于 Si、Ti、C、N 等元素，这说明石墨烯量子点沉积的介孔薄膜上确实含有 C 和 N 元素，与前面的 XPS 分析一致。为进一步确认石墨烯量子点在介孔 TiO_2 薄膜的分布情况，利用扫描电镜的元素分布分析(mapping)功能对 GQD-1/mp-TiO_2 薄膜进行表征，结果如图 15-3(c)～(f)所示。元素分布图清晰地展现出 Ti、O 和 C 三种元素在 GQD-1/mp-TiO_2 薄膜中都具有相对均匀的分布。值得强调的是，C 元素的分布比较分散，这意味着石墨烯量子点在介孔 TiO_2 薄膜上的含量相对较低，推测是以嵌入方式沉积在介孔 TiO_2 薄膜的缝隙中[6]。

4. 石墨烯量子点修饰对电子传输层粗糙度的影响分析

以 AFM 扫描区域计算出的均方根粗糙度(RMS)值为依据，可以分析与探讨石墨烯量子点界面修饰对介孔 TiO_2 层表面粗糙度的影响。从图 15-4 可以看出，石墨烯量子点修饰后的介孔 TiO_2 薄膜的 RMS 值呈下降趋势，与未用石墨烯量子点修饰的 24.8 nm，逐步下降至石墨烯量子点修饰一次后的 22.5 nm 以及修饰两次后的 19.7 nm。从粗糙度的变化趋势可知，使用石墨烯量子点修饰界面可以有效降低介孔 TiO_2 薄膜的粗糙度，这将有利于介孔层与钙钛矿层之间的接触。此外，较为光滑平整的介孔层可以有效降低载流子与钙钛矿的接触，减少电子-空穴在该界面处的复合概率。

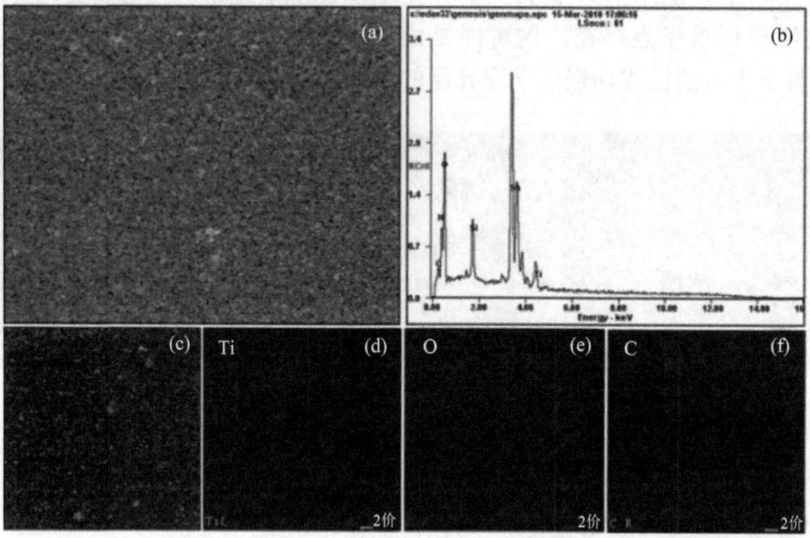

图 15-3　(a)、(b) GQD-1/mp-TiO_2 薄膜的 SEM 图和 EDS 谱图；(c) GQD-1/mp-TiO_2 薄膜 mapping 所选区域的 SEM 图；不同元素的分布图：(d) Ti、(e) O 和 (f) C

图 15-4　基于石墨烯量子点溶液不同修饰次数的介孔 TiO_2 表面 AFM 图

(a) GQD-0/mp-TiO_2；(b) GQD-1/mp-TiO_2；(c) GQD-2/mp-TiO_2

5. 石墨烯量子点修饰对钙钛矿薄膜的影响分析

(1) 钙钛矿层的 SEM 表征

钙钛矿薄膜沉积在未经修饰和基于石墨烯量子点修饰的介孔 TiO_2 上的表面形貌如图 15-5 所示。从图可知，基于石墨烯量子点修饰的钙钛矿薄膜与空白介孔 TiO_2 薄膜上沉积的钙钛矿薄膜相比，形貌上无明显区别。钙钛矿晶粒尺寸约为

300～500 nm，晶粒间联结紧密，无孔洞出现。另外，所有样品的钙钛矿吸光薄膜平整光滑，晶界较少，有利于光生电荷的传输，从而降低光生载流子在扩散过程中的复合速率，对得到较高的光电流有重要作用。

图 15-5　基于石墨烯量子点溶液不同修饰次数的介孔 TiO_2 层上沉积的 $(FAPbI_3)_{1-x}(MAPbBr_3)_x$ 钙钛矿薄膜表面 SEM 图

(a) GQD-0/mp-TiO_2；(b) GQD-1/mp-TiO_2；(c) GQD-2/mp-TiO_2

(2) 钙钛矿层的 XRD 表征

为探究基于石墨烯量子点溶液修饰制备得到的 $(FAPbI_3)_{1-x}(MAPbBr_3)_x$ 钙钛矿薄膜与空白介孔 TiO_2 薄膜上沉积的钙钛矿薄膜的结晶性差异，对样品进行了 XRD 测试。由图 15-6 可知，在不同基底上沉积的钙钛矿薄膜的特征衍射峰位置[14.11°、28.46°和 31.80°分别对应(110)、(220)和(310)晶面]没有出现偏移且衍射峰强度变化不明显，说明在不同基底上沉积的钙钛矿薄膜的结晶性没有受到影响，这和钙钛矿薄膜表面 SEM 得到的结果是一致的。

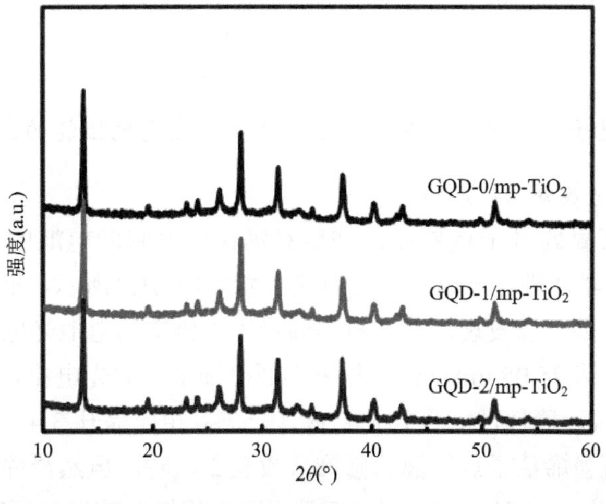

图 15-6　基于石墨烯量子点溶液不同修饰次数的介孔 TiO_2 层上沉积的 $(FAPbI_3)_{1-x}(MAPbBr_3)_x$ 钙钛矿薄膜的 XRD 图

(3) 钙钛矿层的 UV-vis 表征

通过 UV-vis 吸收光谱测试，发现基于石墨烯量子点修饰和未使用石墨烯量子点修饰的钙钛矿层对紫外-可见光谱吸收的区别。如图 15-7 所示，在石墨烯量子点修饰与未修饰的基底上制备的钙钛矿薄膜在波长为 550～800 nm 范围内，对光的吸收差别并无明显差异；而在波长范围为 400～550 nm 区间内，GQD-1/mp-TiO_2 与 GQD-2/mp-TiO_2 样品对光的吸收略强于 GQD-0/mp-TiO_2 样品，这可能是由于石墨烯量子点在介孔 TiO_2 薄膜中的嵌入有助于提升钙钛矿吸光薄膜在这段波长范围内的光吸收能力。

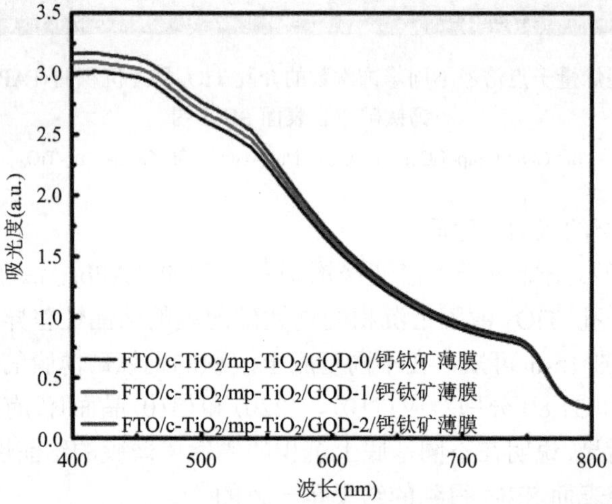

图 15-7 基于石墨烯量子点溶液不同修饰次数的介孔 TiO_2 层上沉积的 $(FAPbI_3)_{1-x}(MAPbBr_3)_x$ 钙钛矿薄膜的 UV-vis 图

6. *石墨烯量子点界面修饰对钙钛矿太阳能电池光电性能的影响*

(1) 光电转化效率 (*J-V*) 表征

为考察经石墨烯量子点界面修饰后对钙钛矿太阳能电池的光电转化效率影响，我们对相应器件进行了 *J-V* 曲线测试，如图 15-8 (a) 所示，相应的光电参数列于表 15-1。从结果可以发现，基于石墨烯量子点修饰的电池光电流均有一定程度的提升，最高可达 25.05 mA/cm^2，与未界面修饰电池的光电流 (24.00 mA/cm^2) 相比，提升了 4.4%，器件性能 (19.20% *vs* 18.57%) 相应提升 3.4%。同时从表 15-1 发现，当增加石墨烯量子点溶液的修饰次数至 2 次时，虽然器件的光电流有所提高 (24.48 mA/cm^2 *vs* 24.00 mA/cm^2)，但基于两次修饰后的器件开路电压 (V_{oc}) 出现明显下降 (1.03 V *vs* 1.06 V)，填充因子也出现下降的趋势 (0.72 *vs* 0.73)。这可能是由于当修饰次数过多时，会将过量的石墨烯量子点引入介孔 TiO_2 层与钙钛矿层界面，此时一部分石墨烯量子点会成为载流子的复合中心，不利于载流子的分离和传输，器件的开路电压和填充因子会开始下降。

因此，在充分利用石墨烯量子点界面修饰可以提升钙钛矿太阳能电池光电流优势的同时，精细控制钙钛矿太阳能电池器件的组装过程，以此制备得到的最优性能电池的光电转化效率可达 20.45%，具体光电参数可见图 15-8(b)。

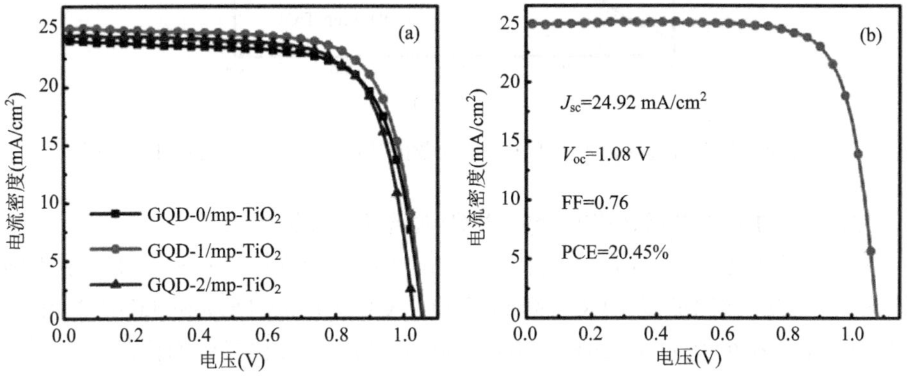

图 15-8　(a) 基于石墨烯量子点不同修饰次数的钙钛矿太阳能电池 *J-V* 曲线图；(b) 基于石墨烯量子点修饰的介孔 TiO_2 作为电子传输层的最优钙钛矿太阳能电池 *J-V* 曲线

表 15-1　基于石墨烯量子点不同修饰次数的钙钛矿太阳能电池的光电性能参数

修饰次数 GQDs	J_{sc} (mA/cm²)	V_{oc} (V)	填充因子	PCE (%)
0	24.00	1.06	0.73	18.57
1	25.05	1.06	0.73	19.20
2	24.48	1.03	0.72	18.15

(2) 单色光转化效率 (IPCE) 表征

图 15-9 是基于石墨烯量子点修饰不同次数的钙钛矿太阳能电池在不同入射光波长下的 IPCE 谱图。在 400～750 nm 波长范围内，基于 GQD-1/mp-TiO_2 为电子传输层的钙钛矿太阳能电池的 IPCE 响应值明显大于 GQD-0/mp-TiO_2 和 GQD-2/mp-TiO_2 样品。同时，对 300～800 nm 波长范围内 GQD-0/mp-TiO_2、GQD-1/mp-TiO_2 和 GQD-2/mp-TiO_2 样品的 IPCE 响应值分别进行积分，计算得到的积分电流密度分别为 22.83 mA/cm^2、24.07 mA/cm^2 和 23.28 mA/cm^2，与各自的 *J-V* 曲线所得短路电流值相比，误差约为 4.8%、3.9%和 4.9%。

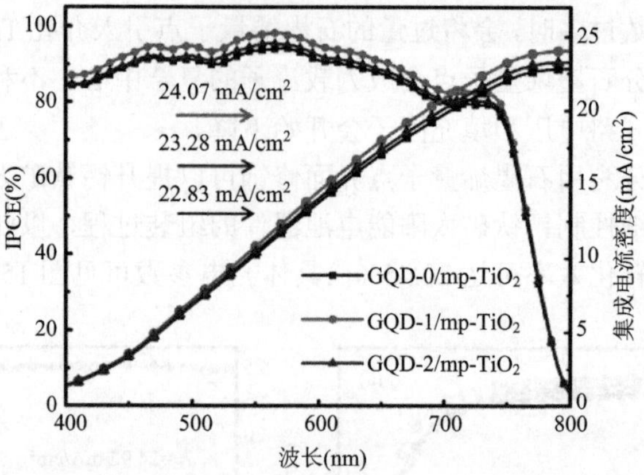

图 15-9　基于石墨烯量子点不同修饰次数的钙钛矿太阳能电池的 IPCE 曲线

(3)最大功率输出点(MPP)处的 PSCs 稳态 PCEs 输出表征

图 15-10 是基于石墨烯量子点不同修饰次数的最优性能钙钛矿太阳能电池器件的稳定 PCE 输出曲线。GQD-0/mp-TiO_2、GQD-1/mp-TiO_2 和 GQD-2/mp-TiO_2 器件的稳定效率分别为 17.60%、18.81%和 17.08%。与相对应的样品 *J-V* 测试所得结果接近，说明基于石墨烯量子点修饰制备的钙钛矿太阳能电池器件具有可靠的光电转化效率和较好的器件稳定性。

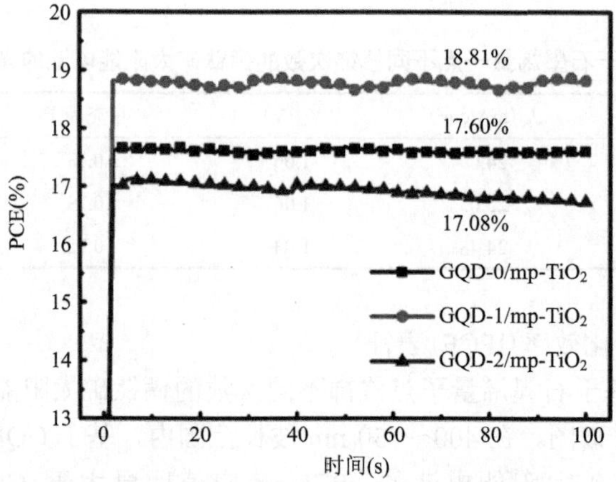

图 15-10　基于石墨烯量子点不同修饰次数的钙钛矿太阳能电池在最大功率输出点处加偏压时的稳定 PCE 输出曲线图（测试时间为 100 s）

(4)基于石墨烯量子点修饰的 PSCs 的光电性能重现性及迟滞现象分析

为验证基于石墨烯量子点修饰制备的钙钛矿太阳能电池在光电转化效率方面的具有良好的可重复性，我们使用石墨烯量子点修饰 1 次的介孔 TiO_2 作为电子传输层在相同条件下组装了共 30 块钙钛矿太阳能电池，并统计器件 4 个关键参数的具体值，分别为短路电流密度(J_{sc})、开路电压(V_{oc})、填充因子(FF)以及光电转化效率(PCE)，各参数的统计箱式图如图 15-11(a)～(d)所示。结果显示，基于石墨烯量子点修饰制备的 30 块钙钛矿太阳能电池的平均 J_{sc} 为 25.57%、V_{oc} 为 1.06 V、FF 为 0.73，最终 30 块电池的平均 PCE 值大于 19%。该结果说明，石墨烯量子点界面修饰的方法，可以成为制备高性能钙钛矿太阳能电池的有效手段。此外，为探究基于石墨烯量子点修饰的钙钛矿太阳能电池迟滞现象，我们对器件进行了 J-V 正反扫测试，如图 15-11(e)所示。结果表明，与钙钛矿太阳能电池中常用的反向 J-V 扫描相比，正向扫描时所得的 J_{sc} 与 V_{oc} 均无明显变化，而 FF 从 0.75 下降至 0.72，这导致器件在正向扫描时所得 PCE(18.67%)低于反向扫描时所得的 19.79%效率。两者之间的误差约为 5.6%，这说明通过石墨烯量子点修饰制备得到的钙钛矿太阳能电池的迟滞现象并不明显(表 15-2)。

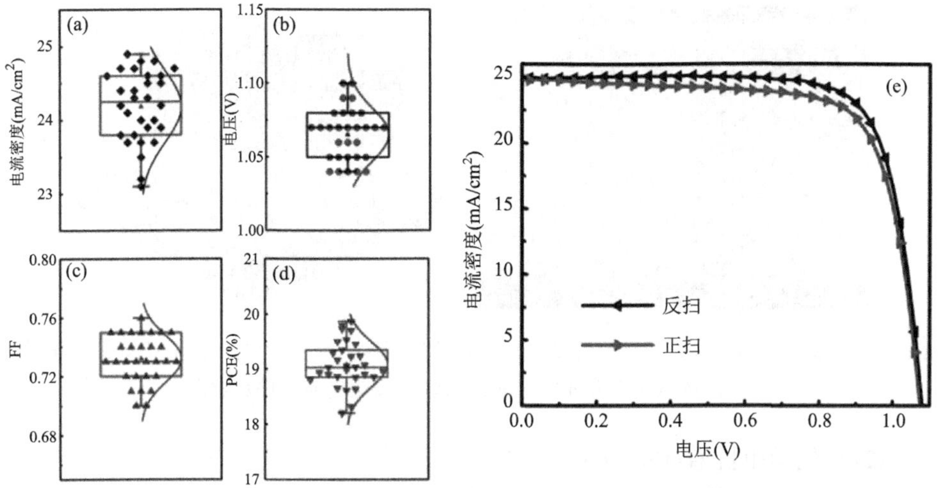

图 15-11　(a)～(d)基于石墨烯量子点修饰的 30 片钙钛矿太阳能电池的 J_{sc}、V_{oc}、FF 以及 PCE 的统计分布箱式图；(e)基于石墨烯量子点修饰的钙钛矿太阳能电池的正反扫 J-V 曲线图

表 15-2　基于石墨烯量子点修饰的钙钛矿太阳能电池的正反扫光电性能参数

扫描方向	J_{sc}(mA/cm²)	V_{oc}(V)	填充因子	PCE(%)
正	24.70	1.05	0.72	18.67
反	24.89	1.06	0.75	19.79

7. 石墨烯量子点修饰对电子传输层/钙钛矿层界面性质的影响分析

(1) 石墨烯量子点界面修饰提升器件光电流的机理研究

图 15-12 (a) 为基于石墨烯量子点修饰制备的钙钛矿太阳能电池器件的截面 SEM。从图中可知，致密层厚度约为 80 nm，钙钛矿层厚度约为 500 nm，空穴传输层厚度约为 100 nm，Au 电极的厚度约为 200 nm，每一层薄膜都清晰可辨且彼此接触良好。另外，从图 15-12 (b) 的器件结构示意图中可知，当石墨烯量子点引入介孔 TiO_2 中时，其更有可能是以一种嵌入的方式沉积在介孔薄膜的缝隙当中，进而形成了更加平整致密的介孔 TiO_2 薄膜。一方面，有利于电子传输层与钙钛矿层之间的接触，降低在该界面处的缺陷密度；另一方面，充分利用石墨烯量子点本身具备的超强导电能力，可以有效改善电子传输层材料的导电性能，提升修饰后的电子传输层对光生电荷的抽取与输运能力。

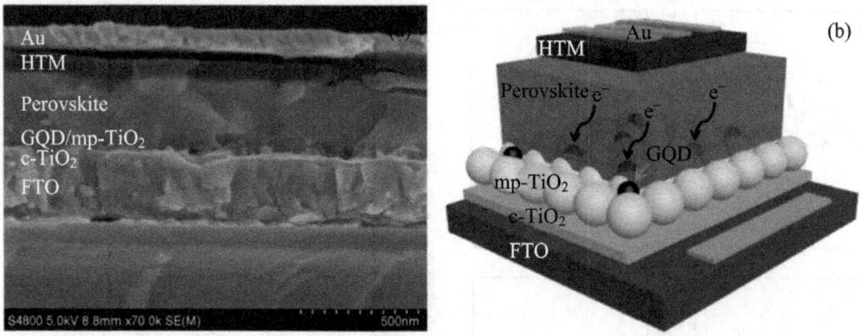

图 15-12　(a) 基于石墨烯量子点修饰制备的介观结构钙钛矿太阳能电池截面 SEM 图；(b) 基于石墨烯量子点界面修饰的钙钛矿太阳能电池器件示意图

(2) 电化学阻抗谱 (EIS) 分析

为理解石墨烯量子点不同修饰次数的 mp-TiO_2/perovskite 界面对载流子传输的影响，我们进行了 EIS 测试分析，如图 15-13 所示。图 15-13 显示了在 0.7 V 反向偏压测试暗态条件下各样品的 Nyquist 图，插图为相应的等效电路图[7]，其中包含了串联阻抗 (R_s) 和复合阻抗 (R_{rec})，对应的拟合数据列于表 15-3。图中低频范围内的半圆与 mp-TiO_2/perovskite/HTM 界面处的载流子复合相关。各样品中 perovskite 与 HTM 的界面基本相同，因此半圆大小反映的即是载流子在 mp-TiO_2/perovskite 界面处的复合情况。根据图中弧形大小的变化趋势，可以看出经二甲基咪唑界面修饰后，mp-TiO_2/perovskite 界面处的复合阻抗逐步提高，这说明电子-空穴对在该界面处的复合速率明显降低，从而相应的钙钛矿太阳能电池器件的 V_{oc} 随之提升。

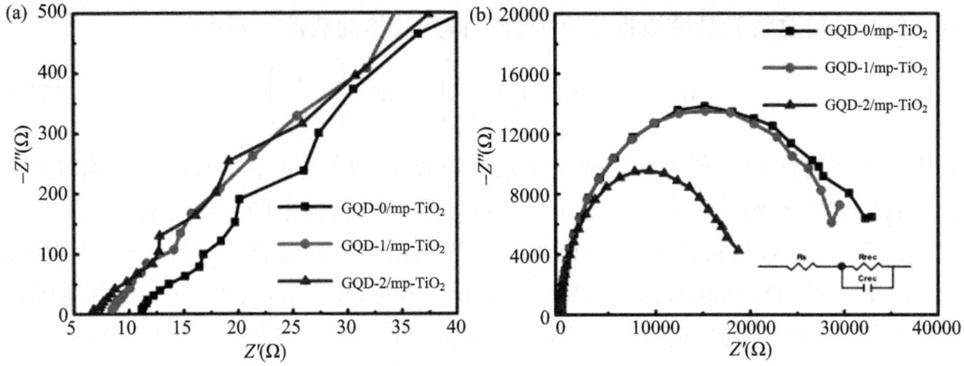

图 15-13　(a) 由 (b) 图获取的基于石墨烯量子点不同次数修饰的钙钛矿太阳能电池的器件串联阻抗图；(b) 基于石墨烯量子点不同次数修饰的钙钛矿太阳能电池的电化学阻抗谱，插图为电池的等效电路

表 15-3　基于石墨烯量子点不同次数修饰的钙钛矿太阳能电池的电化学阻抗谱拟合数据

ETL	R_s (Ω)	R_{rec} (Ω)
GQD-0/mp-TiO_2	11.50	9561
GQD-1/mp-TiO_2	8.36	9102
GQD-2/mp-TiO_2	7.01	5932

(3) 稳态荧光光谱 (steady-state PL) 和瞬态荧光光谱 (time-resolved PL) 分析

为进一步探讨石墨烯量子点修饰后对光生电荷在钙钛矿层与介孔 TiO_2 层之间的传递及复合的影响，我们使用 405 nm 的入射激发光检测基于石墨烯量子点不同修饰次数所制备的钙钛矿薄膜的稳态光致发光强度以及载流子寿命。

稳态荧光光谱测试结果显示，在 780 nm 的波长位置附近获得最大的发射峰，如图 15-14 (a) 所示。从测试结果可以看出，直接沉积在 FTO 玻璃上的 $(FAPbI_3)_{1-x}(MAPbBr_3)_x$ 钙钛矿薄膜的荧光强度最强，而基于 GQD-0/mp-TiO_2、GQD-2/mp-TiO_2 和 GQD-1/mp-TiO_2 基底上制备的钙钛矿薄膜荧光强度依次递减，这说明在结晶性能无明显区别的钙钛矿层中产生的光生载流子在传输过程中由于受到石墨烯量子点界面修饰的作用，提升了修饰后的电子传输层材料对光生载流子的抽取与传输性能，因此荧光发光强度出现下降趋势。该测试结果同时也可印证与 J-V 测试结果相似的规律，通过石墨烯量子点界面修饰的方法能够有效提升钙钛矿太阳能电池器件的光电流 (J_{sc})。

另外，如图 15-14 (b) 与表 15-4 所示，通过瞬态荧光光谱可以测量载流子的寿命，曲线随时间衰减的越快意味着载流子在钙钛矿体相材料中的寿命越短，也说明光生载流子从光敏材料传输至电子传输层材料的速度越快。采用双指数衰减公式[式(15-1)]对荧光衰减数据进行拟合可得到具体的载流子寿命[8]。

$$y_{\text{fit}} = y_0 + A_1\exp\left(-\frac{t}{\tau_A}\right) + A_2\exp\left(-\frac{t}{\tau_B}\right) \tag{15-1}$$

式中，较短时间的 τ_1 代表光生载流子从光吸收层传输至 n 型半导体的传输时间，而较长时间的 τ_2 则代表自由载流子在光吸收层块体材料中的复合时间。从拟合结果(表 15-4)显示，直接沉积在 FTO 玻璃上的钙钛矿薄膜载流子寿命最长，为 396.6 ns。而基于 GQD-0/mp-TiO_2、GQD-2/mp-TiO_2 和 GQD-1/mp-TiO_2 基底上制备的钙钛矿薄膜的载流子传输时间 τ_1 分别为 59.9 ns、49.5 ns、55.2 ns。从测试结果可以看出，基于石墨烯量子点界面修饰 1 次制备得到的钙钛矿薄膜的载流子传输时间最短，说明光生载流子从钙钛矿层传输至介孔 TiO_2 层的效率最高，因此基于此修饰次数的石墨烯量子点修饰而制备的钙钛矿太阳能电池的光电性能最优。

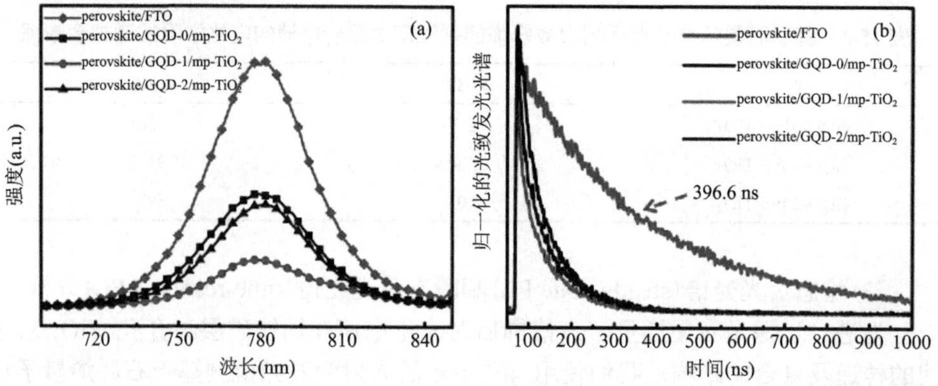

图 15-14　基于石墨烯量子点不同次数修饰的钙钛矿薄膜的稳态(a)与瞬态(b)荧光光谱图

表 15-4　基于石墨烯量子点不同次数修饰的钙钛矿薄膜的瞬态荧光光谱拟合数据总结

ETL	τ_1(ns)	τ_2(ns)
GQD-0/mp-TiO_2	59.9	163.4
GQD-1/mp-TiO_2	49.5	193.0
GQD-2/mp-TiO_2	55.2	176.6

(4) 电荷收集效率(charge collection efficiency)分析

为证明通过石墨烯量子点修饰的方法确实能够有效提升太阳能电池的光电流，我们将石墨烯量子点沉积在染料敏化太阳能电池(DSSCs)的光阳极表面进行表面修饰，并将该电池器件和参比的空白器件分别进行强度调制光电流谱(IMPS)[图 15-15(a)]和强度调制光电压谱(IMVS)[图 5-15(b)]测试，并通过式(15-2)计算得到电荷传输时间(τ_d)和电荷复合时间(τ_r)。

$$\tau_{d,r} = 1/2\pi f_{d,r} \tag{15-2}$$

式中，f_d 和 f_r 是 IMPS 和 IMVS 的测试结果的频率虚部最小值。从测试结果可以看出，随着光强度的上升，两种器件的 τ_d 和 τ_r 值都在下降；同时，基于石墨烯量子点修饰 DSSCs 的 τ_d 值小于参比器件而 τ_r 值大于参比器件，这说明经石墨烯量子点的光阳极能够使得光生载流子快速传输并抑制载流子间的复合速率。此外，基于所得的 τ_d 和 τ_r 数据，可以通过式(15-3)计算得出电荷收集效率[9, 10]。

$$\eta_{cc} = 1 - \tau_d / \tau_r \tag{15-3}$$

如图 15-15(c)所示，基于石墨烯量子点修饰的 DSSCs 具有更高的电荷收集效率，这也可以侧面证明石墨烯量子点的界面修饰方法可以成为制备较高光电流、高光电转化效率的钙钛矿太阳能电池器件的有效手段。

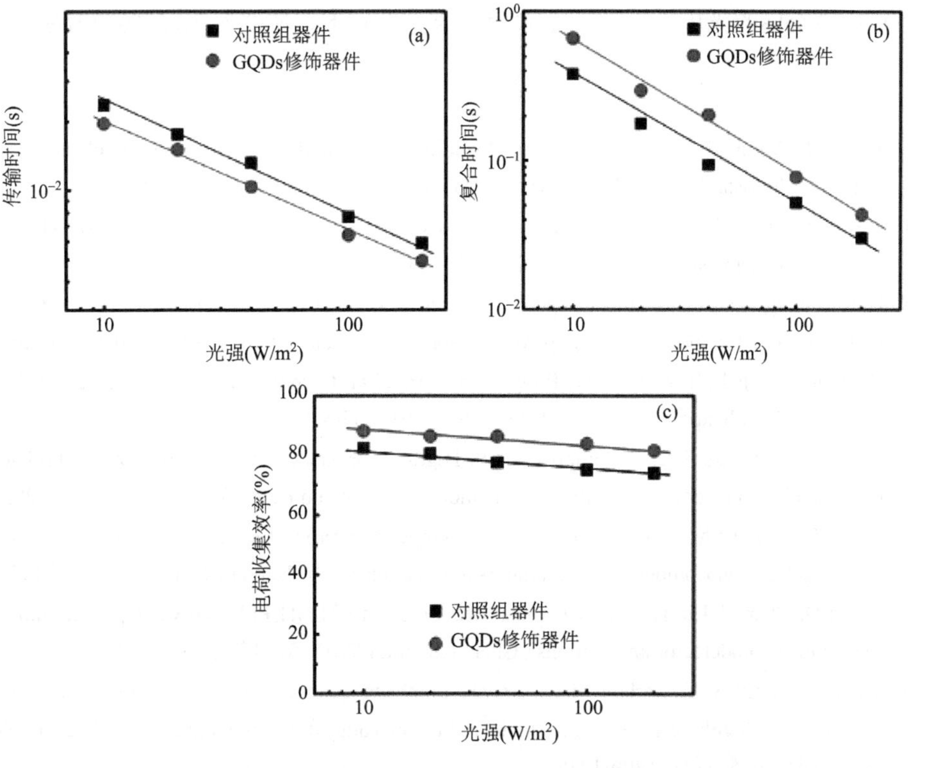

图 15-15　基于石墨烯量子点修饰和未修饰组装的染料敏化太阳能电池随光照强度变化的(a)电荷传输时间；(b)电荷复合时间；(c)电荷收集效率

15.5 本 章 小 结

本章利用石墨烯量子点界面修饰的方法对钙钛矿太阳能电池中的介孔 TiO_2 电子传输层表面进行处理，得出以下结论：

① 经过石墨烯量子点对电子传输层/钙钛矿层的界面进行修饰，可以有效提升钙钛矿太阳能电池的短路电流密度并得到较高的器件效率。

② 通过对 IPCE、EIS、PL 等测试结果分析，发现基于石墨烯量子点修饰的电子传输层/钙钛矿层的界面能够更有效地将光生载流子由光敏层传输至介孔 TiO_2 层。

③ 基于石墨烯量子点界面修饰方法制备得到的钙钛矿太阳能电池能够获得最高为 20.45%的光电性能，高于未使用该界面修饰方法器件 18.57%的效率。

参 考 文 献

[1] Shin S S, Yeom E J, Yang W S, et al. Colloidally prepared La-doped $BaSnO_3$ electrodes for efficient, photostable perovskite solar cells. Science, 2017, 356 (6334) : 167-171.

[2] Tan H R, Jain A, Voznyy O, et al. Efficient and stable solution-processed planar perovskite solar cells via contact passivation. Science, 2017, 355 (6326) : 722-726.

[3] Habisreutinger S N, Leijtens T, Eperon G E, et al. Carbon nanotube/polymer composites as a highly stable hole collection layer in perovskite solar cells . Nano Letters, 2014, 14 (10) : 5561-5568.

[4] De Volder M F L, Tawfick S H, Baughman R H, et al. Carbon nanotubes: present and future commercial applications . Science, 2013, 339 (6119) : 535-539.

[5] Abrusci A, Stranks S D, Docampo P, et al. High-performance perovskite-polymer hybrid solar cells via electronic coupling with fullerene monolayers . Nano Lett, 2013, 13 (7) : 3124-3128.

[6] Wang T W, Ball J M, Barea E M, et al. Low-temperature processed electron collection layers of graphene/TiO_2 nanocomposites in thin film perovskite solar cells . Nano Lett, 2014, 14 (2) : 724-730.

[7] He M H, Chen Y, Liu H, et al. Chemical decoration of $CH_3NH_3PbI_3$ perovskites with graphene oxides for photodetector applications . Chem Commun, 2015, 51 (47) : 9659-9661.

[8] Wang C C, Lu S Y. Carbon black-derived graphene quantum dots composited with carbon aerogel as a highly efficient and stable reduction catalyst for the iodide/tri-iodide couple . Nanoscale, 2015, 7 (3) : 1209-1215.

[9] Ding Z C, Hao Z, Meng B, et al. Few-layered graphene quantum dots as efficient hole-extraction layer for high-performance polymer solar cells . Nano Energy, 2015, 15: 186-192.

[10] Tsai M L, Tu W C, Tang L B, et al. Efficiency enhancement of silicon heterojunction solar cells via photon management using graphene quantum dot as downconverters . Nano Lett, 2016, 16 (1) : 309-313.

第 16 章　高分子材料中的应用实例

16.1　应 用 对 象

钙钛矿太阳能电池因其高光电转化效率、低成本制备、宽光谱响应等优点成为近年来科学界广泛研究的对象。但是目前大多数的研究集中于在材料掺杂、有机-无机杂化以及制备工艺的改进等，对其中涉及的高分子材料的光学特性的研究较少。这是因为钙钛矿太阳能电池中这层高分子薄膜的厚度较薄，并且相比于钙钛矿材料本身其光学特性并不明显。而钙钛矿太阳能电池作为多层膜结构的薄膜材料，其高分子薄膜光学常数、厚度、带隙、界面层等数据对优化电池结构、提高光电转换效率以及提升稳定性等都具有重要的意义。椭圆偏振测量技术是目前研究薄膜材料的光学特性的最佳测量方法之一，具有灵敏、快速、无损、可在线监测的优点。在椭偏分析过程中通过构建有机高分子薄膜材料合理的光学结构模型以及色散模型进行拟合计算，可以得到材料的复折射率、复介电函数、禁带宽度等光学特性。

PTAA(聚三芳基胺)半导体是一种有机 p 型半导体，空穴迁移率高达 10^{-3}～10^{-2} $cm^2/(V{\cdot}s)$，可实现高载流子迁移率。它是一种稳定的玻璃态聚合物，对于厚膜二极管具有良好的电离势。PTAA 作为聚合物空穴传输材料被引入钙钛矿太阳能电池中作为空穴传输层，表现出极优的性能，不仅具有更为匹配的能级和更高的传输性能，且自身中性的特点，明显改善了电池的长期稳定性，是目前比较理想的空穴传输层材料。PTAA 是最有前途的 PSCS 空穴传输材料之一，它对 n-i-p 和 p-i-n 结构的器件都表现出很好的兼容性。PTAA 的应用已进一步扩展到柔性、串联和大面积模块。PTAA 表现出低陷阱密度、低水平的光阻挡、优先的带状排列和惰性特征，这确保了 PSCS 的顶级性能。

浴铜灵(BCP)是光电器件中常见的空穴阻挡层(HBL)，是因为它的深度价带能够阻挡空穴。蒸发的 BCP 层确实赋予了设备相当的效率。BCP 分子含有孤对的氮原子，可以被认为是富电子分子，富电子的 BCP 分子可能具有钝化钙钛矿膜的表面陷阱状态的作用。BCP 层的厚度等于 5 nm 的最佳值时，BCP 层的厚度足以完全覆盖 PCBM 表面，并可消除 PCBM / Ag 之间的直接接触。同时，5 nm 足够薄，光诱导电子可以流利地穿过。因此，在这种情况下，PCBM/BCP/Ag 接口处几乎没有电荷积聚，这意味着在这些层之间已经建立了良好的欧姆接触。因此，在该 BCP 层厚度下实现了最佳器件性能。

综上所述，高分子薄膜光学常数、厚度、带隙、界面层等数据对优化电池结构、提高光电转换效率以及提升稳定性等都具有重要的意义。为设计出高效的光电器件，必须精确控制薄膜各子层的厚度、表面粗糙度、复折射率(复数形式 $N=n+\mathrm{i}k$)、复介电函数以及光学带隙。在理想情况下，应制备均匀且厚度适中的有机薄膜，这样既能优化光吸收效率，又能有效传输载流子，平衡二者间的潜在矛盾。薄膜表面的粗糙度会显著影响光散射，从而影响整个器件的性能。复折射率和复介电函数关键地描述了薄膜的基础物理属性，这些特性与薄膜的结构、晶体质量、化学组成和电导性密切相关。在研究薄膜光学特性时，消光系数 k 是评价材料光吸收能力的重要指标。此外，不同薄膜差别较大。

16.2 分 析 目 的

本章拟采用多角度椭圆偏振光谱技术表征钙钛矿太阳能电池中的有机薄膜，研究宽带隙钙钛矿太阳电池材料的光学建模，钙钛矿太阳能电池材料中的空穴传输层 PTAA、4PACz、DCB-BPA 和电子传输层 BCP，得到材料合理的光学模型和光学常数。研究工作对于缩小模拟数据和真实器件性能的差异，减少器件光学损失，优化器件结构，突破 Shockley-Queisser 辐射效率所限达到器件的理想上限值以及提升钙钛矿太阳能电池的稳定性，具有重要的意义。

16.3 分 析 仪 器

本实验所用的反射式椭偏仪为德国 SENTECH 公司生产的 SE 800DUV 型椭偏仪，该设备可以提供的测试波长范围为 190～980 nm，其主要零件构成如图 16-1 所示。光源经过起偏器，普通光束变成偏振光，偏振光在薄膜样品表面反射后，振幅 Ψ 和相位 Δ 均有所变化，探测器检测到这种变化，将数据传输到计算机上，形成可视化的曲线和可保存的数据进行后续分析。事实上，椭偏光谱就是各个膜层的反射光谱。

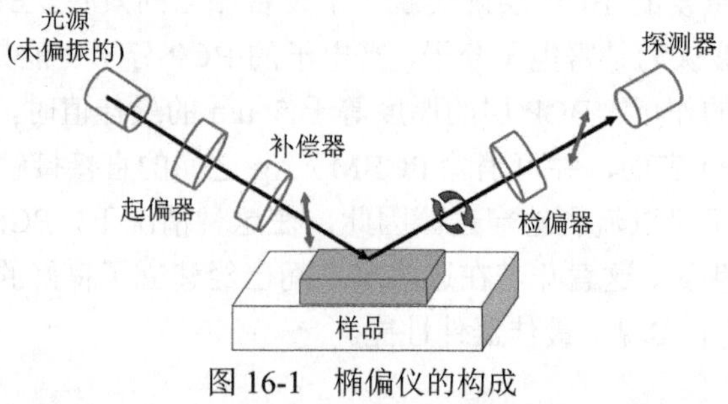

图 16-1 椭偏仪的构成

在半无限环境与半无限各向同性、均匀介质之间的单一理想界面的反射，可以被视为椭偏测量中最简单的分析问题。N_s可视为基底的反射介质的复折射率。在这种特定情况下，根据麦克斯韦(Maxwell)方程组、菲涅耳(Fresnel)公式、折射定律以及反射定律，得到 p 和 s 偏振光的菲涅耳反射系数为：

$$r_p = \frac{N_s \cos\theta_i - n_a \cos\theta_t}{N_s \cos\theta_i + n_a \cos\theta_t} \tag{16-1}$$

$$r_s = \frac{n_a \cos\theta_i - N_s \cos\theta_t}{n_a \cos\theta_i + N_s \cos\theta_t} \tag{16-2}$$

式中，n_a是环境介质的真实折射率；N_s由 $N_s=n_s-ik_s$ 给出，其中 n_s 是基底介质的真实折射率，k_s 是其消光系数；θ_i 是入射角；而 θ_t 是透射到衬底的角度。反射的几何形状如图 16-2 所示。

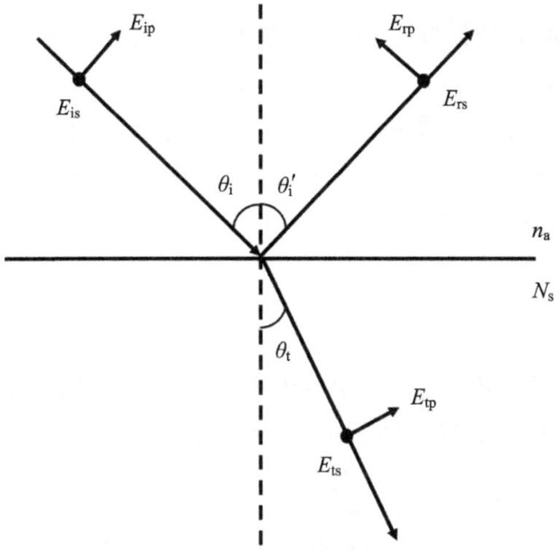

图 16-2　单一界面的光路图

方程(16-1)、(16-2)包含了三个未知值，n_s、k_s 和 θ_t。然而，可以应用菲涅尔定律，即

$$n_a \sin\theta_i = N_s \sin\theta_t \tag{16-3}$$

通过式(16-4)可以消除 $\cos\theta_t$：

$$\cos\theta_t = \left(1-\sin^2\theta_t\right)^{\frac{1}{2}} = \left[1-\left(\frac{n_a}{N_s}\right)^2 \sin^2\theta_i\right]^{\frac{1}{2}} \tag{16-4}$$

然后，通过定义方程，两个椭圆偏振测量角 Ψ 和 Δ 可以用 N_s、n_a 和 θ_i 来表达：

$$\tan\Psi e^{(i\Delta)} = \frac{r_p}{r_s} = \rho \tag{16-5}$$

利用式(16-1)～(16-5)，可以从椭圆偏振测量数据值 Ψ 和 Δ(或 ρ)中确定 n_s 和 k_s(或 N_s)，利用假定已知的量 n_a 和 θ_i。当将光学函数 $n_a=N_a$ 和 N_s 表示为相应的复介电函数时，进行这样做的方程在形式上变得更加简单。

$$\varepsilon_a = N_a^2 \tag{16-6}$$

$$\varepsilon_s = N_s^2 \tag{16-7}$$

式中，ε_s 是反射基底介质的复介电函数，而 ε_a 是环境的复介电函数。最终的结果，将测量的椭偏测量参数与反射基底介质的复介电函数联系起来，如下所示：

$$\varepsilon_s = \varepsilon_a \sin^2\theta_i \left[1 + \tan^2\theta_i \left(\frac{1-\rho}{1+\rho}\right)^2\right] \tag{16-8}$$

通常是以度数而不是弧度来表示椭偏测量角度。对于单一界面，ε_s 的要求，即其虚部为正，意味着 0°≤Ψ≤45°和 0°≤Δ≤180°。

环境和衬底之间的单一界面在真实样本中是罕见的。更常见的问题是一般样品结构由衬底上的 m 层和 m+1 个界面组成。在解决这个问题时，如图 16-3 所示，确定了由 S_v 给出的 2×2 散射矩阵，其中 v 代表 p 或 s 偏振光。这个矩阵由以下形式给出：

$$S_{v,(m+1)} = I_{v,01} L_1 I_{v,12} L_2 \cdots I_{v,j-1,j} L_j \cdots L_m I_{v,m,(m+1)} \tag{16-9}$$

这是由 m+1 个界面矩阵(I)和 m 个层矩阵(L)构成的样品，其中下标 0 表示半无限环境，下标 m+1 表示半无限衬底。界面和层矩阵如下：

$$I_{v,(j-1),j} = \frac{1}{t_{v,(j-1),j}} \begin{pmatrix} 1 & r_{v,(j-1),j} \\ r_{v,(j-1),j} & 1 \end{pmatrix} \tag{16-10}$$

$$L_j = \begin{bmatrix} Z_j & 0 \\ 0 & Z_j^{-1} \end{bmatrix} \tag{16-11}$$

对于 p 和 s 偏振光，可以从以下公式确定界面矩阵中的 r_v、j−1、j 和 t_v、j−1、j。

$$\left(r_{j-1,j}\right)_p = \frac{N_j \cos\theta_{j-1} - N_{j-1}\cos\theta_j}{N_j \cos\theta_{j-1} + N_{j-1}\cos\theta_j} \tag{16-12}$$

$$\left(r_{j-1,j}\right)_s = \frac{N_{j-1} \cos\theta_{j-1} - N_j\cos\theta_j}{N_{j-1} \cos\theta_{j-1} + N_j\cos\theta_j} \tag{16-13}$$

$$\left(t_{j-1,j}\right)_p = \frac{2N_{j-1} \cos\theta_{j-1}}{N_j \cos\theta_{j-1} + N_{j-1}\cos\theta_j} \tag{16-14}$$

$$\left(t_{j-1,j}\right)_{\mathrm{s}}=\frac{2N_{j-1}\cos\theta_{j-1}}{N_{j-1}\cos\theta_{j-1}+N_{j}\cos\theta_{j}} \tag{16-15}$$

这四个方程是层次 $j-1$ 和 j 之间界面的复振幅反射(r)和透射(t)系数。此外，(11)中的层矩阵中的 Z_j 由以下给出：

$$Z_{j}=\mathrm{e}^{\left(\frac{2\pi i d_{j}}{\lambda_{0}}N_{j}\cos\theta_{j}\right)} \tag{16-16}$$

式中，d_j 是第 j 层的厚度。层 $j-1$ 和 j 之间的入射角 θ_{j-1} 是通过连续应用菲涅耳定律获得的:

$$\begin{aligned}&N_{0}\sin\theta_{0}=N_{1}\sin\theta_{1}=\cdots=N_{j-1}\sin\theta_{j-1}\\&=N_{j}\sin\theta_{j}\cdots=N_{m}\sin\theta_{m}=N_{m+1}\sin\theta_{m+1}\end{aligned} \tag{16-17}$$

在从式(16-9)确定散射矩阵之后，整个堆叠的菲涅耳反射系数可以通过以下方式确定：

$$r_{\mathrm{p},m+1}=\frac{\left[S_{\mathrm{p},m+1}\right]_{21}}{\left[S_{\mathrm{p},m+1}\right]_{11}} \tag{16-18}$$

$$r_{\mathrm{s},m+1}=\frac{\left[S_{\mathrm{s},m+1}\right]_{21}}{\left[S_{\mathrm{s},m+1}\right]_{11}} \tag{16-19}$$

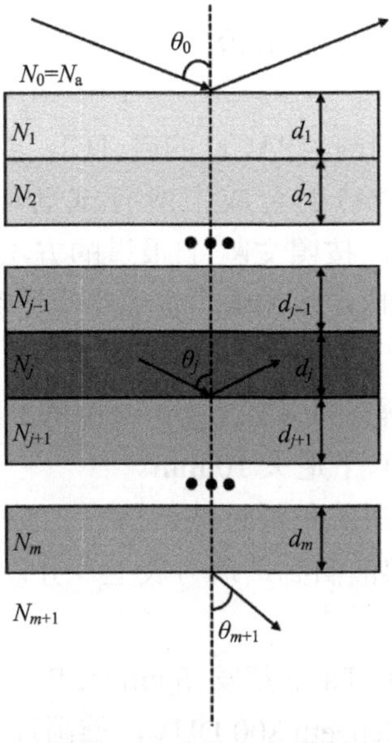

图 16-3　多层薄膜堆叠的示意图

N_{a} 是环境的复折射率，N_j 是第 j 层的复折射率，并且 N_{m+1} 是衬底的复折射率。θ_0 是光束与第一层的入射角，θ_j 是第 j 层和第 $(j+1)$ 层之间界面的入射角。θ_{m+1} 是透射到衬底的角度式中，下标 11 和 21 是标识 2×2 散射矩阵的元素。一旦确定了这些反射系数，对应于这个层堆叠的(Ψ, Δ)值也可以使用以下方程找到:

$$\rho_{m+1}=\frac{r_{\mathrm{p},m+1}}{r_{\mathrm{s},m+1}}=\tan\Psi\,\mathrm{e}^{(i\Delta)} \tag{16-20}$$

在这里，ρ 的下标 $m+1$ 和菲涅耳系数表明结果是针对 m 层系统推导的。对于像这样的 m 层结构，椭圆偏振角可以覆盖 $0°\leqslant\Psi\leqslant 90°$和$-180°<\Delta\leqslant 180°$的完整范围。因此式(16-9)和式(16-20)的方法可以应用于任意层数。这些方程将测量的量(Ψ, Δ)与 λ_0、θ_0、N_0、…、N_{m+1} 和 d_1、…、d_m 相关联，并且必须使用计算机软件对薄膜堆栈的有用信息进行求解。解可以通过数值方法从单个(Ψ, Δ)光谱对中获得，例如，输入 λ_0、θ_0 和 d_j 值以及已知的 N_j 光谱，逐波长提取单个未知的 N 值，以进行光谱椭偏分析，或者通过拟合(Ψ, Δ)值中的光谱，例如，输入描述 N_j 的波长无关自由参数的初始值和厚度 d_j 的初始值。然后使用最小二乘法回归迭代调整初始值，直到找到最佳拟合的波长无关值集合。

16.4　结果与分析

通过构建合适的结构模型以及色散模型提取 PTAA、4PACz、DCB-BPA 和 BCP 的光学特性。氯苯购自 Sigma-Aldrich，聚[双(4-苯基)(2,4,6-三甲基苯基)胺](PTAA)购自西安聚光科技有限公司，2,9-二甲基-4,7-二苯基-1,10-菲啰啉(BCP)购自吉林 OLED。

4-(9*H*-咔唑-9-基)丁基磷酸(4PACz)购自 TCI，4-(5,9-二溴-7*H*-二苯并[*c*,*g*]咔唑-7-基)丁基膦酸(DCB-BPA)的合成中所有试剂和溶剂均购自 J&K、energy chemical 或 Sigma Aldrich。按照文献[1]报道的方法合成了 DCBC4Br、化合物 DCB-B、化合物 DCB-BP 和 DCB-BPA，合成路线如图 16-4 所示，具体合成步骤如下。

① PTAA 薄膜：将溶解在氯苯(2 mg/mL)中的 PTAA 以 4000 r/min 旋涂到玻璃衬底上 30 s，然后在 100℃下退火 10 min。

② 对于 SAM HTL，在沉积前过滤溶解在乙醇(0.5mg/mL)中的 4PACz 和 DCB-BPA，然后将 80 μL 溶液滴到玻璃衬底上，并以 3000 r/min 旋涂 30 s，然后在 100℃退火 10 min。

③ BCP 薄膜：在 5×10^{-4} Pa 下蒸发 5 nm BCP 在玻璃衬底上。

采用椭圆偏振光谱仪(Senceth 800 DUV，德国)，对薄膜样品采取 70°入射角(半导体介电材料的布儒斯特角)进行测量，测量的波长范围均为 300～900 nm，用配套软件 SpectraRay4 进行光学建模和拟合分析。

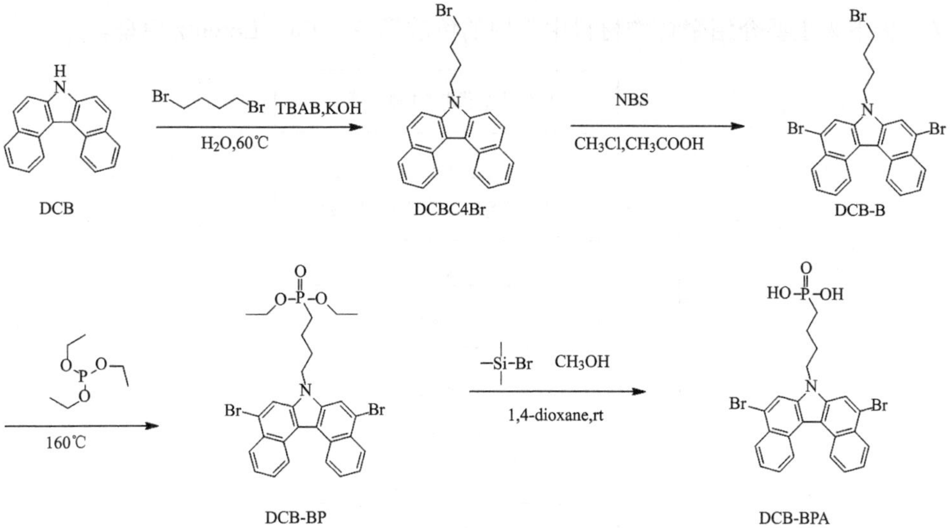

图 16-4　DCB-BPA 的合成路线[1]

椭偏分析过程是椭圆偏振测量技术中最为重要且烦琐的一环，如图 16-5 所示。选定入射角范围和波段范围，使用椭偏测量系统获取样品的光谱椭偏参数后，需要根据材料的特性建立相关的结构模型与色散模型，其中色散模型则是为了减少拟合参量所构建出的参数化模型。数据的拟合采用 SpectraRay4 软件，在拟合的过程中通常会用评价函数 MSE(均方误差)来评判测试值与拟合值之间的拟合效果对比，MSE 越小，说明吻合度越高，误差越小，其表达式如下：

$$\mathrm{MSE}=\sqrt{\frac{\sum_{i=1}^{N}\left[\left(\frac{\Psi_i^{\mathrm{m}}-\Psi_i^{\mathrm{th}}}{\delta\psi}\right)^2-\left(\frac{\Delta_i^{\mathrm{m}}-\Delta_i^{\mathrm{th}}}{\delta\Delta}\right)^2\right]}{2N}} \tag{16-21}$$

式中，N 为 Ψ 和 Δ 的拟合个数，上标 m 代表测试数据，上标 th 代表拟合数据。δ 是指测试时环境存在的误差。

如果均方误差(MSE)较大，可能的原因主要有三个：测量数据不准确，选取的物理结构不适当，以及色散模型参数的初始值设定不合理。面对这种情况，应返回到前述步骤，修正光学模型或调整拟合参数后，再次进行数据拟合。这一过程可能需多次重复以获得理想的结果。此外，较小的 MSE 不一定意味着更好的结果，因为过拟合的问题可能导致结果陷入局部最优，所以拟合结果需要在数值精确性和物理意义上都达到最佳匹配。

色散模型采用特定的公式表达，这些公式描绘了光学常数如何随波长变化。与逐点拟合方法相比，使用色散模型来处理椭偏数据能够减少需要解的未知数，从而使得反演分析更加迅速和精确，同时确保获得的光学常数具有实际的物理意义。接下来主要介绍聚合物材料中常用的色散模型：Tauc-Lorentz 模型。

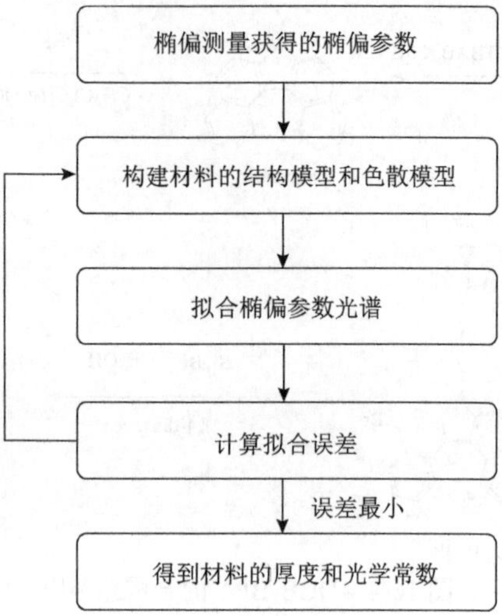

图 16-5 椭偏分析的过程

Tauc-Lorentz 模型通常用来描述非晶体材料的色散特性和透明导电氧化物的色散特性，尤其是在半导体材料上的应用，其表达式为：

$$\varepsilon_2(E)=\begin{cases}\dfrac{AE_0C\left(E-E_{\mathrm{g}}\right)^2}{\left(E^2-E_0^2\right)^2+C^2E^2}\dfrac{1}{E}, & E>E_{\mathrm{g}}\\ 0, & E\leqslant E_{\mathrm{g}}\end{cases} \tag{16-22}$$

$$\varepsilon_1(E)=\varepsilon_1(\infty)+\frac{2}{\pi}P\int_{E_{\mathrm{g}}}^{\infty}\frac{x\varepsilon_2(x)}{x^2-E^2}\mathrm{d}x \tag{16-23}$$

式中，ε 表示介电常数；E_{g} 表示带隙：光子能量吸收的起始值；A 表示振荡器的强度(振幅)；E_0 表示谐振频率：k 转折点的近似位置(对于较小的 C 值，此处超出光谱范围)；C 表示振荡器的展宽，当 C 值小于 1 时将产生尖锐的振荡器，当 C 值远远大于 1 时将产生宽振荡器，$\varepsilon_1(\infty)$ 为高能影响。

构建空穴传输层 PTAA 的三层光学结构模型如图 16-6 所示，由于其较薄，所以不考虑粗糙层的影响，由 2 个 Tauc-Lorentz 振子数量进行模拟(表 16-1)，图 16-7(a) Psi 和 Δ 的拟合 MSE 为 0.46。图 16-7(b)为与 Tejada 等[2]所拟合的 PTAA 复折射率对比，可以看到起始吸收的值是一样的，说明带隙一致，存在误差的原因是因为 Tejada 等[2]在进行椭偏测试时所制备的样品为 c-Si/ITO/PTAA，这就使得较为复杂的 ITO 色散模型使得其在拟合时可能对 PTAA 存在影响，例如 Subedi 等通过拟合所得的介电函数第二个振子峰在中心能量 4.5 eV 区域[3]，而 Tejada 等的则在 6 eV 区域，且不同 ITO 材料之间的光学常数及带隙差异也较大。本章通过 Tauc-Plot[4]法绘制光学吸收数据来确定带隙：

$$(\alpha h\nu)^{1/n} = A(h\nu - E_g) \tag{16-24}$$

$$\alpha = \frac{4\pi k}{\lambda} \tag{16-25}$$

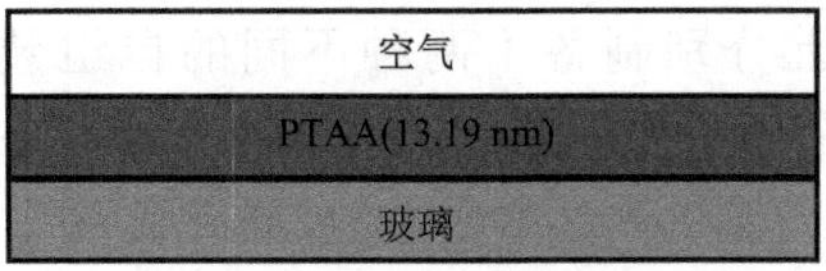

图 16-6　PTAA 薄膜的结构模型

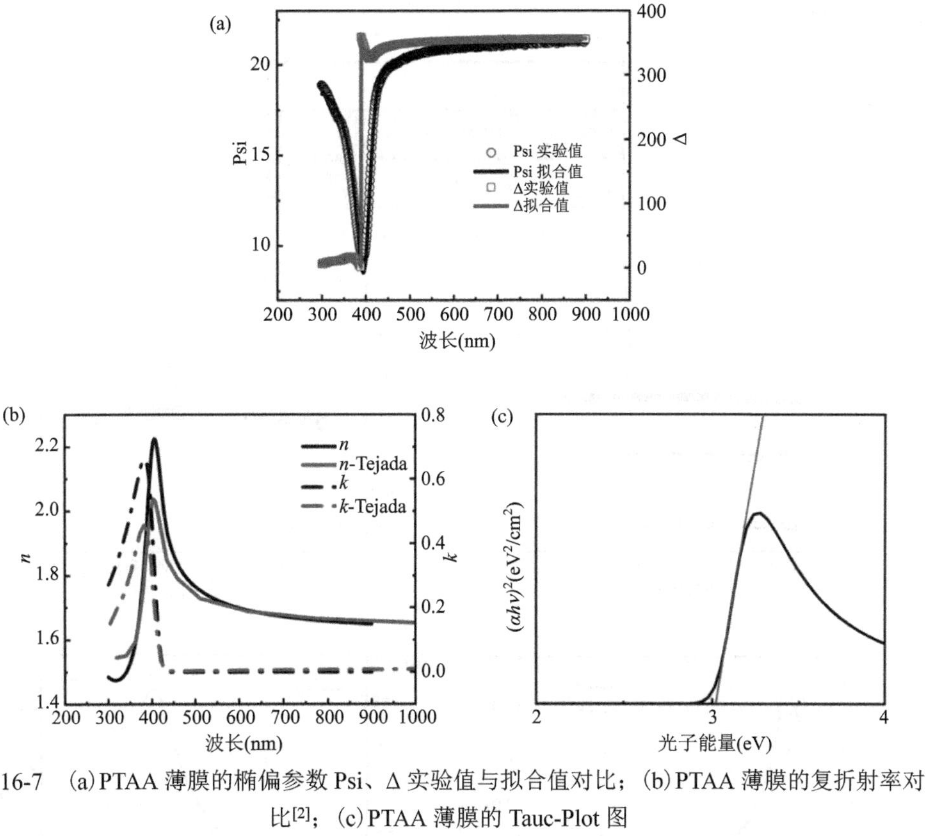

图 16-7　(a) PTAA 薄膜的椭偏参数 Psi、Δ 实验值与拟合值对比；(b) PTAA 薄膜的复折射率对比[2]；(c) PTAA 薄膜的 Tauc-Plot 图

式中，h 是普朗克常数，ν 是光子的频率，α 是吸收系数，E_g 是带隙，A 是线性区域中 Tauc 图的斜率。PTAA 薄膜是直接半导体材料，则 n 取 1/2，通过式(16-24)和式(16-25)确认其带隙为 3 eV 左右，如图 16-7(c)所示。

表 16-1　PTAA 薄膜的参数化色散模型

Tauc-Lorentz	E_g	A	E_0	C	$\varepsilon_1(\infty)$
1	2.7754	93.4500	3.0964	0.3626	1.6000
2	4.7504	110.8210	5.5434	1.1950	

首先在玻璃衬底上分别制备了两种不同的自组装单分子层，4PACz 和 DCB-BPA，通过建立图 16-6 和图 16-8 所示的结构模型并结合多角度法拟合其椭偏参数以更好地确定超薄膜的光学常数。通过建立表 16-2 的参数化色散模型得到 4PACz 的厚度大致为 3.30 nm 左右，MSE 值为 0.46。此外，通过拟合得到的消光系数以及介电函数虚部，可以判断其带隙大致为 3.4 eV，与相关文献[5]报道的较为一致(图 16-9)。

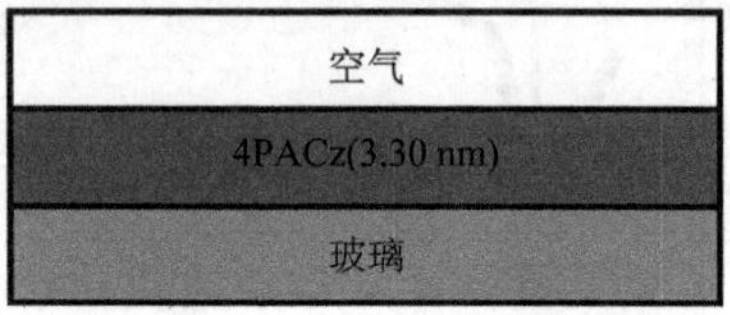

图 16-8　4PACz 的结构模型

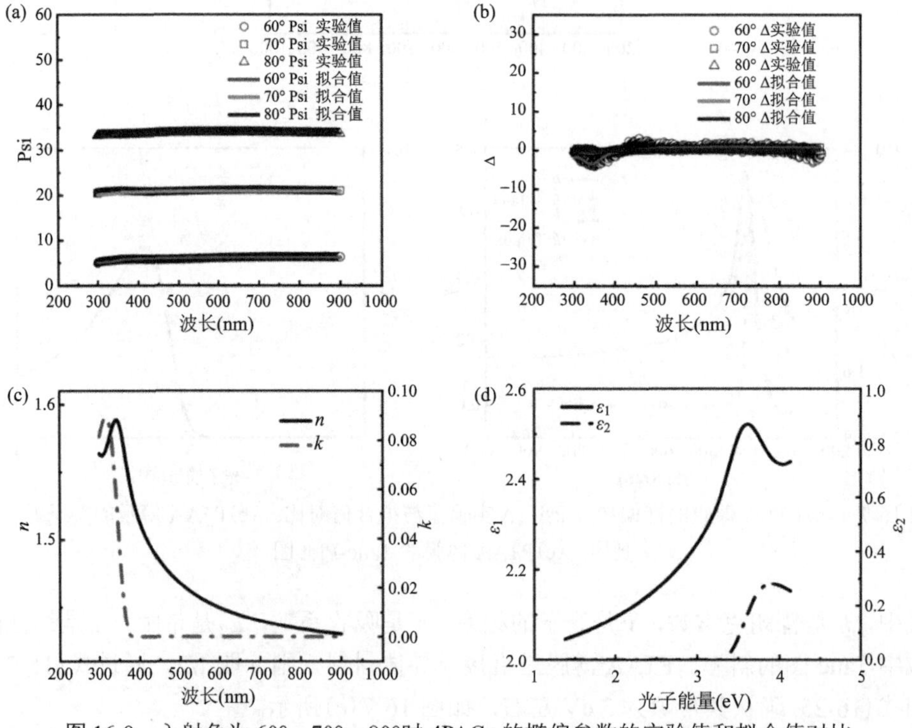

图 16-9　入射角为 60°、70°、80°时 4PACz 的椭偏参数的实验值和拟合值对比

(a) Psi；(b) Δ；(c) 4PACz 的折射率和消光系数曲线；(d) 4PACz 的复介电函数曲线

表 16-2　4PACz 的参数化色散模型

Tauc-Lorentz	E_g	A	E_0	C	$\varepsilon_1(\infty)$
1	3.2605	13.6820	3.5966	0.7623	1.1087
2	4.9642	194.3560	5.5211	1.2161	

本章通过建立表 16-3 的参数化色散模型得到 DCB-BPA 的厚度大致为 4.1 nm 左右(图 16-10)，MSE 值为 0.46。此外，通过拟合得到的消光系数以及介电函数虚部的反演值，得到其带隙大致为 3.02 eV，与相关文献报道的较为一致[6]（图 16-11）。

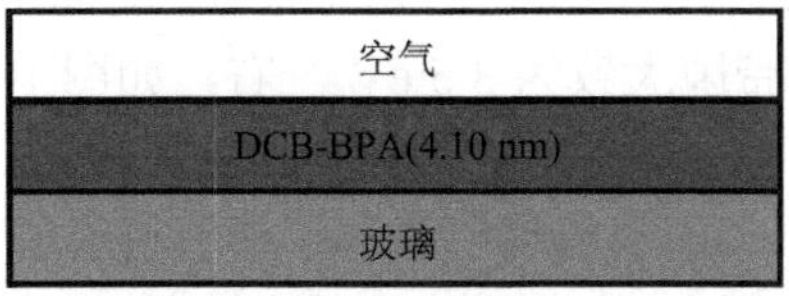

图 16-10　DCB-BPA 的物理模型

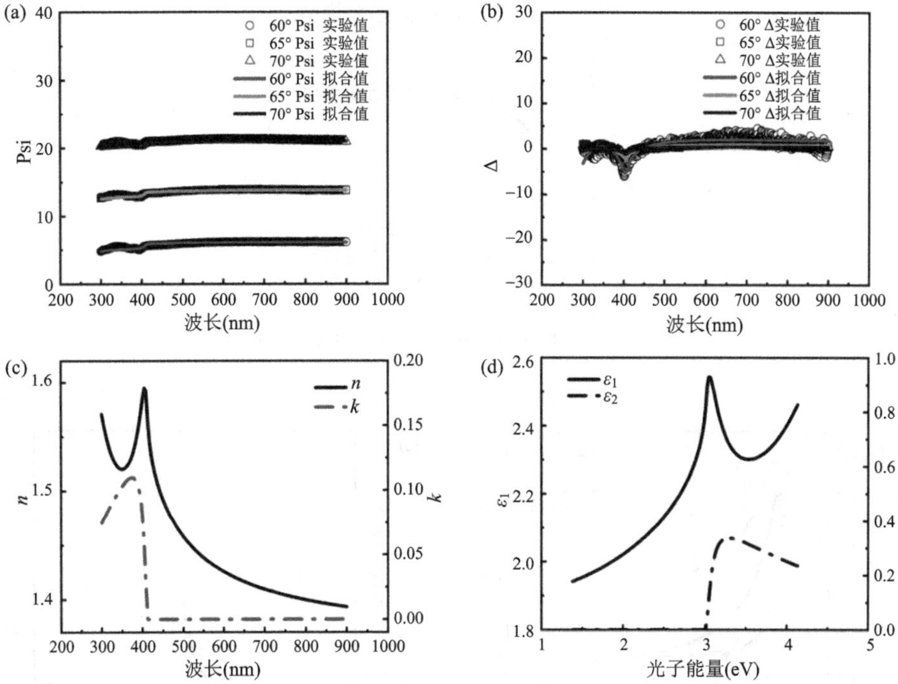

图 16-11　入射角为 60°、65°、70°时 DCB-BPA 的椭偏参数 Psi 和 Δ 的实验值和拟合值对比

(a) Psi；(b) Δ；(c) DCB-BPA 的折射率和消光系数曲线；(d) DCB-BPA 的复介电函数曲线

表 16-3　DCB-BPA 的参数化色散模型

Tauc-Lorentz	E_g	A	E_0	C	$\varepsilon_1(\infty)$
1	3.0031	142.8590	2.9868	0.1191	0.5362
2	4.8770	252.2150	5.4956	1.4263	

作为既是电子传输层又是空穴阻挡层 BCP 的三层光学结构模型如图 16-12 所示，采用 5 个 Tauc-Lorentz 振子数量进行模拟(表 16-4)，拟合情况如图 16-13(a)所示，MSE 值为 0.26。得到拟合后所得的折射率相对于 Liu[7,8]等研究较低，这可能是由于 Liu 等所制备的 BCP 应用于 OLED 中，厚度达到 170 nm 左右，导致折射率偏高，如图 16-13(b)所示，但其消光系数较为匹配，说明带隙是准确的，间接用 Tauc-Plot 法证明其带隙大致为 3.5 eV 左右，如图 16-13(c)所示。

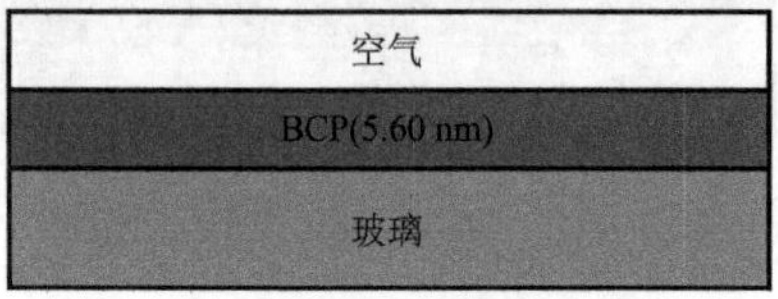

图 16-12　BCP 薄膜的结构模型

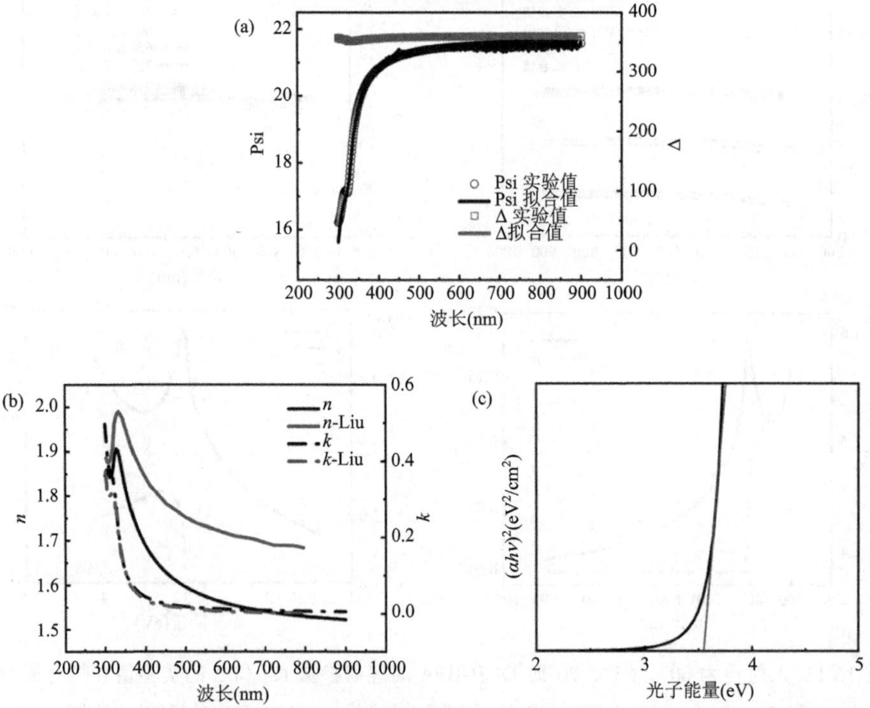

图 16-13　(a) BCP 薄膜的椭偏参数 Psi、Δ 实验值与拟合值对比；(b) BCP 薄膜的复折射率对比[8]；(c) BCP 薄膜的 Tauc-Plot 图

表 16-4　BCP 薄膜的参数化色散模型

Tauc-Lorentz	E_g	A	E_0	C	$\varepsilon_1(\infty)$
1	0.0036	0.9100	4.2759	0.7998	1.0132
2	3.7754	47.1840	4.1226	0.5586	
3	0.0046	0.2220	3.8545	0.3122	
4	4.6474	456.0160	4.5512	0.2705	
5	4.6301	40.5780	6.3871	3.1419	

16.5　本 章 小 结

本文通过 2 个 Tauc-Lorentz 振子色散模型得到了 PTAA 的复折射率，得到其带隙大致为 3.0 eV。通过多角度法提取了超薄膜 4PACz 和 DCB-BPA 的光学常数，得到其带隙分别为 3.4 eV 和 3.02 eV。通过 5 个 Tauc-Lorentz 振子散模型得到了 BCP 的复折射率，得到其带隙大致为 3.5 eV。为设计出高效的光电器件，必须精确控制有机薄膜各子层的厚度、表面粗糙度、复折射率(复数形式 $N=n+ik$)、复介电函数以及光学带隙等。在理想情况下，制备均匀且厚度适中的高分子有机物薄膜，这样既能优化光吸收效率，又能有效传输载流子，平衡二者间的潜在矛盾。薄膜表面的粗糙度会显著影响光散射，从而影响整个器件的性能。复折射率和复介电函数关键地描述了薄膜的基础物理属性，这些特性与薄膜的结构、晶体质量、化学组成和电导性密切相关。通过多角度椭圆偏振光谱技术的使用，得到了钙钛矿太阳能电池中有机薄膜的光学特性色散曲线和厚度值，并利用 Tauc-Plot 曲线求得各有机薄膜的禁带宽度值，这些值对于调整制备工艺得到与钙钛矿材料能级匹配的理想有机薄膜材料提供了重要的实验数据。

参 考 文 献

[1] Wang W, Lin Z, Gao S, et al. Versatile self-assembled hole transport monolayer enables facile processing organic solar cells over 18% efficiency with good generality. Advanced Functional Materials, 2023, 33(41): 2303653.

[2] Tejada A, Peters S, Al Ashouri A, et al. Hybrid perovskite degradation from an optical perspective: A spectroscopic ellipsometry study from the deep ultraviolet to the middle infrared. Advanced Optical Materials, 2022, 10(3): 2101553.

[3] Subedi B, Song Z, Chen C, et al. Optical and electronic losses arising from physically mixed interfacial layers in perovskite solar cells. ACS Applied Materials & Interfaces, 2021, 13(4): 4923-4934.

[4] Coulter J B, Birnie D P. Assessing tauc plot slope quantification: ZnO thin films as a model

system. Physica Status Solidi (B), 2018, 255(3): 1700393.

[5] He R, Wang W, Yi Z, et al. Improving interface quality for 1 cm^2 all-perovskite tandem solar cells. Nature, 2023, 618(7963): 80-86.

[6] Yi Z, Wang W, He R, et al. Achieving a high open-circuit voltage of 1.339 V in 1.77 eV wide-bandgap perovskite solar cells via self-assembled monolayers. Energy & Environmental Science, 2024, 17(1): 202-209.

[7] Liu Z T, Oey C C, Djuriši A B, et al. Spectroscopic ellipsometry of the optical functions of some widely used organic light emitting diodes (OLEDs) Materials. MRS Proceedings, 2005, 871: I9.18.

[8] Liu Z T, Kwong C Y, Cheung C H, et al. The characterization of the optical functions of BCP and CBP thin films by spectroscopic ellipsometry. Synthetic Metals, 2005, 150(2): 159-163.

第 17 章　表面涂层中的应用实例

17.1　应 用 对 象

钼沉积层和二硅化钼($MoSi_2$)陶瓷涂层。

17.2　分 析 目 的

分析不同电流密度下预沉积 Mo 涂层的表面和横截面形貌、化学成分、硬度和结合性能。

分析不同电流密度下预沉积 Mo 涂层在包埋渗后的 $MoSi_2$ 涂层的抗氧化性，研究陶瓷涂层的抗氧化机理和防护性。

17.3　分 析 仪 器

17.3.1　物相和微观结构的表征

使用 X 射线衍射仪(XRD, Rigaku D/MAX, RIGAKU)识别热曝露前后钼层和硅化物涂层的相结构，XRD 使用 Cu Kα 辐射，工作电压为 40 kV，电流为 100 mA，扫描速度为 10 °/min。使用扫描电子显微镜(SEM, S-3400N, HITACHI, Japan)观察这些样品的表面和横截面形貌。使用配备在 SEM 中的能量色散光谱仪(EDS, Oxford/Inca Energy350, England)分析样品的化学成分和元素分布。

17.3.2　硬度和划痕测试

采用 HVS-1000 数字显微硬度计测量样品的硬度，通过划痕测试评估样品的结合性能。利用光学显微镜结合声发射信号获得不同的失效模式。

使用划痕测试评估钼层和硅化物涂层的结合强度。使用 200 μm 针尖的 Rockwell C 压头，将载荷从 0 N 线性增加到 20 N(钼层)或 30 N(硅化物涂层)，加载速度为 20 N/min 或 30 N/min，划痕速度为 3 mm/min。通过光学显微镜和声发射信号分析划痕轨迹中的不同失效模式。

17.3.3 高温氧化试验

使用箱式电炉进行高温氧化试验。在箱式电炉中，用 Al_2O_3 坩埚在静态空气中进行高温氧化试验。使用精度 10^{-2}mg 的电子分析天平（BSA124S-CW, Sartorius, Germany）称重。通过从总质量中减去坩埚的重量得到涂层样品的增重。

17.4 实验过程

17.4.1 基体材料

基体材料选择铌基合金 C103，其化学成分为 Nb-10Hf-1.3Ti-0.34Zr (wt.%)。首先用线电极切割将基底切割成 15 mm×10 mm×2 mm 大小的长方体，并钻一个孔以方便在电沉积钼层时悬挂。然后，用碳化硅砂纸依次对样品的所有六面进行研磨，即 180 目、400 目、600 目、800 目、1000 目，最后是 1500 目。之后将样品放入去离子水和乙醇中进行超声清洗，并干燥备用。

17.4.2 电沉积 Mo 层

采用自制的电沉积装置在预处理的铌基合金基体上电沉积 Mo 层。其中铌基合金作阴极，石墨板为阳极。电解液分别为 1.0 mmol $(NH_4)_6Mo_7O_{24}$、(240～260) mmol CH_3COOK 和(250～280) mmol CH_3COONH_4；水与乙酸的摩尔比控制在 1.7∶1～2.0∶1，pH 约为 6～7。在电沉积前，先将电解液保持在水浴中，然后将基体合金完全浸泡在电解液中 10 min，使其充分渗透。在电沉积过程中，恒流密度分别为 300 mA/cm^2、400 mA/cm^2 或 500 mA/cm^2。样品转速为 200 r/min，电解液搅拌速度为 1000 r/min。电沉积时间设为 30 min。电沉积后，将样品干燥并选择进行 HAPC 工艺。

17.4.3 硅化物涂层的沉积

采用卤化物活化包埋渗(HAPC)法制备硅化物涂层。在 HAPC 前，将组成为 14.5Si-5NaF-0.475Y_2O_3-0.025B-80Al_2O_3 (wt.%)的粉末在行星球磨机中以 300 r/min 的速度混合 6 h，然后把混合粉末填充在氧化铝坩埚中，并将样品包埋在填充粉末中。把密封的坩埚干燥后装入高真空管式炉，并升温到 1150℃，升温速率为 7℃/min。保温 2h 后，将样品在炉内冷却至室温。最后，将硅化后的样品在乙醇中超声清洗约 10min，并在 60～80℃下干燥。为了防止氧化层剥落，在切割样品之前，先进行化学镀镍。

17.5　结果与分析

17.5.1　沉积态钼层

图 17-1 为不同电流密度下电沉积 Mo 层的宏观图片、微观组织形态和物相结构。显然，Mo 层完全覆盖了基体合金。涂层中未发现裂纹、孔洞、剥落等明显缺陷。从表面图像可以看出，Mo 层主要由直径约为 4～5 μm 的细胞状颗粒组成[图 17-1(d)～(f)]。在 300 mA/cm^2 和 400 mA/cm^2 下电沉积的样品中，Mo 层中的晶粒彼此紧密相连。然而，在 500 mA/cm^2 电沉积的 Mo 层中观察到相当松散的结构[图 17-1(f)]，这应该是在高电流密度下 Mo 层沉积形成时加速溶解的结果。EDS 检测图 17-1(d)～(f)显示不同 Mo 层中氧元素的含量分别为 38.7%、38.2%和

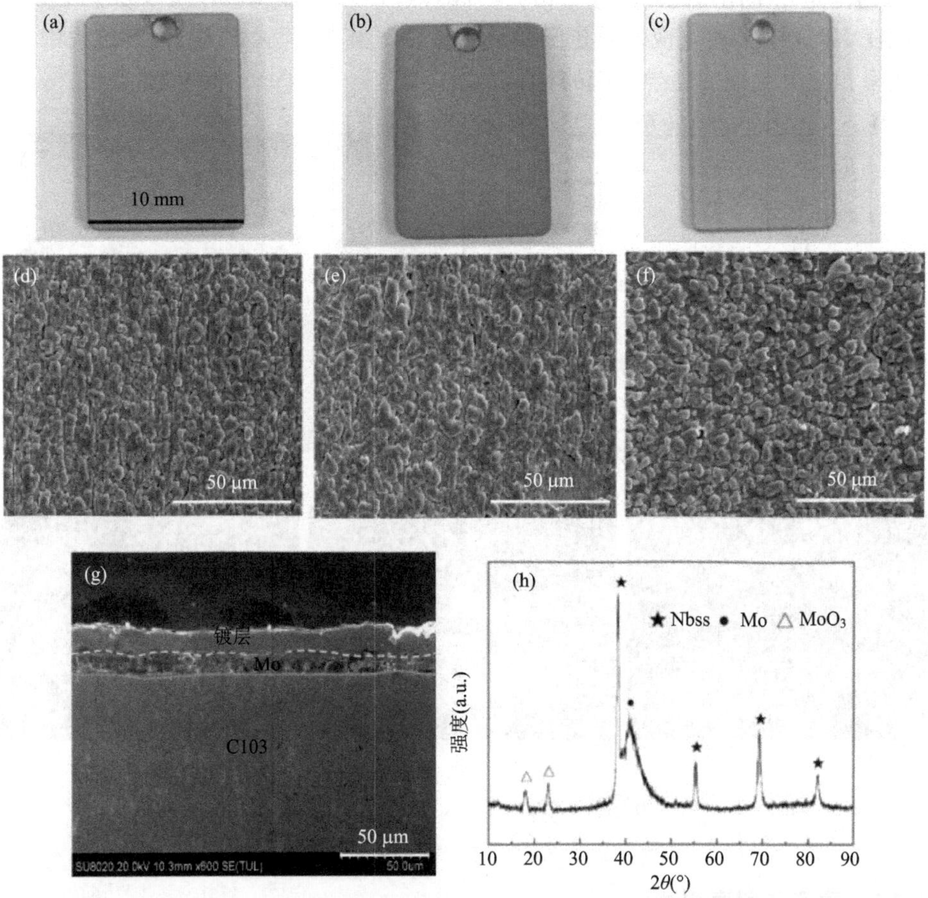

图 17-1　不同电流密度下电沉积 Mo 层的宏观图片(a)～(c)、表面形貌图(d)～(f)、横截面图(g)和 XRD 图(h)

39.3% (at.%)。对比 Yue 等[1]的结果可知，样品中的氧含量接近于沉积在 Re 预镀层上的 Mo (39.4 at.%)，并且低于在 Nb-Ti-Si 合金上的单层 Mo 层(57.1 at.%)的 O 含量，表明本研究中 Mo 的再氧化程度较低[2]。

17.5.2　渗硅涂层

采用卤化物活化包埋渗 Mo 层样品，得到了硅化物涂层。从样品的 XRD 图可以看出，有很强的 $MoSi_2$ 相和 $NbSi_2$ 相衍射峰，也检测到 Al_2O_3 相(来自惰性填料)，SiO_2 相的弱峰是由于硅化物氧化后形成的。改变电沉积的电流密度，样品的衍射峰几乎保持不变。从 SEM 的横截面图可以观察到，硅化物涂层样品存在多层结构，包括厚度约为 10 μm 的致密 $MoSi_2$ 外层和 100 μm 厚的致密 $NbSi_2$ 内层。在 $MoSi_2$ 外层与 $NbSi_2$ 内层之间存在带有微孔的中间层，其 Si 含量相对较低而 Mo、Nb 含量高，推断形成了 $(Mo，Nb)_5Si_3$ 相，其衍射峰与 $MoSi_2$ 或 $NbSi_2$ 相接近，因此在 XRD 中未被发现；微孔应该是 Mo、Nb 和 Si 元素在 HAPC[3]过程中的扩散速率和原子半径的差异引起的(图 17-2)。

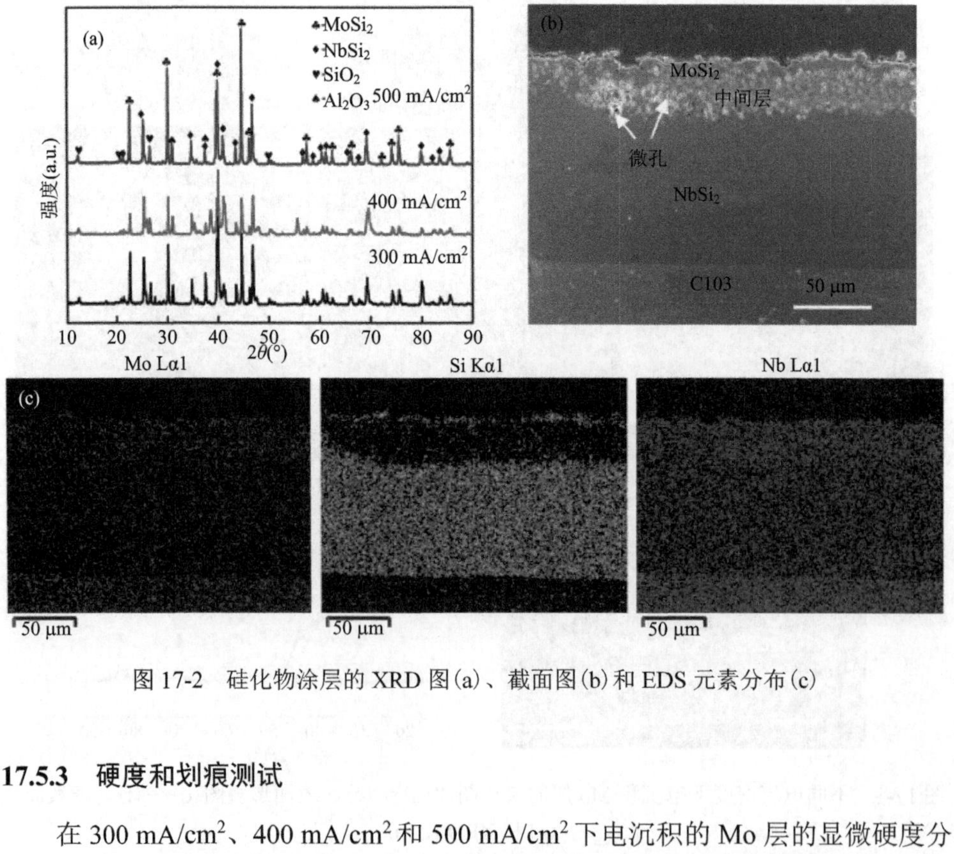

图 17-2　硅化物涂层的 XRD 图(a)、截面图(b)和 EDS 元素分布(c)

17.5.3　硬度和划痕测试

在 300 mA/cm²、400 mA/cm² 和 500 mA/cm² 下电沉积的 Mo 层的显微硬度分

别为(229±16) HV、(238±18) HV 和(221±14) HV，表明随着电流密度的增加，Mo 层的显微硬度略有增加，然后下降。400 mA/cm^2 下电沉积的 Mo 层硬度最高，与纯 Mo 层的接近[4, 5]。

图 17-3 显示了 Mo 层和硅化物涂层在划痕测试过程中的划痕形貌和声发射信号。从图 17-3 (a) 可以看出，不同 Mo 层样品的划痕形貌没有明显差异，而声发射信号是完全不同的[图 17-3 (c)]。当负载为 4.7N 时，在 500 mA/cm^2 电沉积的 Mo 层中检测到声音信号，随着负载的增加，没有其他信号出现。另外两个样品，在负载为 6.2N 时，检测到微弱信号。当负载分别增加到 6.8N (300 mA/cm^2) 和 7.1N (400 mA/cm^2) 时，出现了强信号。由此可知，三种 Mo 层样品的结合强度分别为 6.8N、7.1N 和 4.7N。经过 HAPC 处理后，硅化物涂层的划痕形貌随着载荷的增大而变得不规则[6]。在刮划的早期发现了边缘切屑，并在最后扩展到很大的面积[图 17-3 (b)]，并在划痕中间出现了深色塌陷区。从声发射信号[图 17-3 (d)]可以推断，弱信号峰值是由涂层的剥落引起的，强峰应该是压头穿透外层使 $MoSi_2$ 层破坏时出现的。300 mA/cm^2、400 mA/cm^2 和 500 mA/cm^2 样品的结合强度分别为 16.4N、16.8N 和 15.9N。与 Mo 层样品相比，硅化物涂层的结合强度更高，表明 HAPC 后涂层的黏结力提升。从 SEM 观察[图 17-2 (b)]也可以看出，高温下元素扩散有利于涂层的内聚性和黏结的增强，与热处理时元素扩散增强 Ni 基涂层相似[7]。

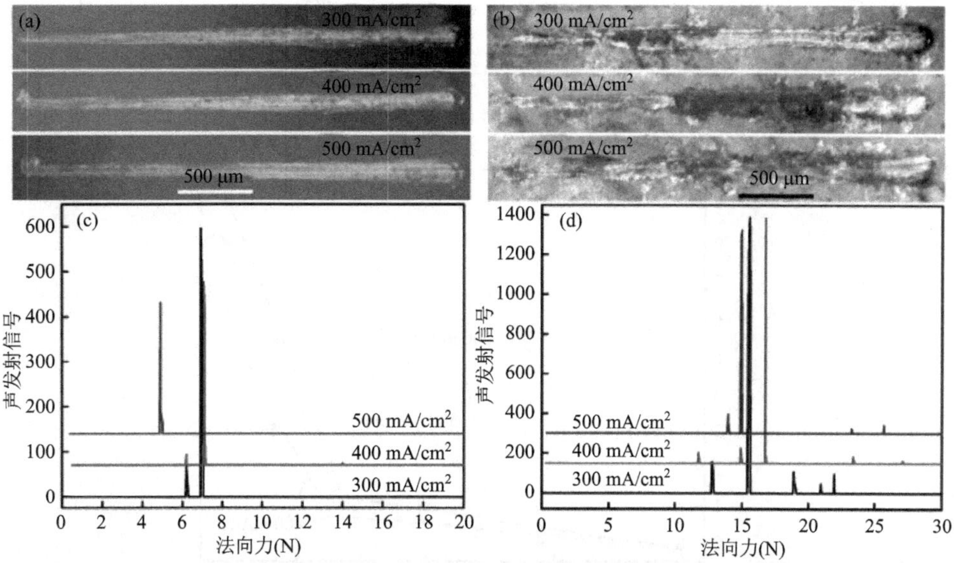

图 17-3　Mo 层(a、c)和硅化物涂层(b、d)在划痕测试过程中的典型划痕形貌(a、b)和声发射信号(c、d)

17.5.4　高温氧化试验

1. 在 1200℃时的静置氧化

图 17-4 为 C103 基体合金和硅化物涂层样品在 1200℃静态空气中热曝露时质量随时间的变化情况。C103 基体合金中检测到突然的质量增加；仅曝露 10h，基体的质量就增加了 241mg/cm²。以 300 mA/cm²、400 mA/cm² 或 500 mA/cm² 电沉积 Mo 层后得到的硅化物涂层的样品增质分别为 8.04mg/cm²、6.27 mg/cm² 或 9.25 mg/cm²。观察发现，在热曝露的第一阶段，三种涂层样品的质量增加速率相当缓慢，30h 后开始加速。从图 17-4(b)的插图可以看出，白色的产物混进黑色的鳞片中。出现的白色物质是由氧化皮脱落后引起的。相比之下，400mA/cm² 的硅化物涂层样品中，白色产物较少，增质较低。

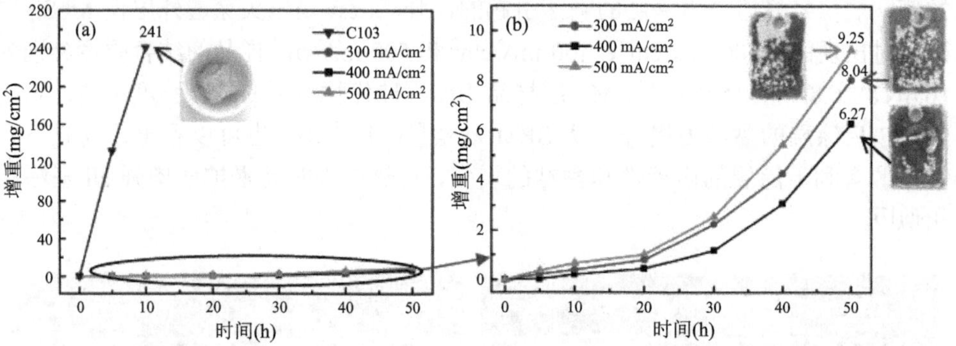

图 17-4　C103 基体合金和硅化物涂层样品在 1200℃下热曝露 50 h 时的增质曲线

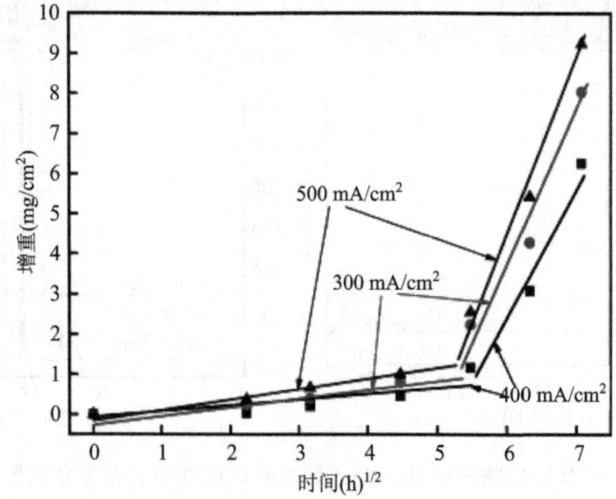

图 17-5　三种硅化物涂层样品的氧化动力学曲线

通过计算，涂层样品在热曝露过程中，尽管存在两个氧化速率常数，但增质的平方仍与氧化时间呈线性关系(图 17-5)。氧化速率常数列于表 17-1。在热曝露的第一阶段，三种硅化物涂层样品的氧化速率常数较低，分别为 1.27×10^{-1} $mg^2/(cm^4\cdot h)$、3.75×10^{-1} $mg^2/(cm^4\cdot h)$和 1.68×10^{-1} $mg^2/(cm^4\cdot h)$，随后升高到 10^{-1} $mg^2/(cm^4\cdot h)$以上，说明后期氧化过程加速[8]。

表 17-1　三种硅化物涂层样品的氧化速率常数

涂层样品 (mA/cm^2)	拟合方程	氧化速率常数 $[mg^2/(cm^4\cdot h)]$
300	$\Delta m=-0.36+0.36t^{1/2}$	1.27×10^{-1}
	$\Delta m=-17.84+3.61t^{1/2}$	13.01
400	$\Delta m=-0.22+0.19t^{1/2}$	3.75×10^{-2}
	$\Delta m=-16.44+3.17t^{1/2}$	10.05
500	$\Delta m=-0.34+0.41t^{1/2}$	1.68×10^{-1}
	$\Delta m=-20.56+4.18t^{1/2}$	17.48

用 XRD 分析了热曝露后硅化物涂层样品的物相结构，如图 17-6 所示，三种涂层样品的氧化产物几乎相同。在热曝露过程中主要形成 Nb_2O_5 和 SiO_2 相，同时仍有 $MoSi_2$ 和 $NbSi_2$ 相的峰存在，说明 50h 后硅化物并未被完全氧化。样品表面未发现钼氧化物，是由于生成的 MoO_3 发生了挥发。

从表面 SEM 图像看出，1200℃下曝露 50 h 的硅化物涂层样品具有相当光滑的形貌[图 17-7(a)～(c)]，出现了棒状颗粒嵌入玻璃状层中；随着电沉积 Mo 层电流密度的增加，棒状颗粒的数量增加，直至覆盖整个样品表面[图 17-7(c)]。EDS 分析表明，在玻璃层中形成了富 SiO_2 产物(O 为 62.7%，Si 为 17.6%，Nb 为 6.6%)，棒状颗粒则主要是 Nb_2O_5。观察发现，300 mA/cm^2 试样中出现了裂纹和局部剥落，500 mA/cm^2 试样在棒状颗粒之间形成了微孔[图 17-7(c)]。截面 SEM 图像显示，热曝露样品中存在多层结构[图 17-7(d)～(f)]：涂层表面为厚度约 15～20 μm 的黑色鳞片，同时形成了致密的中间层(3 区)和界面层（4 区)，后两者紧密连在基体合金上。EDS 元素分析[图 17-7(g)～(i)]证实中间层主要为残余的 $NbSi_2$，界面层为 Nb_5Si_3。在 C103 基体合金的其他硅化物涂层中也检测到相同的界面层。不同的是，在本研究中，可见的缺陷(如裂纹或孔洞)存在于外氧化层下方，而不是界面层中，这表明不同硅化物涂层体系的扩散行为不同。此外，在最外氧化层和中间层之间的 2 区检测到较低的 Si 含量[图 17-7(g)～(i)]。

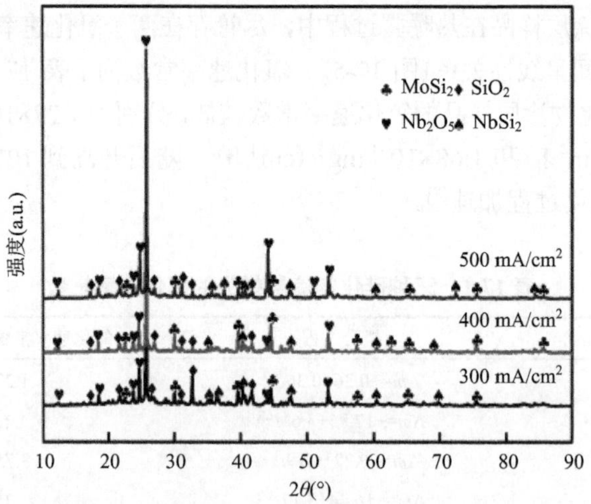

图 17-6　三种硅化物涂层样品在 1200℃下热曝露 50 h 后的 XRD 谱图

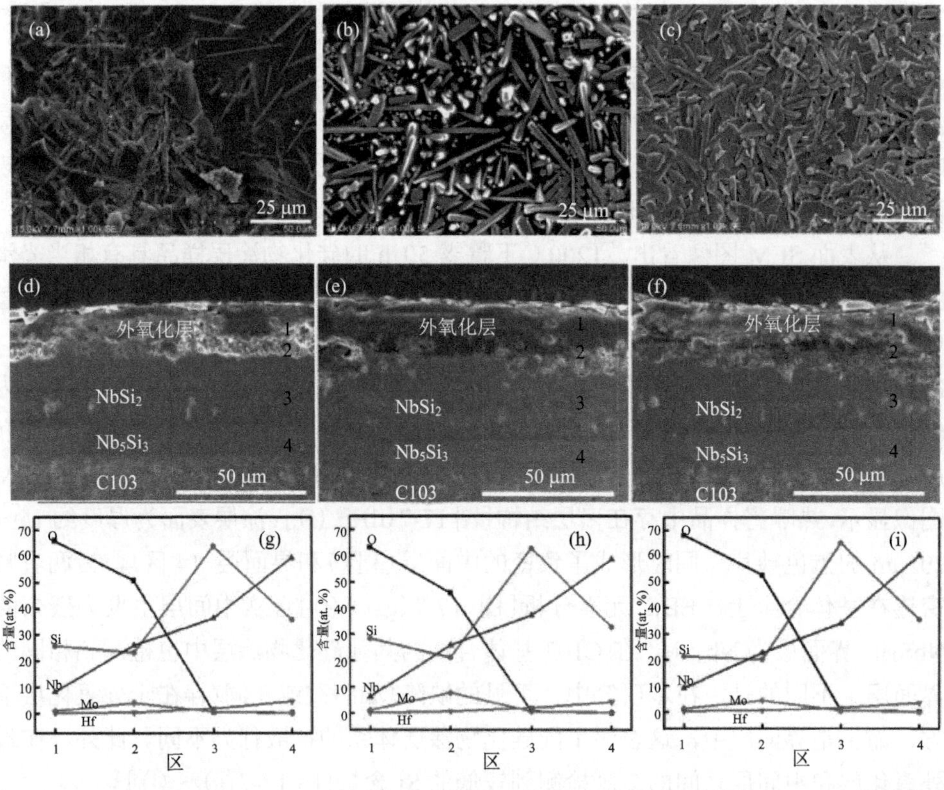

图 17-7　三种样品的表面(a)～(c)、截面图像(d)～(f)和 EDS 元素分析(g)～(i)硅化物涂层样品在 1200℃下热曝露 50 h 后，其中对应 Mo (a, d, g) 300 mA/cm²，(b, e, h) 400 mA/cm²，(c, f, i) 500 mA/cm² 下电沉积层

2. 在 1300℃时的静置氧化

由上面的研究可知，在 400 mA/cm^2 下电沉积 Mo 层得到的硅化物涂层样品比其他两种样品具有更强的抗氧化性。为了进一步研究，将这种硅化物涂层样品曝露在更高温度下(1300℃)。图 17-8 显示了硅化物涂层在热曝露过程中的增质和拟合的氧化动力学曲线。随着曝露时间的增加，样品的增质迅速增加。氧化 50 h 后，质量增加约为 54.49 mg/cm^2，比曝露在 1200℃时高出近十倍。通过氧化动力学曲线计算，涂层样品中只发现一个氧化速率常数，k_p 约为 1.16×102 mg^2/(cm^4·h)，也比 1200℃后期曝露的样品高一个数量级，表明 1300℃时涂层样品发生了加速氧化。

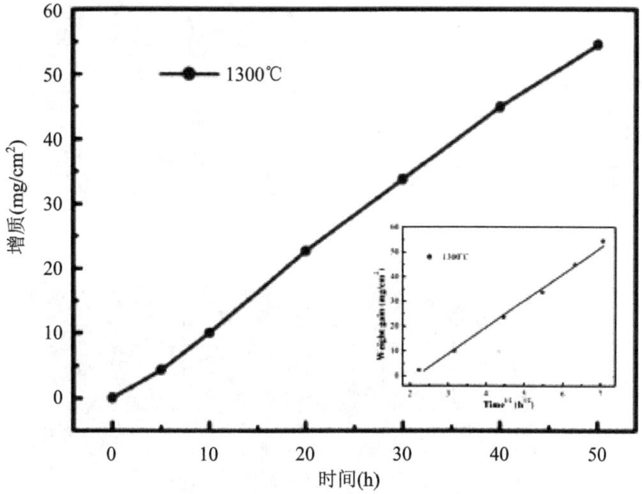

图 17-8　400mA/cm^2 样品制得的硅化物涂层在 1300℃下热曝露 50 h 的增质曲线和拟合的氧化动力学曲线

XRD 分析表明，氧化产物中以 Nb_2O_5 为主。然而，在硅化物涂层样品中仍然检测到 $NbSi_2$ 和 $MoSi_2$ 相[图 17-9(a)]。从表面形貌看[图 17-9(b)]，棒状颗粒比 1200℃时更厚更长[图 17-7(b)]，且出现了聚集。在棒状颗粒的下面，形成了一层薄薄的氧化层，这应该是 SiO_2。横断面观察发现涂层表面有不规则且较厚的氧化层(如折线所描)[图 17-9(c)]。氧化皮中还发现了碎裂和孔洞。表 17-2 的 EDS 元素分析表明氧化膜由 Nb_2O_5 和 SiO_2 的混合氧化物组成。涂层样品中仍残留有 $NbSi_2$ 层，其 O 含量较低(B 区)。在 $NbSi_2$ 层与基体之间，还可以检测到致密的界面层 Nb_5Si_3(C 区)。与曝露在 1200℃处的涂层样品相比[图 17-7(e)]，氧化膜变厚，$NbSi_2$ 层变薄；氧化膜存在缺陷，表明其氧化保护性减弱。

表 17-2　图 17-9(c)中标记点的化学成分(通过 EDS 分析)

位置	成分(at.%)			
	Mo	Nb	Si	O
A	0.7	22.0	13.2	64.1
B	0.5	34.7	59.5	4.4
C	—	62.5	37.5	—

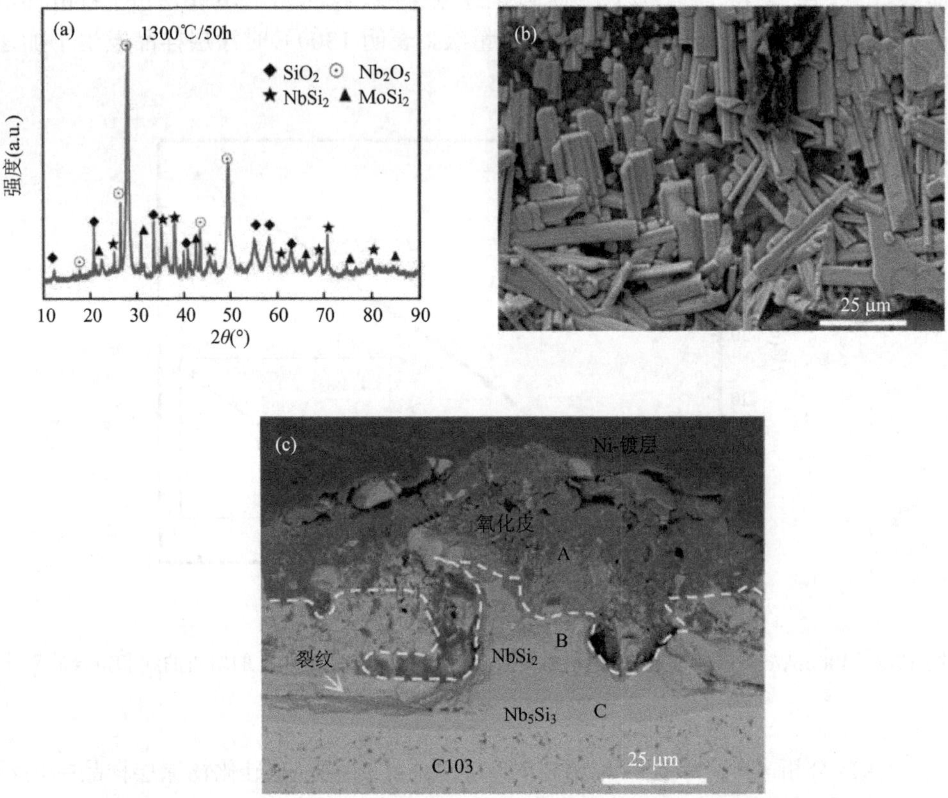

图 17-9　400 mA/cm² 样品制得的硅化物涂层在 1300℃下热曝露 50 h 的 XRD 图谱(a)、表面(b)和截面(c)图像

17.5.5　涂层的形成及其抗氧化机理

铌基合金是用于航空航天领域的理想的高温材料。但抗氧化性差是其主要限制。$MoSi_2$ 是适用于铌基合金的涂层材料。为了在铌基合金表面获得 $MoSi_2$ 涂层，在硅化之前要预先沉积 Mo 层。当将 Mo 层样品放置含有 Si 元素和活化剂的混合

粉末中加热到 1150℃时，会发生一系列的化学反应。首先，温度高于 550℃时[9]，Mo 层表面出现挥发，从而在样品中形成孔隙。随着温度的升高， 粉末中的 Si 向样品表面扩散。由于 Mo_5Si_3 的生成自由能(在 1400 K 时约为−337.96 kJ/mol)低于 $MoSi_2$(−116.73 kJ/mol)[10]，因此先生成 Mo_5Si_3 而不是 $MoSi_2$。同时，Nb 元素从基体扩散，使其固溶体生成$(Mo，Nb)_5Si_3$[11]。粉末中游离 Si 元素与样品中硅化物之间的高化学势梯度导致其不断扩散，使得 $MoSi_2$ 在外层中形成。当保温时间延长时，Si 继续向基体扩散并与 Nb 元素反应生成 Nb_5Si_3，在所研究的温度下，该元素的自由能(−526.98 kJ/mol)明显低于 $NbSi_2$ 或钼硅化物的。此外，由于大量 Si 向内扩散，$MoSi_2$ 涂层与基体之间也生成了 $NbSi_2$，并促使$(Mo，Nb)_5Si_3$ 消失。粉末中的 O 或从大气中扩散出来的 O 会与样品表面的 Si 反应生成 SiO_2。在 HAPC 过程中，高含量(约 80 wt.%)的 Al_2O_3 惰性填料或多或少地黏附在涂层表面。因此，在铌基合金表面检测到氧化物。由于 Si 的扩散系数高于 Mo 和 Nb，且原子半径不同[11]，因此 $MoSi_2$ 与 $NbSi_2$ 之间出现了 Kirkendall 空穴。虽然 Mo 层中 O 元素的含量随电流密度的变化而变化，但硅化物涂层的相结构变化并不大[图 17-2(a)]，这应归因于 HAPC 初期 MoO_3 的挥发。然而，Mo 层中 O 含量的差异和硅化物涂层中微孔的差异会影响硅化物涂层的显微组织、结合强度[图 17-3(b)]和抗氧化性。在大气环境中 1200℃热曝露时，涂层表面预先形成的不连续的 SiO_2 氧化物和 Al_2O_3 不能抵抗氧气向内扩散。因此，在热曝露初期[图 17-10(a)]，当氧气与样品接触并与 $MoSi_2$ 发生反应时，首先生成了新的 SiO_2 膜(MoO_3 同时出现挥发)。SiO_2 膜的形成抑制了大气环境中氧的扩散，结合 MoO_3 的挥发， 这一阶段的质量增加相当缓慢(图 17-4)。然而，由于 SiO_2 膜的厚度较低，并且 MoO_3 挥发造成的缺陷，因此表面膜的保护作用有限。随着热曝露的进行[图 17-10(b)]，氧气通过表面膜的扩散导致外层进一步氧化。同时，在化学位势差的驱动下，Nb 从中间层和内层不断向外扩散，从而产生 Nb_2O_5。虽然 MoO_3 的挥发形成了气孔等新缺陷，但得益于 SiO_2 的流动性和自愈性，涂层并没有被强烈的氧化攻击。随着 Si 向外扩散，内层的 $NbSi_2$ 退化为 Nb_5Si_3 相，表面形成了 SiO_2 和 Nb_2O_5 的混合氧化物。随着曝光时间的增加[图 17-10(c)]，MoO_3 的不断挥发和 SiO_2 的再生，外层的 $MoSi_2$ 逐渐被消耗。此外，Nb 的外扩散导致 Nb_2O_5 持续形成。由于其具有高 PBR 带来的高热应力，这会破坏氧化膜的完整性[12]。因此，更多的氧通过表面氧化膜，而与 Si 和 Nb 反应生成混合氧化物，从而检测到质量的快速增加(图 17-4)。渐渐地，涂层的保护作用发生退化。然而，从复合涂层曝露 50 h 的结果来看，涂层外层仍有少量的 $MoSi_2$ (图 17-6 和图 17-7)，说明复合涂层在此阶段可以对 Nb 基合金基体提供有效的高温保护。相对而言，在 400 mA/cm^2 下电沉积 Mo 层的样品表现出比其他两种样品更强的抗氧化性，这可能与涂层中缺陷较少的微观结构有关。同样地，由于扩散系数与温度呈指数关系，曝露温度的增加使元素扩散得更快。结果表明，在 1300℃下曝露 10 h 的样品的质量增加高于在 1200℃下曝露 50 h 的样品(图 17-4 和图 17-8)，并且当样品曝露在更高的温度时，氧化膜和涂层中产生了更高的热应力，这将加速氧化层和界面的破坏，从而使硅化物涂层在 1300℃曝露的样品中受到严重的攻击(图 17-9)。这些都表明，表面氧化膜特别是 SiO_2 的形成对涂层的抗氧化性有重要的影响，曝露温度的升高使涂层的保护性能变差。

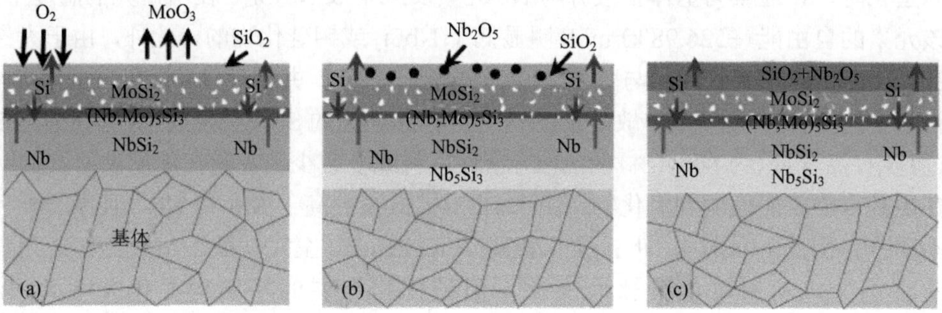

图 17-10　硅化物涂层氧化行为示意图

(a)热曝露初期；(b)表面形成 Nb_2O_5；(c)热曝露最后阶段涂层发生退化

17.6　本 章 小 结

① XRD 结果表明，电沉积 Mo 层由 Mo 非晶相和 MoO_3 相组成。随着电流密度从 300 mA/cm^2 增大至 500 mA/cm^2，Mo 层中 O 元素的含量分别为 38.7%、38.2% 和 39.3%(at.%)。在 400 mA/cm^2 下电沉积的 Mo 层显微硬度最高，为(238±18)HV。

② 在 HAPC 硅化物涂层上形成了 $MoSi_2$ 外层、$NbSi_2$ 内层和(Mo，Nb)$_5$Si$_3$ 中间层。300 mA/cm^2、400 mA/cm^2 或 500 mA/cm^2 电沉积的 Mo 层的结合强度分别为 6.8 N、7.1 N 或 4.7 N，形成硅化物涂层后分别提高至 16.4 N、16.8 N 或 15.9 N。

③ 经 1200℃热曝露，硅化物涂层表面生成了 SiO_2 和 Nb_2O_5，为 Nb 基合金提供了有效的保护。三种硅化物涂层样品在第一阶段的增质分别为 8.04 mg/cm^2、6.27 mg/cm^2 或 9.25 mg/cm^2，氧化速率常数分别为 1.27×10^{-1} mg^2/(cm^4·h)、3.75×10^{-1} mg^2/(cm^4·h)或 1.68×10^{-1} mg^2/(cm^4·h)，第二阶段则高于 10^{-1} mg^2/(cm^4·h)。400 mA/cm^2 硅化物涂层样品经 1300℃曝露后增质和氧化速率常数分别为 54.49 mg/cm^2 和 1.16×10^{-1} mg^2/(cm^4·h)，说明随着曝露温度的升高，硅化物涂层的保护性变差。

参 考 文 献

[1] Yue G, Guo X P, Qiao Y Q, et al. Electrodeposition of Mo/Re composite layer and preparation of $MoSi_2$/$ReSi_2$/$NbSi_2$ compound coating on Nb-Ti-Si based alloy. Corrosion Science, 2019, 153: 283-291.

[2] Syed R, Ghosh S K, Sastry P U, et al. Electrodeposition of thick metallic amorphous molybdenum coating from aqueous electrolyte. Surface and Coatings Technology, 2015, 261: 15-20.

[3] Zhang K, Lei S Y, Yang R X, et al. Formation and oxidation behaviour of SiO_2/$NbSi_2$ multilayer coating fabricated by one-step method. Surface and Coatings Technology, 2023, 452: 129117.

[4] Sun M, Pang M. Defect formation mechanism and performance study of laser ladding Ni/Mo composite coating. Coatings, 2021, 11: 1460.

[5] Lee Chun Ying, Mao Wei Ti, Ger Ming Der, et al. A study on the corrosion and wear behavior of nanocrystalline Ni-Mo electrodeposited coatings. Surface and Coatings Technology, 2019, 366: 286-295.

[6] Li W Z, Liu H W, Evaristo M, et al. Influence of Al content on the mechanical properties and thermal stability in protective and oxidation atmospheres of Zr-Cr-Al-N coatings. Surface and Coatings Technology, 2013, 236: 239-245.

[7] Li W Z, Yao Y, Li Y Q, et al. Damage behavior of NiCrAlY coating systems with or without barrier layer during three-point bending. Materials Science and Engineering A, 2009, 512: 117-125.

[8] Zhang Y C, Lei S Y, Zhang K, et al. Microstructure and oxidation resistance of TiO_2 modified multilayer coating prepared by HAPC/MAO. International Journal of Refractory Metals and Hard Materials, 2022, 109: 105964.

[9] Knittel S, Mathieu S, Vilasi M. The oxidation behaviour of uniaxial hot pressed $MoSi_2$ in air from 400 to 1400℃. Intermetallics, 2011, 19: 1207-1215.

[10] Ihsan Barin. Thermochemical Data of Pure Substances. Weinheim: VCH Verlagsgesellschaft mbH, 1995.

[11] Tortorici P C, Dayananda M A. Interdiffusion and diffusion structure development in selected refractory metal silicides. Materials Science and Engineering A, 1999, 261: 64-77.

[12] Neil Birks, Gerald H Meier, Frederick S Pettit. Introduction to the high-temperature oxidation of metals. Cambridge: Cambridge University Press, 2006.

